中国工程院 国家开发银行重大咨询项目

# 中国海洋工程与科技发展战略研究

---

# 海洋生物资源卷

主　编　唐启升

U0202211

海洋出版社

2014年·北京

## 内 容 简 介

中国工程院“中国海洋工程与科技发展战略研究”重大咨询项目研究成果形成了海洋工程与科技发展战略系列研究丛书，包括综合研究卷、海洋探测与装备卷、海洋运载卷、海洋能源卷、海洋生物资源卷、海洋环境与生态卷和海陆关联卷，共七卷。本书是海洋生物资源卷，分为两部分：第一部分是海洋生物资源工程与科技领域的综合研究成果，包括国家战略需求、国内发展现状、国际发展趋势和经验、主要差距和问题、发展战略和任务、保障措施和政策建议、推进发展的重大建议等；第二部分是海洋生物资源工程与科技4个专业领域的发展战略和对策建议研究，包括近海生物资源养护与远洋渔业资源工程技术、海水养殖工程技术与装备、海洋药物与生物制品工程技术、海洋食品质量安全与加工流通工程技术等。

本书对海洋工程与科技相关的各级政府部门具有重要参考价值，同时可供科技界、教育界、企业界及社会公众等作参考。

**图书在版编目（CIP）数据**

中国海洋工程与科技发展战略研究．海洋生物资源卷/唐启升主编．—北京：海洋出版社，2014.12

ISBN 978-7-5027-9028-8

Ⅰ．①中…　Ⅱ．①唐…　Ⅲ．①海洋工程-科技发展-发展战略-研究-中国　②海洋生物资源-科技发展-发展战略-研究-中国　Ⅳ．①P75②P745

中国版本图书馆CIP数据核字（2014）第295252号

责任编辑：方　菁
责任印制：赵麟苏
海洋出版社　出版发行
http://www.oceanpress.com.cn
北京市海淀区大慧寺路8号　邮编：100081
北京画中画印刷有限公司印刷　新华书店北京发行所经销
2014年12月第1版　2014年12月第1次印刷
开本：787mm×1092mm　1/16　印张：24.5
字数：400千字　定价：120.00元
发行部：62132549　邮购部：68038093　总编室：62114335
**海洋版图书印、装错误可随时退换**

# 编辑委员会


| | |
|---|---|
| 主　　任 | 潘云鹤 |
| 副 主 任 | 唐启升　金翔龙　吴有生　周守为　孟　伟　管华诗　白玉良 |
| 编　　委 | 潘云鹤　唐启升　金翔龙　吴有生　周守为　孟　伟　管华诗　白玉良　沈国舫　刘保华　陶春辉　刘少军　曾恒一　金东寒　罗平亚　丁　健　麦康森　李杰人　于志刚　马德毅　卢耀如　谢世楞　王振海 |
| 编委会办公室 | 阮宝君　刘世禄　张元兴　陶春辉　张信学　李清平　仝　龄　雷　坤　李大海　潘　刚　郑召霞 |
| 本卷主编 | 唐启升 |
| 副 主 编 | 丁　健　麦康森　李杰人 |

# 中国海洋工程与科技发展战略研究<br>项目组主要成员

| | | |
|---|---|---|
| 顾　问 | 宋　健 | 第九届全国政协副主席，中国工程院原院长、院士 |
| | 徐匡迪 | 第十届全国政协副主席，中国工程院原院长、院士 |
| | 周　济 | 中国工程院院长、院士 |
| 组　长 | 潘云鹤 | 中国工程院常务副院长、院士 |
| 副组长 | 唐启升 | 中国科协副主席，中国水产科学研究院黄海水产研究所，中国工程院院士，项目常务副组长，综合研究组和生物资源课题组组长 |
| | 金翔龙 | 国家海洋局第二海洋研究所，中国工程院院士，海洋探测课题组组长 |
| | 吴有生 | 中国船舶重工集团公司第702研究所，中国工程院院士，海洋运载课题组组长 |
| | 周守为 | 中国海洋石油总公司，中国工程院院士，海洋能源课题组组长 |
| | 孟　伟 | 中国环境科学研究院，中国工程院院士，海洋环境课题组组长 |
| | 管华诗 | 中国海洋大学，中国工程院院士，海陆关联课题组组长 |
| | 白玉良 | 中国工程院秘书长 |
| 成　员 | 沈国舫 | 中国工程院原副院长、院士，项目综合组顾问 |

丁　健　中国科学院上海药物研究所，中国工程院院士，生物资源课题组副组长

丁德文　国家海洋局第一海洋研究所，中国工程院院士

马伟明　海军工程大学，中国工程院院士

王文兴　中国环境科学研究院，中国工程院院士

卢耀如　中国地质科学院，中国工程院院士，海陆关联课题组副组长

石玉林　中国科学院地理科学与资源研究所，中国工程院院士

冯士筰　中国海洋大学，中国科学院院士

刘鸿亮　中国环境科学研究院，中国工程院院士

孙铁珩　中国科学院应用生态研究所，中国工程院院士

林浩然　中山大学，中国工程院院士

麦康森　中国海洋大学，中国工程院院士，生物资源课题组副组长

李德仁　武汉大学，中国工程院院士

李廷栋　中国地质科学院，中国科学院院士

金东寒　中国船舶重工集团公司第711研究所，中国工程院院士，海洋运载课题组副组长

罗平亚　西南石油大学，中国工程院院士，海洋能源课题组副组长

杨胜利　中国科学院上海生物工程中心，中国工程院院士

赵法箴　中国水产科学研究院黄海水产研究所，中国工程院院士

张炳炎　中国船舶工业集团公司第708研究所，中国工程院院士

张福绥　中国科学院海洋研究所，中国工程院院士

封锡盛　中国科学院沈阳自动化研究所，中国工程院院士

宫先仪　中国船舶重工集团公司第715研究所，中国工程院院士

钟　掘　中南大学，中国工程院院士

闻雪友　中国船舶重工集团公司第703研究所，中国工程院院士

徐　洵　国家海洋局第三海洋研究所，中国工程院院士

徐玉如　哈尔滨工程大学，中国工程院院士

徐德民　西北工业大学，中国工程院院士

高从堦　国家海洋局杭州水处理技术研究开发中心，中国工程院院士

顾心怿　胜利石油管理局钻井工艺研究院，中国工程院院士

侯保荣　中国科学院海洋研究所，中国工程院院士

袁业立　国家海洋局第一海洋研究所，中国工程院院士

曾恒一　中国海洋石油总公司，中国工程院院士，海洋运载课题组副组长和海洋能源课题组副组长

谢世楞　中交第一航务工程勘察设计院，中国工程院院士，海陆关联课题组副组长

雷霁霖　中国水产科学研究院黄海水产研究所，中国工程院院士

潘德炉　国家海洋局第二海洋研究所，中国工程院院士

刘保华　国家深海基地管理中心，研究员，海洋探测课题组副组长

陶春辉　国家海洋局第二海洋研究所，研究员，海洋探测课题组副组长

刘少军　中南大学，教授，海洋探测课题组副组长

李杰人　中华人民共和国渔业船舶检验局局长，生物资源课题组副组长

于志刚　中国海洋大学校长，教授，海洋环境课题组副组长

马德毅　国家海洋局第一海洋研究所所长，研究员，海洋环境课题组副组长

王振海　中国工程院一局副局长，海陆关联课题组副组长

**项目办公室**

**主　任**　阮宝君　中国工程院二局副局长

安耀辉　中国工程院三局副局长

**成　员**　张　松　中国工程院办公厅院办

潘　刚　中国工程院二局农业学部办公室

刘　玮　中国工程院一局综合处

黄　琳　中国工程院一局咨询工作办公室

郑召霞　中国工程院二局农业学部办公室

位　鑫　中国工程院二局农业学部办公室

# 中国海洋工程与科技发展战略研究<br>海洋生物资源课题组主要成员及执笔人

**组　长**　唐启升　中国水产科学研究院黄海水产研究所　中国工程院院士

**副组长**　丁　健　中国科学院上海药物研究所所长　中国工程院院士

麦康森　中国海洋大学　中国工程院院士

李杰人　中华人民共和国渔业船舶检验局局长

**成　员**　管华诗　中国海洋大学　中国工程院院士

赵法箴　中国水产科学研究院黄海水产研究所　中国工程院院士

林浩然　中山大学　中国工程院院士

徐　洵　国家海洋局第三海洋研究所　中国工程院院士

张福绥　中国科学院海洋研究所　中国工程院院士

雷霁霖　中国水产科学研究院黄海水产研究所　中国工程院院士

杨胜利　中国科学院上海生物工程中心　中国工程院院士

金显仕　中国水产科学研究院黄海水产研究所所长　研究员

许柳雄　上海海洋大学　教授

王清印　中国水产科学研究院黄海水产研究所　研究员

张国范　中国科学院海洋研究所　研究员

张元兴　华东理工大学　教授
焦炳华　第二军医大学　教授
薛长湖　中国海洋大学　教授
翟毓秀　中国水产科学研究院黄海水产研究所　研究员
仝　龄　中国水产科学研究院黄海水产研究所　研究员

**主要执笔人**　唐启升　张元兴　仝　龄　张文兵　单秀娟
焦炳华　宋　怿

# 丛书序言

海洋是宝贵的“国土”资源，蕴藏着丰富的生物资源、油气资源、矿产资源、动力资源、化学资源和旅游资源等，是人类生存和发展的战略空间和物质基础。海洋也是人类生存环境的重要支持系统，影响地球环境的变化。海洋生态系统的供给功能、调节功能、支持功能和文化功能具有不可估量的价值。进入21世纪，党和国家高度重视海洋的发展及其对中国可持续发展的战略意义。中共中央总书记、国家主席、中央军委主席习近平同志指出，海洋在国家经济发展格局和对外开放中的作用更加重要，在维护国家主权、安全、发展利益中的地位更加突出，在国家生态文明建设中的角色更加显著，在国际政治、经济、军事、科技竞争中的战略地位也明显上升。因此，海洋工程与科技的发展受到广泛关注。

2011年7月，中国工程院在反复酝酿和准备的基础上，按照时任国务院总理温家宝的要求，启动了“中国海洋工程与科技发展战略研究”重大咨询项目。项目设立综合研究组和6个课题组：海洋探测与装备工程发展战略研究组、海洋运载工程发展战略研究组、海洋能源工程发展战略研究组、海洋生物资源工程发展战略研究组、海洋环境与生态工程发展战略研究组和海陆关联工程发展战略研究组。第九届全国政协副主席宋健院士、第十届全国政协副主席徐匡迪院士、中国工程院院长周济院士担任项目顾问，中国工程院常务副院长潘云鹤院士担任项目组长，45位院士、300多位多学科多部门的一线专家教授、企业工程技术人员和政府管理者参与研讨。经过两年多的紧张工作，如期完成项目和课题各项研究任务，取得多项具有重要影响的重大成果。

项目在各课题研究的基础上，对海洋工程与科技的国内发展现状、主要差距和问题、国家战略需求、国际发展趋势和启示等方面进行了系统、综合的研究，形成了一些基本认识：一是海洋工程与科技成为推动我国海洋经济持续发展的重要因素，海洋探测、海洋运载、海洋能源、海洋生物资源、海洋环境和海陆关联等重要工程技术领域呈现快速发展的局面；二是海洋6个重要工程技术领域50个关键技术方向差距雷达图分析表明，我国海洋工程与科技整体水平落后于发达国家10年左右，差距主要体现在关键技术的现代化水平和产业化程度上；三是为了实现“建设海洋强国”宏伟目标，国家从开发海洋资源、发展海洋产业、建设海洋文明和维护海洋权益等多个方面对海洋工程与科技发展有了更加迫切的需求；四是在全球科技进入新一轮的密集创新时代，海洋工程与科技向着大科学、高技术方向发展，呈现出绿色化、集成化、智能化、深远化的发展趋势，主要的国际启示是：强化全民海洋意识、强化海洋科技创新、推进海洋高技术的产业化、加强资源和环境保护、加强海洋综合管理。

基于上述基本认识，项目提出了中国海洋工程与科技发展战略思路，包括“陆海统筹、超前部署、创新驱动、生态文明、军民融合”的发展原则，“认知海洋、使用海洋、保护海洋、管理海洋”的发展方向和“构建创新驱动的海洋工程技术体系，全面推进现代海洋产业发展进程”的发展路线；项目提出了“以建设海洋工程技术强国为核心，支撑现代海洋产业快速发展”的总体目标和“2020年进入海洋工程与科技创新国家行列，2030年实现海洋工程技术强国建设基本目标”的阶段目标。项目提出了“四大战略任务”：一是加快发展深远海及大洋的观测与探测的设施装备与技术，提高“知海”的能力与水平；二是加快发展海洋和极地资源开发工程装备与技术，提高“用海”的能力与水平；三是统筹协调陆海经济与生态文明建设，提高“护海”的能力与水平；四是以全球视野积极规划海洋事业的发展，提高“管海”的能力与水平。为了实现上述目标和任务，项目明确提出“建设海洋强国，科技必须先行，必须首先建设海洋工程技术强国”。为此，国家应加大海洋工程技术发展力度，建议近期实施加快发展“两大计划”：海洋工程科技创新重大专项，即选择海洋工程科技发展的关键方向，设置海洋工程科技重大专项，动员和组织全国优势力量，突破一批具有重大支撑和引领作用的海洋工程前沿技术和关键技术，实现创新驱动发展，抢占国际竞争的制高点；现代海洋产业发展推进计划，即在推进海洋工程科技创新重大专项的同时，实施现代海洋产业发展推进计划（包括海洋生物产业、海洋能源及矿产产业、海水综合利用产业、海洋装备制造与工程产业、海洋物流产业和海洋旅游产业），推动海洋经济向质量效益型转变，提高海洋产业对经济增长的贡献率，使海洋产业成为国民经济的支柱产业。

项目在实施过程中，边研究边咨询，及时向党中央和国务院提交了6项建议，包括“大力发展海洋工程与科技，全面推进海洋强国战略实施的建议”、“把海洋渔业提升为战略产业和加快推进渔业装备升级更新的建议”、“实施海洋大开发战略，构建国家经济社会可持续发展新格局”、“南极磷虾资源规模化开发的建议”、“南海深水油气勘探开发的建议”、“深海空间站重大工程的建议”等。这些建议获得高度重视，被采纳和实施，如渔业装备升级更新的建议，在2013年初已使相关领域和产业得到国家近百亿元的支持，国务院还先后颁发了《国务院关于促进海洋渔业持续健康发展的若干意见》文件，召开了全国现代渔业建设工作电视电话会议。刘延东副总理称该建议是中国工程院500多个咨询项目中4个最具代表性的重大成果之一。另外，项目还边研究边服务，注重咨询研究与区域发展相结合，先后在舟山、青岛、广州和海口等地召开“中国海洋工程与科技发展研讨暨区域海洋发展战略咨询会”，为浙江、山东、广东、海南等省海洋经济发展建言献策。事实上，这种服务于区域发展的咨询活动，也推动了项目自身研究的深入发展。

在上述战略咨询研究的基础上，项目组和各课题组进一步凝练研究成果，编撰形成了《中国海洋工程与科技发展战略研究》系列丛书，包括综合研究卷、海洋探测与装备卷、海洋运载卷、海洋能源卷、海洋生物资源卷、海洋环境与生态卷和海陆关联卷，共7卷。无疑，海洋工程与科技发展战略研究系列丛书的产生是众多院士和几百名多学科多部门专家教授、企业工程技术人员及政府管理者辛勤劳动和共同努力的结果，在此向他们表示衷心的感谢，还需要特别向项目的顾问们表示由衷的感谢和敬意，他们高度重视项目研究，宋健和徐匡迪二位老院长直接参与项目的调研，在重大建议提出和定位上发挥关键作用，周济院长先后4次在各省市举办的研讨会上讲话，指导项目深入发展。

希望本丛书的出版，对推动海洋强国建设，对加快海洋工程技术强国建设，对实现“海洋经济向质量效益型转变，海洋开发方式向循环利用型转变，海洋科技向创新引领型转变，海洋维权向统筹兼顾型转变”发挥重要作用，希望对关注我国海洋工程与科技发展的各界人士具有重要参考价值。

编辑委员会

2014年4月

# 本卷前言

海洋生物资源是一种可持续利用的再生性资源，包括了群体资源、遗传资源和产物资源，它为人类提供了大量优质蛋白，也是我国重要的食物来源。20 世纪 80 年代进入市场经济以来，我国渔业生产力得到有效释放，从 1990 年起，我国水产品总量就跃居世界首位，为解决吃鱼难、农民增产增收和改善国民膳食结构做出了重要贡献。21 世纪以来，随着全球进入全面开发利用海洋的时代，各国对海洋资源的开发和争夺异常激烈，以及到 2030 年前后我国人口达到峰值时，水产品还要增加 2 000 万吨以上的刚性需求目标逐渐明朗，如何开发和利用海洋生物资源潜力，实现海洋生物产业的可持续发展，保障我国食物安全，便成为一个受到特别关注的问题。

2011 年 7 月，中国工程院启动了“中国海洋工程与科技发展战略研究”重大咨询项目，设立综合研究组和 6 个课题组。“中国海洋生物资源工程与科技发展战略研究”是其中一个课题，10 位院士和近 50 位专家参与研讨。课题按专业领域设立了 4 个研究专题：近海生物资源养护与远洋渔业资源开发工程技术、海水养殖工程技术与装备、海洋药物与生物制品工程技术、海洋食品质量安全与加工流通工程技术。近 3 年来，在项目组总体思路的指导下，课题组在上述 4 个专业领域开展了扎实的基础研究，全面系统地分析研究了我国海洋生物资源工程与科技发展的战略需求和发展现状、世界海洋生物资源开发现状与发展趋势，以及我国海洋生物资源工程与科技面临的主要问题等。提出了我国海洋生物发展的战略任务和保障措施与政策建议，以及蓝色海洋食物保障工程和海洋药物与生物制品开发关键技术的重大工程与科技专项建议。

海洋生物资源卷凝聚了课题研究成果，并以 1 个综合研究报告和 4 个专业领域研究报告形式呈现。研究成果指出，我国海洋生物资源工程与科技发展的战略定位是增强海洋生物资源开发利用可持续发展能力，保护近海生物资源，加快向深远海的发展，多层次开发海洋生物资源，进一步提高我国海洋生物开发与利用的总体实力，全面推进海洋强国战略的建设。研究提出的发展思路和战略目标分别是实施海洋生物资源“养护、拓展、高技术”三大发展战略和海洋生物产业“可持续、安全、现代工程化”三大发展目标，实现多层面地开发利用海洋生物的群体、遗传和产物三大资源，推动海洋生物资源工程与科技的发展，提升产业核心竞争力。到2020年，使我国进入海洋生物利用强国初级阶段，2030年建设成为中等海洋生物利用强国，2050年成为世界海洋生物利用强国。另外，4个专业研究报告分别提出了海洋捕捞、海水养殖、食品安全与加工、海洋新生物产业等4个专业领域工程与科技的发展思路和重点任务。

在课题实施过程中，课题组专家们开展了深入的调研工作，积极参与中国工程科技论坛，召开了6次研讨会，凝练研究成果。在中国工程院第140场工程科技论坛——“中国海洋工程与科技发展战略研究论坛”上，海洋生物资源工程领域作为论坛的一个分会场，展示了重要的初步研究成果。为了更好地了解海洋生物资源领域的发展趋势，分会场特邀农业部渔业局赵兴武局长等4位报告人做主题报告，他们分别报告了“我国渔业发展展望”、“海上养殖网箱动力特性的数值模拟方法”、“发酵过程的工程学研究与技术进展”和“推进农产品质量安全科技创新的战略思考”。另外，课题组积极参与项目组组织的边研究边咨询边服务活动，在形成“把海洋渔业提升为战略产业和加快推进渔业装备升级更新的建议”等上报建议中发挥重要作用。在报告撰写过程中，课题组认真听取了院士和专家们的宝贵指导性意见和建议，保证了研究报告编写的水平与质量。

根据“中国海洋工程与科技发展战略研究”重大咨询项目的总体安排，决定将课题研究成果编辑出版，奉献给关心和支持我国海洋生物资源工程与科技发展事业的政府部门、生产企业、科技界、教育界以及社会其他各界的专家和学者，为我国海洋生物资源的开发与利用贡献一份力量。课题研究任务的圆满完成是各方面专家努力和辛勤劳动的成果，为此一并向为课题研究报告和专业领域研究报告做出贡献的院士、专家教授、企业工程技术人员及政府管理者致以衷心的感谢。

本卷编写过程中，有众多不同专业的专家参与，在表述的方式、研究深度及成果归纳上难免有不足之处，敬请读者批评指正。

海洋生物资源工程发展战略研究课题组

2014年4月

# 目 录

## 第一部分　中国海洋生物资源工程与科技发展战略研究综合报告

第一章　我国海洋生物资源工程与科技发展的战略需求 ……………… (3)

一、多层面开发海洋水产品，保障国家食物安全 ………………………… (4)
二、加强蓝色生物产业发展，推动海洋经济增长 ………………………… (6)
三、强化海洋生物技术发展，培育壮大新兴产业 ………………………… (7)
四、重视海洋生物资源养护，保障海洋生态安全 ………………………… (8)
五、“渔权即主权”，坚决维护国家权益………………………………… (10)

第二章　我国海洋生物资源工程与科技发展现状 ……………………… (12)

一、我国海水养殖工程技术与装备发展现状 ……………………………… (12)
（一）遗传育种技术取得重要进展，分子育种成为技术发展趋势
……………………………………………………………………………… (12)
（二）生态工程技术成为热点，引领世界多营养层次综合养殖发展
……………………………………………………………………………… (14)
（三）病害监控技术保持与国际同步，免疫防控技术成为发展重点
……………………………………………………………………………… (15)
（四）水产营养研究独具特色，水产饲料工业规模世界第一…… (15)
（五）海水陆基养殖工程技术发展迅速，装备技术日臻完善…… (16)
（六）浅海养殖容量已近饱和，环境友好和可持续发展为产业特征
……………………………………………………………………………… (17)

（七）深海网箱养殖有所发展，蓄势向深远海迈进……………… (17)
二、我国近海生物资源养护工程技术发展现状 ……………………… (19)
（一）渔业监管体系尚待健全，资源监测技术手段已基本具备 … (19)
（二）负责任捕捞技术处在评估阶段，尚未形成规模化示范应用 … (19)
（三）增殖放流规模持续扩大，促进了近海渔业资源的恢复…… (19)
（四）人工鱼礁建设已经起步，海洋牧场从概念向实践发展…… (20)
（五）近海渔船引起重视，升级改造列入议程……………………… (21)
（六）渔港建设受到关注，渔港经济区快速发展…………………… (21)
三、我国远洋渔业资源开发工程技术发展现状 ……………………… (22)
（一）远洋渔业作业遍及三大洋，南极磷虾开发进入商业试捕阶段
………………………………………………………………………… (22)
（二）远洋渔船主要为国外旧船，渔业捕捞装备研发刚刚起步 … (23)
（三）远洋渔船建造取得突破，技术基础初步形成………………… (24)
四、我国海洋药物与生物制品工程技术发展现状 …………………… (25)
（一）海洋药物研发方兴未艾，产业仍处于孕育期………………… (25)
（二）海洋生物制品成为开发热点，新产业发展迅猛……………… (26)
五、我国海洋食品质量安全与加工流通工程技术发展现状 ………… (27)
（一）海洋食品质量安全技术……………………………………… (28)
（二）海洋食品加工与流通工程技术……………………………… (31)

**第三章　世界海洋生物资源工程与科技发展现状与趋势** ……………… (35)

一、世界海洋生物资源工程与科技发展现状与特点 ………………… (35)
（一）世界海水养殖工程技术与装备……………………………… (35)
（二）世界近海生物资源养护工程技术…………………………… (38)
（三）世界远洋渔业资源开发工程技术…………………………… (41)
（四）世界海洋药物与生物制品工程技术………………………… (43)
（五）世界海洋食品质量安全与加工流通工程技术……………… (45)
二、面向 2030 年的世界海洋生物资源工程与科技发展趋势 ……… (47)
（一）海水养殖工程技术与装备发展趋势………………………… (47)
（二）近海生物资源养护工程与技术发展趋势…………………… (50)
（三）远洋渔业资源开发工程与技术发展趋势…………………… (52)

（四）海洋药物与生物制品工程与科技的发展趋势 ……………… （53）
（五）海洋食品质量安全与加工流通工程与技术的发展趋势 …… （54）
三、国外经验：7 个典型案例 ………………………………………… （56）
（一）新型深远海养殖装备 ………………………………………… （56）
（二）挪威南极磷虾渔业的快速发展 ……………………………… （58）
（三）封闭循环水养殖系统 ………………………………………… （59）
（四）日本人工鱼礁与海洋牧场建设 ……………………………… （60）
（五）挪威的鲑鱼疫苗防病 ………………………………………… （61）
（六）食品和饲料的快速预警系统 ………………………………… （62）
（七）美国的海洋水产品物流体系 ………………………………… （63）
**第四章　我国海洋生物资源工程与科技面临的主要问题** ……………… （65）
一、起步晚，投入少，海洋生物资源的基础和工程技术研究落后
…………………………………………………………………………… （65）
二、创新成果少，装备系统性差，关键技术装备落后 ……………… （66）
三、盲目扩大规模，资源调查与评估不够 …………………………… （67）
四、过度开发利用，生态和资源保护不够 …………………………… （68）
五、产业发展存在隐患，可持续能力不够 …………………………… （69）
六、政府管理重叠，国家整体规划布局不够 ………………………… （70）
**第五章　我国海洋生物资源工程与科技发展的战略和任务** …………… （72）
一、战略定位与发展思路 ……………………………………………… （72）
（一）战略定位 ……………………………………………………… （72）
（二）发展思路 ……………………………………………………… （72）
二、基本原则与战略目标 ……………………………………………… （73）
（一）基本原则 ……………………………………………………… （73）
（二）战略目标 ……………………………………………………… （73）
三、战略任务与重点 …………………………………………………… （82）
（一）总体战略任务 ………………………………………………… （82）
（二）近期重点任务 ………………………………………………… （82）
四、发展路线图 ………………………………………………………… （84）

第六章　保障措施与政策建议 ……………………………………………… (90)

一、制定国家海洋生物资源工程与科技规划，做好顶层设计 ……… (90)
二、加强海洋生物基础研究，突破资源开发关键技术 ……………… (91)
三、大力挖掘深海生物资源，加快布局极地远洋生物资源的开发 … (91)
四、注重基本建设，提升海洋生物资源开发整体水平 ……………… (92)
五、保护生物资源，做负责任的渔业大国 …………………………… (93)
六、拓展投资渠道，促进海洋生物新兴产业的发展 ………………… (94)

第七章　重大海洋生物资源工程与科技专项建议 ………………………… (95)

一、蓝色海洋食物保障工程 ……………………………………………… (95)
（一）海水养殖现代发展工程 ………………………………………… (95)
（二）近海生物资源养护工程 ………………………………………… (97)
（三）远洋渔业与南极磷虾资源现代开发工程 ……………………… (98)
（四）海洋食品加工与质量安全保障工程 …………………………… (99)
二、海洋药物与生物制品开发关键技术 ……………………………… (100)
（一）必要性 …………………………………………………………… (100)
（二）发展目标 ………………………………………………………… (101)
（三）重点任务 ………………………………………………………… (102)

## 第二部分　中国海洋生物资源工程与科技发展战略研究专业领域报告

专业领域一：我国近海养护与远洋渔业工程技术发展战略研究……………………………………………………………………………… (107)

第一章　我国近海养护与远洋渔业工程技术的战略需求 ……………… (107)

一、维护国家海洋权益 …………………………………………………… (108)
二、保障优质蛋白质供给 ………………………………………………… (109)

三、推动经济发展和社会稳定 …………………………………（109）
四、保障生态环境安全 ………………………………………………（111）

第二章　我国近海养护与远洋渔业工程技术发展现状 ………………（112）

一、近海资源养护工程 ………………………………………………（112）
（一）负责任捕捞技术 ……………………………………………（113）
（二）近海渔业资源监测与监管技术 ………………………………（114）
（三）增殖放流技术 ………………………………………………（116）
（四）海洋牧场构建技术 …………………………………………（116）
二、远洋渔业工程 ……………………………………………………（119）
（一）大洋渔业 ……………………………………………………（120）
（二）极地渔业 ……………………………………………………（121）
（三）远洋渔业装备 ………………………………………………（122）
三、渔船与渔港工程 …………………………………………………（122）
（一）渔船建设 ……………………………………………………（123）
（二）渔港建设 ……………………………………………………（124）

第三章　世界近海养护与远洋渔业工程技术发展现状与趋势 ………（128）

一、世界近海养护与远洋渔业工程技术发展现状与主要特点 ……（130）
（一）近海资源养护工程 …………………………………………（130）
（二）远洋渔业工程 ………………………………………………（134）
（三）渔船与渔港工程 ……………………………………………（139）
二、面向2030年的世界近海养护与远洋渔业工程技术发展趋势 …（143）
（一）近海资源养护工程 …………………………………………（143）
（二）远洋渔业工程 ………………………………………………（146）
（三）渔船与渔港工程 ……………………………………………（149）
三、国外经验（典型案例分析） ………………………………………（150）
（一）近海资源养护工程案例：日本人工鱼礁与海洋牧场建设的成功经验 ………………………………………………………（150）
（二）远洋渔业工程案例：挪威南极磷虾渔业成功的发展方式 ………………………………………………………………（151）

（三）渔船与渔港工程案例一：大洋性拖网渔船 ……………… (152)
（四）渔船与渔港工程案例二：日本神奈川县三崎渔港 ……… (153)

**第四章 我国近海养护与远洋渔业工程技术面临的主要问题 ……… (154)**

一、渔业资源研究基础薄弱，行业支撑乏力 …………………… (154)
（一）渔业资源监测投入少、手段不足，难以为渔业管理提供有效支撑 ……………………………………………………… (154)
（二）负责任捕捞技术研究创新不足 …………………………… (154)
（三）增殖放流效果评价体系严重缺失 ………………………… (154)
（四）重生产轻科研调查，对大洋渔业资源的掌控能力弱 …… (155)
（五）大洋渔业新技术研发缺乏重大科技支撑 ………………… (156)
二、南极磷虾产业长远规划缺乏，国际竞争力低下 …………… (156)
（一）资源调查研究匮乏，渔业掌控能力薄弱 ………………… (156)
（二）捕捞技术落后，渔业生产竞争力低 ……………………… (156)
（三）下游产品研发滞后，产业链亟待培育 …………………… (156)
三、海洋渔业装备落后，自主研发能力亟待提高 ……………… (157)
（一）近海渔船装备老化现象严重，技术落后 ………………… (157)
（二）近海渔船船型杂乱，主机配置及船机桨匹配差异大 …… (157)
（三）近海玻璃钢渔船推广应用受阻 …………………………… (157)
（四）远洋捕捞装备落后，关键技术及装备受制于国外 ……… (158)
（五）大洋性远洋渔船捕捞装备国产化率低，系统配套不完善 … (158)
（六）远洋渔船水产品加工装备及相关产业链配套不完善 …… (159)
（七）渔船建造关键技术尚未全面突破，技术体系有待完善 … (159)
四、渔港工程技术研究滞后，服务多功能化不足 ……………… (160)
（一）建设标准低，“船多港少”矛盾突出，避风减灾能力依然薄弱 ……………………………………………………… (160)
（二）交易市场配套不足，鱼货物流不畅 ……………………… (161)
（三）渔港重大工程技术研发滞后，水域生态环境保护亟待加强 ……………………………………………………… (162)
五、基础人力资源队伍素质偏低，渔业现代化发展受阻 ……… (162)
六、渔业标准规范制定滞后，管理与维权依据缺乏 …………… (162)

（一）人工鱼礁/海洋牧场尚未形成合理的建设标准和统一规划 ……（162）
（二）渔港法规规范制定滞后，缺乏管理与维权依据 …………（163）
七、渔业立法和监管不完善，现代渔业管理进展缓慢 …………（163）
（一）海洋捕捞作业类型结构不合理 ……………………（163）
（二）渔业监管技术体系不健全 ……………………（164）
（三）渔民负责任捕捞观念不强 ……………………（165）

**第五章　我国近海养护与远洋渔业工程技术发展战略和任务 ………（166）**

一、战略定位与发展思路 ……………………………（166）
（一）战略定位 ………………………………（166）
（二）战略原则 ………………………………（166）
（三）发展思路 ………………………………（166）
二、战略目标 …………………………………（167）
（一）2020 年：进入海洋渔业强国初级阶段 ……………（167）
（二）2030 年：建设中等海洋渔业强国 ………………（168）
（三）2050 年：建设世界海洋渔业强国展望 ……………（169）
三、战略任务与重点 ……………………………（170）
（一）总体任务 ………………………………（170）
（二）重点任务 ………………………………（170）
四、发展路线图 ………………………………（173）

**第六章　保障措施与政策建议 …………………………（174）**

一、建立以资源监测调查评估为基础的渔业资源监管体系 ………（174）
二、制定南极磷虾产业长远发展规划 …………………（174）
三、加快推进渔船与渔业装备升级 ……………………（174）
四、加快多功能现代化渔港体系建设 …………………（175）
五、实施人才强渔战略，加快渔业人才培养 ………………（175）
六、政策引导，建立科学规范的海洋渔业管理机制 …………（175）
七、强化监管与执法力度，形成良好的发展条件 ……………（176）

第七章 重大海洋工程与科技专项建议 …………………………… (177)

一、近海渔业资源养护及安全开发利用工程 …………………… (177)
（一）必要性分析 ………………………………………………… (177)
（二）重点内容与关键技术 ……………………………………… (178)
（三）预期目标 …………………………………………………… (180)
二、远洋渔业装备及南极磷虾开发与利用科技专项 …………… (181)
（一）必要性分析 ………………………………………………… (181)
（二）重点内容与关键技术 ……………………………………… (182)
（三）预期目标 …………………………………………………… (182)

专业领域二：我国海水养殖工程技术与装备发展战略研究 ………
…………………………………………………………………… (185)

第一章 我国海水养殖工程技术与装备的战略需求 ……………… (185)

一、保障食物安全 ………………………………………………… (185)
二、维护国家权益 ………………………………………………… (186)

第二章 我国海水养殖工程技术与装备的发展现状 ……………… (187)

一、遗传育种技术取得重要进展，分子育种成为技术发展趋势 … (187)
二、水产动物营养研究独具特色，水产饲料工业规模世界第一 … (189)
（一）水产养殖动物营养需求 …………………………………… (189)
（二）饲料原料的生物利用率 …………………………………… (190)
（三）渔用饲料添加剂 …………………………………………… (191)
（四）水产饲料加工设备制造 …………………………………… (191)
三、病害监控技术保持与国际同步，免疫防控技术成为发展重点 …… (191)
（一）病原检测与病害诊断技术 ………………………………… (191)
（二）免疫防控技术 ……………………………………………… (191)
（三）生态防控技术 ……………………………………………… (193)
四、生态工程技术成为热点，引领世界多营养层次综合养殖的发展
…………………………………………………………………… (193)

五、海水陆基养殖工程技术发展迅速，装备技术日臻完善 ……… (194)
六、浅海养殖容量已近饱和，环境友好和可持续发展成为产业特征 ……… (194)
七、深海网箱养殖有所发展，蓄势向深远海迈进 ……… (197)
第三章 世界海水养殖工程技术与装备发展现状与趋势 ……… (199)
一、遗传育种与苗种培育工程技术 ……… (199)
(一) 世界遗传育种与苗种培育工程技术的发展现状 ……… (199)
(二) 面向2030年的世界遗传育种与苗种培育工程技术的发展趋势 ……… (200)
(三) 国外经验（典型案例分析） ……… (200)
二、营养与饲料工程技术 ……… (201)
(一) 世界营养与饲料工程技术发展现状 ……… (201)
(二) 面向2030年的世界营养与饲料工程技术发展趋势 ……… (202)
(三) 国外经验（案例分析） ……… (205)
三、病害防控工程技术 ……… (206)
(一) 世界病害防控工程技术的发展现状 ……… (206)
(二) 面向2030年的世界病害防控工程技术的发展趋势 ……… (207)
(三) 国外经验 ……… (208)
四、养殖工程技术与装备 ……… (210)
(一) 世界养殖工程技术与装备的发展现状 ……… (210)
(二) 面向2030年的世界海水养殖工程技术与装备的发展趋势 ……… (212)
(三) 国外经验（典型案例分析） ……… (214)
第四章 我国海水养殖工程技术与装备面临的主要问题 ……… (219)
一、育种理论与技术体系不完善，良种缺乏，海水养殖主要依赖野生种 ……… (219)
二、技术研究和开发不足，优质饲料蛋白源短缺，配合饲料普及率有待提高 ……… (220)

三、基础研究薄弱，疾病防治专用药物和制剂开发落后，缺乏应急机制与保障措施 …………………………………………… (221)
四、养殖工程技术和装备现代化程度不高，传统比例较大，配套设施与技术研究依然落后 ……………………………………… (221)

第五章　我国海水养殖工程技术与装备的发展战略和任务 ……………………………………………………………………… (223)

一、战略定位与发展思路 …………………………………………… (223)
（一）战略定位 ……………………………………………………… (223)
（二）战略原则 ……………………………………………………… (223)
（三）发展思路 ……………………………………………………… (223)
二、战略目标 ………………………………………………………… (224)
三、战略任务与重点 ………………………………………………… (224)
（一）综述 …………………………………………………………… (224)
（二）分述 …………………………………………………………… (226)
四、发展路线图 ……………………………………………………… (230)

第六章　保障措施与政策建议 ……………………………………… (239)

一、强化政策引导，实施深远海规模养殖战略 …………………… (239)
二、完善体制机制，创新近浅海海水养殖产业发展模式 ………… (240)
三、健全法律法规，推进饲料和疫苗的推广与应用 ……………… (240)

第七章　海水养殖工程技术与装备重大工程与科技专项建议 ……… (242)

一、深远海规模养殖科技专项 ……………………………………… (242)
二、海水健康养殖科技专项 ………………………………………… (244)

专业领域三：我国海洋药物与生物制品工程与科技发展战略研究 ……………………………………………………………………… (247)

第一章　我国海洋药物与生物制品工程与科技发展的战略需求 …… (247)

一、维护国家海洋权益 ……………………………………………… (247)

二、提升海洋生物资源深层次开发利用水平 …………………………（247）
三、培育与发展战略性新兴产业 ……………………………………（248）

第二章　我国海洋药物与生物制品工程与科技发展现状 ……………（250）

一、我国海洋药物产业尚处于孕育期 ………………………………（250）
（一）我国海洋新天然产物的年发现量居世界首位 ……………（250）
（二）我国是最早将海洋生物用作药物的国家之一 ……………（250）
（三）我国海洋药物研发和产业化亟待重点发展 ………………（251）
二、我国海洋生物制品产业已迎来快速发展期 ……………………（252）
（一）我国海洋生物制品的研发已取得长足的进步 ……………（252）
（二）我国海洋生物制品产业发展正处于战略机遇期 …………（253）

第三章　世界海洋药物与生物制品工程与科技现状以及发展趋势 …（255）

一、世界海洋药物与生物制品工程与科技现状 ……………………（256）
（一）海洋药物研发突飞猛进 ……………………………………（256）
（二）海洋生物制品已形成新兴朝阳产业 ………………………（258）
二、面向2030年的世界海洋药物与生物制品工程与科技以及发展趋势
……………………………………………………………………（259）
（一）药用与生物制品用海洋生物资源的利用逐步从近海、浅海
向远海、深海发展 ……………………………………………（259）
（二）各种陆地高新技术在药用与生物制品用海洋生物资源的
利用中得到充分和有效的利用 ………………………………（260）
（三）以企业为主导的海洋药物与生物制品研发体系成为主流 …（260）

第四章　我国海洋药物与生物制品工程与科技面临的主要问题 ……（261）

一、资源层面上，开发利用的海洋生物资源种类十分有限 ………（262）
二、技术层面上，研究基础薄弱，关键技术亟待完善与集成 ……（264）
（一）我国海洋药物与生物制品研究基础薄弱，投入不足 ……（264）
（二）我国海洋药物与生物制品研发的关键技术亟待完善与集成
……………………………………………………………………（264）
三、产品层面上，品种单调，产业化程度低、应用领域狭窄 ……（265）

（一）我国在研的海洋药物品种少，新药创新能力不强 ……… (265)
（二）我国海洋生物酶品种少，产业化规模小、应用领域狭窄 … (266)
（三）我国海洋农用生物制剂产业化规模偏小，推广应用不够 … (267)
（四）我国海洋生物材料研发进度迟缓，动物疫苗研究刚刚起步 ……………………………………………………………… (267)
四、体制层面上，资助力度小，企业参与度低，研究力量分散 … (268)

**第五章 我国海洋药物与生物制品工程与科技发展战略和任务** …… (269)

一、战略定位与发展思路 …………………………………… (269)
（一）战略定位 ……………………………………………… (269)
（二）战略原则 ……………………………………………… (269)
（三）发展思路 ……………………………………………… (269)
二、战略目标 ………………………………………………… (270)
（一）2020 年 ……………………………………………… (270)
（二）2030 年 ……………………………………………… (270)
（三）2050 年 ……………………………………………… (270)
三、战略任务与重点 ………………………………………… (271)
（一）总体任务 ……………………………………………… (271)
（二）近期重点任务 ………………………………………… (272)
四、发展路线图 ……………………………………………… (273)

**第六章 保障措施与政策建议** …………………………… (274)

一、发挥政府引导，形成国家战略 ………………………… (274)
二、整合研究力量，注重技术集成 ………………………… (274)
三、突出企业主体，加快产品开发 ………………………… (275)

**第七章 重大海洋药物与生物制品工程与科技专项建议** ………… (276)

一、研发项目——创新海洋药物 …………………………… (276)
二、产业化项目——新型海洋生物制品 …………………… (277)
（一）海洋生物酶制剂 ……………………………………… (277)
（二）海洋生物功能材料 …………………………………… (278)

（三）海洋绿色农用生物制剂 …………………………（279）
三、建设项目——综合性技术平台和产业化基地 ………………（280）
（一）海洋创新药物研发集成技术平台 ……………………（280）
（二）海洋生物制品产业化基地 …………………………（280）
（三）海洋微生物高密度发酵关键技术平台 ………………（281）
（四）海水养殖动物疫苗和免疫增强剂综合实验平台 ………（281）

**专业领域四：我国海洋食品质量安全与加工工程技术发展战略研究**
…………………………………………………………（283）

**第一章　我国海洋食品质量安全与加工工程技术的战略需求** ………（283）

一、我国海洋食品质量安全工程与科技的战略需求 ……………（283）
（一）行业发展背景 …………………………………（283）
（二）消费市场发展背景 ………………………………（288）
（三）战略需求 ……………………………………（290）
二、我国海洋食品加工流通工程与科技的战略需求 ……………（291）
（一）保障海洋食品有效供给 ……………………………（291）
（二）改善国民膳食结构 ………………………………（292）
（三）优化海洋渔业经济结构 ……………………………（292）

**第二章　我国海洋食品质量安全与加工工程技术的发展现状** ………（294）

一、我国海洋食品质量安全工程与科技的发展现状 ……………（294）
（一）学科发展及技术水平 ……………………………（294）
（二）科研机构及队伍体系 ……………………………（299）
（三）法律法规和标准体系 ……………………………（299）
（四）监管技术体系及生产层面的质量安全保障能力 …………（300）
二、我国海洋食品加工流通工程与科技的发展现状 ……………（304）
（一）海洋食品加工产业不断壮大，共性关键技术研究取得
重要进展 …………………………………………（305）
（二）以市场为导向的加工产品种类不断增加，规模化加工
企业数量不断扩大 ……………………………………（305）

（三）海洋食品物流体系已初步形成，但规模化程度低，体系落后 ……………………………………………………………… (306)
（四）海洋食品加工与流通装备自主研发与制造能力初步形成 ……………………………………………………………… (307)
三、我国海洋食品质量安全与加工水平及国际发展水平趋势 …… (308)
**第三章 世界海洋食品质量安全及加工工程技术的发展现状与趋势** … (309)
一、世界海洋食品质量安全与加工工程技术的发展现状与主要特点 ……………………………………………………………… (309)
（一）世界海洋食品质量安全工程与科技的发展现状与主要特点 ……………………………………………………………… (309)
（二）世界海洋食品加工流通工程与科技的发展现状与主要特点 ……………………………………………………………… (312)
二、面向2030年世界海洋食品质量安全与加工工程技术的发展趋势 ……………………………………………………………… (315)
（一）面向2030年世界海洋食品质量安全工程与科技的发展趋势 ……………………………………………………………… (315)
（二）面向2030年的世界海洋食品加工流通工程与科技的发展趋势 ……………………………………………………………… (317)
三、国外经验（典型案例分析） ……………………………………… (318)
（一）国际水产品质量安全风险评估案例 ……………………………… (318)
（二）欧盟食品饲料快速预警系统（RASFF）案例 ……………… (319)
（三）挪威海洋食品完善的可追溯系统案例 ………………………… (320)
（四）美国水产品安全控制和质量保证案例 ………………………… (320)
（五）日本海洋食品消费的变动与启示 ……………………………… (321)
（六）美国海洋食品物流的发展经验 ………………………………… (323)
（七）日本水产品物流发展的经验 …………………………………… (324)
**第四章 我国海洋食品质量安全与加工工程技术存在的问题** ……… (326)
一、我国海洋食品质量安全工程与科技存在的问题 ………………… (326)
（一）学科发展及技术存在的问题 …………………………………… (326)

（二）科研机构及队伍体系存在的问题 …………………………（328）
（三）法律法规和标准体系存在的问题 …………………………（329）
（四）监管技术体系及生产层面的质量安全保障能力存在的问题 ……………………………………………………………………（329）
二、我国海洋食品加工流通工程与科技面临的主要问题 …………（333）
（一）我国海洋食品加工工程与科技发展面临的主要问题 ……（333）
（二）我国海洋食品物流工程学科发展面临的主要问题 ………（335）
**第五章 我国海洋食品质量安全与加工工程技术的发展战略和任务** ……………………………………………………………………（338）
一、战略定位与发展思路 …………………………………………（338）
（一）战略定位 ………………………………………………………（338）
（二）战略原则 ………………………………………………………（338）
（三）发展思路 ………………………………………………………（338）
二、战略目标 ………………………………………………………（339）
（一）2020 年（进入海洋强国初级阶段） ………………………（339）
（二）2030 年（建设中等海洋强国） ……………………………（340）
（三）2050 年（建设世界海洋强国） ……………………………（340）
三、战略任务与重点 ………………………………………………（342）
（一）总体任务 ………………………………………………………（342）
（二）重点任务 ………………………………………………………（342）
四、发展路线图 ……………………………………………………（344）
**第六章 保障措施与政策建议** ……………………………………（346）
一、加强海洋食品质量安全科研与监管体系队伍及能力建设 ……（346）
二、加快健全海洋食品质量安全法律法规和标准体系 …………（346）
三、加大质量安全、加工和流通科研的政策及经费支持力度 ……（347）
四、制定适合国情的现代海洋食品物流发展规划，加大物流基础设施建设投入力度 ……………………………………………………（347）
五、大力加强现代海洋食品加工与物流的高素质人才培养 ………（348）

第七章 我国海洋食品质量安全重大工程与科技专项建议 …………（349）
一、顺向可预警、逆向可追溯的海洋食品全产业链监管技术工程 …………（349）
（一）必要性分析 …………（349）
（二）重点内容与关键技术 …………（350）
（三）预期目标 …………（352）
二、海洋食品加工创新工程 …………（352）
（一）必要性分析 …………（352）
（二）重点内容与关键技术 …………（352）
（三）预期目标 …………（354）
三、海洋食品物流体系关键技术重大科技专项研究 …………（354）
（一）必要性分析 …………（354）
（二）重点内容及关键科技 …………（354）
（三）预期目标 …………（355）

# 第一部分
# 中国海洋生物资源工程与科技发展战略研究综合报告

# 第一章　我国海洋生物资源工程与科技发展的战略需求

世界面临着人口、环境与资源三大问题，这些问题当前在我国尤为突出。世界经济进入资源和环境“瓶颈”期后，陆域资源、能源和空间的压力与日俱增。进入21世纪以来，人类重新把目光聚焦到海洋，全球进入到全面开发利用海洋的时代，各国对海洋资源的开发和争夺异常激烈。海洋已成为全球新一轮竞争发展的前沿阵地。

海洋有着广阔的空间和丰富的资源。海洋生物资源是一种可持续利用的再生性资源，是海洋生物繁茂芜杂、自行增殖和不断更新的特殊资源。海洋生物资源包括群体资源、遗传资源和产物资源。群体资源是指具有一定数量且聚集成群的生物群体及个体，形成人类采捕的对象；遗传资源是指具有遗传特征的海洋生物分子、细胞、个体等材料，可供增养殖开发利用；产物资源是指海洋动植物和微生物的生物组织及其代谢产物，开发利用为医药、食品和化工材料的潜力巨大。海洋生物资源与海水化学资源、海洋动力资源和大多数海底矿产资源不同，其主要特点是通过生物个体和亚群的繁殖、发育、生长和新老替代，使资源不断更新，种群不断获得补充，并通过一定的自我调节能力而达到数量上的相对稳定。整个地球生物每年的生产力相当于1 540亿吨有机碳，而海洋生物占了87%。

海洋生物种类占全球生物物种80%以上，是食品、蛋白质和药品原料的重要来源。其中海洋渔业资源极为重要，为人类提供了大量优质蛋白，捕捞野生资源的海洋渔业已经发挥了最大潜力，资源持续利用的前景并不乐观。全世界海洋捕捞产量在1996年达到顶峰的8 640万吨后，开始小幅回落，稳定在8 000万吨左右，2011年全球登记产量为7 890万吨。自1974年联合国粮农组织（FAO）开始监测全球渔业资源种群状况以来，尚未完全开发种群比例从1974年的40%下降到2009年的12%，被完全开发的种群比例从1974年的50%增加到2009年的57%，过度开发的种群比例从

1974 年的 10% 增加到 2009 年的 30%，占世界海洋捕捞产量约 30% 的前 10 位的种类多数已被完全或过度开发。对一些高度洄游、跨界和完全或部分在公海捕捞的其他渔业资源，情况也相当严峻，海洋捕捞过度已是一个很普遍的现象。同时，某些远洋渔业资源丰富，如南极生态系统的关键物种南极磷虾生物量为 6.5 亿～10 亿吨，年可捕量达 0.6 亿～1.0 亿吨，是重要的战略资源。虽然我国南极磷虾渔业尚处于试验性商业开发的初级阶段，但随着其捕捞技术的突破，高值产品的产业链已经基本形成，南极磷虾资源在保障我国食品安全供给方面的重要性将日益提高。

我国是个海洋大国，大陆海岸线 18 000 余千米，管辖海域面积约 300 万平方千米，约占全国陆地面积的 1/3，跨越了温带、亚热带、热带 3 个气候带。我国大陆架宽阔，水体营养丰富，生物种类多样，为海洋生物资源的开发奠定了基础，提供了有利条件。因而，我国在海洋生物资源开发利用方面具有独特的优势。随着科学技术的进步，海洋生物资源成为我国食物的重要来源和战略后备。当今，全球性区域经济发展由陆域向海域渐次推进，世界各沿海国家向海洋进军已是大势所趋。我国从被这个大势所裹挟，到乘势自主发展，在世界海洋生物资源开发中的地位和作用正在不断提升。

科学合理地开发、利用和保护海洋生物资源是我国在保障食物安全、推动经济发展、形成战略性新兴产业、维护国家权益等方面的重要战略需求，直接关系到我国海洋强国战略的实现，关系到生态文明建设的成功，关系到小康社会的最终建成。

## 一、多层面开发海洋水产品，保障国家食物安全

食物安全问题始终是国家关心的头等大事。随着我国工业化和城镇化建设的快速推进，加剧了耕地和水资源短缺的问题。气候变化诱发的自然灾害等问题，可能使中国农业更为脆弱。入世过渡期结束后，跨国公司开始以迅猛势头进入食物生产与流通领域，生物能源发展、投资资本炒作等对食物安全的影响长期而深远。

在中国，人们习惯于将传统上的主食统称为“粮食”，主要是指稻谷、小麦、玉米、薯类等淀粉作物类和豆类两大类作物。但在国际上，与中文对应的“粮食”这个概念并不存在，国际组织及世界各国政府高度关注的

是“Food”即“食物”，其来源可以是植物、动物或者其他界的生物，不只包含常说的“粮食”，还涵盖肉禽蛋奶和水产品等重要内容。我们面临的绝非仅仅是“粮食”安全问题，而是一个更为广义的“食物”安全问题。

海洋水产品是人们健康食物结构中优质的一环，是与畜禽类同样的必需品，不仅是优质蛋白质的重要来源，更是稀缺优质脂肪的主要来源。我国海洋生物种类繁多，是世界上12个生物多样性特别丰富的国家之一。海洋中约有20万种生物，其中已知鱼类约1.9万种，甲壳类约2万种。以浮游植物年产量为基础估算世界海洋渔业资源量，世界海洋浮游植物年产量5 000亿吨，折合成鱼类年产量约6亿吨。

海洋捕捞是对天然水产品的初级利用，只要开发得当，就能充分发挥海洋水产品在保障食物安全中的重要作用，就能实现长期、持续和大量的优质天然海水产品供给。海水养殖是人类主动、定向利用海域生物资源的重要途径，已经成为对食物安全、国民经济和贸易平衡做出重要贡献的产业。美国环境经济学家莱斯特·布朗曾在1994年提出“谁来养活中国”的惊世疑问，但在2008年他又指出水产养殖是当代中国对世界的两大贡献之一，认为世界还没有充分意识到这件事情的伟大意义。水产养殖每年提供超过4 000万吨的优质蛋白质食品，这是世界上最有效率的食物生产技术。Daniel Cressey于2009年3月在英国《自然》杂志第458卷上撰文“未来的鱼”，认为“要满足对水产品日益增长的要求，除了养殖，别无他途”。

我国海水养殖的种类包括鱼类、虾蟹类、贝类、藻类四大类，产量位居世界首位，是世界上唯一养殖产量超过捕捞产量的国家。2012年，全国海水养殖面积2 180 930公顷，海水养殖产量1 643.81万吨（占海洋水产品产量的54.19%）。海水养殖不仅现在是，而且将来仍然是人们利用海洋生物资源以保障食物安全的一个越来越重要的途径。海洋渔业资源与生态专家估计，如果要稳定我国目前水产品的人均消费量，到2030年前后全国人口达到15亿时，我国水产品需求要增加2 000万吨以上。同时，用于海水养殖动物的人工配合饲料所需原料主要来自农副产品和食品加工后剩下的人们不能食用的下脚料，如榨取和提炼大豆油后剩下的豆饼和豆粕，生产花生油后剩下的花生饼和花生粕，酿酒后剩下的酒糟，禽类加工后剩下的羽毛等。海水养殖一方面为人类提供了含优质蛋白质和优质脂肪酸的水产品；另一方面高效利用了人们不能食用的“食物”副产品。可见，海水养殖对提高人们的生活水平，建设资源节约型社会意义重大，海洋生物资源对保障我国食物安全的贡献必将越来越大。

## 二、加强蓝色生物产业发展，推动海洋经济增长

食物安全是经济发展的基础，综合开发利用海洋资源的蓝色经济是我国经济发展上一个新台阶的强大而持续的助推器。蓝色经济是最近几年刚刚提出的新经济概念，尤其是当前全球经济正处于调整转型的关键时期，这一新的概念与思维的出现，具有特别重要的现实和重大的战略意义。2012年全国海洋生产总值50 087亿元，比上年增长7.9%，海洋生产总值占国内生产总值的9.6%。全国涉海就业人员达到3 420万人。建设海洋经济强国是中华民族从“黄河文明”走向“蓝色文明”的第一步，是蓝色文明的经济基础。

被誉为第四次科技革命浪潮的生物经济逐步形成为与农业经济、工业经济、信息经济相对应的新经济形态，是新的经济增长点，其市场空间可能是信息产业的10倍。生物经济具有科技含量高，投资回报期偏长，对生物资源依赖性强，产品与产业多元化，市场容量大、商业价值高，生物经济的消费更具“人本化”，生命伦理与基因污染问题突出等特点。目前我们正处在信息经济的成熟阶段和生物经济的成长阶段，预期到2020年，我们将面临一个成熟的生物经济时代，生物经济将成为我国跨越式发展的突破口。

随着蓝色经济和生物经济的兴起，以开发利用海洋生物资源为主体的经济活动已赋予生物经济新的内涵。以海洋生态系统和与之生存的生物资源（包括群体资源、遗传资源和产物资源）为基础，利用先进可行技术和高新技术支撑所催生的生物经济可视为蓝色生物经济。蓝色生物经济是生物经济与蓝色经济的交集。海洋渔业是蓝色生物经济中的基础和战略性产业，涵盖了捕捞业、养殖业、海产品储运与加工业等传统产业，其领域和链条还拓展到设施渔业、增殖渔业、休闲渔业等新兴产业，具有规模化、集约化、设施化、智能化等特点。另一方面，海洋生物产业中的药物产业是具有良好发展前景的朝阳产业，大力发展海洋药物和生物制品产业，将成为我国海洋经济的新增长点并形成战略性新兴产业。自20世纪90年代以来，海洋水产养殖、海洋药物研究开发和海洋环境保护等方面成为世界各

国竞相发展的热点。随着海洋生物组学、生物有机化学和合成生物学、免疫学和病害学、微生物学、生殖生物学以及环境和进化生物学等为代表的海洋前沿生物技术的长足发展，并在现代水产养殖、海洋农业生物安全、食物安全、海洋生物资源养护和环境的生物修复、生物材料和生物炼制以及生物膜和防腐蚀等领域的应用，蓝色生物经济会日趋成熟。2012 年我国海洋生物经济占海洋产业生产总值的 18.6%（其中海洋渔业 17.8%，海洋生物医药业 0.8%），仅次于滨海旅游业和海洋交通运输业。

随着蓝色生物经济的发展，其经济模式已经发生并仍在发生着深刻的转变。原来的个体和合作制的劳动密集型、资源掠夺式的经济模式早已走到尽头，新的现代化蓝色生物经济模式已见雏形，其特点是企业规模大、科技含量高、市场机制健全、抗风险能力提高、负责任地开发利用资源。随着蓝色生物经济的转型，劳动生产率的大幅度提高，部分生物资源的枯竭或者有计划地保护（如禁渔），导致了一些新的社会问题。例如，大量以沿海捕捞为生计的渔民上岸，以捕捞和养殖为生计的城镇周围的渔民失海，需要重新就业。蓝色生物经济的发展不失时机地解决了这些问题，深远海生物资源的开发、海水养殖业和水产加工业吸纳了大量失业渔民，促进了区域经济的发展，维护了沿海地区的社会稳定。

海洋对我国目前和长远发展都具有不可替代的作用。作为 21 世纪人类社会可持续发展的宝贵财富和最大空间，人口趋海移动的趋势将加速，蓝色生物经济正在并将继续成为全球经济新的增长点，这一点毋庸置疑。

## 三、强化海洋生物技术发展，培育壮大新兴产业

海洋产业是指开发、利用和保护海洋资源而形成的各种物质生产和非物质生产部门的总和，即人类利用海洋资源和海洋空间所进行的各类生产和服务，或人类在海洋中以及以海洋资源为对象所进行的社会生产、交换分配和消费活动。新兴产业主要是指采用各种新兴高技术而产生、发展起来的一系列新兴行业。

海洋战略性新兴产业以海洋高新科技发展为基础，以海洋高新科技成果产业化为核心内容，具有重大发展潜力和广阔市场需求，体现了一个国家和地区在未来海洋利用方面的潜力，直接关系到国家和地区能否在 21 世纪的蓝色经济时代占领世界经济发展的制高点。当前，越来越多的国家调

整战略、制定政策和发展规划，都把大力培育和催生海洋新兴产业作为推动经济发展的动力之一。

2013年1月，国务院印发的《生物产业发展“十二五”规划》，要求加快推进生物产业这一国家战略性新兴产业持续快速健康发展，并将海洋生物产业列为重点发展领域之一。《全国海洋经济发展“十二五”规划》中明确指出，海洋药物和生物制品业是四大战略性海洋新兴重点产业之一。海洋药物和生物制品业以海洋生物为原料或提取生物活性物质、特殊生物基因等成分，进行海洋药物、功能食品、生物材料等的生产加工的活动。这个产业区别于一般生物产业，可称为海洋新生物产业，是国际竞争最激烈的领域之一。海洋新生物产业具有潜在的巨大市场需求，拥有良好性能的海洋生物医药和保健产品、海洋生物新材料等的产业化以及基于海洋生物基因技术的海洋生物品种改良，可以创造出巨大的海洋生物产品市场，拓展生物医药产业、新材料产业以及海水养殖业发展空间，极具发展潜力。海洋新生物产业的上游是海洋生物技术，强化海洋生物技术的发展，保障海洋生物资源的可持续利用，对于培育和壮大海洋新生物产业有重大意义。

目前，我国海洋新生物产业已经初具规模，受到政府、企业、科研机构等多方面的重视，产业发展的良好环境初步形成。2012年，全国海洋生物医药产业继续保持增长态势，全年实现增加值172亿元，比上年增长13.8%。可以预计未来10~20年海洋新生物产业化进程将大大加快，海洋新生物产业将迎来快速发展的黄金时代。到2030年，海洋新生物产业将成为国家海洋战略性新兴产业的第一大支柱性产业，成为国民经济和社会发展中主导战略性新兴产业形成的主要贡献者，成为保障当代人民健康、提高生活质量的主导产业之一，在国际生物产业发展中具有竞争的主动权。

## 四、重视海洋生物资源养护，保障海洋生态安全

党的十八大报告提出了“大力推进生态文明建设”的战略部署，明确指出：面对资源约束趋紧、环境污染严重、生态系统退化的严峻形势，加大自然生态系统和环境保护力度，建设生态文明，是关系人民福祉，关系民族未来的长远大计。海洋生态安全是我国生态文明建设的重要组成部分。党的十八大报告中对“建设海洋强国”做出了明确的战略部署，提出“提高海洋资源开发能力、发展海洋经济、保护海洋生态系统”。

海洋是人类生命活动的摇篮，除了调节着全球的气候和降水，还为人类提供了丰富多样的鱼、虾、贝、藻等水产品，为地球存蓄了约25%的基因资源。然而，海洋也是一个相对脆弱的自然生态系统，其资源并非取之不尽、用之不竭，环境也需要保持着较好状态。近海是包括渔业资源在内的生物多样性的关键海域，从我国渤海、黄海、东海和南海四大海区来看，新中国成立以来已经丧失了50%以上的滨海湿地，天然岸线减少、海岸侵蚀严重。目前主要经济渔获物大幅度减少，赤潮、绿潮和水母灾害不断，近海富营养化严重，亚健康和不健康水域的面积逐年增加。加之中国大量海洋与海岸工程构筑在河口、海湾、滩涂和浅海，多种工程的生态影响相叠加，致使中国海洋生态灾害集中呈现，海洋生态安全前景堪忧。相比陆地生态系统而言，海洋与江河湖泊等水生生态系统的破坏性往往是长期、甚至永久的，生态系统的恢复十分困难，修复也很艰难，太湖、滇池等富营养化水体治理的进程缓慢已充分说明了这个问题。

为此，必须重视近海资源养护，治理受损渔业生态环境，恢复海洋渔业资源的数量和质量，使其能够满足人类对优质蛋白质的需求。近年来，我国在近海资源养护和生态环境修复等方面进行了积极探索，2006年2月，国务院印发了《中国水生生物资源养护行动纲要》，人工鱼礁、海洋牧场等工程建设得到了大力推广，并且海洋牧场可以充分发挥其生物移碳、固碳和环境调节功能，成为扩增海洋碳汇功能的重要途径。但是，我国近海资源养护工程和科技发展的现状相对于渔业资源的恢复及渔业生态环境的修复需要还有很大差距，诸多关键技术环节亟待实现转变和突破，必须进一步推进近海资源养护领域的工程建设和高新科技研发，多方探求解决近海资源养护和恢复的途径，确保近海渔业资源及其栖息环境实现稳定、可持续发展。

大力发展海水养殖，提供足量优质养殖水产品，可以缓解对水产品捕捞的依赖，保护海域自然生态系统。合理布局和规模控制海水养殖，发展陆基工厂化海水养殖，逐步实现半封闭和全封闭循环水养殖，减少养殖污水排放，甚至零排放。推广普及环境友好型高效人工配合饲料，加强病害的生态防控，改进养殖技术，提升管理水平，减少近浅海养殖对环境的污染。

通过实施海洋生物资源工程与科技发展的近海生物资源养护工程、海水养殖发展工程和远洋渔业资源开发工程，实现全海域海洋生物资源的有效保护和科学利用，保障海洋生态安全，为我国的生态文明建设做出重大积极贡献。

## 五、“渔权即主权”，坚决维护国家权益

近期发生的中日和中菲的岛屿之争，反映出我国在一些敏感海域的海权不断受到一些国家的侵扰和蚕食，凸显出新的历史时期维护我国国家主权和海洋权益的重要性和紧迫性。在领土主权和海洋管辖权争议区域，渔业因其特有的灵活性、广布性和群众性，对维护国家海洋权益具有不可替代的重要作用，应该放到所涉及的国际关系大局中考虑。此外，全球海洋生物资源已成为各国竞相争夺的战略资源，渔业也是国家拓展外交、参与国际资源配置与管理、处理国际关系的重要领域。

现实情况表明，“渔权即主权，存在即权益”。渔权是海权的一项重要内容和主要表现形式。世界各国对海洋权益的争夺，很多情况下表现为因海洋渔业利益的冲突而对渔场、捕鱼权的争夺。这种冲突和争夺始终伴随并促进着国际海洋法的发展，导致了一些重要的海洋法概念的形成和确立。1994 年《联合国海洋法公约》生效后，专属经济区制度的确立，使得公海渔权成为海权争端的热点和焦点问题。海洋生物资源的可持续开发和利用引起世界各国的高度关注，特别是开发远洋生物资源逐渐成为国家海洋权益的重要组成部分，对远洋生物资源管理拥有一定的话语权和参与权已成为国家综合实力的体现。在新的世界海洋资源管理体制下，各沿海国家纷纷把可持续开发海洋、发展海洋经济定为基本国策，特别是将开发公海和远洋生物资源作为国家发展战略，例如目前对丰富的南极磷虾资源的开发。在“存在即权益”的现实下，针对包括海洋生物资源在内的争夺日益激烈。世界各国一方面加强本国海洋生物资源的养护和管理；另一方面积极研发新技术、配备新装备，利用高新技术加大对远洋海域生物资源的开发和利用。此外，海洋生物资源伴随海水所具有的流动性，可能使得归属某国的海洋生物资源进入他国领海管辖范围，在此过程中，科技实力相对较弱的国家往往无法对其领海内的海洋生物资源进行有效的保护。尽管国际公约、各国法律、区域性规范均对远洋海洋生物（包括跨界洄游生物）资源捕捞、养护和管理进行了规定，但并没有有效制止远洋生物资源被瓜分和滥捕的

现象，而各类规定的颁布对我国已有的海洋生物资源权益进行了更为苛刻的管制，更加制约着我国远洋渔业的发展，甚至使我国传统海域如黄海、东海的捕捞业也受到严峻挑战。增强我国对远洋生物资源的掌控能力，维护我国与他国公约重叠海域内的海洋生物权益，不仅需要加强海洋监管、巡航和执法力度，而且迫切需要加快远洋渔业工程建设与科技进步，突破我国专业化远洋渔船捕捞装备、助渔仪器、船载水产品加工设备等关键技术限制，增强远洋生物资源开发的综合实力，为维护我国应有的海洋生物资源权益提供支持。

同时，发展远离陆地及市场的以海水养殖为代表的深远海海域蓝色农业，对应多变的海洋条件，需要构建规模化的产业链及安全可靠的生产设施，以工业化的生产经营方式发展集约化养殖，包括深水大型网箱设施、大型固定式养殖平台和大型移动式养殖平台等离岸深海养殖工程。深远海大型养殖设施的构建，如同远离大陆的定居型海岛，具有显示主权存在的意义。在我国与周边国家海域纠纷突出的状况下，发展深远海大型养殖设施就是“屯渔戍边”，守卫领海，实现海洋资源的合理利用与有效开发。

# 第二章 我国海洋生物资源工程与科技发展现状

我国海洋生物种类繁多，生物资源开发和利用的潜力大，海洋捕捞产量和海水养殖产量近20年来一直稳居世界首位。经过科研人员多年来的努力研究以及政府部门的有效管理，在海水养殖工程技术与装备、远洋渔业资源开发工程、海洋药物与生物制品工程、近海生物资源养护工程、海洋食品质量安全与加工流通工程等领域的重要关键技术上逐步缩小了与国际先进水平的差距。我国海洋生物资源的开发利用已经取得了显著的成果，奠定了工程与科技发展的基础，形成了初步的技术体系。

## 一、我国海水养殖工程技术与装备发展现状

海水养殖工程技术涉及水（水环境和生态）、种（遗传育种和扩繁）、病（病害防控）、饵（饲料）及相关的养殖工程技术与装备（陆基养殖、浅海养殖和深海养殖）。

### （一）遗传育种技术取得重要进展，分子育种成为技术发展趋势

我国在海水养殖生物品种领域取得重要进展，早期以引进种为主，近几年多为杂交选育种，已累积获得30余个国家水产新品种（表1－2－1），标志着我国初步形成了海水养殖育种技术体系。培育的新品种在产业中得到推广应用，使我国跻身于海水养殖育种的世界先进行列。新品种培育研究已开始由传统选育向以分子育种为主导的多性状、多技术复合育种和设计育种的转变。海水养殖动物种苗繁育关键技术实现了跨越式发展，形成了符合我国海区特点的海水养殖种苗繁育技术体系。实现了半滑舌鳎的全人工苗种繁育、斜带石斑鱼全人工大规模育苗、大菱鲆的工厂化育苗，促进了我国海水鱼养殖业和增养殖业的迅速发展。但整体上讲，目前我国海水养殖业的良种覆盖率还相当低，与我国海水养殖的产业规模比较，新品种还是太少，而且新品种的培育周期也过长，难以满足产业发展的需求。

表1-2-1 我国海水养殖新品种

| 序号 | 品种名称 | 年份 | 登记号 | 类别 |
| --- | --- | --- | --- | --- |
| 1 | 罗氏沼虾 | 1996 | GS-03-012-1996 | 引进种 |
| 2 | 海湾扇贝 | 1996 | GS-03-015-1996 | 引进种 |
| 3 | 虾夷扇贝 | 1996 | GS-03-016-1996 | 引进种 |
| 4 | 太平洋牡蛎 | 1996 | GS-03-017-1996 | 引进种 |
| 5 | “901”海带 | 1997 | GS-01-001-1997 | 引进种 |
| 6 | 大菱鲆 | 2000 | GS-03-001-2000 | 引进种 |
| 7 | SPF 凡纳滨对虾 | 2002 | GS-03-001-2002 | 引进种 |
| 8 | 中国对虾“黄海1号” | 2003 | GS-01-001-2003 | 选育种 |
| 9 | “东方2号”杂交海带 | 2004 | GS-02-001-2004 | 杂交种 |
| 10 | “荣福”海带 | 2004 | GS-02-002-2004 | 杂交种 |
| 11 | “大连1号”杂交鲍 | 2004 | GS-02-003-2004 | 杂交种 |
| 12 | “蓬莱红”扇贝 | 2005 | GS-02-001-2005 | 杂交种 |
| 13 | “中科红”海湾扇贝 | 2006 | GS-01-004-2006 | 选育种 |
| 14 | “981”龙须菜 | 2006 | GS-01-005-2006 | 选育种 |
| 15 | 杂交海带“东方3号” | 2007 | GS-02-002-2007 | 杂交种 |
| 16 | 漠斑牙鲆 | 2007 | GS-03-002-2007 | 引进种 |
| 17 | 中国对虾“黄海2号” | 2008 | GS-01-002-2008 | 选育种 |
| 18 | 海大金贝 | 2009 | GS-01-002-2009 | 选育种 |
| 19 | 坛紫菜“申福1号” | 2009 | GS-01-003-2009 | 选育种 |
| 20 | 杂色鲍“东优1号” | 2009 | GS-02-004-2009 | 杂交种 |
| 21 | 刺参“水院1号” | 2009 | GS-02-005-2009 | 杂交种 |
| 22 | 大黄鱼“闽优1号” | 2010 | GS-01-005-2010 | 选育种 |
| 23 | 凡纳滨对虾“科海1号” | 2010 | GS-01-006-2010 | 选育种 |
| 24 | 凡纳滨对虾“中科1号” | 2010 | GS-01-007-2010 | 选育种 |
| 25 | 凡纳滨对虾“中兴1号” | 2010 | GS-01-008-2010 | 选育种 |
| 26 | 斑节对虾“南海1号” | 2010 | GS-01-009-2010 | 选育种 |
| 27 | “爱伦湾”海带 | 2010 | GS-01-010-2010 | 选育种 |
| 28 | 大菱鲆“丹法鲆” | 2010 | GS-02-001-2010 | 杂交种 |
| 29 | 牙鲆“鲆优1号” | 2010 | GS-02-002-2010 | 杂交种 |
| 30 | 中华绒螯蟹“光合1号” | 2011 | GS-01-004-2011 | 选育种 |
| 31 | 海湾扇贝“中科2号” | 2011 | GS-01-005-2011 | 选育种 |

续表

| 序号 | 品种名称 | 年份 | 登记号 | 类别 |
|---|---|---|---|---|
| 32 | 海带“黄官1号” | 2011 | GS-01-006-2011 | 选育种 |
| 33 | 马氏珠母贝“海优1号” | 2011 | GS-02-002-2011 | 杂交种 |
| 34 | 牙鲆“北鲆1号” | 2011 | GS-04-001-2011 | 其他种 |
| 35 | 凡纳滨对虾“桂海1号” | 2012 | GS-01-001-2012 | 选育种 |
| 36 | 三疣梭子蟹“黄选1号” | 2012 | GS-01-002-2012 | 选育种 |
| 37 | “三海”海带 | 2012 | GS-01-003-2012 | 选育种 |
| 38 | 坛紫菜“闽丰1号” | 2012 | GS-04-002-2012 | 其他种 |

资料来源：全国水产原种和良种审定委员会.

### （二）生态工程技术成为热点，引领世界多营养层次综合养殖发展

基于生态系统的养殖生态工程技术成为国际研究热点。这种养殖理念将生物技术与生态工程结合起来，广泛采用新设施、新技术，以节能减排、环境友好、安全健康的生态养殖新生产模式来替代传统养殖方式。多营养层次的综合养殖（integrated multi-trophic aquaculture，IMTA）是建立在生态系统水平管理的一种养殖模式，即在同一养殖系统内进行多元化的养殖经营，提高单位设施利用率和养殖效果，注重养殖的最大经济效益，减少养殖活动对自然和生态环境的压力。我国以“巩固提高藻类、积极发展贝类、稳步扩大对虾、重点突破鱼蟹、加速拓展海珍品”为战略思想，初步实现了“虾贝并举、以贝保藻、以藻养珍（海珍品）”的良性循环，取得了一批国际领先或先进的科技成果。实行多营养层次的综合养殖模式，是减少养殖自身污染，实现环境友好型海水养殖业的有效途径之一，可以产生良好的经济、社会和生态效益。我国在这方面引领了世界的发展。

基于生态工程的海珍品增养殖技术是国际上最新发展的浅海生态增养殖模式与技术。该模式根据不同增养殖种类的生物学特性和生态习性，定向构建增殖礁体进行底质改良，通过生态工程技术人工构建海底植被，改善生态环境，为特定的高值、优质海洋生物的生长繁衍提供理想的环境条件和优质的天然饵料，同时放流人工培育的优质鲍、参、海胆、扇贝、魁蚶等苗种，实现浅海底播增养殖的高效可持续发展。

### （三）病害监控技术保持与国际同步，免疫防控技术成为发展重点

水产病害的防控主要涉及病原检测与病害预警技术、免疫防控技术和生态防控技术。病原检测与病害预警技术方面，我国发展并完善了水产病害基于抗体的免疫学检测方法和分子生物学方法，追踪世界先进技术开发了多种水产病害的PCR（聚合酶链式反应）、LAMP（环介导等温扩增）快速诊断技术，使我国水产病害诊断和流行病学监控技术的研究一直保持在与国际同步的水平上。近年来，国内的研究学者将基因芯片和抗体芯片技术应用于病原的检测，建立了新的病原监测方法。免疫防控技术方面，开发低成本高效疫苗和免疫抗菌、抗病毒功能产品，对重大流行性疾病进行免疫防治，已成为21世纪水产动物疾病防控研究与开发的主要方向。20世纪90年代中期开始，我国20多家高校和研究机构开展了水产疫苗及其相关研究，海水养殖鱼类疫苗中试规模正在扩大，临床试验顺利进行，逐步建立了具有病毒活疫苗和灭活疫苗、细菌活疫苗和亚单位疫苗生产能力的水产疫苗GMP中试与生产基地。生态防控技术方面，微生物生态技术及微生态制剂的使用是健康养殖中病害生态防治的重要途径。目前，水产养殖已使用的有益菌主要有芽孢杆菌、光合细菌、乳酸菌、酵母菌、放线菌、硝化细菌、反硝化细菌和有效微生物菌群（EM）等，产品类型正从单一菌种向复合菌种、从液态向固态发展。

### （四）水产营养研究独具特色，水产饲料工业规模世界第一

虽然我国水产动物营养和饲料学研究起步晚，但是由于国家产业政策的引导和巨大的产业需求，推动了我国水产动物营养研究与水产饲料工业的高速发展，形成了我国独具特色的水产营养研究和水产饲料工业发展模式，成为世界第一水产饲料生产大国。进入21世纪以来，我国水产饲料总量由2000年的510万吨增长到2012年的1 855万吨（图1－2－1）。我国的水产动物营养学和饲料研究基于“选择代表种、集中力量、统一方法、系统研究、成果辐射”的战略思路，构建了符合我国国情的水产饲料工业体系。

我国虽然是一个农业大国，但不是一个饲料资源大国。我国饲料原料的数量和质量都不能满足我国饲料工业高速发展的需要，尤其是优质蛋白质原料，如鱼粉、豆粕的70%依赖进口。我国在原料预处理（如发酵菌种

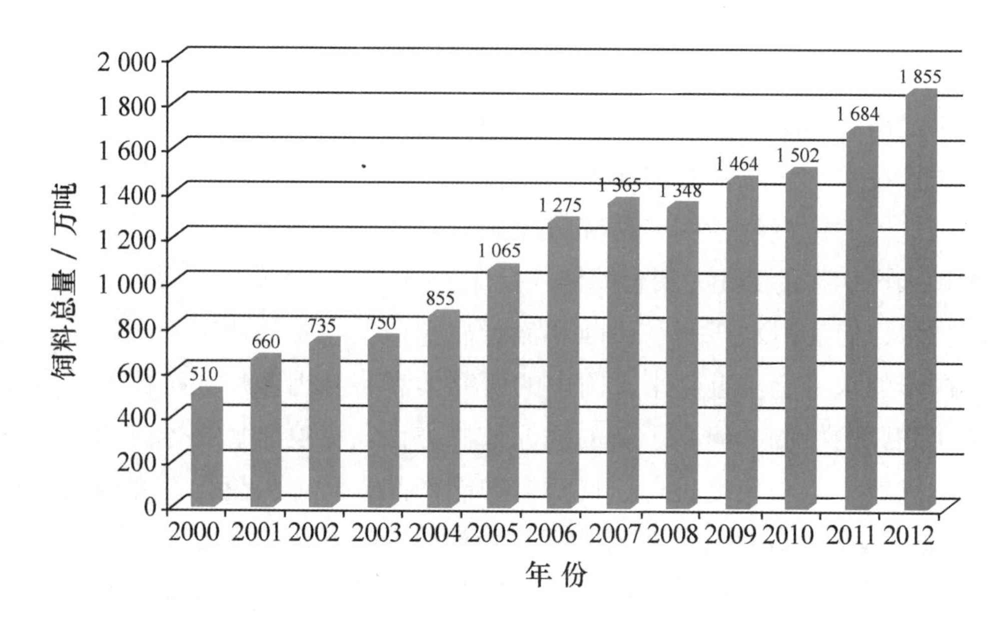


图 1－2－1 我国水产饲料总量统计分析（2000—2012 年）

资料来源：中国渔业统计年鉴（2000—2012 年）.

筛选、植物蛋白源复合发酵、酶处理、物理和化学处理）、饲料配方的营养平衡（如氨基酸平衡、能量平衡等）、添加剂（营养添加剂、诱食剂、外源酶添加剂）等方面取得良好进展，有效地提高了廉价饲料原料的生物利用率。进入 21 世纪以来，我国饲料添加剂工业有了长足发展，加快适用于海洋水产动物的新型专用饲料添加剂的开发与生产，逐步实现主要饲料添加剂国产化和专业化，改变长期以来借用畜禽饲料添加剂的局面。

通过探索与技术改造，消化吸收国外先进技术，我国饲料工业技术装备水平得到了快速提高，特别是微粉碎设备和膨化成套设备的研发与逐步普及，对提高我国水产饲料加工工艺水平和饲料质量起到重要的作用。现在我国生产的水产饲料加工成套设备，不仅基本满足了国内水产饲料生产的需要，而且外销到国际市场。

### （五）海水陆基养殖工程技术发展迅速，装备技术日臻完善

我国陆基循环水养殖模式和技术经过多年发展，突破了多项关键技术，研发出多项关键设备，节水节地等循环经济效应初步显现。20 世纪 90 年代以来，国家和地方政府大力支持开展工厂化养殖循环系统关键装备研究，以鲆鲽类为代表的海水鱼类循环水养殖系统是陆基养殖的一个突破口，1999

年创立了大菱鲆“温室大棚 + 深井海水”流水型工厂化养殖模式。现在，鱼池高效排污、颗粒物质分级去除、水体高效增氧、水质在线检测与报警等关键技术等已取得长足进步。在低温条件下的生物净化、臭氧杀菌等技术环节也取得了进展。开发的弧形筛、转鼓式微滤机、射流式蛋白泡沫分离器、低压及管式纯氧增氧装置、封闭及开放式紫外线杀菌装置等技术装备基本达到国际先进水平。工厂化全循环高效养殖模式成为海水养殖产业与养殖生态环境协调健康发展的一种有效解决方案。

### （六）浅海养殖容量已近饱和，环境友好和可持续发展为产业特征

我国浅海养殖的主要模式包括池塘养殖、滩涂养殖、筏式养殖、网箱养殖以及多营养层次综合养殖等。近年来，各种节能环保新技术开始在浅海养殖中得到应用，产业体现出环境友好和可持续发展的特征，基于工程化理念和技术的健康养殖体系是现阶段的发展重点。

海水池塘养殖模式以潮间带池塘、潮上带高位池和保温大棚为主。其中，潮间带池塘的生态养殖模式以自然纳潮进水或机械提水为主，部分配有增氧机，养殖虾、蟹、参、鱼、贝类等；潮上带高位池集约化养殖模式以对虾精养为主；保温大棚养殖模式以苗种暂养和反季节养殖为主。滩涂养殖的主要模式有滩涂底播养殖、滩涂筑坝蓄水养殖、滩涂插柱养殖、浅海筏式养殖。我国海水贝、藻养殖每年从水体中移出的碳量约为 120 万吨，相当于每年移出 440 万吨左右的二氧化碳。贝、藻养殖不仅在我国海水养殖产业中占有举足轻重的地位，而且为减排二氧化碳和科学应对全球气候变化做出了重要贡献。

海水鱼类网箱养殖具有单位面积产量高、养殖周期短、饲料转化率高、养殖对象广、操作管理方便、劳动效率高、集约化程度高和经济效益显著等特点。20 世纪 90 年代以后浅海网箱养殖发展迅速，养殖技术逐渐成熟，成为我国海水鱼类养殖的主要方式。至 2010 年，我国浅海普通网箱大约 1 700 万立方米，养殖产量 32 万吨，分布在沿海各地的内湾水域。

### （七）深海网箱养殖有所发展，蓄势向深远海迈进

我国于 1998 年引进了重力式高密度聚乙烯深水抗风浪网箱。从 2000 年开始，国产化大型深水抗风浪网箱的研发得到了国家与各级政府的大力支持，现在已基本解决深水抗风浪网箱设备制造及养殖的关键技术。升降式

深水网箱养殖系统已形成了一套优化的设计方法与制作工艺，提高了网箱的抗风浪能力，承受水流速度超过1米/秒。自主研发的高密度聚乙烯网箱框架专用管材和聚酰胺网衣，在总体性能和主要指标上已接近挪威水平。同时，还开发出一系列深海网箱配套装备。虽然我国在离岸抗风浪网箱研究上取得了多方面的技术突破，但是深水网箱设施系统抵御我国海区的强台风等自然灾害侵袭能力还很弱，深水网箱养殖设施系统要远离陆基、迈向大海，还要继续加强技术创新集成和经验积累。

目前，全国深水网箱养殖海区可到达30米等深线的半开放海域，养殖水体达500万立方米，养殖产量5.5万吨，主要养殖鱼类有大黄鱼、鲈鱼、美国红鱼和军曹鱼等10余种。

图1－2－2显示，在海水养殖工程与技术领域，我国的养殖模式与技术引领了世界的发展，营养与饲料工程和生态工程技术方面比较先进，达到国际2010年先进水平，而在遗传育种与苗种培育工程技术、病害防控工程技术和陆基与离岸养殖方面与国际先进水平有一定的差距。

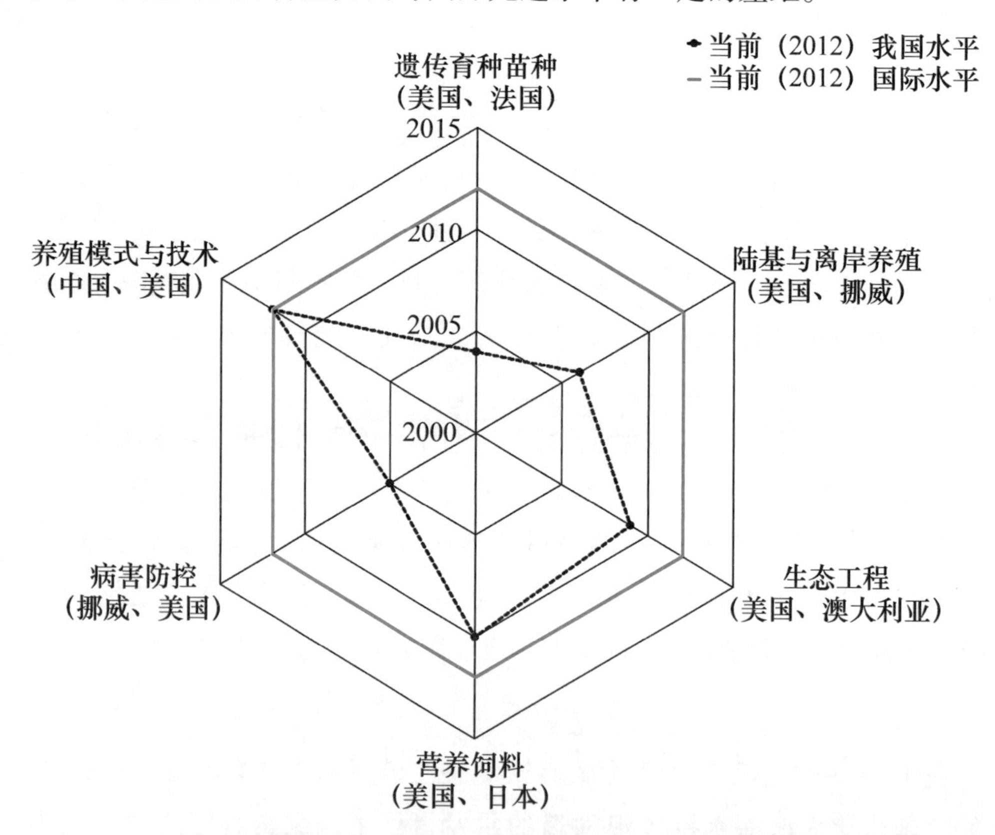


图1－2－2　我国海水养殖工程技术与装备的当前水平与国际发展水平比较

## 二、我国近海生物资源养护工程技术发展现状

近海生物资源养护工程主要包括近海渔业资源监测与渔业监管技术、负责任捕捞技术、增殖放流技术和海洋牧场构建技术、近海渔船升级改造和渔港建设工程技术。

### （一）渔业监管体系尚待健全，资源监测技术手段已基本具备

目前，我国渔业监管体系的建设已有较为完备的船舶登记、捕捞许可证审批发放管理体系和现代化的渔船动态数字化管理技术手段，所有合法渔船均已纳入有效管理，并建成一支逐步规范化的渔政执法队伍专门从事海上登临检查工作。但是渔业监管体系尚不健全，虽有少量渔船安装卫星链接式船位监控系统，但总体而言，在法规层面对渔船船位监控并没有统一要求，渔捞日志填写与报告、渔获转卸监控、科学观察员派驻等仍是监管体系的薄弱环节。

近海渔业资源监测技术包括渔业资源监测调查和渔业生产调查两大类。虽然我国在渔业资源底拖网调查和声学调查技术已基本达到国际先进水平，但渔业资源监测系统性方面与国际先进水平尚有一定的差距，主要原因是资源调查工作经费投入较少，缺乏长期系统性研究。

### （二）负责任捕捞技术处在评估阶段，尚未形成规模化示范应用

我国负责任捕捞技术主要围绕网具网目结构、网目尺寸、网具选择性装置等方面开展研究，尚处于研究评估阶段，未形成规模化示范应用。目前，有效评估了我国主要流刺网渔具结构和渔获性能，取得了东海区小黄鱼、银鲳、黄海区蓝点马鲛和南海区金线鱼刺网最小网目尺寸标准参数。成功获取了海区鱼拖网、多囊桁杆虾拖网、单囊虾拖网、帆张网、锚张网和单桩张网等不同捕捞对象体型特征的最适/最小网囊网目结构和尺寸参数。研制发明了适宜我国渔具结构和捕捞对象的圆形、长方形刚性栅和柔性分隔结构等多种选择性装置。在东海区蟹笼选择性研究方面，突破了传统渔网/具依靠改变网目尺寸提高选择性能的方法。

### （三）增殖放流规模持续扩大，促进了近海渔业资源的恢复

近年来，国家对增殖放流事业愈加重视，全国沿海各省、市、自治区均已开展增殖放流工作，通过各种渠道不断加大对增殖放流资金的投入，

放流的规模也在持续增加。特别是2006年国务院发布了《中国水生生物资源养护行动纲要》以后，我国增殖放流投入资金和放流种苗数量大幅度增加。2006年近海增殖放流各类种苗38.8亿尾（粒），2009年增加至79亿尾（粒），2010年和2011年分别达到128.9亿尾（粒）和150.8亿尾（粒），投入资金也由2006年的1.1亿元增加至2009年的1.8亿元（图1－2－3）。增殖放流种类不断增多，呈多样化趋势，包括水生经济种和珍稀濒危物种，涵盖鱼类、贝类、头足类、甲壳类、爬行类等。增殖放流已经对我国天然渔业资源的增殖和恢复起到了积极作用。例如，近年来，渤海和黄海北部消失多年的中国对虾、海蜇、梭子蟹的渔汛已重新出现。虽然目前增殖放流规模较大，但在放流苗种质量、水域容量、放流效果评价等基础研究方面仍然滞后。

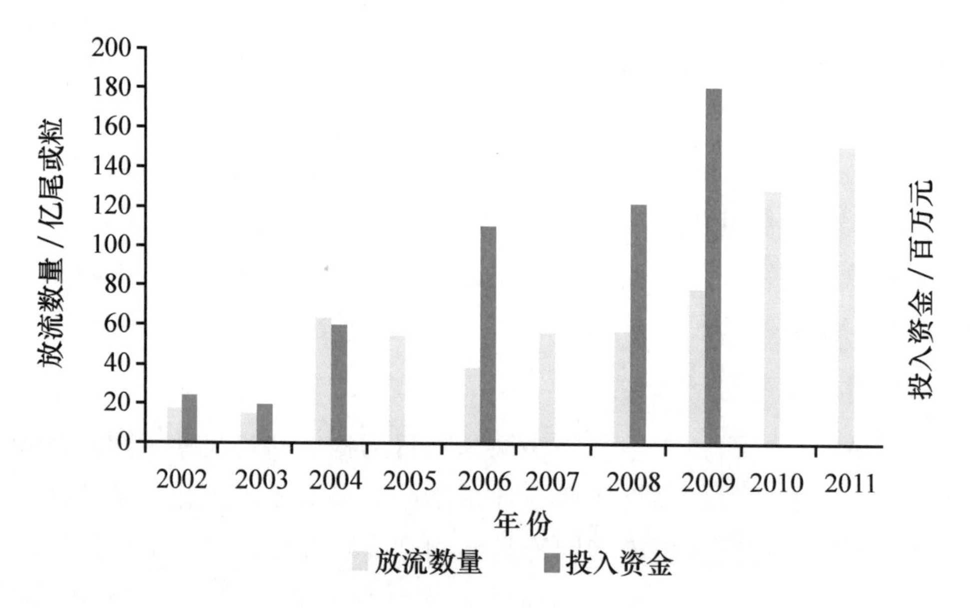


图1－2－3 近海渔业资源增殖放流数量和资金投入情况

资料来源：中国渔业统计年鉴2003—2012.

## （四）人工鱼礁建设已经起步，海洋牧场从概念向实践发展

人工鱼礁作为海洋牧场建设的工程基础，我国早在20世纪80年代前后即开展过初步研究。近年来，我国沿海主要地区都开展了大规模的人工鱼礁建设，对养护近海渔业资源、保护生态环境发挥了重要作用。人工鱼礁和海洋牧场构建技术等方面的相关研究也已开展。在人工鱼礁的礁体结构、

水动力特性、增殖种类选择、生境营造等方面均取得了显著进展，为海洋牧场建设奠定了基础，取得了一些重要的数据和经验。但有关礁体与生物之间的关系、礁体适宜规格与投放布局等研究较少，海洋牧场构建综合技术研究尚属起步阶段。

### （五）近海渔船引起重视，升级改造列入议程

目前，我国近海捕捞渔船数量大，能耗高，木质渔船占渔船总数的85%以上，钢质船在中、大型渔船方面有一定程度的应用，而节能效应最好的玻璃钢渔船使用很少，只有2%左右。渔船装备升级改造方面，我国玻璃钢渔船建造技术不断完善，示范船舶开始应用，具备了一定的技术和产业基础，但由于质量、成本、管理等原因，规模化应用推进缓慢。山东省第一批标准化玻璃钢渔船建设正在实施，辽宁省在船型优化的基础上，建造了首批水产养殖玻璃钢渔船作为改造试点，为技术和产业的发展奠定了基础。2012 年下半年，由国家发展和改革委员会牵头，农业部、科技部、工信部、交通部等各大部委参与，开展了我国海洋渔业联合调研活动，对我国渔船装备的发展提出了切实可行的措施。我国近海渔船逐步向标准化方向发展。

### （六）渔港建设受到关注，渔港经济区快速发展

渔港作为海洋与陆地渔业产业链上的重要枢纽，担负着服务捕捞作业和海洋牧场建设、推动渔区经济和社会和谐发展的重要作用。国家非常关注渔港建设。2011 年国务院发布《中华人民共和国国民经济和社会发展第十二个五年规划纲要》，明确把渔政渔港作为新农村建设重点工程，提出“改扩建和新建一批沿海中心渔港、一级渔港、二级渔港、避风锚地和内陆重点渔港”。截至 2012 年 10 月我国有各类沿海渔港 1 299 个，包括中心渔港 61 个、一级渔港 72 个，能够为沿海 9.2 万艘海洋机动渔船（占全国29.06 万艘海洋机动渔船的 31%）提供避风减灾服务，保障近百万渔民的生命和财产安全。

通过渔港建设带动地方和社会投资近 55 亿元，满足 700 万吨的鱼货装卸交易和 70 万吨的水产品加工，形成百余个渔港经济区，提供 18 万个就业机会，间接综合经济效益超过 160 亿元。渔港经济区建设带动了渔民转产转业，促进了渔民增收，推动了渔业城镇化的发展，促进了渔区社会和谐稳

定和经济发展。

我国目前增殖放流与国际水平差距较小，接近国际先进水平，近海渔业资源监测、负责任捕捞和海洋牧场建设方面与国际先进水平有5年左右的差距，渔港建设和近海渔船升级改造差距最大，前者仅相当于国际2000年水平，后者远低于国际2000年水平（图1-2-4）。

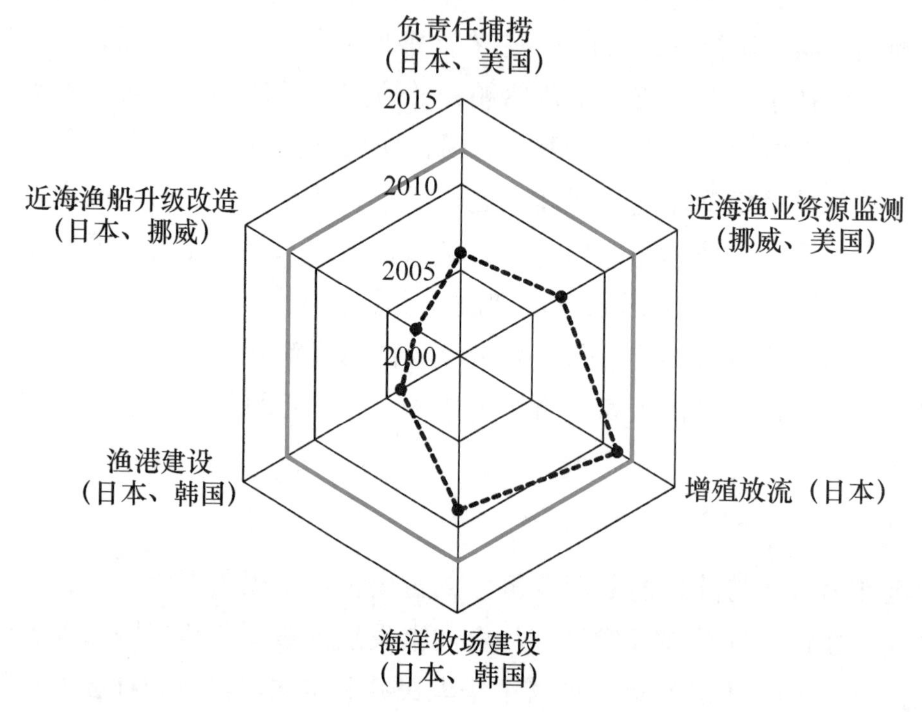


图1-2-4 我国近海生物资源养护工程技术当前水平与国际发展水平比较

## 三、我国远洋渔业资源开发工程技术发展现状

我国的远洋渔业资源开发可分为过洋性远洋渔业和大洋公海远洋渔业（含极地渔业）。虽然远洋渔业近年来发展迅速，但由于起步较晚，加上远洋渔船装备技术落后并长期以来缺乏系统性的科研支撑，造成我国远洋渔业资源开发工程技术整体水平偏低。

### （一）远洋渔业作业遍及三大洋，南极磷虾开发进入商业试捕阶段

经过20多年的发展，我国2012年远洋渔船规模达到1 830艘，远洋捕

捞产量 122.3 万吨，作业渔场遍布 38 个国家的专属经济区和三大洋以及南极公海水域（刚起步的南极磷虾渔业）。目前，我国已经加入了 8 个国际渔业组织，与 12 个多边国际组织建立了渔业合作关系，履行相关国际义务。同时，按照“互利互惠、合作共赢”的原则，我国与有关国家签署了 14 个双边政府间渔业合作协定。在渔情预报技术开发方面，建立了我国远洋渔业生产统计与海洋环境的数据库，开发出渔情预报模型，依靠国内和国外近实时的海洋遥感数据，对 10 多个作业海域进行每周一次的渔情预报分析，科学指导渔船寻找中心渔场。

我国极地渔业为刚起步的南极磷虾渔业。2009/2010 渔季，我国由两艘渔船组成的船队首次对南极磷虾资源进行了探捕性开发，捕获磷虾 1 946 吨。2010/2011 渔季我国先后派出 5 艘渔船，捕获磷虾 1.6 万吨；2012/2013 渔季派出 3 艘渔船，捕获磷虾 31 945 吨；2013/2014 渔季已经有 6 艘渔船通报将赴南极捕磷虾，通报的预计产量为 9 万吨。由于对南极磷虾资源分布及渔场特征尚未开展专业性调查，且捕捞渔船均为经简单改造的南太平洋竹荚鱼拖网加工船，捕捞产量和加工技术与南极磷虾渔业大国挪威和日本等有较大差距。

### （二）远洋渔船主要为国外旧船，渔业捕捞装备研发刚刚起步

我国远洋渔业作业方式已从单一的底拖网技术发展到现在的大型中上层拖网、光诱鱿钓、金枪鱼延绳钓、金枪鱼围网、光诱舷提网、深海延绳钓等多种捕捞技术，成为远洋渔业作业方式最多的国家之一。

但是，我国远洋大型渔船主要依赖国外进口的二手船，存在渔船老化、设备陈旧、技术落后、捕捞效率低等问题，其中船龄 20 年以上的远洋渔船占 42%，已接近或超过报废期的渔船在 30% 以上。我国仅在深水拖网、中小型围网捕捞、金枪鱼延绳钓装备等开展了初步研究，3S 系统技术处于探索性阶段，其他装备尚不具有配套研发能力。国产深水拖网捕捞机械只能满足 200 米水深的作业要求，与发达国家能满足 500 ~ 1 000 米深水拖网作业自动化成套装备的配套要求的能力差距甚远。过洋性捕捞装备研发实现了绝大部分渔具及其助渔设备的国产化，并得到较好的应用，如底拖网网具，光诱鱿钓的钓具、集鱼灯、钓线等，金枪鱼延绳钓的液压卷扬机、投绳机、钓钩等。远洋渔船加工装备以粗加工为主，少数具有精深加工能力，目前我国远洋渔船加工装备还不具备系统配套能力。

### （三）远洋渔船建造取得突破，技术基础初步形成

进入21世纪以来，国家逐渐在“十一五”期间的863计划以及高技术民船专项中设立专门的科研项目，以支持高技术远洋渔船装备的发展。在国家重大科研专项支持下，远洋渔船建造取得突破，技术基础初步形成。深水拖网双甲板渔船、大型金枪鱼围网渔船、鱿鱼钓船等远洋渔船船型开发取得一系列技术突破。大连渔轮公司设计建造的大型金枪鱼围网渔船2010年下水，该船总长75.47米，主机功率4 000马力（1马力=0.735 5千瓦），拥有各种捕捞设备44台，配有一流导航和探鱼设备。这些突破及所形成的技术基础，证明我国初步具备了大型远洋渔船的建造能力。建造大型加工拖网渔船及附属装备的研制，专业化程度高，技术综合集成度复杂，目前正在研发过程中。研发的成果将为我国正式建造大型拖网加工船奠定坚实的基础。

我国目前极地渔业、大洋渔业和远洋渔业装备与国际先进水平有10年左右的差距，远洋渔船建造相当于国际2005年水平（图1-2-5）。

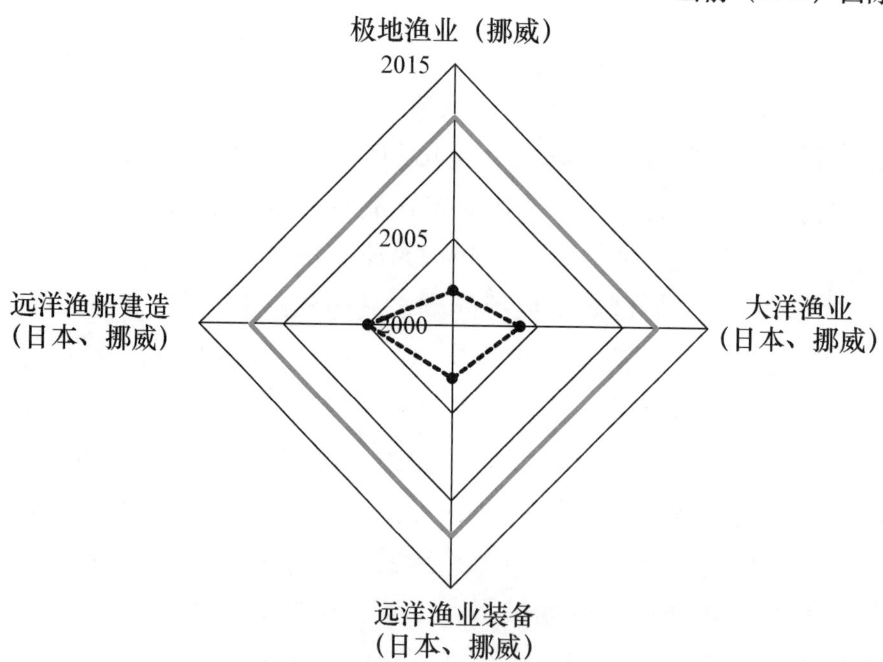


图1-2-5　我国远洋渔业资源开发工程技术当前水平与国际发展水平比较

## 四、我国海洋药物与生物制品工程技术发展现状

当前，海洋生物资源的高效、深层次开发利用已成为发达国家竞争最激烈的领域之一，尤其是海洋药物和海洋生物制品的研究与产业化。因此，建立起我国符合国际规范的海洋药物创制体系，产生一批具有自主知识产权和市场前景的创新海洋药物，培育和发展一批具有较大规模的海洋药物企业，将有力地提升我国医药产业的国际竞争力。

### （一）海洋药物研发方兴未艾，产业仍处于孕育期

从海洋生物资源中发现药物先导化合物并对其进行系统的成药性评价和开发是竞争最激烈的领域之一。我国对海洋天然产物的系统研究始于20世纪80年代，国家863计划中设立了海洋天然产物专题，促进了我国海洋天然产物化学研究进入快速发展时期。近年来，海洋天然产物化学研究的对象逐渐扩展到多种海洋无脊椎动物、海洋植物及海洋微生物，海洋生物的采集海域由东南沿海扩展到广西北部湾及西沙、南沙等海域。据统计，迄今我国科学家已发现3 000多个海洋小分子新活性化合物和近300个糖/寡糖类化合物，在国际天然产物化合物库中占有重要位置。

我国是最早将海洋生物用作药物的国家之一，最早记载出现于《黄帝内经》，历经2 000多年，共收录海洋药物110种，成为我国中医药宝库中的一个重要组成部分。1999年，由国家中医药管理局组织编写的《中华本草》收载海洋药物达到了802种，2009年管华诗院士组织编写的《中华海洋本草》共收录海洋药物613种，涉及海洋生物1 479种。1985年我国第一个海洋药物藻酸双酯钠成功上市后，甘糖酯、岩藻糖硫酸酯、海力特、甘露醇烟酸酯等海洋药物纷纷批准上市，我国已获批的5种海洋药物见表1-2-2。近年来，具有我国特色的海洋中药的研究开发得到了更多的重视，海洋中药宝库正在深入挖掘，新的海洋中药制剂正在加速研发，科学的海洋中药质控方法正在建立，可望在不久的将来，一批新的海洋中药将进入医药市场。

表 1－2－2　我国已获批的海洋药物

| 药品名称 | 英文名称 | 化学成分 | 适应症 |
| --- | --- | --- | --- |
| 藻酸双酯钠 | Alginic sodium diester，PSS | 化学修饰的褐藻酸钠 | 缺血性脑血管病 |
| 甘糖酯 | Mannose ester，PGMS | 聚甘露糖醛酸丙酯硫酸盐 | 高脂血症 |
| 岩藻糖硫酸酯 | Fucoidan，FPS | L－褐藻糖－4－硫酸酯 | 高脂血症 |
| 海力特（海麒舒肝胶囊） | — | 异脂硫酸多糖、昆布硫酸酯、琼脂硫酸多糖 | 慢性肝炎，肿瘤放化疗后辅助治疗 |
| 甘露醇烟酸酯 | Mannitol nicotinate | 六吡啶－3－羧酸己六醇酯 | 冠心病、脑血栓、动脉粥样硬化 |

我国海洋药物研究起步较晚，近年来在国家的投入和培植下，与发达国家的差距逐渐在缩小，但总的来看，我国海洋药物研究与开发基础较为薄弱，技术与品种积累相对较少，海洋药物产业目前仍处于孕育期。前期重点建设了海洋药物研究的技术平台，突破了一批先导化合物的发现和海洋药物研究的关键技术，为后续海洋药物的开发与应用奠定了丰富的资源和化合物基础，储备了重要的技术力量。目前，我国科学家已获得一批针对重大疾病的海洋药物先导化合物，其中 20 余种针对恶性肿瘤、心脑血管疾病、代谢性疾病、感染性疾病和神经退行性疾病等的候选药物正在开展系统的成药性评价和临床前研究阶段。

### （二）海洋生物制品成为开发热点，新产业发展迅猛

近年来，以各种海洋动植物、海洋微生物等为原料，研制开发海洋酶制剂、农用生物制剂、功能材料和海洋动物疫苗等海洋生物制品已成为我国海洋生物产物资源开发的热点。

“九五”时期，我国开始海洋生物酶的应用技术研究，现已筛选到多种具有较强特殊活性的海洋生物酶类，如碱性蛋白酶、溶菌酶、酯酶、脂肪酶、几丁质酶、葡聚糖降解酶、海藻糖合成酶、海藻解壁酶、超氧化物歧化酶、漆酶等，已克隆获得了一批新颖海洋生物酶基因，如几丁质酶、β－琼胶酶 A 和 B、深海适冷蛋白酶等。其中，部分酶制剂如溶菌酶、蛋白酶、脂肪酶、酯酶等在开发和应用关键技术方面取得重大突破，已进入产业化实施阶段，缩短了我国在海洋生物酶研究开发技术上与国际先进水平的差距。

在海洋农用生物制剂方面，我国有较扎实的海洋微生物防治植物病虫害研究基础。近年来，发现海洋酵母菌、海洋枯草芽孢杆菌3512A、海洋细菌L1－9等对病原真菌具有良好的抑制作用。现已开发出海洋放线菌MB－97生物制剂、海洋地衣芽孢杆菌9912制剂、海洋枯草芽孢杆菌3512、3728等可湿性粉剂，以B－9987菌株开发的海洋芽孢杆菌可湿性粉剂即将进入产业化阶段。以甲壳素衍生物为原料的氨基寡糖素和“农乐1号”等生物农药及肥料已初步实现产业化。海洋寡糖生物农药已在国内20余省、市、自治区得到了应用，推广面积达2 000万亩（1亩＝1/15公顷）。

我国已初步奠定海洋生物功能材料特别是医用材料研究基础，并结合国际第三代生物医用材料技术，在功能性可吸收生物医用材料方面实现了系列技术创新。壳聚糖、海藻酸盐的化学改性技术已取得几十项国家授权专利，多项成果初步实现产业化。如海洋多糖的纤维制造技术已实现规模化生产，年产约1 000吨；海洋多糖纤维胶囊，新一代止血、愈创、抗菌功能性伤口护理敷料和手术防粘连产品已实现产业化；以壳聚糖为材料的体内可吸收手术止血新材料在产品制造、功能性和安全性方面取得了重大技术突破，产品处于国家审批阶段；海洋多糖、胶原组织工程等支架材料的研发也已取得重要进展。

海洋动物疫苗方面，针对海水养殖业中具有重大危害的病原如鳗弧菌、迟钝爱德华氏菌和虹彩病毒等，已分别开发出减毒活疫苗、亚单位疫苗和DNA疫苗等新型疫苗候选株，并建立了新型浸泡、注射或口服给药系统。重点突破了疫苗研制过程中保护性抗原蛋白筛选、减毒疫苗基因靶点筛选及多联或多效价疫苗设计三大关键技术，一批具有产业化前景的候选疫苗现已进入行政审批程序，有望通过进一步开发形成新的产业。

我国海洋药物与生物制品工程技术发展现状是生物农药、海洋多糖药物和药物先导化合物方面与国际水平差距不大，在海洋生物酶和生物功能材料方面与国际先进水平有5年左右的差距，而海洋化学药物、基因工程药物和动物疫苗方面差距较大，距国际先进水平有10年的差距（图1－2－6）。

## 五、我国海洋食品质量安全与加工流通工程技术发展现状

海洋食品质量安全与加工流通工程技术涉及海洋食品质量安全技术、海洋食品加工工程、海洋食品贮运流通技术3个方面。我国已经建立了一些

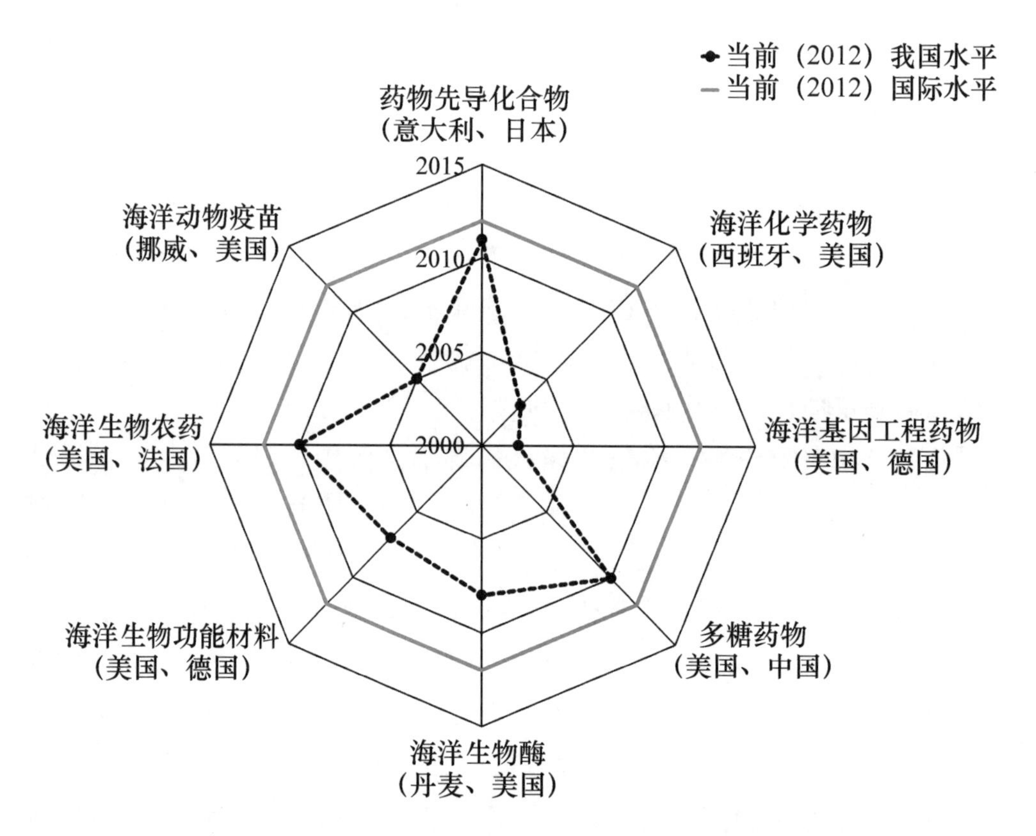


图 1－2－6　我国海洋药物/生物制品当前水平与国际发展水平比较

质量安全规范和标准体系，产业布局也已基本形成，但与发达国家相比还处于初级阶段，需要从管理方面和技术角度逐步提高整体水平。

### （一）海洋食品质量安全技术

我国海洋食品质量安全工程与科技发展现状可从以下 3 个方面来阐述：技术水平、法律法规与标准体系和监管技术体系与生产层面的质量安全保障能力。

#### 1. 海洋食品安全受到重视，技术水平不断提高

孔雀石绿、硝基呋喃等禁用药的被检出及限用药物的残留超标问题已成为制约当前养殖鱼、虾产品质量安全水平提高的主要因素，海洋生态环境污染的加剧以及贝、藻的选择性和富集特性，致使贝、藻产品中持久性有机污染物、贝类毒素、重金属等化学危害物质超标现象时有发生（图 1－2－7）。针对近些年来我国食品安全事件频发的现状，为从根本上解决我国食品安全的棘手问题，我国政府已在《国家中长期科学和技术发展和规划纲要》

（2006—2020）中，将食品安全确定为优先发展主题，指出要重点研究食品安全和出入境检验检疫风险评估、污染物溯源、安全标准制定、有效监测检测等关键技术，开发食物污染防控智能化技术和高通量检验检疫安全监控技术。近年来，我国的海洋食品质量安全研究已经有了显著的加强，主要体现在海洋食品的风险分析、安全检测、监测与预警、代谢规律、质量控制、全程可追溯等方面的技术和能力都有了明显的提高。

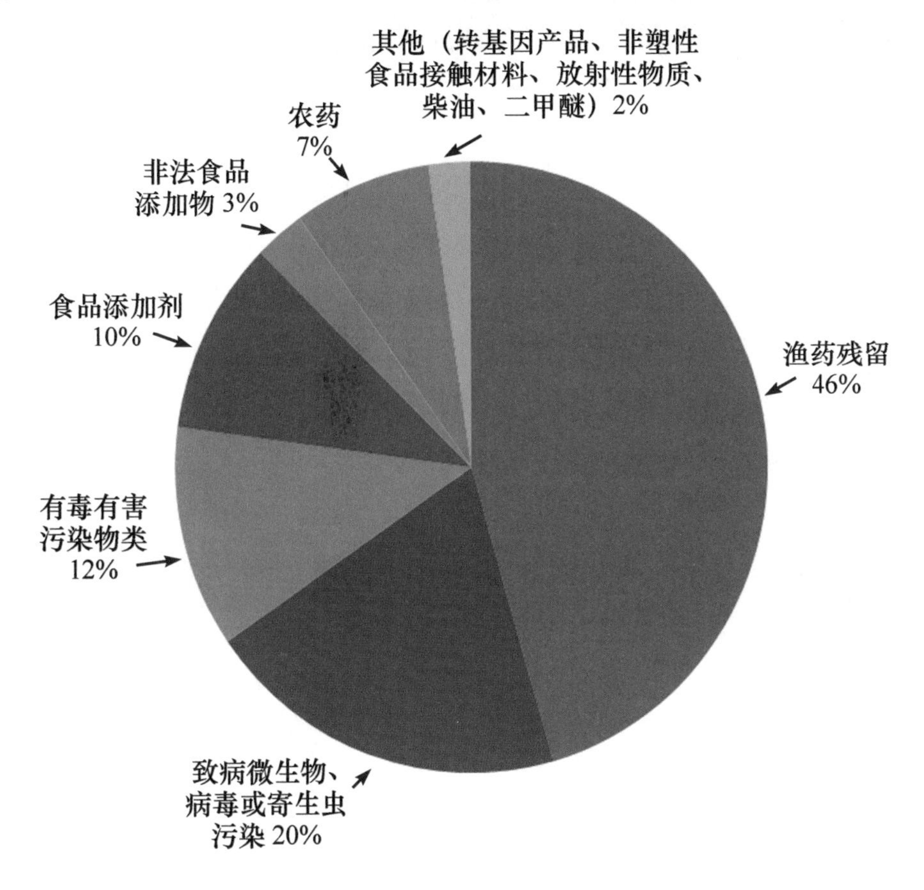


图 1－2－7　2009—2011 年水产品质量安全事件发生比例

资料来源：中国水产流通与加工协会 2009—2011 年的水产品信息周报．

作为世界公认的食品安全管理基本框架，风险分析是政府进行食品等领域质量安全宏观管理的理论体系，分为风险评估、风险管理和风险交流 3 部分。在农产品质量安全风险评估领域，“十一五”期间先后开展了农业部“948”项目、国家科技支撑计划等有关农产品质量安全风险评估项目的研究。海洋食品隶属于农产品，近年来开展了砷、镉、甲醛等危害物的风险评估研究，但由于缺乏有力的科研经费支持，支撑行业监管的研究工作还存在不小差距。

从“十五”开始，我国就对食品安全监测与预警系统研究等课题立项攻关。经过十几年的努力，我国进一步提高了科技支撑和安全监管水平，预防和减少了食品安全事件的发生，提高了对食品安全重大突发事件的应急处理能力。目前，我国正不断借鉴国际食品安全预报预警系统的管理经验，逐步建立和完善海洋食品安全预报预警信息的收集、评价和发布系统，并交叉融合应用多元统计学、空间统计学、模糊数学、数据挖掘、统计模式识别等多学科理论方法，构建具备可视化、实时化、动态化、网络化的食品安全预警系统。

在水产品质量安全可追溯技术体系研究方面，中国水产科学研究院组织研发了水产品供应链数据传输与交换技术体系、水产养殖与加工产品质量安全管理软件系统、水产品流通与市场交易质量安全管理软件系统和水产品执法监管追溯软件系统，配套编制完成了水产品质量安全追溯信息采集、编码、标签标识规范三项行业标准草案，基本解决了追溯体系建设中的关键技术问题，为水产品追溯体系建设打下了良好的基础。

2. 法律法规不断完善，标准体系初步形成

国家颁布了《中华人民共和国产品质量法》、《中华人民共和国农产品质量安全法》、《中华人民共和国食品安全法》、《中华人民共和国动物防疫法》、《中华人民共和国进出境动植物检疫法》、《农业转基因生物安全管理条例》、《兽药管理条例》、《饲料和饲料添加剂管理条例》等法律法规。农业部制定了《农产品产地安全管理办法》、《农产品包装与标识管理办法》、《农产品地理标志管理办法》、《新饲料和新饲料添加剂管理办法》、《饲料药物添加剂使用规范》、《水产养殖质量安全管理规定》、《水产苗种管理办法》、《农产品质量安全信息发布管理办法（试行）》、《农产品质量安全监测管理办法》等部门规章。地方政府结合实际陆续出台了《农产品质量安全法》实施条例或办法，制定了农产品质量安全事件应急预案，一些地方性法规或规章也相应颁布实施。

3. 风险监管技术体系初步建成，质量安全保障能力逐渐加强

近年来，农产品质量安全风险评估体系发展迅速。2007 年 5 月，农业

部成立了国家农产品质量安全风险评估委员会，具体负责组织开展农产品质量安全风险评估相关工作。2011 年 10 月，国家食品安全风险评估中心在北京成立。为应对农产品质量安全危机，我国政府正积极加强农产品的监管工作，卫生部、农业部和质检总局等都在自己的职责领域范围内建立并实施了农产品风险监测制度，完善了农产品安全监测网络系统。水产品作为农产品的重要组成部分，从 2012 年起，农业部农产品质量安全监管局统一组织包括水产品在内的农产品质量安全风险监管工作，成立了 11 家农业部水产品储藏保鲜质量安全风险评估实验室。另外，各省、市、自治区渔业行政主管部门也在加强各地水产品质量安全风险监管工作。

近年来，我国对农产品质量安全追溯技术、理论与实践进行了积极探索。在水产领域，依托项目开展了水产品质量安全可追溯体系构建推广示范试点工作。2012 年，农业部渔业局主导的水产品追溯试点示范扩展到北京、天津、辽宁、山东、江苏、湖北、福建、广东 6 省 2 市，农产品质量安全追溯体系建设示范初见成效。农产品质量安全追溯管理工作虽尚处于起步阶段，但基本格局已初步形成，为农产品质量安全追溯管理提供了新手段。

### （二）海洋食品加工与流通工程技术

经过多年的发展，特别是进入 20 世纪 90 年代以来，随着人们健康意识的增强，普遍追求食品的低脂、低热量、低糖、天然和具有功能性，海洋食品加工与流通产业进入了快速发展期，已经形成了以冷冻冷藏、调味休闲品、鱼糜与鱼糜制品、海藻化工、海洋保健食品等为主的海洋水产品加工门类和以批发市场为主体，加工、配送、零售为核心的水产品物流体系。海洋食品加工与流通产业成为大农业中发展最快、活力最强、经济效益最高的产业之一。

#### 1. 加工能力迅速扩大，技术含量和增值率有待提高

我国的水产品加工企业主要以海洋水产品为加工对象。2002 年以来，在水产品总量保持缓慢增长的同时，我国的水产品加工产业发展迅速，在水产品加工企业规模、水产品加工能力以及水产品加工产值等方面都保持了较高速度的增长。水产品加工产值的年平均增长速度（19.4%）远高于海水养殖业（8.8%），水产加工业产值占总产值的比重由 15.4% 提高到 19.0%。但我国的水产品加工企业规模仍然偏小，加工效率低，加工增值率低。2010 年我

国水产渔业的平均增值率为45.7%，水产品加工产业的增值率为36.6%，而水产流通产业的增值率为29.5%，远低于水产渔业产业链其他环节的工业增加值率。因此，提高我国海洋水产品加工企业的机械化和规模化加工水平，提升高档次、高技术含量、高附加值产品的比例，是提升提高我国海洋食品加工产业工业增值率，增强在国际市场竞争力的重要途径。

与陆生食品原料不同，海洋水产品不仅鱼、虾、贝、藻种类繁多，而且风味各不相同。从人类消费习惯来看，世界各国仍然以未经过深加工的鲜活及冷冻保鲜水产品为主，我国的水产品加工仍以冷冻、冰鲜等加工方式为主，水产品冷冻加工的比例保持在60%左右。从国际市场发展趋势看，这几类产品在未来很长一段时期内仍将主导消费市场。因此，开发经过预处理的小包装、小冻块、快速单冻产品和方便食用产品是今后海洋水产品加工的重要发展方向。开发调理鱼段、调理鱼块等非全鱼的即热型、即食型方便海洋食品，是加工业今后的发展方向，当然这需要一个阶段的消费引导。这种做法一是可以集中收集副产物并转化为高附加值的产品；二是促使养殖业选育适合食品业生产的价格低的鱼种。

2. 物流体系初步形成，规模化程度低

我国的海洋水产品现代物流产业自1978年开始起步，2001年进入快速发展期，海洋水产品的保活、保鲜贮运等物流关键技术快速发展，如鲜销产品从捕捞后到市场销售都保持冰温状态，冻藏产品从工厂加工冻结后进冷库到终端销售的流通运输和商店销售都保持-18℃以下，活体产品远距离运输的成活率甚至可以达到98%以上。我国逐步形成了以批发市场为主体，加工、配送、零售为核心的市场交易物流体系，目前有专业水产批发市场340多家，国家定点水产批发市场20家。从物流模式看，主要有直销型物流模式、契约型物流模式、联盟型物流模式和第三方物流模式，但海洋食品批发市场等传统分销渠道仍是我国海洋食品流通的主要中心环节，真正从事规模化运作的第三方海洋食品物流公司比较缺乏。

我国的海洋水产品生产和加工企业90%以上分布在沿海地区。2012年，我国海洋水产品总量为3 033.3万吨，其中95%以上产于山东、浙江、福建、广东、辽宁、江苏、海南和广西等沿海8省（自治区），水产品加工总量达到1 746.8万吨，占全国水产加工品产量的91.5%，海洋食品生产及加工区域优势显著。海洋水产品流通体系的建立，使水产品产区分散的渔产与城市市场之间建立了稳固的产销关系，促进了渔民产、销各类流通组织的建立和发展，促进了海洋食品的流通和市场的繁荣，提高了市场信息的传播效率，降低了海洋食品的流通成本。但由于我国海洋食品生产的分散性，海洋食品加工企业规模化程度低，物流运输过程中的质量保证体系相对落后，与发达国家相比，我国海洋水产品的物流损耗率仍处于较高的水平。

### 3. 加工与流通装备开发能力提升，养殖产品加工形成产业体系

我国的海洋食品加工与流通链装备经历了一个由引进、仿制到自主研发的过程。近几年来，在鱼类保鲜保活、鱼类前处理加工、初加工、精深加工与副产物综合利用和物理冷链等领域进行了一系列相关装备技术的研究与开发，海洋食品加工能力迅速扩大，冷冻食品质量提高，养殖主要品种加工形成产业体系，海洋食品加工技术与高值化技术进步显著，许多成果产业化并取得经济效益，以市场为导向的加工产品种类增加，规模化加工企业数量也在扩大。

图 1－2－8 所示，在我国海洋食品质量安全与加工流通工程技术领域当

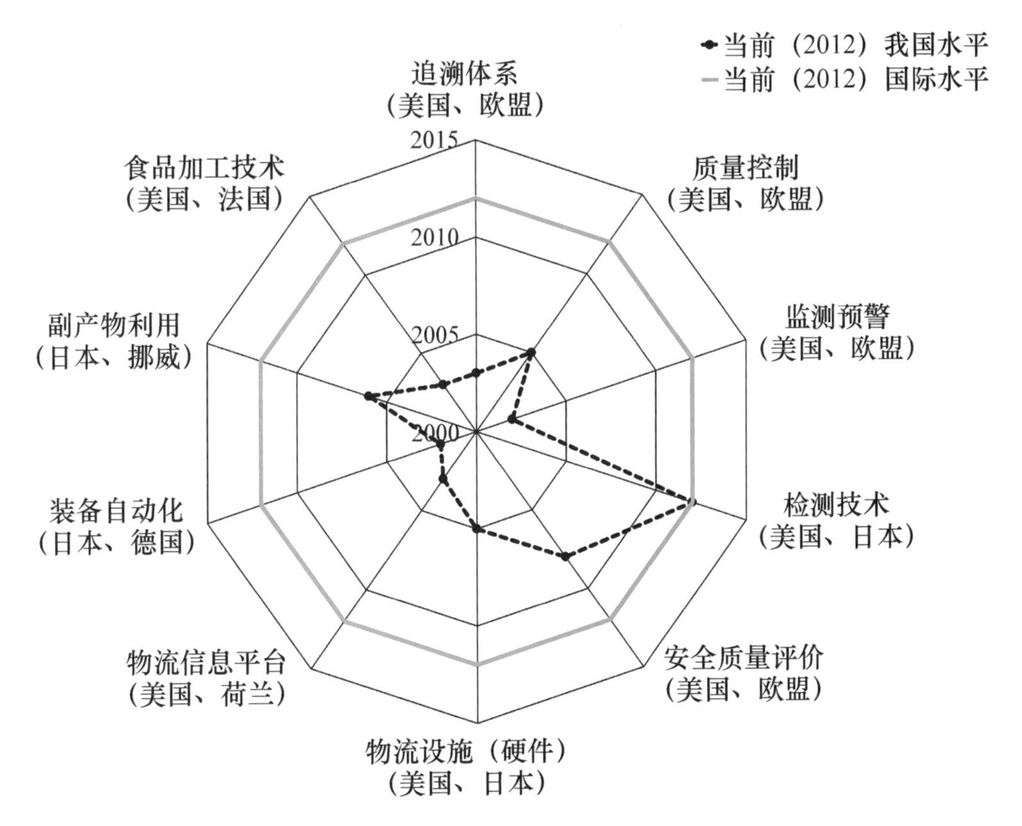


图 1－2－8　我国海洋食品质量安全与加工工程技术的当前水平与国际发展水平的比较

前发展水平中，检测技术接近了国际先进水平，追溯体系、监测预警、物流信息平台、装备自动化和食品加工技术水平方面差距最大，与国际先进水平约有10年的差距，海洋食品质量安全技术的质量控制、安全质量评价、物流设施、海洋食品副产品利用可以达到国际2005年后的水平。

# 第三章　世界海洋生物资源工程与科技发展现状与趋势

## 一、世界海洋生物资源工程与科技发展现状与特点

### （一）世界海水养殖工程技术与装备

目前，由于人类对海洋生物资源掠夺性地开发，造成了海洋生物资源严重衰退，全世界17个重点渔区中已有13个渔区处于资源枯竭或产量急剧下降状态。水产养殖业得到越来越多国家的重视，养殖产量从20世纪50年代的不到100万吨，发展到2011年的6 270万吨，FAO估计2012年的产量是6 660万吨。

#### 1. 水产苗种培育技术重心向基因工程育种转移

世界上主要发达国家，如美国、英国、日本、澳大利亚等国，均将海洋经济生物（鱼、虾、贝、藻）的遗传育种研究列为重点发展方向，以BLUP（最佳线性无偏预测）和REML（约束最大似然法）分析为基础的数量性状遗传评估技术正在快速向水产育种领域转移。近年来，国际上海洋生物遗传育种研究的重心已转向基因工程育种。美国、法国等在对虾致病相关基因的克隆和抗病品系的筛选方面取得了可喜的进展；加拿大将抗冻蛋白基因和生长激素基因转移到鲑鱼体内获得整合表达，使转基因鱼生长速率比对照组提高了4～6倍。通过分子标记辅助育种实现海水养殖品种的良种化是目前世界各国研究的热点，美国率先采用分子遗传标记技术开展了无特定病原（SPF）虾苗培育和高健康对虾养殖的研究。

#### 2. 基于生态系统的节能减排和环境友好养殖工程

在海水养殖生态工程领域中，用节能减排、环境友好、安全健康的生态养殖新模式来替代传统养殖方式是大势所趋。目前，国际上提倡基于生态系统的新型养殖方法，实现生物技术与生态工程相结合，并广泛采用新

设施、新技术，这种多营养层次的综合养殖模式，是减少养殖对生态环境压力，保证水产养殖业健康发展的有效途径之一。国外相关设施的研发一直致力于提高其智能化程度和运行精准度。同时，基于生态学理论，在循环水养殖系统中构建适宜的混养系统也逐渐成为发展主流，如美国的鱼－菜共生系统，虾－藻（微藻）混养系统等，大大增强了系统长期运行的稳定性。

在陆基养殖生态工程方面，重点深入研究水环境调控技术，建立了一些成功的养殖生态工程技术，比较有代表性的模式是建立人工湿地，将其作为生物滤器，用于高密度养虾池塘的水质处理，形成水体循环利用、功能优化的复合池塘养殖生态系统。在滩涂养殖生态工程方面，重点开展了苗种培育、养成、收获等相关专用设施设备研发，提高滩涂养殖的工程技术水平，降低劳动力依赖程度，是当前滩涂养殖生态工程的发展趋势。

世界浅海养殖工程技术与装备的发展是以人工鱼礁和基于生态工程的海珍品增养殖技术为代表，强调环境容纳量和健康可持续养殖模式。近几年来，日本每年投入沿海人工鱼礁建设资金为600亿日元，韩国政府也非常重视人工鱼礁，2001—2007年共投资20亿美元。人工鱼礁渔场的建立，对自然海域的鱼、虾、贝、藻等生物资源和环境修复效果明显。基于生态工程的海珍品增养殖技术是国际上最新的生态增养殖模式。通过生态工程技术，根据不同增养殖种类的生物学特性和生态习性，人工构建鱼礁和海底植被，改善生态环境，为特定的高值、优质海洋生物的生长繁衍提供理想的生态环境条件，达到高效、持续增养殖的目的。

### 3. 病原研究进入分子水平，免疫调节成为病害控制的发展方向

国外水产经济动物病原的研究较早地进入了分子水平，揭示了重要水产生物病原基因组及蛋白质组、病原与宿主相互作用、宿主抵抗病原入侵的先天性免疫体系和适应性免疫反应的分子机制等多方面的规律。欧、美、日等发达国家已开始摒弃抗生素和化学药物的大量使用，普遍采用疫苗、有益微生物菌剂、免疫增强剂等安全有效的生物制剂来控制水产养殖动物病害。这些国家对水产疫苗的生产和应用技术都已比较成熟，鱼类疫苗的使用已经相当普遍，整体上已进入后抗生素时代。

随着分子生物学的发展，病原诊断技术有了很大的发展。根据多病原特异基因开发的DNA微阵列芯片和抗体微阵列芯片，能同时完成多种病原

的检测。环介导核酸等温扩增技术已经开发成功，适用于养殖现场病原微生物的检测。借助纳米技术和电化学技术，基于病原单克隆抗体或核酸探针原理，检测水产病害微生物的生物传感器技术已初现曙光。

以疫苗为基础的免疫防控是控制水产病害安全有效的措施，为国际所公认。目前研究的疫苗主要包括全菌疫苗（灭活疫苗和减毒活疫苗）、亚单位疫苗（蛋白质疫苗）和 DNA 疫苗。国际上尝试的减毒活疫苗研究主要是针对传染性造血组织坏死病毒、出血性败血病毒等引起的病害。蛋白质疫苗主要包括重组亚单位疫苗，为 20 世纪 80 年代后发展起来的疫苗类型，尽管在世界范围内开展了广泛研究，但是多停留在试验阶段。DNA 疫苗又称核酸疫苗或基因疫苗，是将疫苗抗原基因亚克隆于真核表达在 DNA 载体中，该重组 DNA 载体在接种动物体内后，可以表达合成特异性抗原，刺激动物体产生一系列免疫反应。目前欧、美、日已有 10 余种鱼类疫苗进入商业生产应用，在病害控制中发挥了主导作用，有力地提高了鱼类养殖业的生态效益，保障了食品安全。

#### 4. 以营养需求为先导的全环保饲料

虽然美国、日本和欧洲不是水产养殖的主产区，水产饲料总量并不大，但是这些先进国家最早开展水产动物营养研究，开发了质量优异的水产饲料。美国水产饲料 2012 年的产量为 100 万吨，主要用于鲑鱼、虹鳟和斑点叉尾鮰的养殖。由于美国的基础研究较好，又重视采用先进技术，推广自动化加工系统，饲料质量很好，80% 以上是膨化饲料，饲料系数达到 1.0 ~ 1.3。日本养鱼饲料协会统计，日本 2006 年的水产饲料产量为 65 万吨，2012 年下降为 43.2 万吨。自 20 世纪 70 年代以后，大西洋鲑和鳕养殖在挪威占有重要的经济地位，挪威逐步成为一个活跃的世界鱼类营养研究中心，尤其近 10 年来挪威引领了世界鱼类营养研究的前沿方向。欧洲的主要水产饲料生产区域包括挪威、地中海、英国和爱尔兰，2012 年总产量在 250 万吨左右。东南亚地区是世界水产饲料的主要产区之一，主要生产国是泰国、印度尼西亚、越南、马来西亚、菲律宾和印度等，其中印度尼西亚、越南、菲律宾和马来西亚虾饲料呈现增长势头，而印度和泰国则出现了下滑。2012 年印度水产饲料产量为 350 万吨，泰国 160 万吨，印度尼西亚 130 万吨，越南 292 万吨。2012 年全球水产饲料总产量为 3 440 万吨，中国水产饲料总产量为 1 855 万吨。在欧、美、日等水产养殖先进的国家，以营养需求为先导的饲料制备技术取得突破，全价环保型饲料在产业中得到广泛应用。在此基础上，提出了重新评定水产动物营养需要参数，针对水产养殖动物食性、栖息环境和生长阶段的不同进行更为精准的营养需求研究，指导开发更高效、成本更加合理的实用饲料。

#### 5. 全循环海水陆基养殖工程技术与装备已经成熟

国外工厂化的陆基养殖技术已趋于成熟，全循环高效海水陆基养殖系统构建了基于循环水养殖的技术体系，比较发达的国家有欧洲的法国、德国、丹麦、西班牙，北美的美国、加拿大，以及日本和以色列等。在欧洲，高密度封闭循环水养殖已被列为一个新型的、发展迅速的、技术复杂的行业。通过集成水处理技术与生物工程技术等前沿技术，海水养殖最高年产可达100千克/米$^3$以上。封闭循环水养殖已从鱼类扩展到虾、贝、藻、软体动物的养殖，苗种孵化和育成几乎都采用循环水工艺。在封闭循环水工厂化养殖中，除了采用先进的水处理技术与生物工程技术，发达国家也十分重视氮循环过程控制、气体循环过程控制、固体悬浮物去除技术、生物处理关键工艺与装备、系统自动控制，先进的系统均运用现代信息技术，系统控制逐步由自动化向智能化发展。

#### 6. 抗风浪和大型化是深海网箱养殖工程的发展方向

世界深水网箱养殖已有30多年的发展历史。在这期间，以挪威、美国、日本为代表的大型深水网箱先进技术，取得很大的成功，引领海水养殖设施发展潮流。近10年来，国外深水网箱主要向大型化发展，如挪威大量使用的重力式全浮网箱，采用高密度聚乙烯材料制造主架，外型最大尺寸达120米周长，网深40米，每箱可产鱼200吨。美国的碟形网箱采用钢结构柔性混合制造主架，周长约80米，容积约300立方米，最大特点是抗流能力强，在2~3节海流的冲击下箱体不变形。

近年来国外网箱装备工程技术进展主要表现为广泛应用新材料和新技术，网箱容积日趋大型化，抗风浪能力增强，自动化程度不断提高，运用系统工程方法加强环境保护，大力发展网箱配套装置和技术。

### （二）世界近海生物资源养护工程技术

#### 1. 近海渔业资源全程监管

世界发达国家历来重视对近海渔业资源的监测与管理，普遍采用从投入至产出的全程监管。资源监测方面均有针对不同海区以及重点种类的常规性科学调查，持续地为配额管理提供科学建议。世界渔业资源监测发展的一个主要特点是新技术的开发与应用，如挪威在资源监测方面，除不断完善原有传统技术方法外，还采用载有科学探鱼仪的锚系观测系统，在办公室里即可对鲱鱼的洄游与资源变动进行常年监测。许多国家和国际组织已要求所有船长24米及以上渔船安装卫星链接式船位监控系统，在陆地上即可监控渔船的生产行为并接收渔获数据，为确保渔船依法生产以及限配额的管控提供了有力的支撑。

### 2. 负责任捕捞技术与管理

1995年，FAO通过了《负责任渔业的行为守则》后，世界海洋渔业管理正逐步向责任制管理方向发展，负责任捕捞已成为世界各国捕捞技术和渔业管理的重点。从确保渔业资源可持续利用的基本观点出发，必须确保捕捞能力与资源的可持续利用互相适应、互相匹配。为此，世界各国在管理方面，实行了渔船吨位与功率限制、准入限制、可捕量和配额控制等。对渔具渔法的限制措施主要有：禁止破坏性捕捞作业，禁止运输、销售不符合规格的渔获物，禁捕非目标或不符合规格的种类，禁止不带海龟装置、副渔获物分离装置的拖网作业，甚至禁止近岸海区拖网渔业等。

### 3. 增殖放流恢复群体资源

国际上非常重视增殖放流对渔业资源的修复作用，自1997年以来召开了4次资源增殖与海洋牧场国际研讨会。目前世界上开展海洋增殖放流活动的国家有64个，增殖放流种类达180多种，并建立了良好的增殖放流管理机制，某些放流种类回捕率高达20%，人工放流群体在捕捞群体中所占的比例逐年增加，增殖放流是各国优化资源结构、增加优质种类、恢复衰退渔业资源的重要途径。美国沿岸每年放流的鱼苗超过20亿尾，放流生物20余种。2005年，阿拉斯加放流幼鲑14亿余尾，约0.8亿尾鲑鱼回捕，在商业捕捞的鲑鱼中，27%来自增殖放流。2008年放流同样多的幼鲑，回捕0.6亿尾，商业捕捞鲑鱼的34%来自增殖放流。日本是世界上增殖放流物种较多的国家，目前放流规模达百万尾以上的有近30个种类，既有洄游范围小的岩礁物种，也有大范围洄游的鱼类。目前，日本底播增殖最多的是杂色蛤，年放苗超过200亿粒，虾夷扇贝占第二位，年放苗达20余亿粒。

4. 建设海洋牧场，保护渔业资源

20 世纪 90 年代以来，全世界 17 个重点渔区中，已有 13 个渔区处于资源枯竭或产量急剧下降状态，海洋牧场已经成为世界发达国家发展渔业、保护资源的主攻方向之一，各国均把海洋牧场作为振兴海洋渔业经济的战略对策，投入大量资金，并取得了显著成效。日本于 1978—1987 年开始在全国范围内全面推进“栽培渔业”计划，并建成了世界上第一个海洋牧场，经过几十年的努力，日本沿岸 20% 的海床已建成人工鱼礁区。美国于 1986 年制定了在海洋中建设人工鱼礁来发展旅游钓鱼产业的计划，经过 20 多年的努力，现已在规划的各海域中建成了 1 288 处可供旅游者钓鱼的人工鱼礁基地，形成了初具规模的旅游钓鱼产业。这些人工鱼礁不仅改变了水域的渔业生态环境，而且因游钓带来的旅游经济效益高达 500 多亿美元。韩国于 1998 年开始实施“海洋牧场计划”，在庆尚南道统营市建设核心区面积约 20 平方千米的海洋牧场，资源量增长了约 8 倍，渔民收入增长了 26%。

5. 近海渔船升级改造提高性能

由于海洋渔业资源衰退，各国纷纷制定各种政策法规，保护其专属经济区的渔业资源，其中控制近海捕捞能力、削减渔船数量是重要策略之一。在减少渔船数量的同时，对近海捕捞船进行升级改造，以提高作业性能与选择性捕捞能力。目前世界近海渔船发展的主要特点是：新造先进船型的尺度普遍较小；普遍采用玻璃钢等轻质材料，具有使用寿命长、维修成本低、节能减排等优点；在设计标准方面，对渔船的安全性及舒适性有更高更明确的要求。

6. 渔港建设是海洋生物资源开发的重要基地和枢纽

渔港是海陆交接的枢纽，开发海洋生物资源的重要基地。发达国家普遍注重渔港建设，渔港设施配套完善，功能作用明显，有力保障了渔船补给以及渔船和渔民的安全，又是渔获物的交易市场，并进行休闲、观光、文化等多元化开发利用。

发达国家渔港建设与管理均有相应的技术规范和法律法规。日本 1950 年就颁布了《渔港法》，定义了渔港范围和内容，明确了渔港设施、界定和划分，规定了渔港的分类、渔港建设的审议机构及权限，规范了项目建设立项程序，明确了渔港维护管理的主体、机构、细则、权利和责任。日本渔港协会颁布的《渔港工程技术规范》，涵盖了渔港设计条件、地基与基础、防浪设施、码头设施、水域设施、场地道路、环境绿化以及污水处理设施、管理设施等相应技术规范和要求。相关技术规范、法律法规的颁布和实施，保障了渔港建设决策和管理的科学性、服务渔业保障功能的合理性和可持续性。

### （三）世界远洋渔业资源开发工程技术

#### 1. 发达国家主导远洋渔业的发展

世界海洋渔业年捕获量近年来稳定在8 000万吨左右，其中远洋捕捞量约占7%，主要远洋渔业国家包括日本、挪威、韩国、中国（包括台湾省）。世界发达国家把发展远洋渔业，特别是大洋性渔业，作为扩大海洋权益、获取更多海外生物资源的重要举措。各国大洋渔业发展主要有以下3个特点：加强大洋与极地海洋生物群体资源的调查与评估，为大洋渔场的拓展和渔业的稳定发展提供了技术保障；加强信息技术在海洋渔业中的应用，快速地获取大范围高精度的渔场信息，提高船队的捕捞效率；开展高效、生态、节能型渔具渔法的研究，大幅提高捕捞效率，减少生产能耗。

#### 2. 以南极磷虾资源开发利用为核心的极地渔业成为热点

近年来，国际生态与环境保护组织极力加强对南极磷虾资源的保护，针对磷虾渔业的管理措施越来越严格，同时要求捕捞国承担更多的科学研究责任与义务。南极磷虾的试捕勘察始于20世纪60年代初期，70年代中期即进入大规模商业开发，1982年达历史最高年产，近53万吨，其中93%由苏联捕获。1991年之后随着苏联的解体，磷虾产量急剧下降，年产量在10万吨左右波动，其中约80%由日本捕获，近年来挪威捕获量增长很快（图1-3-1）。

挪威和俄罗斯采用泵吸新技术后，大大提高了磷虾渔获的质量。目前，磷虾渔业又呈上升趋势，2010年（2009/2010渔季）达到21万吨。最新资料显示，2014年6月底的产量已超过22万吨，新一轮磷虾开发高潮正在形成。目前，磷虾捕捞国主要有挪威、韩国、日本、乌克兰、俄罗斯、波兰、智利和中国等。出于对磷虾渔业快速发展的预期以及对南极变暖的担心，南极海洋生物资源保护条约国中的生态与环境保护派极力推动对磷虾资源保护的各种措施。

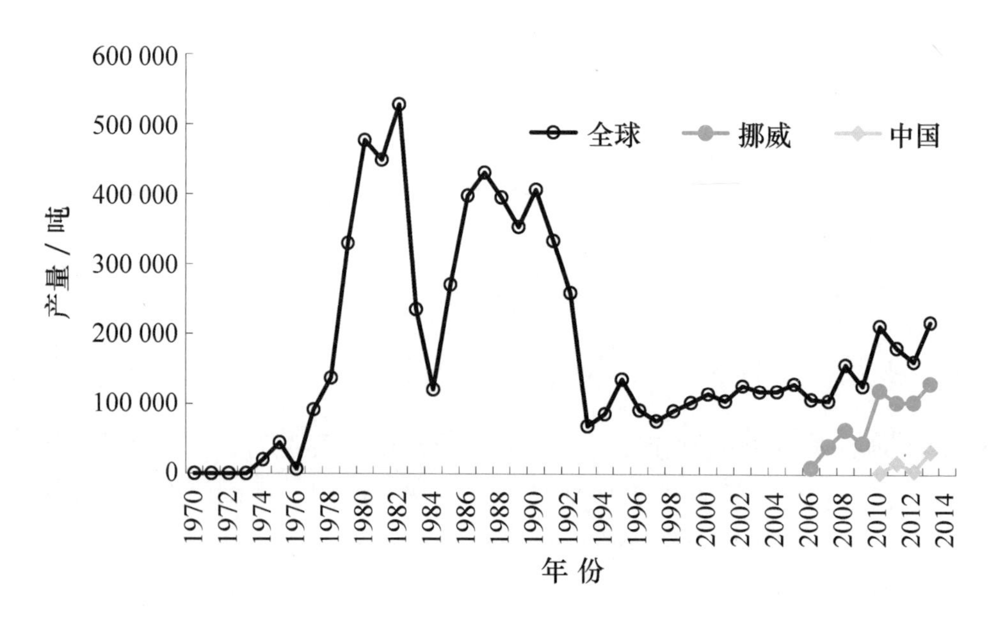


图 1-3-1 南极磷虾渔业年产量统计

资料来源：南极海洋生物资源养护委员会 CCAMLR.

### 3. 远洋渔船及装备向大型化和专业化方向发展

远洋渔业船舶主要是针对鱼类集群性很高的鱼类，相对于近海渔船，远洋渔船的航程远，单次作业周期长，从事捕捞作业的海域海况差，对船体稳定性、适航性、结构强度、装载量及冷冻加工能力都有较高的要求。世界远洋渔业发展以大型化远洋渔船为平台，捕捞装备技术实现自动化、信息化和数字化，系统配套的冷冻设备及加工装备不断完善。捕捞装备自动化主要体现在大型变水层拖网、围网、延绳钓和鱿鱼钓等作业。信息化主要体现在助渔仪器方面，利用现代化的通信和声学技术开发探鱼仪、网位仪、无线电和集成 GPS 的示位标等渔船捕捞信息化系统。数字化主要体现在利用卫星通信和计算机网络方面，提供助渔信息和渔船船位监控及渔业物联网管理系统，基于“3S”系统和渔业物联网系统是远洋渔业数字化发展方向。挪威建造的世界最大的拖网加工船“大西洋黎明号”用于磷虾捕捞与加工，该船长 144.6 米，14 000 总吨，配备两台 7 200 千瓦主机。西班牙 2004 年建造了多艘总长为 115 米的金枪鱼围网船，该船型有鱼舱 3 250 立方米，日冻结能力为 150 吨。

国外发达渔业国家，工业捕捞渔船又包括加工渔船，专门用来生产鱼粉和鱼油，直接在船上进行初等加工以获取更高的经济效益。日本研制的竹荚鱼船上分级机，处理速度可以达到 7 200 ~ 14 000 条/时，准确度达 90% 以上。挪威实现了磷虾粉和磷虾油的船上生产，在船上通过脱水、干燥、粉碎的方式获得虾粉，粗油在船上精炼成磷虾油，产品已经在国际市场上取得一定影响。

### 4. 渔机渔具等专用装备技术水平发展迅速

海洋渔业发达国家相当注重海洋渔业资源保护，淘汰具有掠夺性捕捞的渔具渔法，优先发展选择性捕捞。有些国家已经禁止使用拖网作业，大力发展围网船和钓捕船进行中上层鱼类资源开发，采用严格的配额制度合理利用海洋渔业资源。围网、拖网捕捞装备一般都采用先进的液压传动与电气自动控制技术，设备操作安全、灵活、自动化程度高。金枪鱼围网渔船要求具有良好的快速性和操纵性，其中动力滑车的起网速度、理网机控制以及其他捕捞设备的操作协调性都比一般围网作业的要求高。先进的延绳钓作业船匹配了全套自动化延绳钓装备，主要由运绳机、自动装饵机、自动投绳机、干线起绳机、支线起绳机等组成。欧洲在延绳钓机的研发上具有相当高的水平，如挪威 Mustad Auto-line System 自动钓系统最多可配备 6 万把钓钩，并实现了自动起放钓。日本金枪鱼延绳钓作业方式及捕捞设备种类比较多，设备操作较复杂但设备布置灵活、自动化程度高。

## （四）世界海洋药物与生物制品工程技术

由于海洋生物的次生代谢产物复杂、独特的化学结构及其特异、高效的生物活性，引起了化学家、生物学家及药理学家的广泛关注和极大兴趣，海洋生物资源已成为寻找和发现创新药物和新型生物制品的重要源泉。近年来，国际上接连批准了 7 个海洋药物，一批新型酶和医用海洋生物功能材料纷纷上市，预示着海洋药物和生物制品迎来一个空前发展的新阶段。

### 1. 海洋药物研发突飞猛进

国际上最早开发成功的海洋药物便是著名的头孢菌素（俗称先锋霉素），它是 1948 年从海洋污泥中分离到的海洋真菌顶头孢霉产生的，以后发展成系列的头孢类抗生素。目前头孢菌素类抗生素已成为全球对抗感染性疾病的主力药物，年市场销售额超过 600 亿美元，约占所有抗生素用量的一半。第二个就是从地中海拟无枝菌酸菌中发现的利福霉素，是结核杆菌治疗的一线药物。迄今，国际上上市的海洋药物除了上述的头孢菌素和利福霉素外，另外还有阿糖胞苷A、阿糖胞苷C、齐考诺肽（芋螺毒素）、拉伐佐（Ω-3-脂肪酸乙酯）、伐赛帕（高纯度EPA乙酯）、曲贝替定（加勒比海鞘素）、黑色软海绵素衍生物甲磺酸艾日布林、阿特赛曲斯（抗CD30单抗-海兔抑素偶联物）等8种药物。目前，还有10余种针对恶性肿瘤、创伤和神经精神系统疾病的海洋药物进入各期临床研究。

世界各国已经从海葵、海绵、海洋腔肠动物、海洋被囊动物、海洋棘皮动物和海洋微生物中分离和鉴定了20 000多个新型化合物，它们的主要活性表现在抗肿瘤、抗菌、抗病毒、抗凝血、镇痛、抗炎和抗心血管疾病等方面。除此之外，还有大量的海洋活性化合物正处于成药性评价和临床前研究中。1998—2008年间，国际上共有592个具有抗肿瘤和细胞毒活性、666个具有其他多种活性（抗菌、抗病毒、抗凝血、抗炎、抗虫等活性，以及作用于心血管、内分泌、免疫和神经系统等）的海洋活性化合物正在进行成药性评价和/或临床前研究，有望从中产生一批具有开发前景的候选药物。

2. 海洋生物制品已形成新兴朝阳产业

当前，国际海洋生物制品研发的热点主要集中在海洋生物酶、功能材料、绿色农用制剂，以及保健食品、日用化学品等方面。

（1）海洋生物酶。酶制剂广泛应用于工业、农业、食品、能源、环境保护、生物医药和材料等众多领域。欧、美及日本等发达国家每年投入多达100亿美元的资金，用于海洋生物酶的研究与开发，以保证其在该领域的技术领先和市场竞争力，如欧洲的“冷酶计划”（Cold Enzyme）和“极端细胞工厂”计划（Extremophiles as Cell Factory），日本的“深海之星”计划（Deep-Star）等。迄今为止，已从海洋微生物中筛选得到140多种酶，其中新酶有20余种。海洋生物酶已经成为发达国家寻求新型酶制剂产品的重要来源。

（2）海洋功能材料。海洋生物是功能材料的极佳原料，美国强生公司、英国施乐辉公司等均投入巨资开展生物相容性海洋生物医用材料产品的开发。国外正在开发的产品主要有：①创伤止血材料：美国利用壳聚糖开发的绷带和止血粉急救止血材料均已获FDA批准，并作为军队列装物资；②组织损伤修复材料：英国施乐辉公司的海藻酸盐伤口护理敷料已实现产业化，壳聚糖基跟腱修补材料、心脏补片等外科创伤修复材料亦已进入临床研究；③组织工程材料：如皮肤、骨组织、角膜组织、神经组织、血管等组织工程材料，目前尚处于研究开发阶段；④运载缓释材料：如自组装药物缓释材料、凝胶缓释载体、基因载体等，亦处于研究开发阶段。

（3）海洋绿色农用制剂。海洋寡糖及寡肽是通过激活植物的防御系统达到植物抗病害目的的一类全新生物农药。美国开发一种名为 Elexa® 的壳聚糖产品，经美国 EPA 批准用于黄瓜、葡萄、马铃薯、草莓和番茄病害防治。法国从海带中开发的葡寡糖产品 IODUS40，作为植物免疫调节剂可防治多种作物病害。美国 Eden 生物技术公司通过基因工程开发的一种寡肽植物活化剂 Messenger 被批准在全美农作物上使用，被誉为作物生产和食品安全的一场绿色化学革命。鱼类病原全细胞疫苗是目前世界各国商业鱼用疫苗的主导产品，挪威作为世界海水养殖强国和大国，在以疫苗接种为主导的养殖鱼类病害防治应用实践中取得了显著成效。日本、韩国等国家在海洋饲用抗生素替代物方面的研究取得了较大的进展，已将壳寡糖、褐藻寡糖、岩藻多糖等作为饲用抗生素的替代物。

## （五）世界海洋食品质量安全与加工流通工程技术

### 1. 食品质量安全水平与社会经济和科学技术发展水平相适应

食品质量安全水平是一个国家或地区经济社会发展水平的重要标志。世界各国政府和消费者对食品安全高度重视，把实现食品安全列为政府经济发展的核心政策目标之一。随着经济的发展和社会的进步，当食品数量安全得到保障后，追求食品质量安全也就逐渐成为必然。

现代工业和农业的迅猛发展带来的环境污染严重影响水产品质量安全和养殖环境的安全。解决食品质量安全问题需要多个学科和专业技术的知识，科学技术起到了关键作用。与水产品质量安全水平相适应的科学技术和管理水平发展具体体现在：①在食品安全风险评估方面。20 世纪 80 年代，国际化学品安全规划署（IPCS）编写了《环境卫生基准》（Environmental Health Criteria，EHC）专著，其中，《食品添加剂和污染物的安全性评估原则》（EHC 70）和《食品中农药残留毒理学评估原则》（EHC 104）中所提出的原则成为食品添加剂联席专家委员会 JECFA 和农药残留联席会议 JMPR 开展风险评估工作的依据。2009 年，联合国粮农组织和世界卫生组织（WHO）联合出版了《化学物风险评估剂量—反应模型的建立原则》（EHC 239）、《食品中化学物的风险评估原则和方法》（EHC 240），报告对JECFA 和 JMPR 开展食品添加剂、食品污染物、天然毒素和农药、兽药残留风险评估时所采用的原则和方法进行更新、协调和统一，海洋水产品质量安全评估也要遵循这些原则和程序，国际上共同趋势是设立一个部门统一负责风险评估和风险分析；②在检测技术方面，世界发达国家注重检测方法的高灵敏度、高分辨率、高选择性及高通量，AOAC 官方方法代表检测方法的权威，欧盟、美国、日本等世界发达国家一直致力于国际和区域检测技术标准的战略化，极力使本国标准变成国际标准，利于对别国实施技术性贸易壁垒；③在食品安全快速预警方面，20 世纪 70 年代后期，欧盟就开始在其成员国中间建立快速警报系统，2002 年欧盟对预警系统做了大幅调整，实施了欧盟食品和饲料类快速预警系统（RASFF），对各成员国之间协调立场、采取措施、防范风险、抵御危害起到了重要作用。美国食品安全预警体系的组成机构主要分为食品安全预警信息管理和发布机构及食品安全预警监测和研究机构，这两类机构有机结合，共同担负着食品安全预警的职责；④在食品质量安全追溯方面，实施农产品（水产品）可追溯成为农产品国际贸易发展的趋势之一。发达国家建立的食品质量安全追溯体系，除了可以有效保证食品安全卫生和可以溯源外，其贸易壁垒的作用也日益凸显。

### 2. 海洋食品加工工程向多元化发展

在全球经济一体化快速发展的国际背景下，全球食品产业整体正在向多领域、多梯度、深层次、低能耗、全利用、高效益、可持续的方向发展。

海洋食品产业是食品工业的重要组成部分，海洋食品是人类优质蛋白质的重要来源。2009 年，世界人口动物蛋白质摄入量中有 16.6% 来自水产品，所有蛋白质摄入量中有 6.5% 来自水产品。随着人类对海洋水产品消费需求的不断增加，海洋食品加工产业呈现出多元化发展的现状，主要体现在：①以新技术开发提升海洋水产品原料利用率，如日本早在 1998 年就实施了“全鱼利用计划”，2002 年开始积极推进实施水产品加工的零排放战略，形成了低投入、低消耗、低排放和高效率的节约型增长方式。目前日本的全鱼利用率已达到 97% ~98%；②海洋食品的消费形式向营养化和方便化发展，目前方便食品在食品业中所占比例，美国为 20%，日本为 15%，中国仅为3%；③机械化与智能化支撑海洋食品产业向工业化生产模式发展，水产品加工过程的机械化和智能化是水产品加工实现规模化发展、保证产品品质、提高生产效率的重要保障；④新食源、新药源与新材料开发速度加快。各国科学家期待从海洋生物及其代谢产物中开发出不同于陆生生物的具有特异、新颖、多样化化学结构的新物质，用于防治人们的常见病、多发病和疑难病症。

#### 3. 海洋食品流通工程向智能化发展

目前，先进国家的海洋食品物流交易系统和监测技术已经从人工管理发展到智能化技术，监测指标已经从单一温度监测发展到多元参数监测。在传统标识技术的基础上，开始建立集成无线传感网络、人工智能技术的智能化物流网络和海洋食品物流质量安全监测的综合系统。世界海洋食品流通工程发展现状如下：①在产品流通体系建设方面，积极采用先进的管理规范，建立“从产品源头到餐桌”的一体化冷链物流体系；②在储藏技术装备方面，积极采用自动化冷库技术及库房管理系统，其储藏保鲜期比普通冷藏延长1~2倍；③在运输技术与装备方面，先后由公路、铁路和水路冷藏运输发展到冷藏集装箱多式联运，节能和环保是运输技术与装备发展的主要方向；④在信息技术方面，通过信息技术建立电子虚拟的海洋食品冷链物流供应链管理系统，对各种货物进行跟踪和动态监控，确保物流信息快速可靠的传递；⑤在海洋食品绿色物流方面，一些发达国家的政府非常重视制定政策法规，在宏观上对绿色物流进行管理和控制，尤其是要控制物流活动的污染发生源。

## 二、面向2030年的世界海洋生物资源工程与科技发展趋势

### （一）海水养殖工程技术与装备发展趋势

#### 1. 现代分子生物技术与传统遗传育种技术相结合的良种培育

利用现代生物组学技术对海水养殖生物重要经济性状的分子基础进行深入研究，阐明重要经济性状的分子基础及基因调控网络，利用遗传连锁图谱和SNP等新一代分子标记技术分析性状和遗传基础的关系，提出良种分子设计的策略和可行途径，为海水养殖生物的良种创制提供重要的理论基础和技术支撑是目前海洋生物育种领域发展的主要动向。继标记辅助选

择技术之后，全基因组选择技术和分子设计育种技术已逐渐成为育种技术领域的热点。国外海水养殖良种培育技术的发展趋势是从传统的育种技术逐渐转向细胞工程育种和分子聚合技术育种，从单性状育种向多性状复合育种，从单一技术向多技术复合育种方向发展，根据经济种类的遗传特点，建立科学合理的亲本管理和亲本选择策略，防止近交衰退，满足产业日益增加的对优质高效新品种的需求。

#### 2. 以生态工程为特征的浅海和滩涂养殖技术

未来的海水养殖必须兼顾环境和生态的友好性，“资源节约、环境友好、优质高效”是海水养殖业发展的方向。发挥现代渔业工程和配套设备的优势，创新集成水产养殖相关技术，运用现代生物育种技术、水质处理和调控技术与病害防控技术，设计现代养殖工程设施，实施养殖良种生态工程化，依靠人工操纵实现养殖系统的环境修复，有效地控制养殖自身污染和养殖活动对海域环境的不良影响。

在滩涂养殖生态工程方面，以“优化结构布局，提高综合效益”为导向，合理规划贝、藻类养殖结构和布局、构建滩涂养殖环境的精准化管理系统。在浅海养殖生态工程方面，强调养殖新模式和设施渔业中新材料与新技术的运用，建立动植物复合养殖系统，大力推动养殖生态工程技术的应用。浅海和滩涂养殖的生态工程技术的主要发展趋势是：①发展浅海滩涂初级生产力评估技术，提高浅海滩涂污染物自我净化能力，保护和修复水产经济物种产卵场；②提高养殖产地环境质量安全管理理论和技术水平，建立完善的养殖产地环境管理技术体系；③继续加强养殖良种培育技术，高效发掘对调控肉质、生长、抗病等重要性状基因，解析基因调控网络，揭示生长发育的规律及产量、抗逆性等重要性状形成的分子机理，构建良种培育技术体系；④继续发展多营养层次综合生态养殖技术，强化高效集约化养殖技术；⑤集成与推广应用离岸远海开放海域海珍品生态增养殖技术。

#### 3. 免疫调节和生态调节的病害防控技术

病原、宿主和水体环境是水产养殖病害发生和发展的互相联系的三大要素。传统的病害控制策略是以病原为核心，导致一系列的生态问题和食品安全问题。目前病害控制的策略是三管齐下，更加注重养殖生物抗病能力的提高和养殖水体的生态调节。国外海水养殖病害防控工程与技术的发展趋势主要体现在：①快速鉴定和分离新的流行性病原，确定病原的种类，开发多元化的病原检测技术，建立海水养殖动物流行病监控与风险评估技术体系；②深入研究病原的感染致病机制及宿主免疫反应，开展海水养殖动物和重要病原免疫相关的基因组、转录组、代谢组和蛋白组研究，为疫苗的开发和研制提供重要的理论信息；③病原疫苗的开发和研究依旧是鱼类疾病防控的重要手段，针对海水养殖动物重大病原，开发低成本、高效和长效疫苗，寻找安全有效的疫苗导入途径，针对多种病原开发多价或联合疫苗；④基于养殖动物非特异性和特异性免疫机制，开发天然和人工合成的抗病制品或免疫增强剂也是疾病免疫防控的有效途径；⑤生态防治与养殖模式结合，达到病害防控的目的；⑥抗病苗种的培育是病害防控工程的一个发展趋势，转基因技术在水生动物抗病育种的应用将会受到越来越多的关注。

#### 4. 营养调控精准化的饲料工程技术

随着科技发展和产业的需要，营养调控已经超越传统的仅仅对养殖产量的追求，现在的目标更加多元化，核心的问题是营养调控的精准化。基于对营养物质调控机理的深入研究，就可能通过营养饲料学的途径对养殖动物的繁殖、生长、营养需要、健康、行为、对环境的适应能力、养殖产品质量、安全甚至养殖环境的持续利用等实现精准调控。精准化调控的主要内容包括：①繁殖性能和幼体质量的营养调控；②营养素定量需要的调控；③动物健康的营养调控；④动物行为的营养调控；⑤动物对环境适应能力的营养调控；⑥养殖动物产品质量与安全的营养调控；⑦养殖环境持续利用的营养调控等。

#### 5. 工程化和工业化的海水陆基养殖

国外在海水陆基全循环养殖工程技术已经成熟的情况下，其发展趋势主要体现在高新化与普及化、大型化与超大型化、工业化与国际化、自动化与机械化。在关键技术发展方面：①采用降低水处理系统水力负荷的快速排污技术；②普遍采用提高单位产量和改善水质的纯氧增氧技术；③采用日趋先进的养殖环境监控技术；④对生物滤器的稳定运行进行控制；⑤养殖废水的资源化利用与无公害排放。

#### 6. 大型化和智能化的深海网箱养殖装备工程

深海网箱养殖工程技术与装备的发展具有如下趋势。①养殖系统大型化：为了提高生产效率，大型化是深水网箱养殖规模化生产对设施装备的必然要求；②养殖环境生态化：养殖生产对生态环境的负面影响已越来越为社会所关注，深水网箱养殖产业的问题会随着产业规模的扩大而显现，增强网箱养殖设施系统对环境生态的调控功能，结合渔业资源修复的系统工程，将对消减近海海域富营养化发挥积极作用；③养殖过程低碳化：充分开发利用风能、太阳能、潮流能和波浪能等洁净、绿色、可再生能源，摆脱网箱动力源完全依赖以石油为燃料的困境，实现网箱的生态与环保养殖；④养殖设施智能化：当近海自然生产力不能满足需求增长与产业发展的需要，海洋生产力必然向深远海转移，网箱养殖作为海水养殖的主要形式之一，其设施系统需要具有向深远海发展的能力，包括远程控制和自动操作系统在内的智能化养殖设施就愈来愈重要。

### （二）近海生物资源养护工程与技术发展趋势

#### 1. 近海渔业资源监测与监管趋向立体化和常态化

2002 年可持续发展世界首脑峰会实施计划提出 2015 年恢复衰退的渔业资源的目标，然而直至 2008 年，全球处于过度捕捞的渔业种群比例不仅没有降低，而且还有增大的趋势。为此，世界各国和区域性渔业管理组织都在致力于对渔业资源的养护，除不断完善和加强渔业监管外，对渔业资源监测的要求也越来越高。在资源监测方面，人们越来越认识到长时间序列的观测数据对科学预测资源动态、制定合理捕捞限额、维持资源可持续利用的重要性。长时间序列数据的获得包括两个层面：①继续坚持多季节、大范围的年度科学监测调查；②采用海量数据传输新技术，利用布设于各重点水域的观测网络对重要渔业种群进行洄游分布、资源变动以及环境因子连续观测，深入研究鱼类种群的变动机制。利用渔船采集数据也是渔业资源监测的一个重要发展趋势，渔船可以作为专业科学监测调查有效补充。在渔业监管技术方面，渔业生产过程的海（渔政船、科学观察员）、陆（渔船监控系统 VMS、雷达）、空（飞机、卫星）综合监控技术以及渔捞统计实时报送与数据采集技术已经并将继续成为未来的发展趋势。

### 2. 捕捞技术发展强调负责任和可持续

21 世纪以来，世界各国重新审定现代捕捞业可持续发展的战略内容，制定现代捕捞业的发展规划，重建并维持可持续发展的现代捕捞业。日本通过高效渔具渔法的研究，欧盟通过建立负责任及可持续的捕捞渔业，美国则以确保海洋生态系统的和谐促进渔业生物资源的持续利用。世界负责任可持续捕捞技术的主要内容为：①大力开发并应用负责任捕捞和生态保护技术，最大限度地降低捕捞作业对濒危种类、栖息地生物与环境的影响，减少非目标生物的兼捕；②积极开发并应用环境友好、节能型渔具渔法，满足低碳社会发展的要求；③积极开发新渔场，利用新资源，拓展渔业作业空间；④积极开发高效助渔、探鱼设备，提高捕捞效率和资源利用率；⑤不断提高捕捞业集约化和自动化水平，提升劳动生产率，有效改善工作环境和捕捞业安全生产性能。

### 3. 增殖放流技术和海洋牧场构建突出生态性和保护性

国际上增殖放流工作将在更加注重生态效益、社会效益和经济效益评价的基础上，开展“生态性放流”，达到资源增殖和修复的目的，恢复已衰退的自然资源，将放流增殖作为基于生态系统的渔业管理措施之一，推动增殖渔业向可持续方向发展。国际上对未来增殖放流更加注重以下几个方面：①增殖放流的科学机制；②增殖放流的生态容量；③增殖放流的生态安全；④增殖放流的体系化建设。

未来海洋牧场建设与科技的发展趋势可归纳为以下几点：①更加注重海洋牧场生境营造与栖息地保护，由简单地在近海投放人工鱼礁诱集鱼类聚集，向注重海域环境的调控与改造工程、生境的修复与改善工程、栖息地与渔场保护工程、增殖放流与渔业资源管理体系构建等综合技术方面发展；②建造大型人工鱼礁，投礁海域向 40 米以深海域发展；③发展海洋牧场现代化管理的控制与监测技术；④发挥海洋牧场的碳汇功能，开发碳汇扩增技术。海洋牧场作为碳汇渔业的一种重要模式，其碳汇功能、特征与过程的研究，尤其是碳汇扩增技术的开发，将为海洋牧场的建设与发展注入新的活力。

### 4. 近海渔船装备进一步向专业化发展

随着近海捕捞渔船规模趋减，渔船的选择性捕捞作业能力、节能减排水平、可监管程度将进一步提高，对资源环境影响大的作业方式将逐步萎缩，以满足高效生产与有效保护海洋生物资源的发展要求。养殖渔船的专业化水平将随着离岸养殖设施的规模和要求向专业化发展，生产管理与运输的功能趋于全面，包括监控、投喂、操作、运输等，自动化程度不断提高，规模逐步扩大，功能更加多元化。科学技术与船舶工业科技的发展，新材料、新技术不断在渔业船舶工程中得以应用，必将提高渔船作业性能，实现节能减排，提升信息化水平。

#### 5. 渔港建设向功能多元化发展

面对经济社会的变化和渔业活动的多样化，渔港作为水产品安全供给基地的保障作用、对渔港功能多元化的要求都愈来愈强。针对渔村城镇对渔港服务的新要求，注重渔港服务功能的前伸后延，完成渔场、渔港、渔村一体化，实现水产品加工与物流现代化的需求。根据渔业及流通加工等方面的变化，渔港作为水产品交易、加工、配送、冷链物流的集散中心作用更趋明显，要求进行水产品加工和产地市场为一体的建设与配套，成为水产品加工与市场为一体的都市型渔港。随着渔港功能设施的完善，渔港将保持景观美化，低碳、生态、环保是现代化渔港的重要特征。

### （三）远洋渔业资源开发工程与技术发展趋势

#### 1. 远洋渔业资源开发趋向信息化和精准化

综合分析世界发达国家海洋捕捞业科技规划方向和研究内容，世界大洋渔业发展趋势主要表现在：①捕捞业基础研究不断深入，远洋渔业技术革命进程不断加快；②以地理信息系统、计算机、微电子技术、遥感技术等多项信息技术为基础发展远洋渔业生产与管理辅助决策系统，实现精准捕捞，不断降低能耗，大幅度提高生产效率；③通过与生物科学、信息科学、材料科学等的交融、更新和拓展，从理论、方法和技术手段上加速传统的远洋渔业科学及基础学科的更新，促进新的分支边缘学科的构建；④远洋渔业可持续发展技术体系越来越受到重视；⑤捕捞水产品综合利用是远洋渔业产品高值化的主要方向，围绕船载鱼类综合利用的精深加工技术不断完善，精深加工产品不断涌现。

#### 2. 南极磷虾将启动新一轮的极地渔业大开发

随着南极磷虾捕捞技术的革命化发展和对饲料用优质动物蛋白的需求

以及磷虾油等高值产品的产业化发展，可以预期南极磷虾渔业必将进入新一轮大发展。南极海洋生物资源保护条约国（CCAMLR）科学委员会于2010年提出“综合评估计划”，利用英、美、德以及其他捕捞国家的局域性调查资料，结合来自渔业的科学观察数据，对磷虾资源状况进行综合评估，为磷虾渔业开发与管理提供实时、有效的科学依据。另外，CCAMLR正在构建一个名为“反馈式管理”的磷虾渔业管理框架。这些管理计划在发展磷虾资源评估技术的同时，均要求捕捞国在科学调查方面做出应有的贡献。随着磷虾渔业的发展，对磷虾资源进行科学调查研究的需求也在不断地增长，CCAMLR制定了专门的规范。

#### 3. 远洋渔船及装备将有更大的发展空间

目前世界上的众多国际渔业管理组织对公海的捕捞作业做出了诸多限制和约定，在国际公约的控制下，远洋捕捞相对于近海捕捞会有更大的发展空间，产业规模将趋于合理。远洋渔船捕捞设备向专业化和自动化方向发展，远洋渔船捕捞助渔仪器向信息化与数字化方向发展，远洋渔船船载加工装备向多功能化和支撑资源综合利用方向发展。未来10～20年，船上加工装备将会越来越普及，种类更丰富，功能多元化，加工效率日益提高，逐步形成产品价值最大化、利用率最高化、加工专业化的船上加工模式。

### （四）海洋药物与生物制品工程与科技的发展趋势

随着世界主要海洋强国对海洋生物技术投入的不断增加，海洋药物和生物制品领域的发展趋势主要体现在下列3个方面。

#### 1. 海洋生物资源的利用逐步从近浅海向深远海发展

在国家管辖范围以内的海底区域，世界各国已采取行动建立海洋保护区，联合国也在酝酿出台保护深海生物及其基因资源多样性的法规。我国充分利用后发优势，发展了相应的深海微生物培养、遗传操作和环境基因组克隆表达等生物技术手段，有望开发出一批满足节能工业催化、新药开发、能源利用和环境修复等需求的海洋药物和生物制品。瞄准深远海生物耐压、嗜温、抗还原环境的特性，可望发现一批全新结构的活性化合物和特殊功能的海洋生物基因。

#### 2. 陆地高新技术迅速向海洋药物和生物制品开发转移

陆地药物开发的各种高新技术，包括药物新靶点发现和验证集成技术，药物高通量、高内涵筛选技术，现代色谱分离组合技术，海洋天然产物快速、高效分离鉴定技术，现代生物信息学和化学信息学技术，计算机辅助药物设计技术，先进的先导化合物结构优化技术，药物生物合成机制及遗传改良优化高产技术，药物系统性成药性/功效评价技术，大规模产业化制备技术等，都在迅速向药用和生物制品用海洋生物资源的开发利用转移，发挥了引领和推动作用，孕育着新的战略性产业的形成。

#### 3. 以企业为主导的海洋药物和生物制品研发体系成为主流

当前，国际上已出现专门从事海洋药物研究开发的制药公司（如西班牙的 Pharmamar，美国的 Nereus Pharmaceuticals 等），并取得了令人瞩目的成绩。随着海洋药物研究丰硕成果的不断涌现，包括美国辉瑞、瑞士罗氏、美国施贵宝、法国赛诺菲等一些国际知名的医药企业或生物技术公司也纷纷投身于海洋药物的研发和生产。企业在海洋药物/生物制品创制方面的主体意识不断增强，建设了完整配套的创新药物研究开发技术链，逐步推动了以企业为主体的专业性海洋新药/生物制品研发平台的发展，促进了新药/生物制品研究和医药产业的整体水平和综合创新能力的提升。

### （五）海洋食品质量安全与加工流通工程与技术的发展趋势

#### 1. 质量安全监管更加注重科学性

基于食品质量安全的科学研究正变得越来越深入，海洋食品质量安全监管不仅要依靠科学技术，实施中还要实现常态化和强制性。未来的发展体现在：①以更加科学有效的风险评估技术为支撑，对食品生产经营过程中影响食品质量安全的各种因素进行评估；②检测技术日益趋向于高技术化、高通量化、速测化、便携化，海洋生物品种鉴别、产品真伪鉴定也日益受到关注；③世界各国越来越倾向于把关口前移，采取积极的预警预报技术，加强风险管理，建立监测点对海洋食品中关键污染物和主要危害因子进行主动监测；④越来越多的国家将把物理标识追溯列为对海洋食品的强制性要求，并出台包括要求食品召回等具体规定，物种来源及其原产地追溯成为今后的发展重点；⑤各国将加强对国际食品法典标准和发达国家食品安全标准的追踪研究，加快建立与国际接轨的食品安全标准体系，海洋食品质量安全的法律法规将更加完善。

### 2. “全鱼利用”概念渐成共识

据联合国粮农组织预测，到2030年世界人口将达到85亿，人均水产品实际消费占有量的维持或增加，将不仅仅依靠相对稳定的捕捞产量和不断增加的养殖产量，而提高水产品利用率、实现“全鱼利用”也是间接提高人均消费品实际占有率的重要因素。未来的发展趋势主要体现在：①海洋食品加工方式将以生物加工与机械加工为主。以低能耗的生物加工与机械化加工方式代替传统的手工加工方式，形成低投入、低消耗、低排放和高效率的节约型增长方式，将成为海洋食品加工产业的必然选择；②海洋食品供应以方便、营养、健康、能充分保持其鲜度和美味的预处理小包装食品为主。随着生活水平的不断提高和生活节奏的加快，人们自己在家庭处理鲜活鱼的数量将大大缩减，同时大型食堂、配餐业等也需要食品加工企业提供半成品。人们对传统中国文化的食用整鱼，食用活鱼的饮食习惯也受到现代文化的日益冲击。因此，海洋产品的精准化处理与保鲜技术、加工副产物的规模化处理与高效利用技术将进入一个快速发展通道；③与海洋渔业产业体系配套的海上加工、海洋功能食品加工、副产物精深加工将实现海洋食用资源的高效利用。

### 3. 海洋食品流通体系趋向社会化与全球化

由于全球经济一体化进程日益加快，资源在全球范围内的流动和配置大大加强，高效、通畅、可控制的流通体系可减少流通环节，节约流通费用，适应经济全球化背景的“无国界物流”成为发展的趋势。通过海洋食品物流基础设施建设，将物流与信息技术、电子商务等融合，达到海洋食品物流运作的集约化、规模化和网络化，建立海洋生物资源生产、加工、流通和消费为一体的共享平台。为了提高物流的便捷化，当前世界各国都在采用先进的物流技术，开发新的运输和装卸机械，大力改进运输方式，比如应用现代化物流手段和方式，发展集装箱运输、托盘技术等，实现高度的物流集成化和便利化，形成良性循环。对物流各种功能、要素进行整合，使物流活动系统化、专业化，出现了专门从事物流服务活动的“第三方物流”企业。

## 三、国外经验：7 个典型案例

### （一）新型深远海养殖装备

#### 1. 深海巨型网箱

深海巨型网箱的推广应用，有利于养殖地域向外海发展，并可利用风能、太阳能、潮流能和波浪能等清洁能源，摆脱网箱动力源完全依赖石油为燃料的困境，实现养殖过程低碳化。挪威深水网箱自动化、产业化程度高，配套设施齐备，有完善的集约化养殖技术和网箱维护与服务体系。最为关键的一点是，政府以法令的形式来规范和保障深水网箱的健康发展。

深远海巨型网箱系统一般容量较大，如挪威的海洋球型（OceanGlobe）网箱（图 1－3－2）最具代表性，其容积约为 4 万立方米，年养殖产量可达 1 000 吨。根据养殖的需要，网箱内部可以用网片分割成 2～3 个部分。这种网箱的优点主要体现在：①有效率地捕捞、清理及维修；②可根据不同的气候条件在水下进行喂食；③适应恶劣的海洋环境与天气；④可防止养殖对象被肉食性生物咬食；⑤有效防止养殖对象的逃逸；⑥球型设计不会

图 1－3－2　海洋球型深远海巨型养殖网箱示意图

资料来源：Kvalheim 和 Ytterland，2004.

因海流冲击而变形，保持稳定的内容积；⑦网箱与鱼的移动范围很小；⑧便于船只与员工停靠和操作；⑨使养殖鱼处于健康状态等。网箱设计较好地解决了现有海洋抗风浪网箱存在的突出问题，如网衣更换、清洗、养殖对象的捕捞以及污染环境等。

2. 养鱼工船

现代化深远海可移动式养鱼工船的研发涉及船、机、电、生物、化学、经济、法律等多个领域，技术难度、投资风险都很大，是国家综合实力的体现，需要有配套的国家法律法规来保障。先进的深远海养鱼工船集苗种孵化、养殖、饲料、产品加工以及作业过程中产生的死鱼、残饵和排泄物的清除于一体，全程自动化和信息化，并兼有“海上旅游”的功能。

法国在布雷斯特北部的布列塔尼海岸与挪威合作建成了一艘长 270 米的养鱼工船，总排水量 10 万吨，7 000 立方米养鱼水体，每天从 20 米深处换水 150 吨，用电脑控制养鱼，定员 10 人。该养鱼工船年产鲑鱼 3 000 吨，占全国年进口数量的 15%，相当于 10 艘捕捞工船的产量。

欧洲渔业委员会建造了一艘半潜式恢复水产资源工船（图 1 – 3 – 3）。该船长 189 米、宽 56 米，主甲板高 47 米，最小吃水 10 米，航行和系泊时吃水 3 米（含网箱），航速 8 节，定员 30 人。该工船有双甲板，中间是种鱼暂养池，甲板上为鱼的繁殖生长区，建有海水过滤系统、育苗室、实验室和办公室。甲板下的船舱有 3 个贮存箱，为幼鱼养殖池。在船的中前部，还有一个半沉式水下网箱，用来暂养成鱼。整船犹如一个育苗场，从亲鱼暂养、繁殖到幼鱼饲养、放流都在船上进行，称“海洋渔业资源增殖船”。该船可去美国、北非、南美、西非、澳洲和斯里兰卡等金枪鱼渔场接运捕获的活金枪鱼 400 吨，运往日本销售，亦可在船上加工。该船也可去产卵区捕捞野生的金枪鱼幼鱼，转运至适宜地育肥，年产量 700 ~ 1 200 吨。船上设备有喷水管道系统及起网设备、水下电视监控系统、鱼体质量/体长测量器、5 000 立方米的饲料冷冻储藏设备、处理病鱼的网箱及设备、充气增氧系统、7 个投喂饲料管道系统、养殖网箱 12 万立方米、死鱼收集处理设备等。

西班牙的养鱼工船，兼孵化与养殖双重功能，已获得专利，船体结构为双甲板，每年可生产几百万尾鱼。工船有足够的能力养殖大量鱼苗，依靠结构本身采集水生生物来喂养它们，幼鱼最终放养到浮游植物丰富的海

图 1－3－3 半潜式养鱼工船示意图

资料来源：徐皓和江涛，2012.

区。该船可养300吨每尾4千克左右的亲鱼，其中200吨放养在6万立方米的水下箱中，100吨分养在控温的50吨水箱中。在水下箱中的鱼卵汲到主甲板上的孵化区，几天后将幼鱼下汲到两个3 500立方米的等温箱，箱中有封闭式循环过滤海水系统。

日本长崎县“蓝海号”养鱼工船，4.7万吨，船长110米、宽32米，定员5人，能抗12.8米海浪，在30～40米水深处工作。10个鱼舱共4 662立方米，可投鱼种2万尾，年产量100吨。

### （二）挪威南极磷虾渔业的快速发展

在南极磷虾开发与利用方面，挪威是比较成功的典范，在短时间内成为世界第一磷虾捕捞大国。对南极磷虾的开发，挪威的成功经验是遵从“产业开发，科技先行”的指导思想，采取了以坚实科学研究为支撑的负责任的磷虾渔业发展战略。

由于南极磷虾渔场路途遥远、捕捞成本高，对挪威这样的高生产成本国家而言，以传统捕捞技术提供初级磷虾产品的生产模式在经济上是很难有利可图的。为此，在进入磷虾渔业之前，挪威做了两项重要的技术储备：①“水下连续泵吸捕捞”专利技术；②磷虾油精炼加工技术。前者保证了磷虾渔业的生产效率与产品质量，后者大大提高了磷虾产品的附加值。此外，挪威企业还投巨资对渔船进行了彻底改造，使其成为集捕捞与高附加值产品加工于一体的磷虾专业捕捞加工船，保障了磷虾渔业的经济效益。

事实上，挪威的磷虾资源开发也是分两步完成的。在确保其磷虾渔业的可行性之前，为不引起国际社会过多的关注，挪威渔船首先通过悬挂瓦努阿图国旗的方式于2004年进入南极磷虾渔业。经过两年的经验积累之后，于2006年正式以挪威渔船的名义开展磷虾捕捞，随即于2007年成为南极磷虾第一捕捞大国。2010年挪威的磷虾产量达12万吨，2011—2013年也均在10万吨以上，占世界磷虾总产量的60%。

### （三）封闭循环水养殖系统

国际上先进的封闭式循环水养殖系统（图1－3－4）具有自动化程度高、养殖密度大，便于管理，并且节能、节水、低排（或零排放）等特点，配套构建了基于循环水养殖的技术体系，实现了产业化。从研究、设计、制造、安装、调试，以及产品的产前产后服务，如银行、保险、保安、信息等，都形成了网络。

在欧洲，真鲷大多采用封闭循环水系统养殖。先进的封闭循环海水养殖系统，包括有相应的反硝化系统，每天的补水量小于1%。经过130天，真鲷从61克长到412克，成活率达99%。用来作为硝化反应器的水处理设备是移动床反应器。在海水环境中，该移动床的氨氮降解速率达到300克/（米$^3$·日）。从硝化反应水处理系统分离出来的有机物颗粒产生的硫化氢被用来产生自养的反硝化反应降解硝酸盐，残余的颗粒则转化为沼气或者二氧化碳。整个系统中的氨氮、亚硝酸氮和硝酸氮的含量分别保持低于0.8毫克/升、0.2毫克/升和150毫克/升。该系统的特点是在进行好氧硝化作用的同时，将厌氧反硝化工艺与厌氧氨氧化工艺结合，在将污泥分离、沉淀和集中处理后，再进入反硝化反应器产生沼气。该系统养殖的真鲷产量可达50千克/米$^3$。

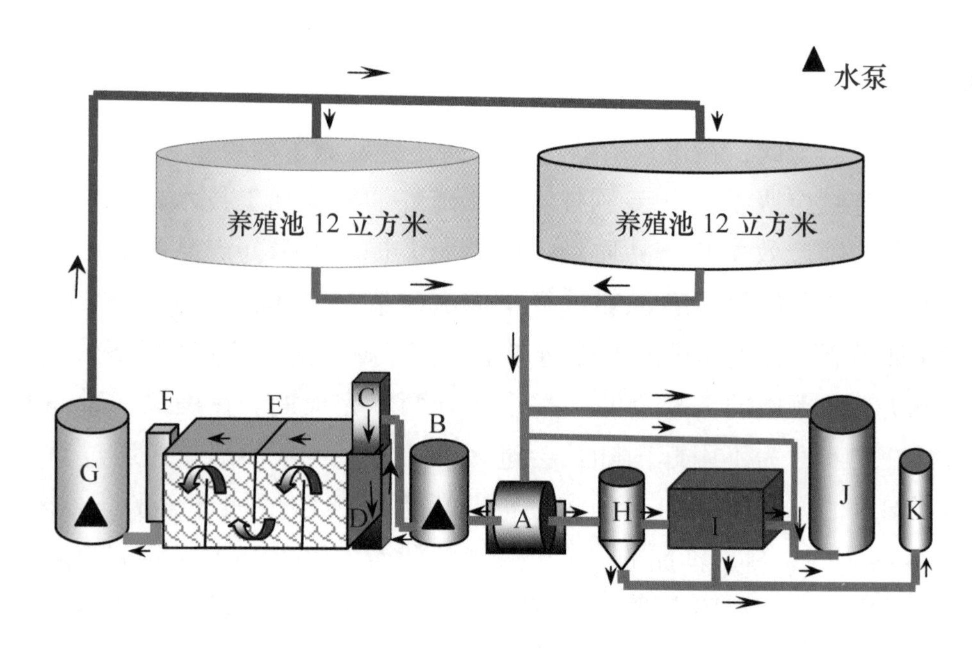


图 1-3-4　封闭式循环水养殖系统

A. 转鼓式微滤机；B. 水泵蓄水池；C. 二氧化碳脱气装置；D. 蛋白质分离器；E. 移动床硝化反应器；F. LHO 增氧装置；G. 水泵蓄水池；H. 污泥收集箱；I. 污泥消化箱；J. 固定床生物反应器；K. 带气体收集的生物气体反应器

资料来源：Yossi Tal 等，2009.

## （四）日本人工鱼礁与海洋牧场建设

日本被公认为是目前世界上人工鱼礁与海洋牧场建设最成功的典范。早在第二次世界大战以后，日本就开始发展沿海栽培渔业，科学、系统的大规模人工鱼礁投放造就了日本富饶的海洋。其成功经验主要有 3 个方面：①日本于 1975 年颁布了《沿岸渔场整修开发法》，使人工鱼礁建设以法律形式确定下来；②设立专门的人工鱼礁与海洋牧场研究机构，开展系统的科学研究；③制定沿岸渔场整修规划，并设立专项资金用于渔场环境改良、藻类栽培和资源增殖。

20 世纪 50 年代初，日本就开始利用废旧船作为人工鱼礁投放。1950 年日本全国沉放 10 000 只小型渔船建设人工鱼礁渔场，1951 年开始用混凝土制作人工鱼礁，1954 年开始日本政府有计划地投资建设人工鱼礁。进入 70 年代以后，由于世界沿海国家相继提出划定 200 海里专属经济区，促使日本加速了人工鱼礁的建设进程。1975年以前在近海沿岸设置人工鱼礁5 000多座，体积336万立方米，投资304亿日元。从1976年起，每年投入相当于33亿元人民币建设人工鱼礁，截至2000年共投入了相当于人民币830亿元的资金。2000年后，日本年投入沿海人工鱼礁建设资金为600亿日元。

自1959—1982年的23年中，日本沿岸和近海渔业年产量从473万吨增加到780万吨。在世界渔业资源利用受到限制的情况下，近海优质种类捕捞产量继续增加，主要是依靠建设沿岸渔场，其中海洋牧场起的作用最大。人工鱼礁的建设造就了日本富饶的海洋。海洋生态环境一度遭受严重破坏的濑户内海，在有计划地进行人工鱼礁投放和海洋环境治理以后，已变为名副其实的“海洋牧场”。据估算，日本近岸每平方千米的海域生物资源量为我国的13倍。

### （五）挪威的鲑鱼疫苗防病

水产养殖动物病害的显著特点是传播速度快，危害范围广。在鱼类病害防治技术研发方面，由于使用化学药物容易造成污染和残留，病原对抗生素的耐药性日益增强，因此开发低成本高效疫苗，对重大流行性疾病进行免疫防治，已成为21世纪水产动物疾病防控研究与开发的主要方向，将对鱼类养殖业健康发展起到积极的推动作用。

作为世界海水养殖强国和大国，挪威在以疫苗接种为主导的养殖鱼类病害防治应用实践中取得了显著成效。20世纪80年代，挪威的鲑鱼养殖业受病害的影响增长缓慢，每年使用了近50吨抗生素却无法有效控制病害。90年代初期，由于抗药病原的大量产生，虽然增加了抗生素的使用量，病害损失导致鲑鱼产量连续3年停滞不前甚至出现滑坡。为此，挪威开始广泛采用接种疫苗的病害免疫防治措施，1989年第一个疫苗（弧菌病疫苗）开始用在鲑鱼上，而后又陆续有其他几种疫苗被开发出来，1994年针对主要细菌性病原的联合疫苗被应用于鲑鱼。这些疫苗的出现非常有效地控制了病害的发生，使抗生素的用量急剧减少，鲑鱼产量大幅提高。至2002年，其鲑鱼年产量已超过60万吨，抗生素的使用却已基本停止（图1－3－5）。这一事实充分肯定了免疫防治对鱼类病害的有效控制和对鱼类养殖业健康发展的积极推动作用。

挪威使用疫苗成功防治鲑鱼病害的主要特点和经验是：①挪威只养鲑鱼，养殖品种单一，对鱼和病原的研究非常透彻，包括繁殖、孵化、养殖、

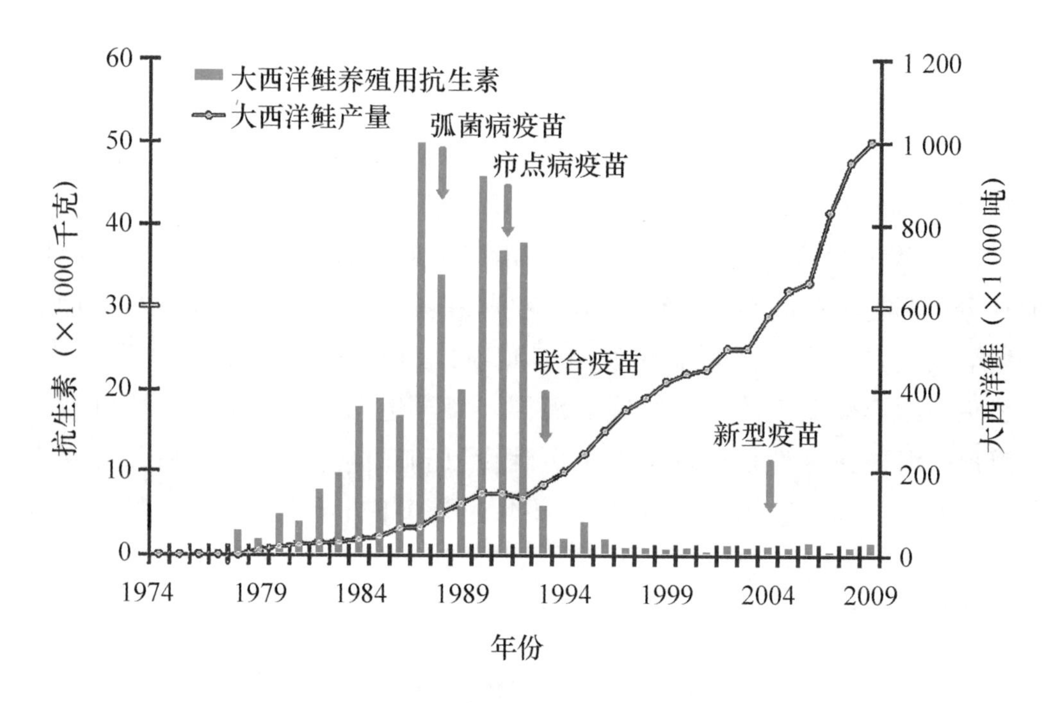


图1－3－5　疫苗取代抗生素的挪威大西洋鲑养殖业

资料来源：马悦和张元兴，2012.

病害、饲料等各方面的基础研究；②病原相对单一，疫苗容易开发，并且清楚疫苗的原理和使用，有一整套成熟的疫苗使用程序和流程；③挪威的鲑鱼养殖模式是工厂化集约化养殖，已经形成完整的技术规范体系，养殖区域和养殖密度都有严格的规定，而且必须要有养殖执照；④挪威对鲑鱼养殖的管理非常严格，农业、水产、环境等管理部门都会介入对水产养殖的管理。

## （六）食品和饲料的快速预警系统

人们在解决重大食品安全问题的过程中逐渐认识到，预防和控制远远强于事后的处理，因此将风险预警相关理论引到食品安全研究中来，建立高效、动态的食品安全风险预警系统，加强食品质量安全监管力度，及时发现隐患，防止大规模的食物中毒，并尽快寻找可行的途径对食品安全问题进行控制与管理，是一项十分紧迫的任务。

对于食品安全的预警，目前世界上开展最好的是欧盟实施的食品饲料快速预警系统（RASFF）通报，可细分为三类：即预警通报、信息通报和禁止入境通报。预警通报是当市场上销售的食品或饲料存在危害或要求立即采取行动时发出的。预警通报是成员国检查出问题并已经采取相关措施（如退回/召回）后发出的。信息通报是指市场上销售的食品或饲料的危害已经确定但是其他成员国还没有立即采取措施，因为产品尚未到达他们的市场或已不在市场上出售或产品存在的危害程度不需要立即采取措施。禁止入境通报主要是关于对人体健康存在危害、在欧盟（和欧洲经济区）境外已经检测并被拒绝入境的食品或饲料。通报被派发给所有欧洲经济区的边境站，以便加强控制，确保这些禁止入境的产品不会通过其他边境站重复进入欧盟。RASFF 系统的建设非常强调食品安全风险的有效预防和遏制，强调促进消费者信心的恢复。它的涉及范围广泛，几乎涵盖了食品产业的全过程，其监测不仅仅局限于人们平时狭义上所指的食品，由于饲料原料来源和加工等对食品安全具有不可回避的潜在风险，也明确将饲料纳入其安全管理的范畴。该系统运转后，发出了大量的预警通报和信息通报，有效地对食品和饲料安全进行了监测和预警，2012 年欧盟 RASFF 通报总数为 8 797 批。

RASFF 对我国海洋食品的发展具有一定的启示作用，尤其以下 3 个方面值得关注和深入研究：①在建设海洋食品安全风险监测预警和控制体系的过程中，要加强海洋食品全产业链的综合管理，强调质量安全的系统性和协调性，对产业链的所有过程都应予以关注；②将风险的概念引入管理领域，强调以预防为主的重要性，通过监测和风险评估发现问题，适时发出预警并采取有效的控制方法，实现风险管理；③依法保证科学分析与信息交流咨询体系的建设并保持独立性，提高信息搜索的客观性和准确性，保证决策程序的透明性和有效性。

### （七）美国的海洋水产品物流体系

美国海洋食品物流体系的建设对我国海洋食品物流发展具有一定的启示作用，其主要特点和经验是：美国在最为先进和完善的物流理论指导下，建立了一个庞大、通畅、复合、高效的海洋食品物流体系，提供美国海洋食品准确、有效、及时、全面的数据信息。采用产地直销的大流通形式，建立供应链信息管理平台和水产品加工配送中心，发展自行配送，迅速从传统经营管理模式转变为现代供应链管理模式。

美国水产品企业之所以能够迅速从传统经营管理模式转变为供应链管理模式，主要是因为得到了政府的大力支持。美国建立了国家渔业信息网络，即全国性、基于互联网、统一的渔业信息系统（The Fisheries Information System，FIS）。通过FIS建立的高效信息管理系统，提供美国渔业准确、有效、及时、全面的数据信息，回答何人、何时、何地、做何事、如何做等问题，为决策者制定渔业政策和进行管理决策提供依据，为科研人员提供数据资料，为从业人员提供信息服务。目前，FIS主要承担四大功能，即收集渔业数据、提供信息产品和服务、与合作伙伴共享信息、为制定政策法规提供决策依据等。FIS建设需要庞大的经费支撑，通过国家财政拨款，以项目建设的方式专款专用，正式建成运转后，每年仍获得国家财政支持，2004—2011年间，财政预算投入超过3亿美元。

目前，美国80%以上的水产品由生产企业绕过批发市场直接销售给零售商，采用产地直销的大流通形式，大型零售商是供应链的核心企业，它们建立了供应链信息管理平台和水产品加工配送中心，发展自行配送，实际开展批发活动，直接从供应商处采购并安排运输到配送仓库。美国水产品批发商曾经是水产品流通中的主角，但目前经由水产品批发市场流通的水产品只占20%左右。

# 第四章　我国海洋生物资源工程与科技面临的主要问题

当前，虽然我国海洋生物资源工程与科技有了较快发展，并取得了重要成绩，但与环境友好型和可持续发展的要求相比，仍有许多不相适应的地方，主要可以归纳成“两个落后，四个不够”。我国海洋生物资源工程与科技起步晚，前期科研和资金投入少，基础和工程技术研究落后；创新成果少，系统性差，关键技术装备落后。在发展过程中，盲目扩大规模，资源调查与评估不够；过度开发利用，生态和资源保护不够；产业存在隐患，可持续发展能力不够；政府管理重叠，国家整体规划布局不够。

## 一、起步晚，投入少，海洋生物资源的基础和工程技术研究落后

多年来，我国一直是一个海洋观念淡薄的国家，念念不忘的是960万平方千米的国土，对于300万平方千米的蓝色国土长期关注不够。对于海洋生物资源的开发和利用，我们在相当长的历史时期内，仅仅停留在捞鱼摸虾的认知水平。对于海洋生物资源的科学研究，也是力量薄弱，技术落后。直到20世纪90年代，国家863计划设立了海洋技术领域，我国历史上第一次在国家层面设立专门的科技计划，发展海洋生物技术。这比世界海洋强国晚了半个世纪。近20年来，我国科技工作者奋起直追，取得了骄人的成绩，但是总体上与国际先进国家相比，我们在海洋生物资源开发利用的基础和工程技术研究上仍然处于落后状态，在一些关键技术上还缺乏标志性突破。例如，在海洋药物这个海洋生物前沿技术上我国具有很大差距。自2004年以来，国际上接连批准了8个海洋药物，在此期间我国没有全新的有影响的海洋药物上市。究其原因，主要在于我国海洋药物研发起步晚，海洋先导化合物发现少，海洋微生物培养不过关，技术积累不够。“九五”以来，我国开始关注海洋药物和生物制品的研究与开发，但对海洋药物研发方向的投入不够；“十一五”以来“新药创制”国家重大专项对海洋药物

的投入亦不超过5 000万元，与发达国家在此领域的投入有巨大的差距。

我国在一些海洋生物资源激烈竞争的热点问题上，由于受到整体技术水平的制约，常常处于不利局面。例如，深海生物在长期的高压、高/低温等极端环境胁迫下，进化出了独特的代谢途径，以及适应于该环境的信号转导和化学防御机制，其生命活动中生成的形形色色的化合物有许多是可资利用的天然产物。深海生物资源开发是世界发达国家激烈竞争的领域。但由于我国起步较晚，深海技术发展滞后，在深海微生物采集、分离、生物多样性调查等基础和应用基础研究方面尚未取得实质性的突破。目前，我国深海生物技术的落后主要表现在：①资源类型不够丰富，相关应用基础研究薄弱。相对于深海微生物的丰富性，目前所拥有的资源还不够丰富，需要发掘新的深海微生物菌种资源和深海生物基因资源。相对于陆地微生物资源开发，深海微生物应用技术还处在初步阶段，需要深入开展深海生物资源在国民经济各行业中的开发利用；②一些技术“瓶颈”需要突破，包括深海不同极端环境样品的保真采样技术、深海环境模拟与培养技术、环境原位检测技术、微环境检测技术、深海微生物的培养与保藏技术、特殊深海基因的表达技术、组合分子生物化学技术、极端微生物遗传体系技术平台等；③深海人才队伍急需整合和加强。国内专门从事深海研究的人员不多，从事深海生物资源研究的则更少，力量严重分散。

## 二、创新成果少，装备系统性差，关键技术装备落后

由于我国海洋生物资源开发起步晚，积累少，难以厚积薄发，形成重大的创新性成果。近20年来，国家不断加大对于海洋生物资源开发的科技投入和政策支持，凝聚了一批海洋生物科学家从事海洋生物资源的创新研究，也吸引了一批陆地生物技术科学家下海投身海洋生物事业，使我国海洋生物技术有了迅速的发展。但是总体上，我国海洋生物资源工程和科技的发展存在明显的缺陷，主要表现在：①借用技术多，核心技术少。我国在发展中，大量模仿国外先进技术，借用陆地生物资源的开发技术，解决海洋生物资源的特殊问题，这虽然在初级发展阶段十分重要，可是现在针对海洋生物特有资源的核心技术亟待突破。例如，海洋糖类结构新颖，是海洋生物的特有资源，具有巨大的应用潜力，可是由于海洋糖类的结构解析、分离纯化、分子剪裁、功能分析等方法不成熟，开发技术亟待突破。

②探索研究多，系统研究少。在我国海水养殖动植物中，已经做过探索性研究的不下几十种，可是没有一种生物像挪威鲑鱼那样进行过高水平的系统研究。我国科学家已发现了3 000多个海洋小分子新活性化合物和近300个糖（寡糖）类化合物，在国际上占有重要位置，但是研究论文一大批，做过系统成药性评价工作的化合物不超过30个，进入临床研究阶段的海洋药物仅有5个，离国际先进水平仍有较大的差距。③集成创新多，原始创新少。我国的水产品加工业规模大，产值高，工艺不断有创新，技术含量也在不断提高。可是在这个行业中，很少有关键技术是我国发明的核心技术，创造重大经济效益的自主知识产权技术更是少之又少，关键设备基本依靠进口。

在海洋生物资源开发的工程装备上，我国的差距更加明显。特别是：①近海渔船装备整体水平落后，制约我国海洋捕捞业的可持续发展，远洋渔船捕捞装备及技术水平同样落后，关键技术及装备受制于国外。海洋渔业船舶形式多种多样，装备老化现象严重，船型杂乱，性能优化度低，不规范等都是面临的严重问题。我国远洋渔船主要依赖进口国外二手设备，渔船老化，船型偏小。捕捞关键装备技术受制于国外，特别是一些技术含量高的装备，主要依赖进口。②现代化的养殖工程技术和装备欠缺。工厂化养殖总体发展水平仍处于初级发展阶段，仍以流水养殖为主，真正意义上的全封闭工厂化循环水养殖工厂比例很低。深海网箱装备结构尚未定型，我国现有网箱多数仍布置于15米以浅的浅海区域，尚不能称为真正意义的深海养殖网箱。深海网箱抗风浪、抗流性能及结构安全研究理论与国际先进水平仍有差距，新型专用网箱材料技术仍未突破。③海洋水产加工设备研发严重落后，关键设备基本依赖进口。我国水产品加工产业总体上还属于劳动力密集型产业，在加工原料预处理方面机械化水平低，工效和品质难以保证。我国的冷冻鱼糜和鱼糜制品、烤鳗、紫菜和裙带菜等加工设备和螺旋式速冻机、鱼体分割机、去皮机等设备基本上依赖进口。

## 三、盲目扩大规模，资源调查与评估不够

我国海洋捕捞业和海水养殖业的规模都处在世界前列。可是在规模扩大的过程中，普遍缺乏系统的科学评估，缺乏雄厚的基础研究支撑，缺乏对环境和生态的影响认识。突出的问题包括：①远洋渔业渔场规律掌握不

够，严重影响在国际渔业资源开发中的竞争力。我国远洋渔业已遍布世界三大洋，资源调查刚刚走出国门，缺乏充分的第一手数据。基于我国远洋渔业起步较晚的现实，以及国际社会对渔业资源“先占先得”的历史分配格局，我国在国际渔业资源的竞争中处于劣势。缺少第一手调查研究资料，导致渔业掌控能力薄弱，具体体现在3个方面。一是资源分布与渔场变动规律不明，在资源养护措施及捕捞配额分配谈判中缺乏话语权，在以资源养护为主调的磋商中处境被动。二是缺乏长期生产统计和调查数据的积累，对主要渔业种类分布、变化规律和渔场掌握不准，难以为生产渔船提供决策依据，也直接影响到我国大洋性渔业的发展战略和捕鱼船队的布局。三是缺少渔场环境与气象条件等信息服务，渔业生产的安全保障能力低。②近海渔业资源监测缺乏长时间序列调查，资源家底不清楚。我国的渔业监测与资源调查研究投入过少，难以为渔业管理提供有效支持。目前，系统的规模化调查仅在非常有限的专项大规模调查时开展，其余年份仅仅进行单一季节的监测调查，而且调查范围有限。捕捞生产统计资料缺乏，因此难以进行资源状况及其发展趋势分析，无法为资源管理提供有效的科学依据。③人工鱼礁广受重视，但缺乏科学论证和评估。目前，对众多的人工鱼礁建设者来说，海洋牧场还仅是一种模糊的概念，真正意义上的渔业资源养护与修复型的人工鱼礁、藻礁、藻场的建设几乎是空白。自20世纪80年代以来，在人工鱼礁建设方面，部分省（自治区、直辖市）制定了有关条例法规，这些条例法规大多集中在立项、建造和验收等环节，目标功能、规模配置、运输投放、调查评价等关键性技术环节尚无法定规范。④养殖业迅速发展，病害严重，流行病学调查和病原鉴定能力薄弱。我国海水养殖规模、种类和模式差异较大，养殖种类病害多。我国在海水养殖鱼类病害的病原学、流行病学、病理学、药理学、免疫学、实验动物模型等基础研究领域仍较薄弱，存在的主要问题是高新技术和研究方法的应用较晚，研究内容缺乏深度和系统性。

## 四、过度开发利用，生态和资源保护不够

我国对于海洋生物资源，虽然存在利用不足（如南极磷虾），也存在开发过度的问题。从总体上讲，过度开发利用是主要问题，特别是对于近海生物资源，普遍存在重开发、轻养护的问题，对生态和资源保护不够。这

导致了海洋生态环境趋于恶化，海洋生物资源趋于枯竭，难以可持续发展。突出的问题包括：①遗传资源保护亮起红灯，野生动植物种质资源需要保护。我国海水养殖育种材料的收集、研究和整理、筛选等仍缺乏系统性、长期性和科学性，亟待针对主要养殖对象，建立遗传背景清晰、性状特点突出且稳定的育种材料体系。野生动植物种质资源的保护问题突出，环境污染和海岸带开发使海洋生物栖息地和产卵地条件恶化甚至不复存在，导致某些海洋生物物种濒临灭绝。我国特有的名贵鱼种大黄鱼不仅群体资源枯竭，生物遗传多样性也大大下降。②有法不依、执法不严，违规滥捕导致近海生物资源面临严重威胁。《中华人民共和国渔业法》规定不存在法理上的自由准入渔业，但却由于拥有捕捞许可证的人数众多，彼此又无权禁止对方利用渔业资源。事实上广泛存在自由准入渔业现象，并且存在大量的“三证不齐”渔船、“三无”渔船及IUU（非法、不报告和不管制）捕捞活动。另外，我国在渔业相关管理规定监管方面不到位。如在伏季休渔制度执行中，伏季休渔前后的高强度捕捞和禁渔期的偷捕较为严重，网目尺寸违规变小，使得渔业生物的繁殖群体和补充群体被大量捕捞，近海渔业资源衰退的态势并未改变。③海洋生物基因资源的知识产权保护不得力。拥有海洋生物基因资源专利权一直是海洋生物高技术的发展热点。深海特殊功能基因的发现，耐热、耐压、适冷、抗强还原环境的生物基因资源的开发利用，是知识产权争夺的新战场。我国在这方面资源拥有能力薄弱，基因资源保护数量和质量都有明显差距。

## 五、产业发展存在隐患，可持续能力不够

我国海洋生物资源开发利用的相关产业普遍历史短，规模小，重经济效益，可持续发展观念淡薄。在实际生产中，往往认为生物资源开发是企业的事，生物资源养护是政府的事，对于产业面临长期发展的问题关注不够。我国海洋生物资源开发利用的相关产业存在发展的“瓶颈”和隐患，将制约产业的可持续发展。突出的问题包括：①养殖模式不合理，海域环境污染严重。由于我国近海环境的自然条件，近浅海水产养殖已经受到海域养殖容量的限制，海水养殖的空间有限。浅海养殖缺乏科学统一的全局规划，局部海域养殖密度过大，养殖设施布局不合理，养殖行为产生的排泄废物、富余投入品及其腐败物过度集中，造成局部水域污染严重。②养

殖的发展受到蛋白源的制约，大量使用鱼粉不可持续。作为水产饲料的主要蛋白源，鱼粉的世界产量近年来一直稳定在500万~700万吨，目前世界鱼粉产量的68%以上都已用于水产饲料。为了实现到2030年我国水产品再增加2 000万吨的目标，优质水产配合饲料的产量必须由2011年的1 540万吨提高到3 000万吨以上。这就需要增加超过1 200万吨饲料蛋白源。目前，我国水产养殖用主要饲料蛋白源鱼粉和豆粕的70%以上依靠进口，50%以上的氨基酸依靠进口，成为饲料行业和水产养殖业发展的核心制约因素。③水产品质量安全技术基础薄弱，加工质量管理与控制标准落后。我国海洋水产品安全风险评估技术尚处于起步阶段，质量安全风险评估体系还没有完全构建，风险评估管理机构和实验站点有待建立。海洋产品质量安全溯源技术体系建设缺乏统一要求，工作保障不足，产品生产差异大，使得追溯管理整体、持续和全面推进困难。我国食品加工技术性法律法规不仅缺乏相应的法律责任规定，执法部门的责任权利不够明确，造成“有法难依，违法难究”的情况。一些海洋食品国家标准比国际标准和国外先进标准明显偏低，物流工程法律法规及标准体系不健全，水产品行业标准的制定和修订工作跟不上水产品技术发展和产品更新的要求，标准的实施情况差，企业标准化意识淡薄。

## 六、政府管理重叠，国家整体规划布局不够

海洋生物资源工程与科技是国家发展的重要战略，得到了各级政府的普遍重视和广泛支持，各个行业和各个地区都制定了规划，加大了投入，对于促进海洋生物资源的开发利用发挥了不可替代的导向性作用。目前在海洋生物资源工程与科技领域，虽然总体上支持的力度仍显不够，但是不怕得不到支持，就怕没有好的项目。我国海洋生物资源工程整体规划的制定和实施主管部门不明确，科技计划政出多门，产业规划五花八门，支持和投入既有交叉也有空白。在科技开发方面，国家多个部门和多个计划都给予了支持，例如国家973计划、国家863计划（海洋技术和农业技术两个领域）、国家支撑计划、国家科技重大专项、国家自然科学基金、国家行业公益性专项、国家科技兴海计划、大洋协会计划等。在新兴产业方面，国家也有多个计划给予了支持。这些计划分别由农业部、国家海洋局、科技部、国家自然科学基金委会员、国家发展和改革委员会、财政部等多个部

门主持和推进。可是，我国迄今没有制定一个国家的海洋生物资源工程与科技的发展规划。在产业管理层面，存在政府重叠管理和管理盲点同时存在的现象。例如，海洋水产食品安全信息没能形成跨部门的统一收集分析体系，食品安全相关信息的通报、预报和处置的渠道不畅通，政府主管部门对潜伏的危机信息掌握不及时、不全面，导致在危机酝酿阶段政府监管部门无能为力。

我国沿海各地都很重视海洋生物资源工程和科技的发展，纷纷制定了各种地区发展规划，打造科技开发平台，设立海洋生物开发区，形成了一批热点。这些举措对于促进沿海各地的海洋生物资源工程与科技的发展起了重要的推动作用，使海洋生物资源开发声势浩大，深入人心，提供了产业发展的大好时机。可是，许多地区的发展规划科学性不够，存在思路雷同的问题，甚至有的不是从特有资源和开发基础出发，而是追逐热点，一哄而上。例如，海洋药物开发成为各地最响亮的口号，其实许多地区研发力量薄弱，技术和资源优势都不存在，形成主导产业能力并不强，前景还很遥远。某些海洋生物开发区，主打海洋药物，可是进入开发区的项目，却是以海洋食品和保健品为主，个别的药物项目与海洋生物并无直接的关系。

在各地的海岸带规划中，还存在发展思路不明晰、注重短期利益的问题。海岸带在各地已经变成稀缺资源，如何发挥海岸带的更大效益，各地政府有着不同的权衡。在海洋农业、沿海工业、滨海旅游业这3个产业合理布局上存在着许多利益驱动，影响着海洋生物资源的可持续开发利用。在3个产业争地、争水、争投资的情况下，如何能像保证粮田面积一样保证海水养殖业的规模和海岸带资源，是一个越来越突出的问题。由于海洋农业交税少或者不交税，影响了政府的财政收入，在有的地区受到了限制和制约。

# 第五章 我国海洋生物资源工程与科技发展的战略和任务

落实党的“十八大”提出的“建设海洋强国”的宏伟战略目标，紧紧围绕提高海洋资源开发能力、发展海洋经济、保护海洋生态环境和坚决维护国家海洋权益的重大需求，在海洋生物资源开发利用的深层次工程建设与科技创新发展上有所作为。在我国海水养殖工程技术与装备、近海渔业资源养护工程、远洋渔业资源开发工程技术、海洋药物与生物制品创新工程和海洋产品加工与质量安全工程等方面，突破海洋生物资源高效开发和可持续利用的核心和关键技术，保障国家食物安全，推动海洋经济发展，形成战略性新兴产业，保护海洋生态安全，维护国家海洋权益。

## 一、战略定位与发展思路

### （一）战略定位

紧紧围绕国民经济发展的重大需求，坚持可持续发展和创新驱动发展，坚持科学规划，合理布局，突破海洋生物资源高效开发和可持续利用的核心关键技术，推动海洋生物产业工程化和海洋经济发展，可持续利用海洋生物资源。

### （二）发展思路

实施“养护、拓展、高技术”三大发展战略，多层面地开发利用海洋生物的群体、遗传和产物三大资源，推动海洋生物资源工程与科技的发展。①养护战略：养护和合理利用近海生物资源及其环境，推动资源增殖和生态养护工程建设，提高伏季休渔管理质量；②拓展战略：积极发展水产养殖业，开发利用远洋渔业资源，探索极地深海生物新资源，提高海洋食品质量和安全水平；③高技术战略：发展海洋生物高技术，促进养护和拓展战略的技术升级，深化海洋生物资源开发利用的层次。

## 二、基本原则与战略目标

### （一）基本原则

增强海洋生物资源开发利用可持续发展能力，保护近海生物资源，加快向深远海的发展，多层次开发海洋生物资源，进一步提高我国海洋生物开发与利用的总体实力，全面推进海洋强国战略的实施。

大力推进海洋生物产业进步，实施多方位的发展。建设环境友好型海水养殖业，精选养殖品类，质量优先，数量保障，鼓励由浅海向深远海的发展；建设近海资源养护型捕捞业，推动资源增殖和生态养护工程建设，提高近海资源养护技术水平，实施渔船升级改造和渔港多元化功能改造；提升远洋/极地渔业开发能力和远洋渔船及装备的研制水平，大力开发极地远洋渔业新资源（如南极磷虾）；大力开发具有海洋资源特色、拥有自主知识产权和良好市场前景的海洋创新药物和高值化海洋生物制品；健全海洋食品安全法律法规，建立全过程监管、应急机制等食品安全支撑体系，强化海洋食品生产和供应链的安全性与系统性，确保海洋食品的质量安全。

### （二）战略目标

通过20年海洋生物资源工程与科技创新发展，实现海洋生物产业“可持续、安全发展、现代工程化”三大战略发展目标。可持续发展，推行绿色、低碳的碳汇渔业发展新理念，实行生态系统水平的管理，实现海洋生物资源及其产业的可持续发展；安全发展，遵循海洋生物资源可持续开发的原则，实现资源安全、生态安全、质量安全、生产安全；现代工程化发展，加快海洋生物资源开发利用机械化、自动化、信息化发展步伐，实现海洋生物产业标准化、规模化的现代发展。通过大力发展海洋生物资源工程与科技，培育和发展海洋生物资源战略性新兴产业，提升产业核心竞争力。到2020年，我国进入海洋生物利用强国初级阶段，2030年建设成为中等海洋生物利用强国（专栏1－5－1），2050年成为世界海洋生物利用强国。

#### 1. 海水养殖现代发展工程

2020年：我国海水养殖规模和总量继续保持世界第一，海水养殖产量突破2 000万吨。海水养殖逐渐由数量型向质量型转变。基本实现陆基工厂化的全循环式养殖，标准化的陆基池塘养殖，规范化和规模化的浅海、滩涂养殖。

**专栏1－5－1　我国海洋生物资源工程与科技发展趋势与国际发展水平的比较**

通过我国海洋生物资源工程与科技发展趋势与国际发展水平的比较可见，到2030年，我国在近海和滩涂养殖、陆基海水养殖、深远海养殖、海洋药物和海洋生物制品可达到或领先国际先进水平，近海养护、水产品质量安全和加工与流通与国际先进水平的差距将会逐步缩小，远洋渔业的发展差距仍将较大。

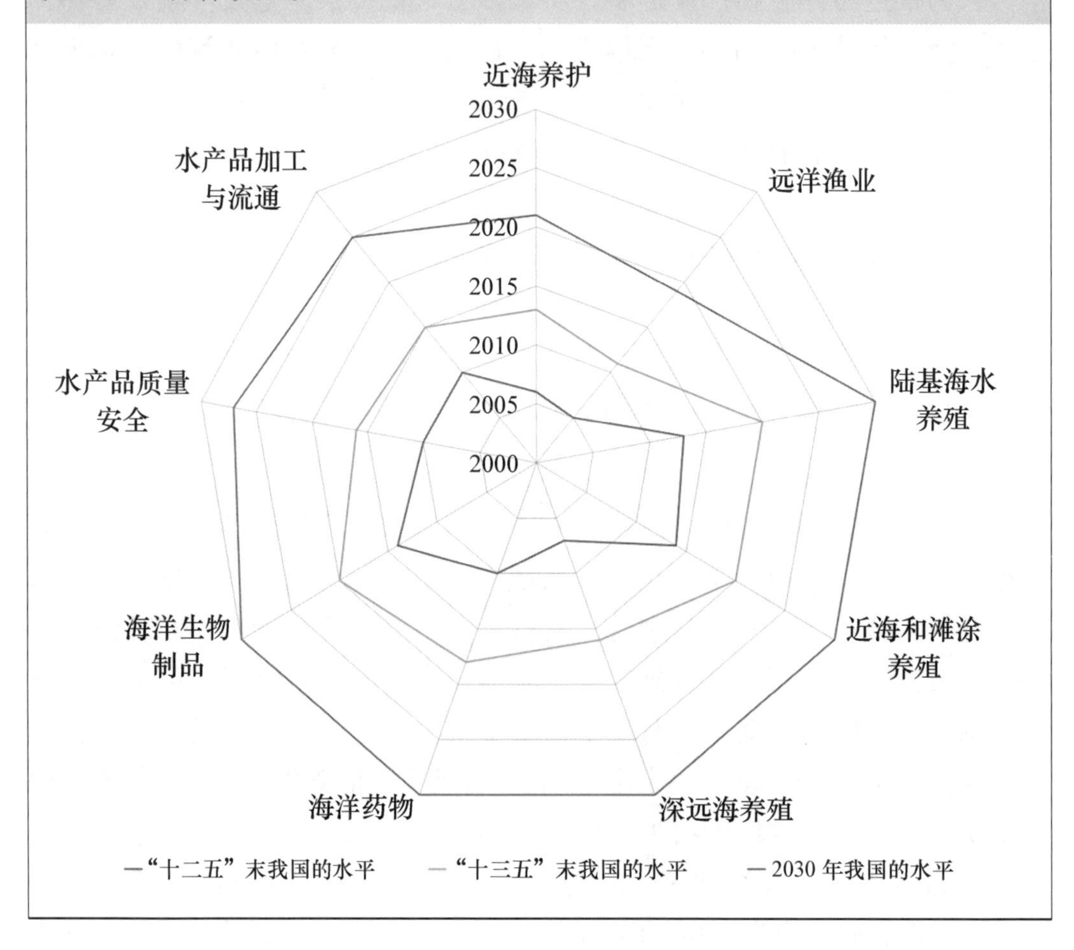


2030年：工程化、信息化的深远海养殖具备相当规模，占整个海水养殖产量的比例超过15%。实现陆基、浅海和深远海养殖齐头并进，海水养殖总量超过3 000万吨，我国由世界海水养殖第一大国向第一强国发展（专栏1－5－2）。

**专栏 1－5－2 我国海水养殖现代发展工程发展趋势与国际发展水平的比较**

我国海水养殖现代发展工程发展趋势与国际发展水平比较显示，到2030年，我国在水产养殖工程技术领域在生态工程、营养饲料、病害防控、养殖模式与技术等方面都能够达到国际先进水平，遗传育种和陆基与离岸养殖基本达到国际先进水平。

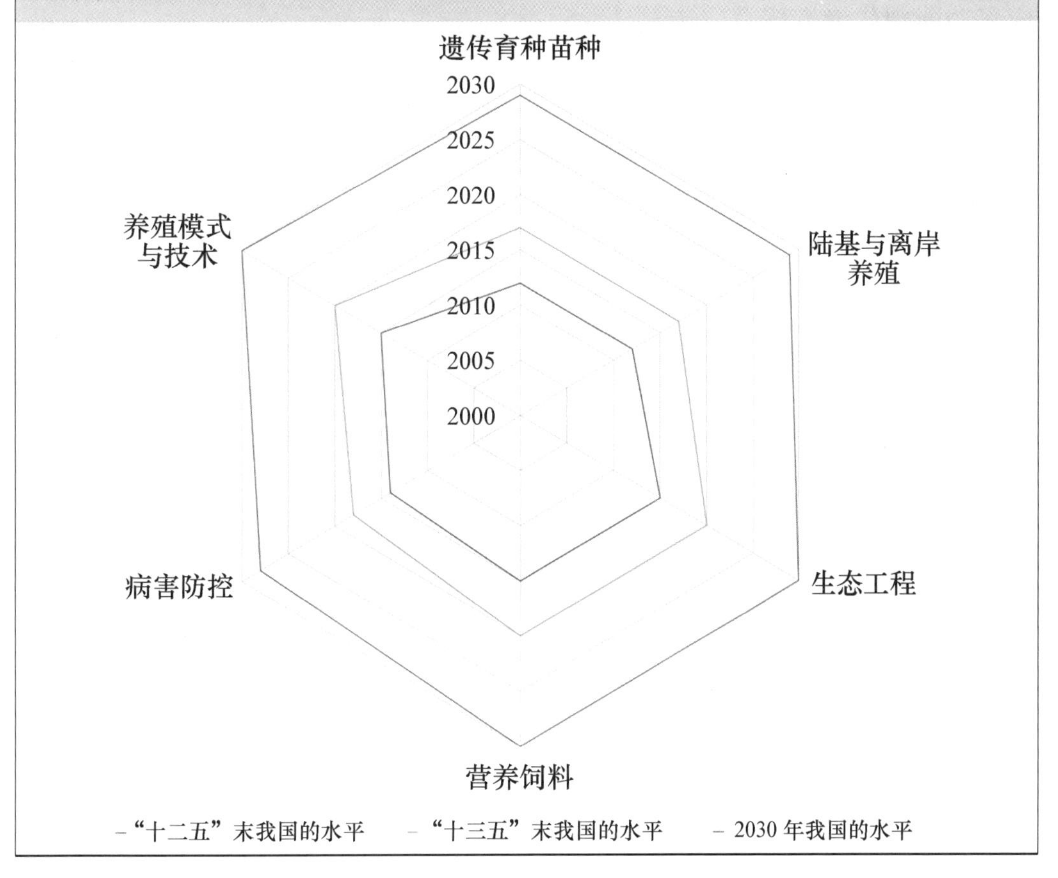


展望2050年，我国由世界海水养殖第一大国发展成为第一强国，在遗传育种、营养饲料、病害防控、生态环境和养殖技术与装备等环节实现全面领先。

2. 近海生物资源养护工程

2020年：对近海衰退渔业资源种群和水域环境实行生态修复，部分资源衰退种群得到一定程度的恢复，海洋牧场的人工鱼礁、藻场、藻床等生境营造工程覆盖率达到5%，近海捕捞渔船数量减少30%；新建200个一级以上渔港，届时能为80%的海洋渔业机动渔船（100%的海洋捕捞渔船）提供基本安全的避风保障和多功能现代化渔港示范建设。

2030年：恢复部分衰退渔业种群资源，部分渔业资源利用实现良性循环，我国海域海洋牧场的人工鱼礁、藻场、藻床等生境营造工程覆盖达10%以上，近海捕捞渔船达到“安全、节能、适居、高效”的现代化水平；再建设100个一级以上渔港，渔港的综合功能、生态环保特征明显，初步建成多功能现代渔港体系（专栏1－5－3）。

**专栏1－5－3　我国近海生物资源养护工程发展趋势与国际发展水平的比较**

从我国近海生物资源养护工程发展趋势与国际发展水平的比较可见，到2030年，我国在增殖放流接近或基本达到国际先进水平，海洋牧场建设和渔港建设方面与国际先进水平差距可缩小至8年，近海渔业资源监测、负责任捕捞和近海渔船升级改造与国际先进水平仍会有10年左右的差距。

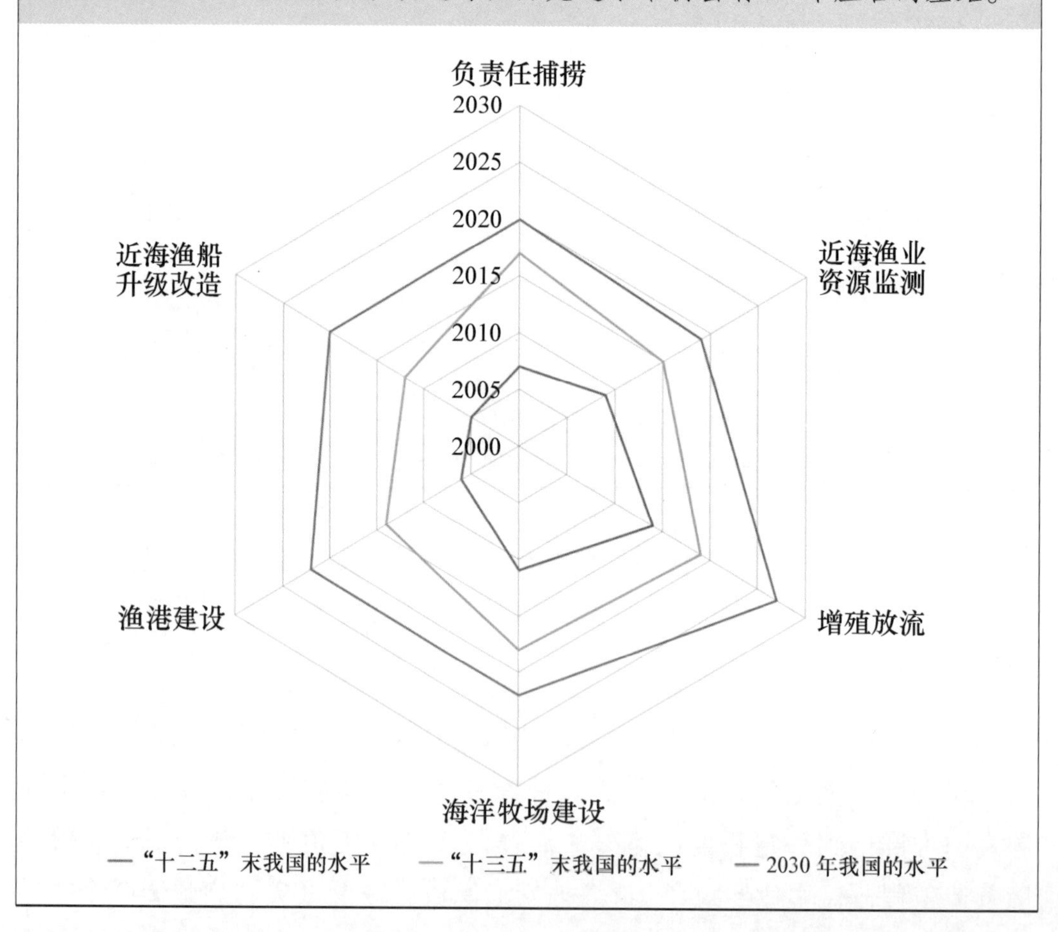

展望2050年，我国近海生态环境和生物资源得到有效恢复，形成良性循环的渔业产出系统，综合效益和科技水平均达到世界领先水平，渔港工程与技术水平达到国际先进水平，多功能现代渔港建设全面形成，满足海洋强国的发展要求。

### 3. 远洋渔业资源现代开发工程

2020年：系统开展主要大洋渔业资源的科学调查，增强对大洋和极地渔业资源的掌控能力，形成2 000～3 000艘符合过洋作业要求的现代化渔船，1 000艘规模的有国际竞争力的大洋性捕捞船队。

2030年：实现远洋渔业资源的科学监测评估，初步形成远洋渔业产业链，基本解决大洋渔业选择性、精准化捕捞的制约性技术等远洋渔船装备的薄弱环节（专栏1－5－4）。

展望2050年，将实现对大洋和极地远洋渔业资源的掌控能力、综合开发能力和国际义务履行能力，形成完善的远洋渔业产业链。全面实现远洋捕捞渔船的现代化。

### 4. 海洋药物与生物制品创新工程

2020年：全面实现我国海洋药物与生物制品产业化，产值将达到100亿元，并达到世界海洋生物技术强国初级阶段。海洋药物方面，完成20种左右海洋候选药物的临床前研究，其中10种以上获得临床研究批文，初步实现我国海洋药物的产业化，产值达到20亿元。海洋生物制品方面，完成20种以上的海洋生物酶中试工艺研究，实现我国海洋生物酶产业化，产值达到30亿元；建立自主知识产权的海洋生物功能材料开发技术体系，初步实现我国海洋生物功能材料产业化，产值达到20亿元；开发5种以上系列海水养殖疫苗产品并进入产业化，完成10种以上抗生素替代的饲用海洋生物制剂研发并实现产业化，完成5种以上海洋植物抗病、抗旱、抗寒制剂及10种以上海洋生物肥料的研发并实现产业化，全面实现我国海洋农用生物制品产业化，产值达到30亿元。

2030年：发展并壮大我国海洋药物与生物制品产业群，产值达到500亿元，进入世界中等海洋生物技术强国行列，为在2050年建设成为世界海

**专栏 1-5-4　我国远洋渔业资源现代开发工程发展趋势与国际发展水平的比较**

从我国远洋渔业资源现代开发工程发展趋势与国际发展水平的比较可见，到 2030 年，我国在大洋渔业和极地渔业与国际先进水平会有 10 年的差距，远洋渔业装备和远洋渔船建设与国际先进水平仍会有 10 年以上的差距。

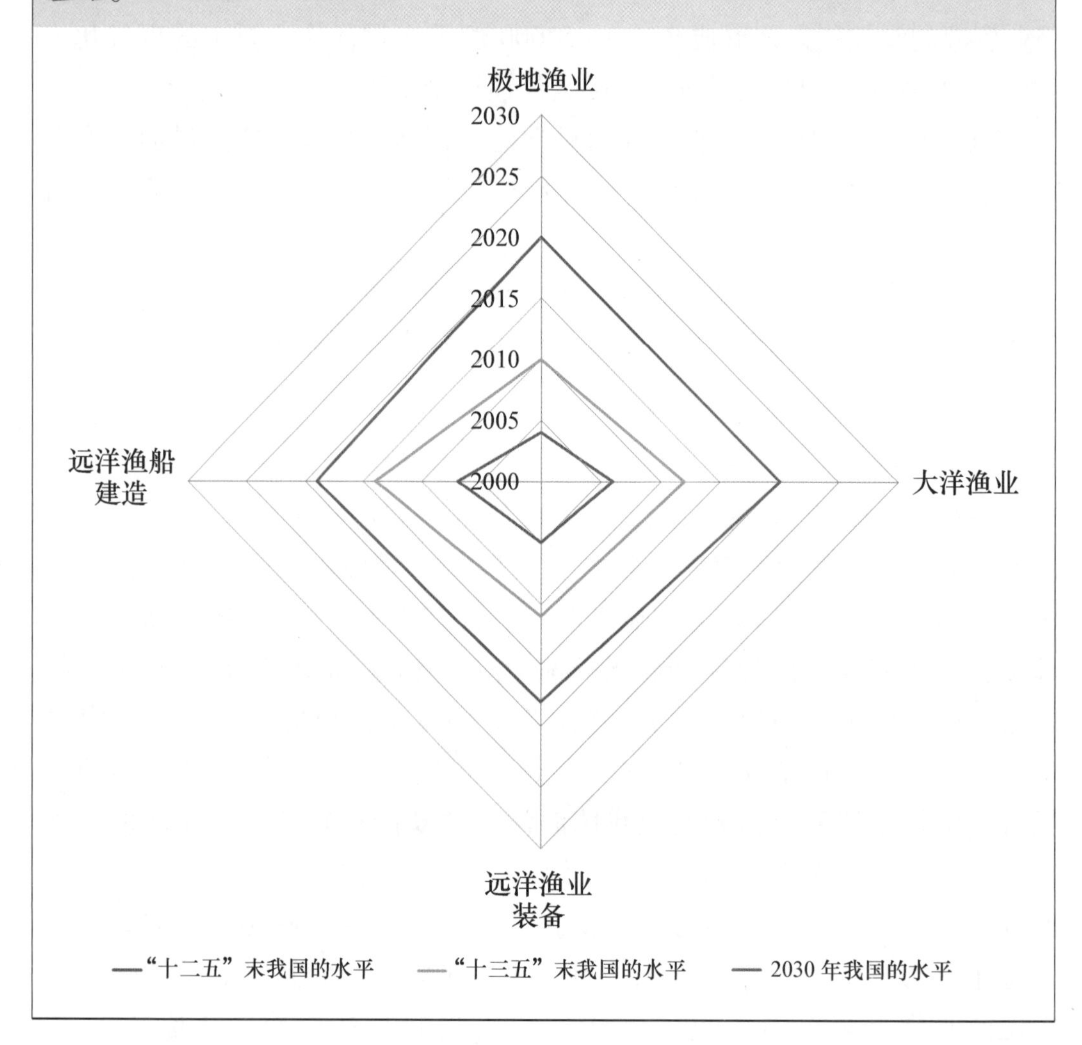


洋生物技术强国奠定基础。海洋药物方面，全面实现产业化（20 种左右），产值超过 200 亿元。海洋生物制品方面，进一步发展和壮大海洋生物酶的产业群（30 种左右），产值超过 100 亿元；海洋生物功能材料全面实现产业化（20 种左右），产值超过 100 亿元；海洋农用生物制品形成产值超过 100 亿

元的海洋农用生物制品产业群，全面推动海洋绿色农用生物制剂产业的发展（专栏1－5－5）。

**专栏1－5－5　我国海洋药物与生物制品创新工程发展趋势与国际发展水平的比较**

从我国海洋药物与生物制品创新工程发展趋势与国际发展水平的比较中可以看出，到2030年，我国在药物先导物、生物肥料/农药和多糖药物方面都能够达到国际先进水平，化学药物、基因工程药物仍将与国际水平有10年左右的差距，而在酶制剂、生物功能材料、动物疫苗与国际水平有5年左右的差距。

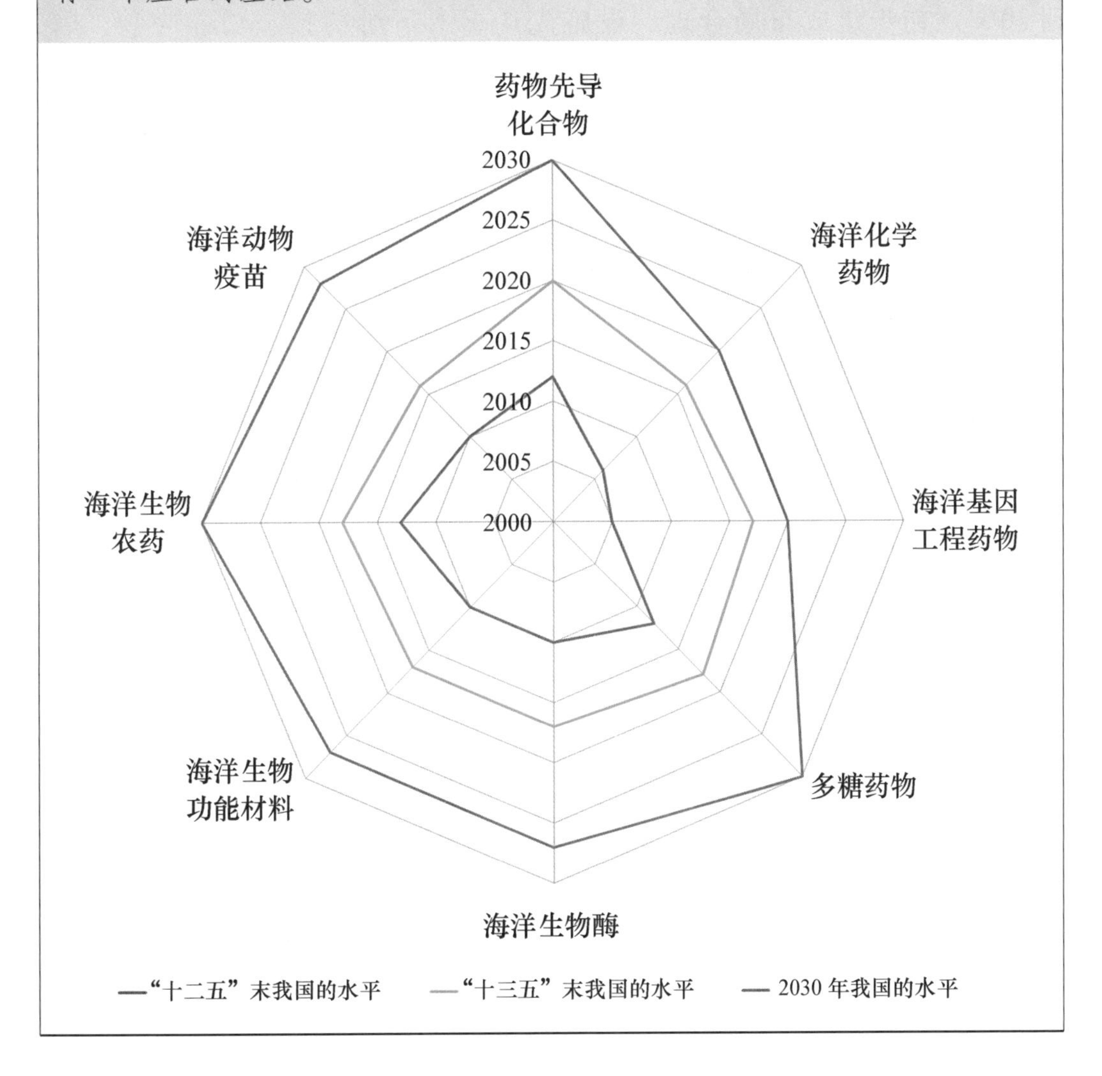

展望2050年，海洋生物技术产业成为我国发展势头最猛的战略性新兴产业之一，产品全面服务于工业、农业、人类健康以及环境保护等领域，产值超过1 000亿元。其中，100个左右的海洋药物在国内外上市，产值超过500亿元。200个左右的海洋生物制品（海洋生物酶、海洋生物功能材料、海洋农用生物制品）在国内外上市，产值超过500亿元，全面建设成为世界海洋生物技术强国。

5. 海洋食品加工与质量安全工程

2020年：突破一批海洋食品保鲜与加工的关键技术和产业核心技术，研发出即食型即热型等方便半成品，海洋水产品资源加工转化率达到70%。初步建成布局合理、设施先进、上下游衔接、功能完善、管理规范、标准健全的海洋食品冷链物流服务体系，海洋食品冷链流通率提高到40%，冷藏运输率提高到70%左右，流通环节产品的腐损率降至10%以下。建立海洋食品质量控制体系，使海洋食品安全合格率稳定在98%以上，对重点新资源的食用安全进行风险评估，建立全部海产品从养殖捕捞到餐桌的生产全过程可追溯技术与装备体系，全面建成覆盖省（自治区、直辖市）、地、县三级的海洋食品质量安全监管技术体系。

2030年：建立以加工带动渔业发展的新型海洋农业产业发展模式，水产品加工企业基本实现机械化。资源得以全部利用，成为畜禽、粮油、果蔬、水产四大门类中最具有竞争力的产品。形成技术先进、特色鲜明、优质高效的海洋食品流通系统，海洋食品冷链流通率提高到45%，冷藏运输率分别提高到80%左右，流通环节产品腐损率降至4%以下。建设覆盖国家、专业性和区域性等不同层面的农产品质量安全风险评估体系，建成海洋食品危害因子监测体系，对微生物、化学物品等潜在危害因子开展长期的跟踪检测，为预报预警提供技术支撑。建立全国强制性的海洋食品质量安全的市场准入制度管理体系，加强对海洋食品的监管，提高突发事件的应对能力（专栏1－5－6）。

展望2050年，海洋食品加工的机械化加工模式为主转变为生物加工模式为主，达到海洋生物资源加工的零排放，家庭海鲜烹饪后几乎无餐厨垃

**专栏1-5-6 我国海洋食品加工与质量安全工程发展趋势与国际发展水平的比较**

从我国海洋食品加工与质量安全工程发展趋势与国际发展水平比较中可以看出，到2030年，我国在检测技术方面能够达到国际先进水平，而在安全质量评价和副产品利用方面仍将与国际水平有2~3年的差距，在追溯体系、质量控制、监测预警、物流设施、物流信息平台、装备自动化和食品加工技术等方面与国际水平有5年左右的差距。

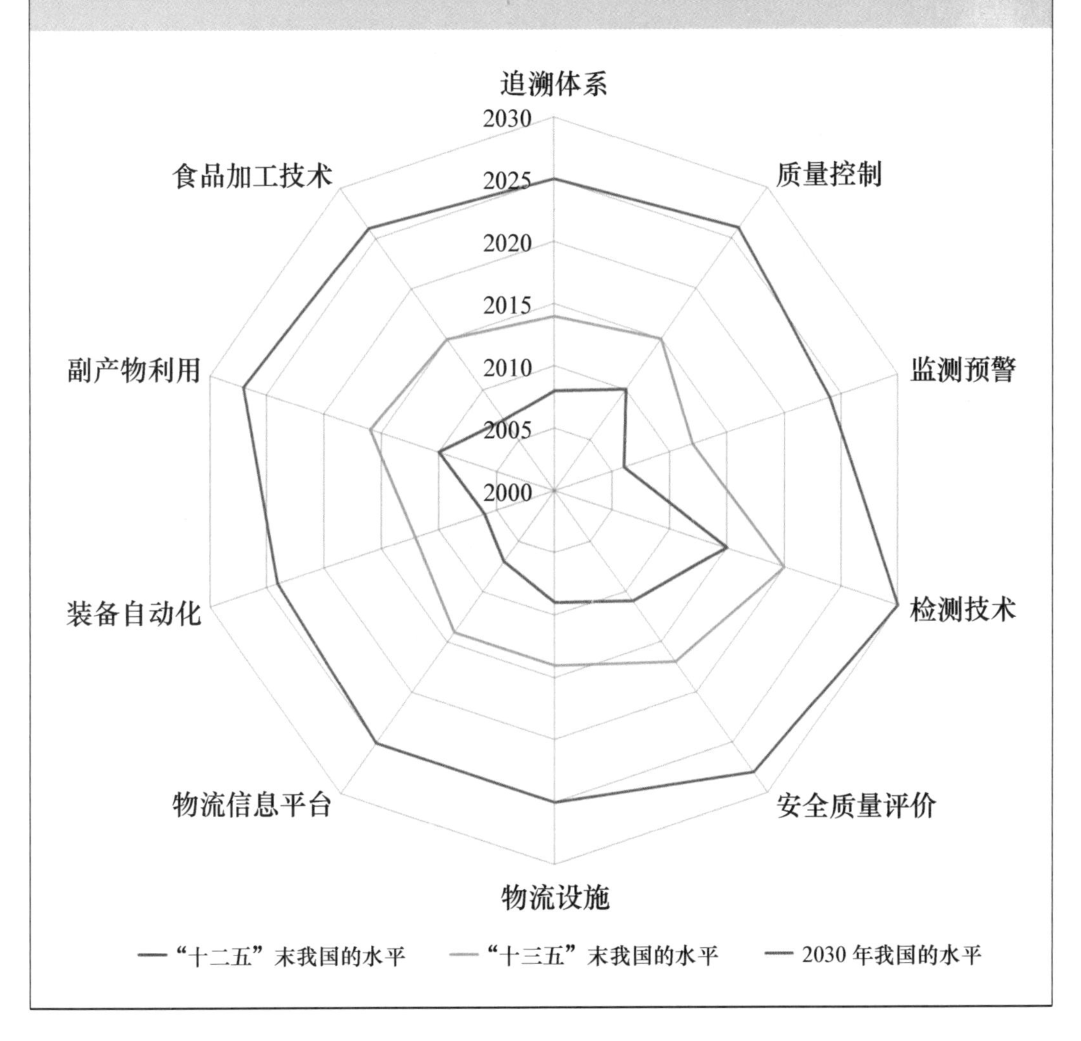


圾。完善海洋食品物流体系的高新核心技术及共性关键技术，发展智能化冷链物流，实现辐射力强、流动顺畅、功能完备、竞争力强、覆盖面广、技术先进、优质高效的海洋食品物流网络系统。建立适合我国国情的从源

头到餐桌的食品准入、检验、追溯、召回、退出的一整套安全法律制度，实现海洋食品质量安全从养殖捕捞到餐桌全过程控制技术体系。加大海洋食品产地环境和生产过程监管力度，建立完善的海洋食品安全风险监测网络和预警平台。

## 三、战略任务与重点

### （一）总体战略任务

建设环境友好型水产养殖业，发展多营养层次的新生产模式，实施养殖容量规划管理，加快海水养殖工程装备机械化、信息化和智能化发展。建设资源养护型近海捕捞业，减小捕捞压力，进一步加强近海渔业监管，积极开展近海生物资源养护活动，科学规划资源增殖放流，实施生态系统水平的渔业管理，大力发展功能多元化的现代渔港体系和南海渔业补给基地。建设高水平的大洋性远洋渔业和过洋性远洋渔业，加快远洋捕捞渔船、装备和助渔仪器的现代升级和更新，提高远洋渔业资源调查能力，重点加快南极磷虾资源开发利用关键技术与装备研发，培育高附加值的新生物产业链，促进我国第二远洋渔业的发展。建设高技术密集型海洋新生物产业，利用海洋特有的生物资源，开发一批具有资源特色和自主知识产权、有竞争力的海洋新药，形成并壮大工业/医药/生物技术用酶、医用功能材料、绿色农用生物制剂等新型海洋生物制品产业。建设海洋食品全产业链安全供给的宏观管理技术支撑体系，保障我国的海洋食品质量安全，发展海洋水产品加工副产物综合利用、海洋食品功效因子开发与功能食品制造，建成具有国际先进水平的海洋食品加工流通体系。

### （二）近期重点任务

#### 1. 海水养殖现代发展工程

实现我国海水养殖的可持续健康发展，由世界第一水产养殖大国质变为世界第一水产养殖强国，改变消耗资源、片面追求产量和规模扩张、不重视质量安全和生态环境的粗放增长方式，向经济、环境和生态效益并重的可持续发展模式转化。加快优良品种、品系选育和普及，改变主要依赖养殖野生种的局面。转变饲料投喂模式，普及应用高效环保的人工配合饲料，改水产饲料高度依赖鱼粉的局面。转变大量使用抗生素和化学药物的病害防治模式，推广应用免疫预防和生态控制的新技术。转变养殖模式，提高单位水体的产量，提高养殖操作自动化程度，由近及远地开拓外海空间，发展深海网箱养殖，建立深远海标准化养殖平台。

### 2. 近海生物资源养护工程

围绕建设“资源节约、环境友好、质量安全、优质高效”型的现代渔业发展目标，积极养护近海渔业资源，建设多功能现代渔港。近海生物资源养护工程的重点是发展近海渔业资源评估与预报技术，建设休渔与保护区，提高渔业资源增殖放流的效果，建设海洋牧场，以及研发和推广应用以玻璃钢渔船为主的现代化近海渔船。现代化渔港建设工程的重点是科学规划与建设功能多元化的渔港体系，研发海洋岛礁（人工岛）渔港建设工程技术，建设南海渔港与补给基地。

### 3. 远洋渔业资源现代开发工程

提高对全球远洋渔业资源的掌控能力，开展主要远洋渔业资源的科学系统调查，提升对远洋渔业资源和渔场的预测预报能力。提高对远洋渔业资源生态高效开发能力，大力开拓大洋性渔业，开展大洋性柔鱼类资源、金枪鱼类资源、中小型中上层鱼类资源、南极磷虾资源的高效开发和利用技术。研发信息化、数字化和系统化的远洋捕捞装备和助渔仪器，全面提高远洋渔船作业与管理的水平。建造远洋渔业专业科学调查船，特别是大力探测南极磷虾渔场、发展南极磷虾高效捕捞装备和技术、培育南极磷虾新生物产业链。

### 4. 海洋药物与生物制品创新工程

海洋药物与生物制品工程发展的重点任务是利用海洋特有的生物资源，开发拥有自主知识产权的海洋创新药物和新型海洋生物制品，建立和发展海洋药物和生物制品的新型产业系统。通过高通量和高内涵筛选技术以及新靶点的发现，开发一批具有资源特色和自主知识产权、结构新颖、靶点明确、作用机制清晰、安全有效、且与已上市药物相比有较强竞争力的海洋新药，形成海洋药物新兴产业。利用现代生物技术综合和高效利用海洋生物资源，开发具有市场前景的新型海洋生物制品，形成并壮大工业/医药/生物技术用酶、医用功能材料、绿色农用生物制剂等产业。

5. 海洋食品加工与质量安全工程

瞄准海洋食品质量安全及加工流通技术领域的国际前沿，针对影响海洋食品质量安全和加工流通的关键和共性技术，在基础研究、技术突破和行业推广3个环节上实现跨越式发展。质量安全方面，构建海洋食品全产业安全供给的宏观管理技术支撑体系，包括产品和环境中危害因素的检测技术、产品和环境危害蓄积及代谢规律的研究技术、产品和环境中危害风险程度的评估技术、产品生产和环境中控制危害的工艺技术，创建主要产品全程监管和控制质量安全标准体系，取得一批具有创新性和自主知识产权的成果。加工流通方面，开发营养方便的即热型即食型海洋食品新产品和海洋水产品精准化加工新装备，努力提高加工率，降低副产物和腐败变质率，使有限的加工副产物得到综合利用以提高其价值。开发营养方便海洋食品新产品和海洋水产品精准化加工新装备，发展海洋水产品加工副产物综合利用、海洋食品功效因子开发与功能食品制造、海洋生物资源及其制品的保活保鲜、冷藏流通链和物流保障、信息标识与溯源等一系列技术，建成具有国际先进水平的海洋食品加工流通体系。

## 四、发展路线图

图1-5-1是海洋生物资源工程的发展路线。通过两个开发（近海渔业资源养护与安全开发，远洋渔业装备与南极磷虾开发）、三个转变（转变养殖模式和增长方式，转变养殖依赖野生种的局面，转变饲料投喂和病害防治模式）、两个产业化（海洋药物和生物制品的研制和产业化，现代化食品加工和物流装备的产业化）和一个工程（海洋生物产品安全供给重大工程），到2030年，我国海洋生物资源工程的创新有较大进展，建设成为世界中等海洋生物资源利用强国。

图1-5-2至图1-5-5是本研究领域所涉及的海水养殖现代发展工程、近海生物资源养护与远洋渔业开发工程、海洋药物与生物制品工程和海洋食品质量安全与加工工程4个发展方向的工程技术发展路线图。

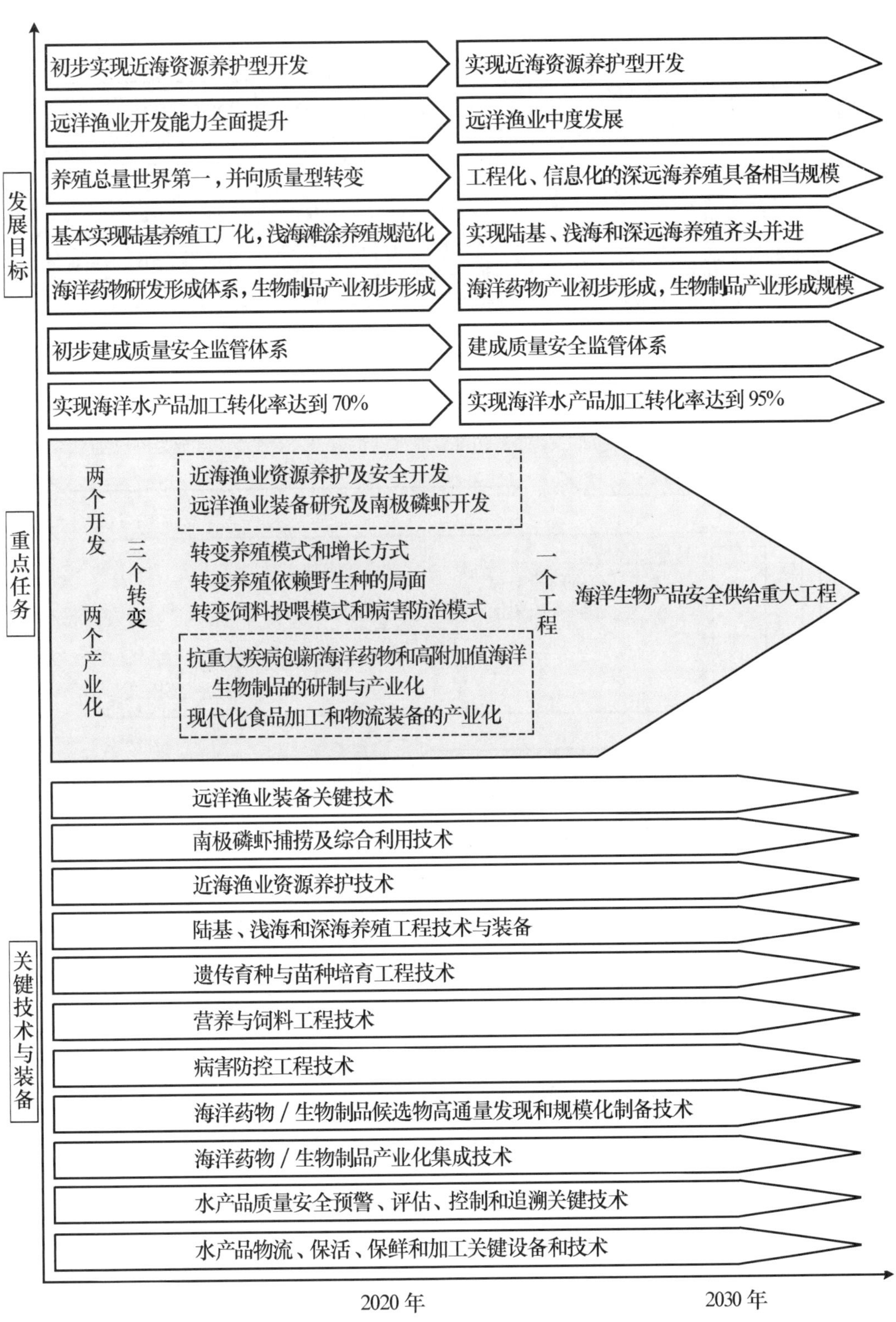

**发展目标**

| 2020年 | 2030年 |
| --- | --- |
| 初步实现近海资源养护型开发 | 实现近海资源养护型开发 |
| 远洋渔业开发能力全面提升 | 远洋渔业中度发展 |
| 养殖总量世界第一，并向质量型转变 | 工程化、信息化的深远海养殖具备相当规模 |
| 基本实现陆基养殖工厂化，浅海滩涂养殖规范化 | 实现陆基、浅海和深远海养殖齐头并进 |
| 海洋药物研发形成体系，生物制品产业初步形成 | 海洋药物产业初步形成，生物制品产业形成规模 |
| 初步建成质量安全监管体系 | 建成质量安全监管体系 |
| 实现海洋水产品加工转化率达到70% | 实现海洋水产品加工转化率达到95% |

**重点任务**

两个开发：
- 近海渔业资源养护及安全开发
- 远洋渔业装备研究及南极磷虾开发

三个转变：
- 转变养殖模式和增长方式
- 转变养殖依赖野生种的局面
- 转变饲料投喂模式和病害防治模式

两个产业化：
- 抗重大疾病创新海洋药物和高附加值海洋生物制品的研制与产业化
- 现代化食品加工和物流装备的产业化

一个工程：海洋生物产品安全供给重大工程

**关键技术与装备**

- 远洋渔业装备关键技术
- 南极磷虾捕捞及综合利用技术
- 近海渔业资源养护技术
- 陆基、浅海和深海养殖工程技术与装备
- 遗传育种与苗种培育工程技术
- 营养与饲料工程技术
- 病害防控工程技术
- 海洋药物/生物制品候选物高通量发现和规模化制备技术
- 海洋药物/生物制品产业化集成技术
- 水产品质量安全预警、评估、控制和追溯关键技术
- 水产品物流、保活、保鲜和加工关键设备和技术

2020年　　2030年

图1-5-1　海洋生物资源工程与科技发展路线

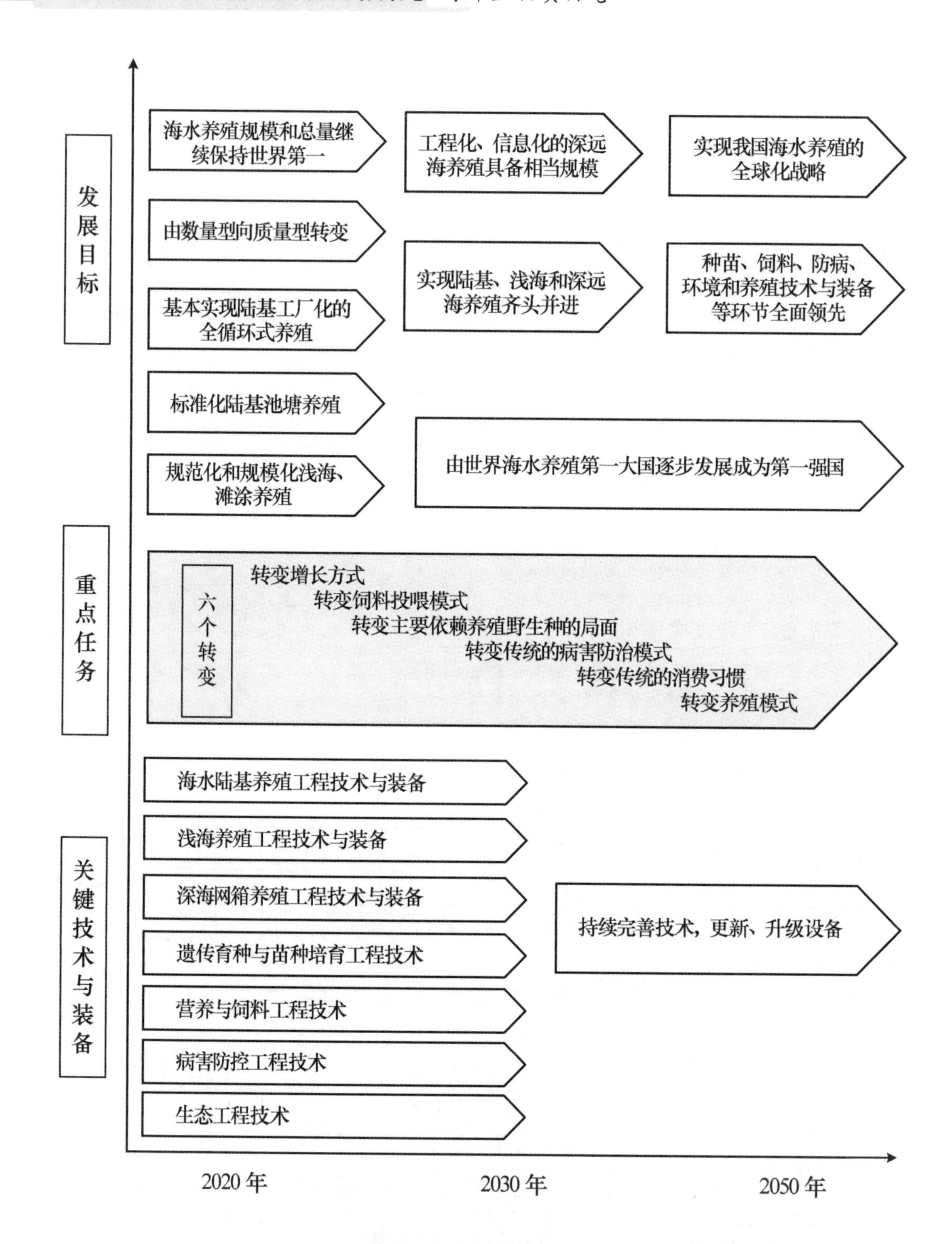


图1－5－2　海水养殖现代发展工程技术与装备发展路线

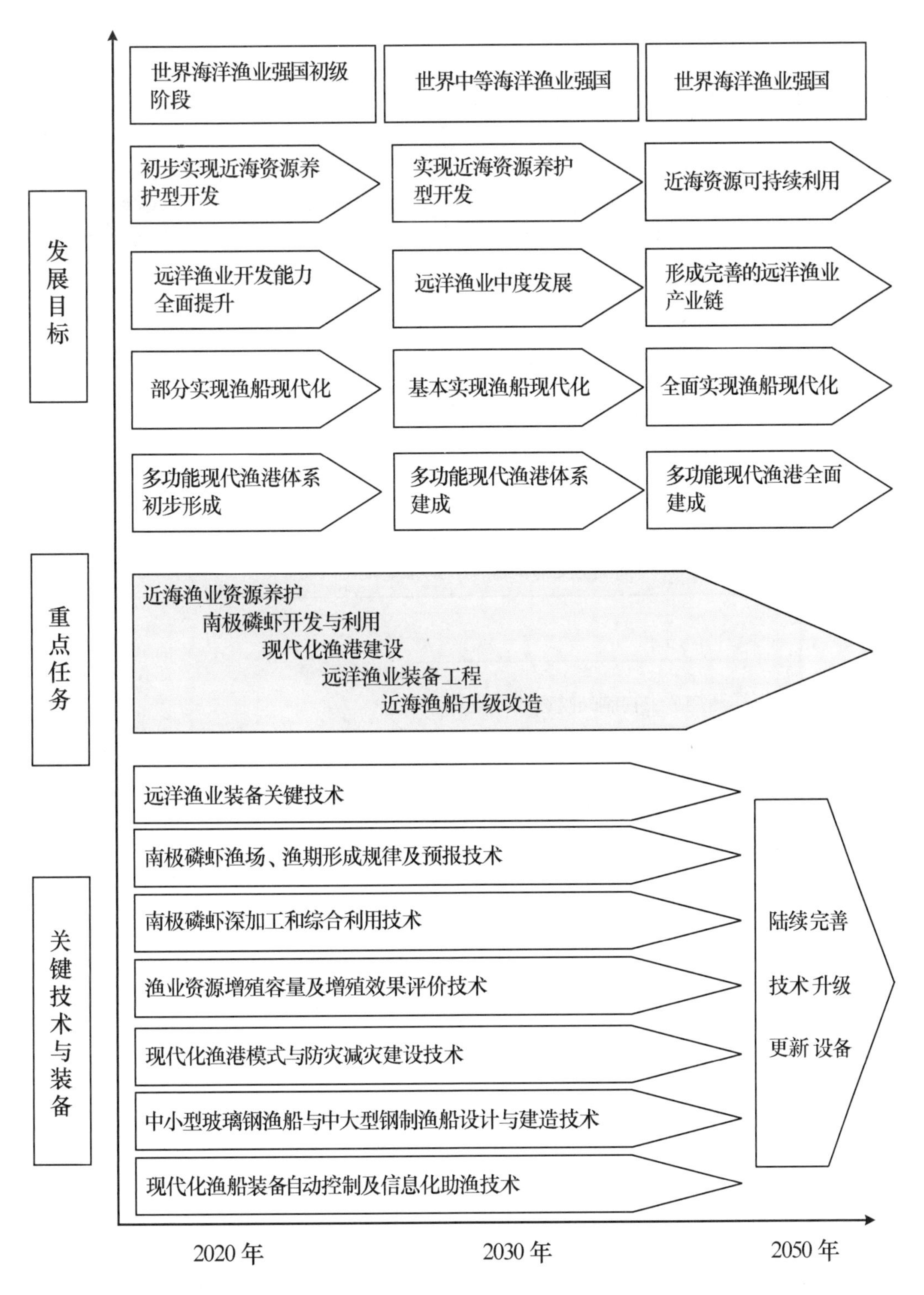


图1－5－3　近海生物资源养护与远洋渔业开发工程技术发展路线

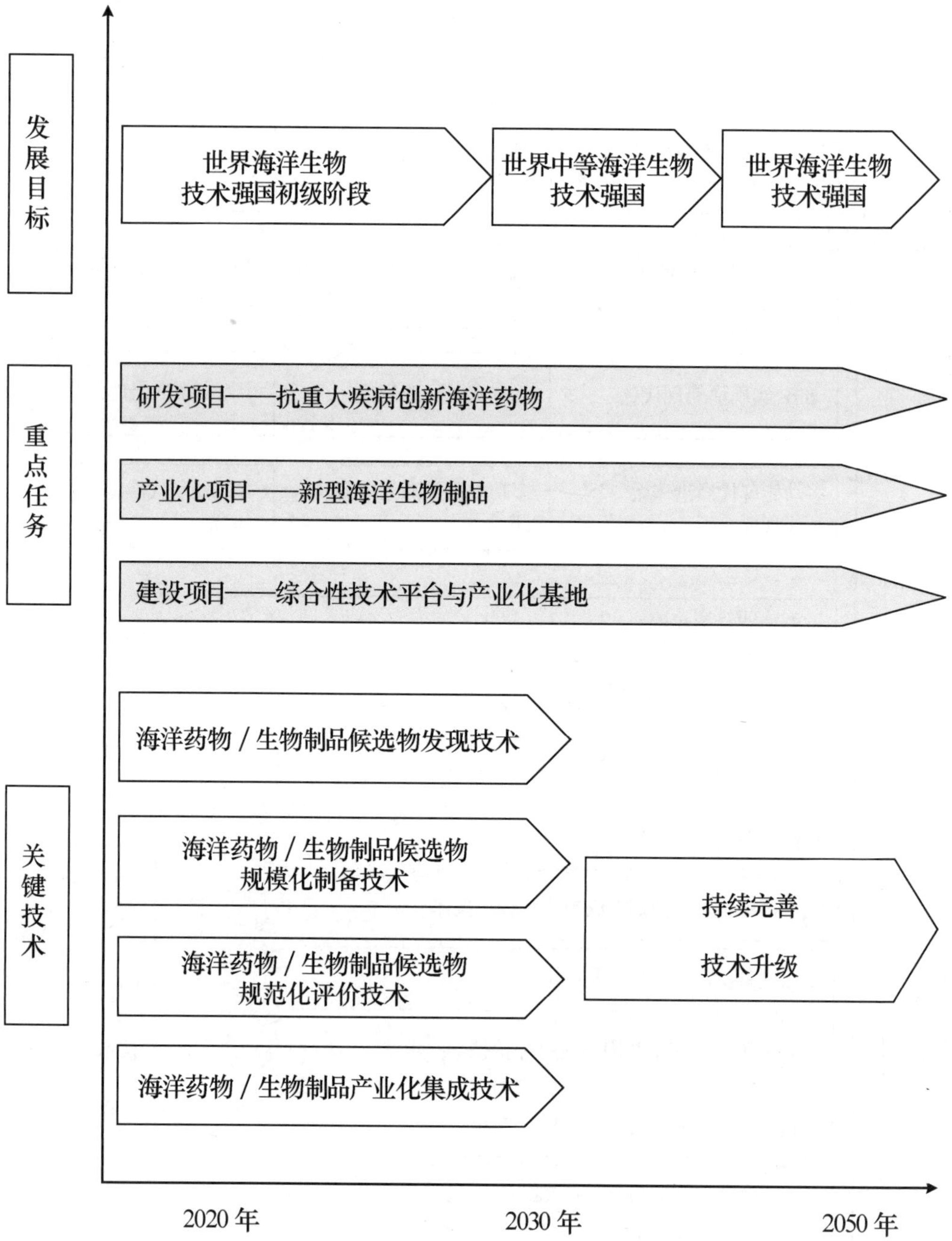

发展目标

世界海洋生物技术强国初级阶段

世界中等海洋生物技术强国

世界海洋生物技术强国

重点任务

研发项目——抗重大疾病创新海洋药物

产业化项目——新型海洋生物制品

建设项目——综合性技术平台与产业化基地

关键技术

海洋药物/生物制品候选物发现技术

海洋药物/生物制品候选物规模化制备技术

海洋药物/生物制品候选物规范化评价技术

海洋药物/生物制品产业化集成技术

持续完善

技术升级

2020年　2030年　2050年

图1-5-4　海洋药物/生物制品工程与科技发展路线

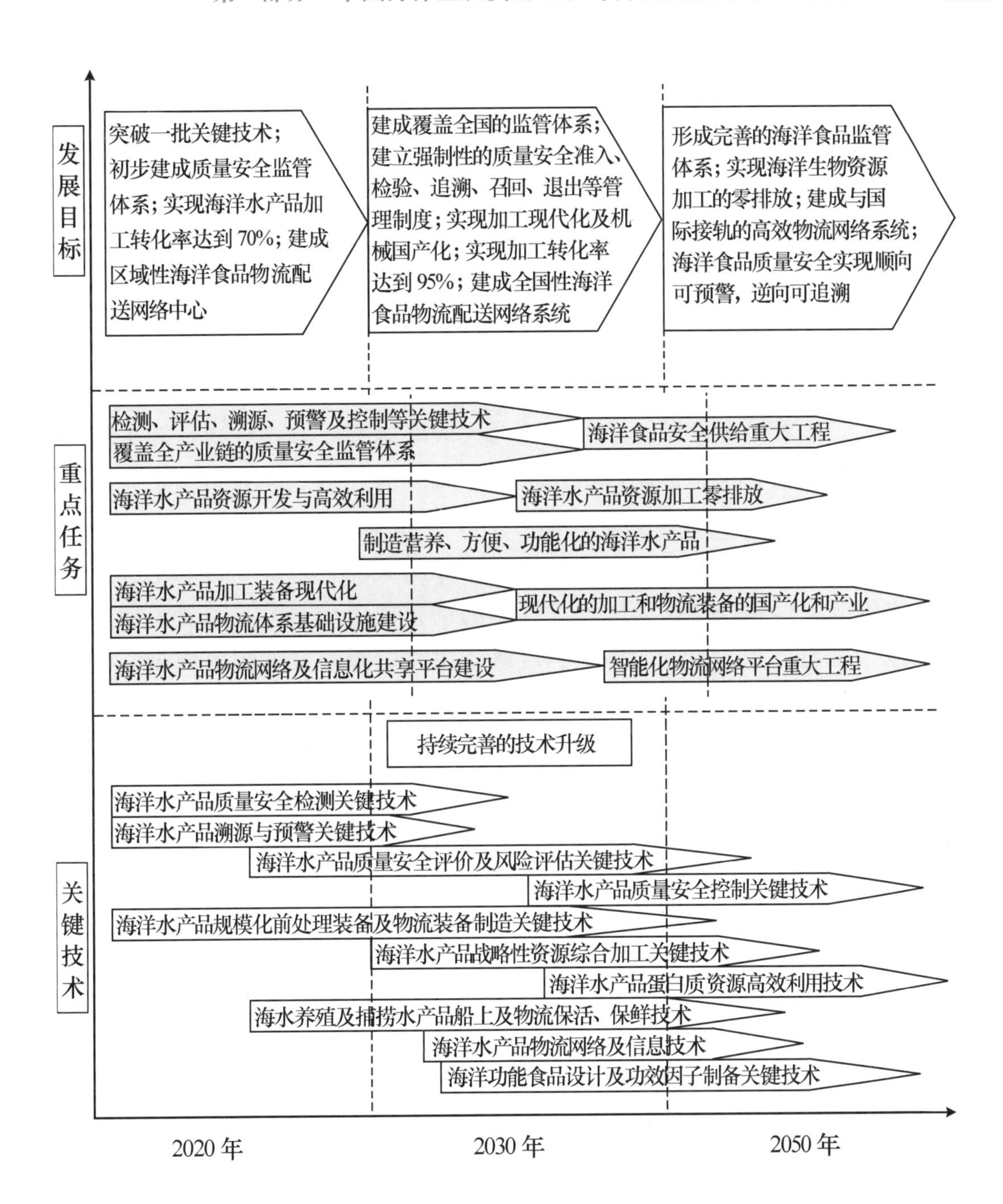


图1-5-5　海洋食品质量安全与加工工程技术发展路线

# 第六章 保障措施与政策建议

## 一、制定国家海洋生物资源工程与科技规划，做好顶层设计

党的十八大提出建设海洋强国的伟大战略思想。海洋生物资源工程与科技在保障食物安全、推动经济发展、形成战略性新兴产业、保护海洋生态安全和维护国家主权权益等方面具有十分重要的战略地位。背海而弱，向海则兴。建设海洋强国，需要新的海洋战略文化、思维和行动纲领。海洋生物资源工程和科技作为国家海洋战略的重要组成部分，需要汇集各方之智慧，总揽南北之大局，科学制定海洋生物资源开发的国家规划，指导我国未来海洋生物资源科技和产业的发展。并且，在实施国家规划的过程中，加快开发海洋特有的生物资源，加快建设资源综合利用的产业聚集区，提升和改造以渔业捕捞、养殖和水产品加工为代表的海洋传统生物产业，培育壮大以海洋药物和生物制品为代表的海洋新生物产业，积极发展以休闲渔业为代表的海洋生物服务业，提高海洋生物产业创新能力，推进蓝色生物经济的健康发展。

国家海洋生物资源工程与科技发展规划是国家层面的顶层设计，体现我国未来几十年的海洋生物资源开发利用的蓝图。按照这个蓝图，创新和完善科技管理体制，建立以科学规划布局、健全政策法规、强化队伍建设、提升科技效率为目标的综合管理模式，加强科技要素集聚和科技资源统筹安排，强化各级各类科技项目和产业规划的衔接配合，集国家自然科学基金、973 计划、863 计划、重大科技专项、科技支撑计划、科技兴海计划、行业公益性项目、现代农业技术体系、海洋经济创新发展区域示范、战略性新兴产业规划等，从基础研究、应用与工程开发、区域示范、平台建设、新兴产业等不同层面，加强对于海洋生物资源工程与科技发展的支持。

## 二、加强海洋生物基础研究，突破资源开发关键技术

科学技术是开发海洋生物资源的第一生产力。总体上讲，我国在海洋生物资源开发方面，技术的进步跟不上产业的拓展，基础研究跟不上技术的发展。针对我国基础和工程研究落后的局面，要使我国由海洋生物大国转变为海洋生物强国，必须加强海洋生物基础研究，突破资源开发关键技术。

必须加强海洋生物资源调查工作。了解资源是开发资源的前提。对于我国海洋生物资源的调查，要做到近海摸清家底，远海掌握数据。近海摸清家底，是要从群体、遗传、产物资源的层面，搞清楚我国海洋经济区内海洋生物资源的分布、资源量和动态变化规律，为近海捕捞业提供生物群体资源的可靠信息，为海水养殖业提供生物遗传资源的优质材料，为生物医药业提供海洋产物资源的新颖结构。远海掌握数据，是要在大洋、深海、极地的不同区位，丰富公共海区生物资源的知识，为远洋渔业资源开发提供技术支持，为深海生物资源竞争增加底气，为维护海洋生物资源权益争取话语权。

必须重视海洋生物资源的创新发现。海洋是生物资源的宝库，近年来海洋生物新物种、新基因、新产物、新功能的发现如雨后春笋，层出不穷。可以预言，海洋生物资源的创新发现既是衡量国家科技创新能力的试金石，也是知识产权占有权争夺的新战场。海洋生物经济的成长，依赖海洋生物产业的壮大，依赖海洋生物产品的开发，最根本的，是依赖海洋生物资源的创新发现。重视新物种、新基因、新产物、新功能等对海洋生物经济起重大作用的基础研究，才能源头创新，持续创新，立于不败之地。

必须突破海洋生物资源开发的工程化核心技术。在某种意义上，海洋生物资源是一类具有海洋特征的新资源，海洋生物资源的开发离不开针对性的工艺创新和装备创造。全面认识海洋生物新资源，借鉴陆地生物资源开发的成熟经验，融入交叉学科的新思想，突破海洋生物资源开发的工程化核心技术，才能提高海洋生物产业的科技含量，走上由大变强的内涵发展道路。

## 三、大力挖掘深海生物资源，加快布局极地远洋生物资源的开发

深海是未来权益争夺的主阵地。海洋权益与生物资源的竞争密不可分，

走向深海既是中国实施海洋发展战略的重大举措，也是保障海洋权益的必然选择。海洋战略性资源的开发将催生一批新的海洋技术，未来深海战略性生物资源的调查勘探、先期开发与利用都是当前海洋科技发展的动力和竞争热点。我国已经具备了潜海 7 000 米的能力，在深海生物资源的挖掘上应当乘势而上，不失时机地抢得机遇，在深海生物资源的开发上有所作为。

把远洋渔业作为战略性产业。我国海洋渔业面临的问题是社会需求不断增长，近海资源每况愈下。我们只有两条路：一是发展海水养殖业，提高海岸带的生产力；二是发展远洋渔业，开拓海洋渔业新资源。远海生物资源是地球公共的自然资源，科学合理有度地开发利用这种资源，既是我们不可缺失的权益，也是我们不可多得的机会。南极磷虾资源是地球上已探明的可供人类利用的、唯一开发利用水平很低的丰富渔业资源，是人类重要的战略资源。在“蓝色圈地”和公海资源抢占日趋激烈的形势下，积极主动地开发南极磷虾资源，对于保障我国食物安全，维护我国南极权益有重要意义。

## 四、注重基本建设，提升海洋生物资源开发整体水平

开发海洋生物资源是百年大计。只有加强海洋生物资源开发的基本建设，夯实基础，才能不断积累科技创新的能量，提升海洋生物资源开发的整体水平。在基本建设中，最重要的是队伍建设、平台建设和能力建设。

实施人才强海战略，加强科技人才队伍建设。在海洋生物资源开发中，要特别重视创新人才、工程人才、转化人才的培养和造就。依托重大海洋生物科研和建设项目，加快造就一批具有世界前沿水平的创新人才，大力培养学科带头人，积极推进创新团队建设。优化人才队伍结构，培育和造就一批科技工程人才和成果转化人才，提升我国海洋生物资源的开发能力。

积聚整合各种资源，加强公共技术平台建设。在海洋生物资源开发中，要特别注重加强科技研发平台、信息共享平台和产业化平台的构建。建设以海洋生物资源开发工程技术与装备重要理论和关键技术为目的的现代化高水平的研发平台和公共数据集成服务共享平台，强化技术发展的支撑能力。建设海洋药物与生物制品研发和产业化的共享平台，实现技术与产业衔接，集成重大技术成果，建设产业化示范基地。将研究、开发、应用和产业化工作有机结合起来，以企业为主体，坚持海洋生物技术创新的市场

导向，激发科研机构的创新活力，并使企业获得持续创新的能力，拓展产业链，逐步形成海洋药物与生物制品的新兴产业。

瞄准国家需求目标，加强资源开发能力建设。在海洋生物资源开发中，要特别注重创新能力、深海能力、远洋能力和保障能力的建设。以实际需求为导向，以先进平台为基地，以精湛队伍为依托，以充足投入为保障，切实强化科研创新能力。依托我国快速发展的深潜技术，以深海生物精准取样和保真培养为核心，进行综合技术配套，切实提高我国深海生物资源获取和研究能力。把远洋渔业提升为战略性新兴产业，增加对远洋渔业开发的扶持力度，开展远洋渔业资源分布、渔场变动规律及其环境的调查，突破南极磷虾综合开发技术，增强对远洋渔业资源的掌控能力。完善我国渔业法规体系，用立法来管理近海资源的养护和远洋渔业的开发，加强海洋食品追溯、召回、退市、处置、应急处置等方面的行政法规和规章制度修订，加大国家层面对水产品质量安全的风险监测及评估管理，建设功能完善的渔港，建造技术先进的渔船，提升我国海洋生物资源开发的政策和后勤保障能力。

## 五、保护生物资源，做负责任的渔业大国

海洋是生命的摇篮，是海洋生物和人类共同的家园。海洋生物资源不仅为人类提供了丰富和高营养的食物来源，也是海洋生态环境的重要组成部分。保护好海洋生物及其生态环境，合理开发和利用海洋生物资源，对于维护海洋生态平衡，促进经济社会的健康发展具有重要意义。

为保护和可持续利用海洋生物资源，做负责任大国，我国已采取了多项措施：出台伏季休渔制度，不断扩大休渔海域；推广海洋增殖放流，规划构建海上牧场；控制污染排放强度，改善海洋生态环境；加强渔船渔具监管，制止海洋滥采滥捕。在此基础上，建议在以下几个方面继续加强工作。

（1）建立海洋保护区，保护群体资源。有计划地建立相当规模和数量的海洋生物自然保护区和保留区，形成区域性和国际性海洋生物自然保护区网，保护海洋生物群体资源。同时加强海洋生物自然保护区外的生态系及物种的保护。

（2）完善原种良种场，保护遗传资源。制定全国海洋生物遗传资源保

护和利用规划，制定国家级海洋生物遗传资源保护名录，建立和完善海洋生物原良种场、遗传资源保种场、保护区和基因库，抢救濒危的生物物种和衰减的特有种质。

（3）加强环境监管，维护生态平衡。坚持陆海统筹、河海兼顾，加强近岸海域与流域污染防治的衔接，继续降低海水养殖污染物排放强度，加强海岸防护林建设，保护和恢复滨海湿地、红树林、珊瑚礁等典型海洋生态系统。加强海洋生物多样性保护，逐步建立海洋生态系监测体系、海洋生物多样性保护国家信息系统，并实现与世界相关信息系统的联网。

## 六、拓展投资渠道，促进海洋生物新兴产业的发展

培育海洋生物战略性新兴产业，必须走国家政策引导下的市场化发展道路，建立持久、有效的投入机制，确保政府引导性资金投入的稳定增长、社会多元化资金投入的大幅度增长和企业主体性资金投入的持续增长。在南极磷虾资源利用、深远海规模养殖、海洋药物和生物制品开发等战略性新兴产业和工程方面，组织产、学、研优秀骨干力量，协同努力，把在海洋生物相关的重大工程、重大项目实施中形成的成果转化为现实生产力。

企业是创新主体，也是投资主体。增强自主创新能力，已被提升到“国家战略”高度。增强海洋生物资源开发利用和保护的相关企业的自主创新能力，关键是强化企业在技术创新中的主体地位，要建立以企业为主体、市场为导向、产、学、研相结合的海洋生物资源工程与科技创新体系。引导和支持创新要素向企业集聚，促进科技成果向现实生产力转化，使企业真正成为研究开发投入的主体、技术创新活动的主体和创新成果应用的主体。

政府投资体现政策引导。拓展海洋生物相关产业发展的投资渠道，政府投资要体现政策的引导作用，引导带动社会投资，发挥对社会资本的“汲水效应”。政府的投资应该是导管之水，而社会的投资如江河之水。因此，应当提高政府投资的效率，实现政府投资对社会资本的引导作用。同时，鼓励社会投资，进一步拓宽社会投资的领域和范围。在南极磷虾资源、深远海规模养殖等处于培育阶段的战略性海洋生物资源的开发利用领域，尤其应鼓励社会资本以独资、控股、参股等方式投资，建立收费补偿机制，实行政府补贴，通过业主招标、承包租赁等方式，吸引社会资本投资。

# 第七章　重大海洋生物资源工程与科技专项建议

我国作为世界最大的发展中国家，当前在海洋生物资源开发与利用方面面临诸多问题和挑战，包括养殖业发展过于迅速，病害严重，流行病学调查和病原鉴定能力薄弱；近海渔业资源严重衰退、主要渔场和渔汛已不复存在；远洋渔船捕捞装备及技术水平落后、关键技术及装备受制于国外；海洋新生物产业开发利用的资源种类有限、海洋药物/生物制品研发的关键技术亟待完善与集成；现代海洋食品加工与质量安全保障体系亟待建立等。面对上述困难，发展先进的海洋科学技术，着力推动海洋科技向创新引领型转变，依靠科技进步和创新，开展基础性、战略性和前瞻性的研究和探索，推动现代海洋生物产业和海洋生物经济发展是摆在我们面前的一项迫切任务。

## 一、蓝色海洋食物保障工程

蓝色海洋食物保障工程是指以开发和利用海洋生物资源为目的的现代产业工程，包括海水养殖现代发展工程、近海生物资源养护工程、远洋渔业资源现代开发工程和海产品加工与质量安全工程。发展海洋生物农业和海洋食品加工与安全新的产业发展模式，突破一批核心关键技术，形成海洋生物资源循环利用的全产业链，增强海洋生物产业对国民经济和社会发展的贡献。

### （一）海水养殖现代发展工程

#### 1. 必要性

海水养殖是人类主动、定向利用海洋资源提高生物产出量的重要途径，已经成为对食物安全、经济发展和国际贸易做出重要贡献的产业。目前我国海水养殖主要是陆基和近浅海养殖，利用的海区主要是水深 15 米以浅的海域。由于存在良种缺乏、配合饲料普及率不高、病害防治困难以及养殖水域污染等问题，制约着海水养殖的可持续发展。同时，随着社会的向前发展，人们对生活环境提出更高的要求，能够提供给海水养殖的空间受到严重挤压，海水养殖病害频发和环境恶化等问题日益突出。为实现新时期我国海水养殖业的可持续发展，减轻养殖对近岸海区的影响，急需开展海水养殖工业化，拓展养殖空间，实施深远海养殖等。

2. 发展目标

采取先进的养殖技术和设施，将养殖区域拓展到水深30米以上的优质洁净海区，集成深远海大型养殖基站、大型海上养殖工船、工程化和智能化鱼类养殖、人工生态礁及其他配套装备，在深水海域形成技术装备先进、养殖产品健康、高经济附加值、环境友好的现代化规模养殖平台。

3. 重点任务

（1）大力发展环境友好和高效健康的海水现代化养殖模式。未来20年要保持现有海水养殖的增速，必须稳定养殖的种类，加快海水养殖技术与装备的升级换代，提高养殖的质量，逐步将海水养殖向质量型增长方式转变，实现低碳养殖、生态养殖和环境友好型养殖。加快优良品种（系）选育，转变主要依赖野生种的局面；普及人工配合饲料，转变直接投喂下杂鱼的传统养殖；寓防于养，转变传统的病害防治模式；提高养殖的工程化和信息化程度，转变养殖模式，拓展养殖空间，由近浅海向深远海开拓。

（2）深远海大型养殖基站装备与生态工程技术。以水深30米以上水域海洋动力学和工程学为基础，设计生态型人工鱼礁，研制适于30米以深水域的大型养殖基站；开发集成平台控制、养殖自动控制、简易泊位、产品加工、冷冻与仓储、生活安全与保障设施、能源与信息等深海养殖重要配套技术装备，开发深海养殖工程化装备技术体系；改造去功能化的海洋石油平台，嫁接现代化的深海养殖设施和装备，建立老旧海洋石油平台功能移植深海养殖模式，建立深远海养殖基站；研究集成开发远距离自动投饵、水下视频监控、数字控制装备、轻型可移动捕捞装备、水下清除装备、轻型网具置换辅助装备，构建外海工程化养殖配套技术。

（3）海洋养殖工船研制与工业化养殖。围绕海上养鱼工船系统功能的构建，重点开展鱼舱自由液面与进排水方式对船体结构的影响，以及养殖舱容最大化船体结构研究，形成船体构建设计与检验技术规范；研发下潜式水质探测与大流量、低扬程抽取装置，集成养殖水质净化技术，构建鱼舱水质监控系统；研发活鱼起捕、分级与输送系统化装备，饲料自动化投送系统；集成水产苗种工厂化繁育技术、软颗粒饲料加工技术、船舶电站式电力分配与推进技术，针对北方海域大西洋鲑等冷水性鱼类养殖或南方海域石斑鱼等温水性鱼类养殖，建造具有海上苗种繁育、成鱼养殖、饲料储藏与加工等功能的专业化养鱼工船；根据海区捕捞生产的需要，建立海上渔获物流通与初加工平台。

## （二）近海生物资源养护工程

### 1. 必要性

近年来，为修复近海渔业资源，我国除了设立禁渔期和实施负责任技术外，已经广泛开展了增殖放流、人工鱼礁、海洋牧场以及种质资源保护区建设等资源养护工作。这是改善水域生态系统产出功能的有效措施，对渔业资源的恢复和生态环境的修复起到了积极的作用。但是目前的养护活动与我国近海渔业资源恢复的需求还有很大差距，相关基础研究和应用研究工作明显滞后，缺乏统一规范和科学指导，需要加强近海生物资源养护工程建设，实现我国近海渔业资源的可持续利用。

### 2. 发展目标

合理开发利用近海渔业资源，开展增殖品种放流技术规范和标准、增殖放流水域生态容量的研究，研究科学的资源增殖效果评价方法，建立科学规范的增殖渔业管理体系，实现生态性放流；先进船型与捕捞装备系统的关键技术与集成创新，提升渔具、渔法及装备参数优化和自动化控制技术；通过人工鱼礁投放、海底植被修复、生物屏障构建、增殖品种筛选与放流等技术试验与示范，构建海洋牧场建设综合技术体系，分阶段、分区域有步骤地在我国近海适宜海域开展大规模海洋牧场建设；应用生态友好型捕捞工程技术，高效节能型渔具渔法及系统集成，新型渔用材料的开发及应用，无损伤型捕捞技术研究及应用，构建生态友好、低耗节能型捕捞工程技术体系。

### 3. 重点任务

（1）在近海和滩涂构建不同类型的综合养殖创新模式，形成低碳/碳汇、环境友好、生态和谐的高效养殖模式。在沿海各地推广循环水利用率达到90%以上、全封闭、全天候的工业化鱼虾养殖新工艺。

（2）实现“生态性放流”，筛选适宜增殖放流的20种以上重要经济种和生态关键种，建立亲本及放流苗种的品质评价技术，制定统一的放流增殖规范及效果评价标准，建全科学规范的增殖渔业管理体系。

（3）在近海实施大规模的人工鱼礁投放、海底植被恢复、资源增殖放流等海洋牧场建设工程，建立海洋牧场产业化示范区，使沿海海域海床的“人工绿化”面积（人工鱼礁、海藻/草场、生物屏障等）达到10%以上。海洋生态环境和生物资源得到有效恢复，使60%的典型水域生态系统得到保护，逐步建立起具有自我维持能力的渔业生态系统。

### （三）远洋渔业与南极磷虾资源现代开发工程

#### 1. 必要性

远洋渔业是关系到维护国家公海生物资源开发权益，争取和拓展海洋发展空间的战略性产业，极地海域将成为发展壮大我国远洋渔业的重要区域。在世界远洋渔业资源开发的竞争中，我国远洋渔船装备整体落后，装备水平和支撑条件落后成为严重的制约因素。过洋性远洋渔船多为改造后的近海渔船，装备陈旧老化，效益差；大洋性远洋渔船多为国外转让的二手装备，在公海捕捞作业中的竞争力明显落后。南极磷虾是广泛分布于南极水域的生物资源，蕴藏量巨大，是重要的战略资源，一直是各国竞相研发的目标。在资源抢占和“蓝色圈地”日趋激烈的形势下，世界各国对南极磷虾资源开发愈加重视，南极海洋生物资源保护条约国对磷虾渔业的管理日趋严格。因此，制定远洋渔业和南极磷虾产业发展规划，实施远洋渔船与装备升级更新，积极发展远洋渔业和南极磷虾业已成为争取和拓展我国生物资源开发权益的战略需求。

#### 2. 发展目标

通过关键技术研究与集成创新，研发先进船型与系统装备，形成科研和产业结合的技术体系。具备南极磷虾拖网加工渔船、竹荚鱼拖网加工船、金枪鱼围网加工船、金枪鱼延绳钓船和鱿鱼钓船及其捕捞装备的自主建造能力，稳步推进大型捕捞装备的国产化率；通过南极磷虾资源分布规律及渔场形成机制调查，建立南极磷虾渔业信息数字化预报系统，提高南极磷虾捕捞生产效率和磷虾渔获质量，提升我国利用南极磷虾资源的竞争力和国际捕捞限额分配谈判中的话语权。运用南极磷虾深加工和高值综合利用技术，提高产品质量和附加值，培育生产、加工、储运、流通的全方位产业链。

### 3. 重点任务

制定远洋渔业和南极磷虾产业规模化发展规划，实施远洋渔船与装备升级更新，积极发展南极磷虾产业，拓展我国南极生物资源的开发与利用，寻求更大的开发权益。开展远洋渔船和南极磷虾专业捕捞加工船关键装备研究与系统技术集成，升级远洋渔业技术装备；建造远洋渔业专业调查船和极地渔业综合调查船，提高南极磷虾资源变动、渔场形成规律及气象保障等研究水平；加强远洋渔场渔情预报信息服务系统，巩固和提高我国在中东大西洋的西非近岸海域、南亚和东南亚海域、朝鲜半岛附近海域和东南太平洋智利海域的渔业规模，持续发展远洋鱿钓渔业和大洋性金枪鱼渔业；提高我国对鱿鱼、金枪鱼、竹荚鱼、秋刀鱼、南极磷虾等主要远洋渔业资源的掌控能力；加快开发极地渔业，培育南极磷虾渔业及磷虾资源综合利用产业链，研发高附加值南极磷虾医药用产品。

## （四）海洋食品加工与质量安全保障工程

### 1. 必要性

瞄准海洋食品加工与质量安全领域的国际前沿，针对影响海洋食品质量安全和加工流通的关键和共性技术，在基础研究、技术突破和行业推广3个环节上实现跨越式发展。以产品为导向，大力开发营养、健康、方便的即食及预调理等新型海洋食品，引导海洋食品消费模式的转变，开发海洋水产品精准化加工新装备，发展海洋水产品加工副产物综合利用、海洋食品功效因子开发与功能食品制造，促进传统海洋食品产业升级；以政府为主导，构建海洋食品全产业安全供给的宏观管理技术支撑体系，建立和完善顺向可预警、逆向可追溯的海洋食品全产业链监管技术体系，实现海洋食品的安全供给；以企业为主体，初步建成布局合理、功能完善、管理规范、标准健全的海洋食品冷链物流体系，利用保活保鲜、冷藏流通物流保障、信息标识与溯源等一系列技术，显著降低海洋食品的流通腐损率。

2. 发展目标

我国海洋食品行业在基础薄弱，规模化标准化程度低，生产经营分散、生产方式落后的情况下，迫切需要有效地提高和保障海洋食品质量安全。未来10~15年是我国海洋水产品加工产业向现代产业转型的关键时期，实施海洋食品加工创新工程，开展海洋水产品工程化加工关键技术、关键装备与新产品开发，对全面提升我国海洋水产品加工产业整体技术水平和综合效益具有重要意义。

3. 重点任务

（1）以新型海洋食品资源开发的关键技术为突破口，初步建立以消费模式带动海洋食品加工方式的转变。以新型海洋食品开发带动消费模式改变的新型海洋食品加工技术体系，形成以加工带动渔业发展的新型海洋农业产业发展模式，海洋水产品资源加工转化率达到70%以上，加工增值率达到2倍以上。

（2）实现生产、流通、消费领域的海洋食品可追溯管理全覆盖，建立完善的产地环境及产品监测、监管及预警体系，养殖企业和加工企业联动，质量安全水平显著提高，实现海洋水产品的安全供给。

（3）建立海洋食品生产、收购、加工、包装、储存、运输、装卸、配送、分销和消费为一体的信息网络共享平台，形成技术先进、优质高效的海洋食品流通系统。海洋食品冷链流通率提高到45%以上，冷藏运输率提高到80%左右，流通环节产品的腐损率降至5%以下。

## 二、海洋药物与生物制品开发关键技术

### （一）必要性

面向人口健康、资源环境、工业和农业领域的国家重大需求，利用可持续发展的海洋生物资源，挖掘具有显著海洋资源特色、拥有自主知识产权和国际市场前景良好的海洋创新药物和高值化海洋生物制品。我国在海洋药物研发方面已有一定的积累，完全有可能逐步建立起我国海洋创新药物产业体系，有效提升我国医药产业的国际竞争力。我国高值化海洋生物制品已经进入包括农业、医疗保健和高分子材料等多个领域，需要在海洋生物酶、海洋生物功能材料、新型生物农药及生物肥料等方面有所突破。

海洋生物资源是一个巨大的潜在新药宝库，在所有能够生产药物的天然资源中，海洋生物资源已成为最后、也是最大的一个极具开发潜力的领域。因此，从海洋生物资源中发现药物先导化合物和创制海洋新药将是发达国家竞争最激烈的领域之一，"重磅炸弹"级新药最有可能源于海洋。我国在海洋药物研发方面已有一定的积累，5 个药物正在进行临床研究，10 余个候选药物正在开展全面的临床前研究，一大批药物先导化合物正在进行功效和成药性评价中。经过 5 ~ 10 年的努力，完全有可能初步建立起我国海洋创新药物产业体系。

生物酶已经进入包括农业、医药和高分子材料等在内的很多领域，其中海洋微生物酶具有开发周期较短，较容易形成产业的优势。以海洋生物酶催化为核心内容的生物技术是参与海洋生物技术竞争并有望取得优势的一个难得的机遇和切入点，应成为我国海洋生物技术应用研究的一个战略重点。

海洋生物功能材料是海洋资源利用的高附加值产业，也是高新技术的制高点之一。我国海洋材料产业目前处于出口廉价粗制品、进口昂贵的高附加值材料状态，产业结构急需调整。发展我国高附加值的高端海洋功能材料制剂，对提升我国海洋生物资源利用的高新技术水平具有重要战略意义。

我国是人口及农业大国，每年农作物病虫害受害面积约 2 亿公顷，化学农药的过度使用导致大量的农药污染及病虫抗药性提高，直接危害环境生态及食品安全。利用海洋生物资源开发新型生物农药、疫苗及生物肥料等海洋绿色农用制剂，是解决农药残留、确保食品安全的重要手段，也是发展我国绿色产业及解决食品安全问题的重要途径。

### （二）发展目标

初步建成我国海洋药物与生物制品产业化体系。海洋药物完成 20 种左右海洋候选药物的临床前研究，其中 10 种以上获得临床研究批文。海洋生物制品方面，完成 20 种以上的海洋生物酶中试工艺研究，海洋生物功能材料建立自主知识产权的海洋生物功能材料开发技术体系，完成 5 种以上系列海水养殖疫苗产品并进入产业化，完成 10 种以上抗生素替代的饲用海洋生物制剂研发并实现产业化，实现 5 种以上海洋植物抗病、抗旱、抗寒制剂及 10 种以上海洋生物肥料的研发并实现产业化。

### （三）重点任务

建立和完善海洋药物和生物制品研发技术平台，开发一批海洋新药，形成海洋药物新兴产业。集成海洋生物酶制剂、海洋生物功能材料和海洋绿色农用生物制剂研发技术，形成工业用酶、医用功能材料、绿色农用生物制剂等产业，发展并壮大我国海洋生物制品新兴产业群。

#### 1. 创新海洋药物

海洋候选药物的临床前研究按照与国际接轨的新药临床前研究指导原则，科学规范地开展海洋候选药物的临床前研究与评价。重点研究有关候选海洋药物的特点（作用靶点、作用强度等）、药代动力学性质（在动物体内的吸收、分布、起效、排泄等）、安全性（肝肾毒性、体内残留等），构建国际认可的临床前研究技术策略体系与评价数据。海洋药物的临床研究重点考证新药的临床疗效和应用的安全性，考察与其他药物合用的临床疗效，产品获得新药证书并进入产业化。

#### 2. 新型海洋生物制品

海洋生物酶制剂研发与产业化。研究酶制剂产业化制备中发酵过程优化与控制技术等过程工程技术、规模化酶高效分离工艺工程技术和酶制剂生产下游产品的工艺关键技术，构建集成技术平台。解决海洋微生物酶制剂稳定性与实用性的共性关键技术。结合酶功能特点和市场需求，突破海洋生物酶催化和转化产品关键技术。研究重要海洋生物酶在轻化工、医药、饲料等工业领域中的应用技术及其催化和转化产品的工艺技术，全面实现我国海洋生物酶产业化。

海洋生物功能材料研发与产业化。建立稳定的医用海洋生物功能材料原料的生产及质量控制技术，完善与提升海藻多糖植物空心胶囊产业化技术体系，研究创伤修复材料、介入治疗栓塞剂等新型医用材料及其规模化生产技术；开发组织工程材料、药物长效缓释材料等制备、加工成型工艺及其过程安全性控制等关键技术，实现我国海洋生物功能材料产业化。

海洋绿色农用生物制剂研发与产业化。针对我国海水养殖业中具有重大危害的病原，开发高效灭活疫苗、减毒活疫苗、亚单位疫苗和DNA疫苗，建立新型的浸泡、注射和口服给药系统。研究海洋农药和海洋生物肥料规模化生产过程中的优化与控制核心技术，解决产业化工艺放大关键技术。

突破海洋农药及生物肥料有效成分和标准物质分离纯化及活性检测技术，建立海洋农药及生物肥料的质量控制体系。开展针对不同作物病害及冻害等防治新技术研究，完成海洋生物肥料的标准化田间药效学及肥效实验，全面实现我国绿色海洋农用制剂产业化。

## 主要参考文献


陈君石. 2009. 风险评估在食品安全监管中的作用[J]. 农业质量标准,(3):4－8.

陈雪忠，徐兆礼，黄洪亮. 2009. 南极磷虾资源利用现状与中国的开发策略分析[J]. 中国水产科学,16(3):451－457.

李季芳. 2010. 美国水产品供应链管理的经验与启示[J]. 中国流通经济，24(11)：67－60.

李继龙，王国伟，杨文波，等. 2009. 国外渔业资源增殖放流状况及其对我国的启示[J]. 中国渔业经济，27(3)：111－123.

李清. 2009. 日本水产品质量安全监管现状[J]. 中国质量技术监督，(6):78－79.

马悦，张元兴. 2012. 海水养殖鱼类疫苗开发市场分析[J]. 水产前沿，(5)：55－59.

农业部渔业局. 2005—2012. 中国渔业年鉴[M]. 北京：中国农业出版社.

全英华. 2011. 我国现代食品物流发展现状和对策[J]. 物流科技，34(5)：67－69.

徐皓,江涛. 2012. 我国离岸养殖工程发展策略[J]. 渔业现代化,39(4):1－7.

徐皓. 2007. 我国渔业装备与工程学科发展报告(2005—2006)[J]. 渔业现代化，34(4):1－8.

张书军，焦炳华. 2012. 世界海洋药物现状与发展趋势[J]. 中国海洋药物杂志，31(2)：58－60.

张小栓，邢少华，傅泽田，等. 2011. 水产品冷链物流技术现状、发展趋势及对策研究[J]. 渔业现代化，38(3)：45－49.

赵兴武. 2008. 大力发展增殖放流，努力建设现代渔业[J]. 中国水产，(4)：3－4.

中国食品工业协会. 2011. 中国食品工业年鉴2011[M]. 北京：中国年鉴出版社.

中华人民共和国农业部渔业局. 2012. 中国渔业统计年鉴2012[M]. 北京：中国农业出版社.

Bartley D M, Leber K M. 2004. Marine Ranching[M]. FAO, Rome, Italy, 231.

Bostock J C. 2009. Use of Information Technology in Aquaculture[M]. Oxford: Woodhead Publishing.

Food & Agriculture Organization of the United Nations (FAO). The State of World Fisheries and Aquaculture. FAO Corporate Document Repository: http://www.fao.org/docrep/016/i2727e/i2727e00.htm.

Garcia SM, Rosenberg AA. 2010. Food security and marine capture fisheries: characteristics, trends, drivers and future perspectives [J]. Phil Trans R Soc B: Biol Sci, 365(1554): 2869 - 2880.

Kvalheim E A Ytterland. 2004. The OceanGlobe—a complete open ocean aquaculture system, in INFOFISH International. 8 - 10.

Lotze H K, Lenihan H S, Bourque B J, et al. 2006. Depletion, degradation and recovery potential of estuaries and coastal seas [J]. Science, 312(5781):1806 - 1809.

Mathiesen A M. 2010—2012. 世界渔业和水产养殖状况 2008—2010[M]. 联合国粮食及农业组织.

Mokhtar MB, Awaluddin A. 2003. Framework for sea ranching [J]. Rev Fish Biol Fisher, 13(2): 213 - 217.

Molony BW, Lenanton R, Jackson G, et al. 2003. Stock enhancement as a fisheries management tool [J]. Rev Fish Biol Fisher, 13(4): 409 - 432.

Sinclair M, Valdimarsson G. 2003. Responsible Fisheries in the Marine Ecosystem[M]. FAO & CABI Publishing.

Tal Y, Schreier HJ, Sowers KR, et al. 2009. Environmentally sustainable land-based marine aquaculture [J]. Aquaculture, 286(1 - 2): 28 - 35.

# 第二部分
# 中国海洋生物资源工程与科技发展战略研究专业领域报告

# 专业领域一：我国近海养护与远洋渔业工程技术发展战略研究

## 第一章　我国近海养护与远洋渔业工程技术的战略需求

伴随全球性区域经济发展由陆域向海域的渐次推进，世界各沿海国家向海洋进军已是大势所趋，海洋成为人类生存和可持续发展的重要物质基础。海洋渔业资源作为海洋生态系统的生物主体，已经成为各国重要的优质蛋白质来源和战略后备基地。然而，因过度捕捞直接造成的资源量骤减和生态环境恶化造成的关键栖息地退化（如产卵场、索饵场、育幼场），加之其他人类活动和气候变化的影响，渔业资源已经呈现全球化衰退趋势，日益危及生态系统健康和食物产出的可持续性，这种趋势已从沿岸水域蔓延到海洋水域。因而如何合理利用海洋渔业资源，维护我国海洋权益，改善生态环境，保障优质蛋白质供给与安全，促进渔民增收，拓展经济社会发展的新空间，成为现代渔业发展中一个值得关注的问题。2013 年国务院常务会议通过的《关于促进海洋渔业持续健康发展的若干意见》中明确指出，今后一段时期渔业发展的主要任务是：加强海洋生态环境保护，不断提升海洋渔业可持续发展能力；强化渔业水域生态环境监测，加强水生生物资源养护，改善水域生态环境；积极稳妥发展外海和远洋渔业；加快渔船更新改造和渔业装备研发，加强渔港建设和管理。依托于中国工程院“中国海洋工程与科技发展战略研究”重大咨询项目的《关于呈报把海洋渔业提升为战略产业和加快推进渔业装备升级更新的建议的报告》等研究成果已经以“中国工程院院士建议”的方式陆续呈报国务院。

我国是海洋渔业大国，海洋渔业是现代农业和海洋经济发展的重要组成部分，特别是 20 世纪 80 年代引入市场经济以来，我国渔业生产力得到有效释放，近海渔业经济得到空前发展，对于切实保障水产品供给、增加渔民收入、促进沿海地区经济发展、维护我国海洋权益具有重要意义。从1989年起，我国水产品总量就跃居世界首位，为改善国民膳食结构、发展渔区经济做出了重要贡献。然而由于沿海地区过分强调发展海洋捕捞业，盲目增添渔船、渔网和无节制的捕捞，导致我国近海渔业资源严重衰退，渔业资源可持续发展的生态环境受到严重损害。同时，随着我国与一些周边国家的双边渔业协定的实施，传统作业渔场范围变小，直接或间接地影响了我国海洋经济的健康发展。为遏制近海渔业资源衰退趋势，近年来蓬勃开展的近海养护工作及大洋渔业、极地渔业的迅速崛起，对我国近海养护与远洋渔业工程技术研发提出了更高的要求。在新时期，对近海养护与远洋渔业工程技术的战略需求将着重表现在维护国家海洋权益、保障优质蛋白质供给、推动经济发展和社会稳定、保障生态环境安全等方面。

## 一、维护国家海洋权益

维护国家主权和海洋权益是建设海洋强国的基本条件，我国海域边境与多国接壤，广阔的海域边境远离大陆，给窥视我国海洋资源的他国可乘之机，尤其是我国的南海海域，渔业资源丰富，侵渔问题严重，而渔业对维护国家海洋权益具有不可替代的重要作用。此外，海洋渔业资源已成为各国竞相争夺的战略资源，渔业也是国家拓展外交、参与国际资源配置与管理、处理国际关系的重要领域。

早在清末时期，日、德等国渔轮在我国领海内外侵渔猖獗，我国近代著名实业家、教育家张謇提出“渔权即海权”。1994年《联合国海洋法公约》生效后，海洋渔业资源的可持续开发和利用引起世界各国的高度关注，针对海洋渔业资源的争夺也日益激烈，不仅包括各国专属经济区渔业资源，还包括公海渔业资源。在新的世界海洋资源管理体制下，各沿海国家纷纷把可持续开发海洋、发展海洋经济定为国策，特别是将开发公海渔业资源作为国家发展战略来抓，在“存在即权益”的现实下，开发公海渔业资源逐渐成为国家海洋权益的重要组成部分，对公海渔业资源管理拥有一定的话语权和参与权已成为国家综合实力的体现。

目前，世界渔业强国一方面加强本国近海渔业资源的养护和管理；另一方面积极研发新技术、配备新装备，利用高新技术加大对公海渔业资源的开发和利用。我国已成为12个区域性国际渔业组织的成员，一批科学家参与了区域渔业资源的国际管理，有效履行了我国远洋渔业的国际义务和责任，在国际社会中树立了负责任渔业大国的良好形象。同时，发展远洋渔业对体现我国在公海海域的实际存在，争取国家海洋权益、巩固发展我国与西非、南太平洋岛国友好关系等方面发挥了不可或缺的作用。此外，尽管国际公约、各国法律、区域性规范均对远洋渔业（包括跨界洄游渔业生物）资源捕捞、养护和管理进行了规定，但并没有扭转公海渔业资源被瓜分、滥捕的现象，而各类规定的颁布对我国已利用的海洋生物资源权益进行了更为严格的限制，制约着我国远洋渔业的发展，甚至使我国传统捕捞海域如黄海、东海的捕捞业也受到严峻挑战。因此，迫切需要加快近海资源养护和远洋渔业工程技术建设与创新，通过调整与优化海洋捕捞产业结构，增强我国对渔业资源的掌控能力和综合开发实力，维护我国海洋权益。

## 二、保障优质蛋白质供给

开发利用海洋是解决当今人类所面临着人口增长、环境恶化、资源短缺三大问题的重要出路之一。水产品是优质动物蛋白的重要来源。目前我国水产蛋白消费量约占人均动物蛋白消费量的1/3，并且呈上升趋势。然而，由于毁灭性捕捞渔具渔法的使用，近海渔业的潜力已被挖掘殆尽，水产养殖业的无序发展以及污染、围填海工程对栖息地的冲击，导致近海渔业资源可持续利用问题愈加突出。近年来，负责任捕捞、增殖放流、人工鱼礁及海洋牧场建设等养护措施在一定程度上对改善我国近海渔业资源结构、维护生态系统的稳定发挥了积极作用，但并未缓解我国近海渔业资源严重衰退的趋势。因此，面对水产品需求高速增长的态势，如何确保近海资源的可持续利用和远洋渔业的合理发展，保障优质蛋白质供给，不断满足人们对优质蛋白资源日益增长的需要，是构建中国特色的食物安全保障体系的战略选择。

## 三、推动经济发展和社会稳定

海洋对我国目前和长远发展都具有不可替代的作用。作为21世纪人类社会可持续发展的宝贵财富和最大空间，人口趋海移动趋势将加速，海洋经济正在并将继续成为全球经济新的增长点。海洋渔业对海洋经济的发展起到了重要作用。2011 年，我国海洋渔业生产占海洋产业增加值的 17.5%，渔业在一部分地区已成为重要的支柱产业和主要的经济增长点，对调整和优化农业产业结构等方面发挥了重要作用。据 FAO 统计，近年来，世界从事渔业生产的人口逐年增加，在 2005—2010 年期间，渔业领域的就业增长（每年 2.1%）继续快于世界人口增长（每年 1.2%）以及传统农业领域的增长（每年 0.5%），2010 年，我国从事渔业生产的有 1 400 万人（占世界总数的 26%）（图 2 - 1 - 1）。随着《中日渔业协定》、《中韩渔业协定》和《中越北部湾渔业合作协定》的签署和相继实施，沿海渔场大幅度缩减，大批近海捕捞渔船要撤出部分传统作业渔场。如《中日渔业协定》和《中韩渔业协定》的相继生效，使我国渔民失去了 10 万平方千米的渔场，此外受限制渔场还有 26 万平方千米，仅舟山一地，受此影响的生产渔船就近 5 000 艘，涉及渔民 2 万人。而远洋渔业、休闲渔业、增殖放流、人工鱼礁和海洋牧场建设的发展，提高了近海捕捞渔民的再就业和转产转业，缓解了近海渔业资源的捕捞压力，同时也维护了社会稳定。另外，渔港作为海洋与陆地渔业产业链上的重要枢纽，是渔业生产最重要的安全基础设施，是渔船安全避风、鱼货集散、生产休整、加工贸易、生产补给的重要场所，对渔业的发展起到了重要的作用。因此，加快近海资源养护和远洋渔业工程技

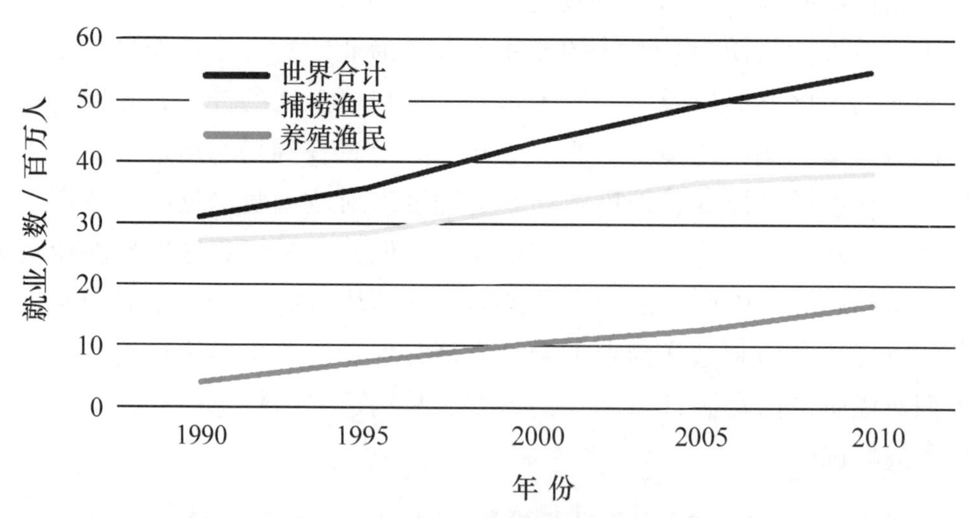


图 2 - 1 - 1　1990—2010 年世界渔业领域的就业人数

资料来源：FAO，2012.

术研发及渔港现代化服务功能的建设是推动我国经济发展和社会稳定的战略选择。

## 四、保障生态环境安全

改革开放以来，我国海洋渔业取得了举世瞩目的成就，渔业的持续快速发展，为繁荣我国农村经济、增加农民收入发挥了重要的作用。但是随着社会经济的发展和人口不断增长，我国近海渔业资源正面临严峻挑战，围海造田、滥采乱挖、污染排放等致使海底平秃化、水域荒漠化现象日趋严重，渔业生态环境不断恶化，严重影响了近海渔业生态系统的结构和功能，对国民经济的发展和人民生活造成一定影响。为此，必须重视近海资源养护，治理受损渔业生态环境，恢复海洋渔业资源的数量和质量，使其能够满足人类优质蛋白的需求。党的十八大报告提出了“大力推进生态文明建设”的战略部署，明确指出：面对资源约束趋紧、环境污染严重、生态系统退化的严峻形势，加大自然生态系统和环境保护力度，建设生态文明，是关系人民福祉，关系民族未来的长远大计。近年来，我国在近海资源养护和生态环境修复等方面进行了积极探索，人工鱼礁、海洋牧场等工程建设得到了大力推广，并且海洋牧场还充分发挥了其生物移碳、固碳和环境调节功能，成为扩增海洋碳汇功能的重要途径。但是我国近海资源养护工程建设和科技研发成果与实际资源与环境的修复还有很大差距，诸多关键技术环节亟待实现转变和突破，因此，必须进一步推进近海资源养护领域的工程建设和科技研发，多方探求解决近海资源养护的途径，确保近海渔业资源及其栖息环境实现稳定和可持续发展。

# 第二章 我国近海养护与远洋渔业工程技术发展现状

## 一、近海资源养护工程

中国的海洋渔业资源非常丰富，具有较高经济价值的种类150余种。改革开放以来，近海捕捞业持续快速发展，在20世纪60年代末进入全面开发利用期，之后海洋捕捞机动渔船的数量持续大量增加，由60年代末的1万余艘迅速增加至90年代中期的20余万艘。随着捕捞船只数和马力数不断增大，加之渔具现代化，近海渔业资源捕捞过度，资源衰退。在60年代以前，近海捕捞产量约200万吨，捕捞对象以大型底层种类和近底层种类为主，如大黄鱼、小黄鱼、带鱼、鲆鲽类等；到70年代中期，捕捞产量超过300万吨，传统渔业的主要对象大黄鱼、小黄鱼、曼氏无针乌贼和海蜇等产量急剧下降，渔获物中优质种类减少，低值种类增加；80年代中期，海洋捕捞产量年平均以20%的速度增长，传统渔业对象如大黄鱼绝迹，带鱼、小黄鱼等渔获量主要以幼鱼和1龄鱼为主，并且个体变小（如小黄鱼体长由70年代的20厘米下降至目前的10厘米左右，图2－1－2），性成熟提前，营养级下降；鳀、鲐鲹类、黄鲫等小型中上层鱼类占总捕捞产量的60%以上，一些传统渔业种类消失，优势种更替加快，渔业资源结构发生了较大变化。目前，近海单位捕捞努力量（CPUE）逐渐降低，渔获质量下降（图2－1－3和图2－1－4），严重影响了渔业资源的可持续利用。另外，海洋捕捞活动中的垃圾、污水等对海洋环境也造成了一定的损害。目前，渔业水域污染增加，赤潮频发，生态环境趋于恶化，给渔民生产、生活造成沉重压力，引起社会各界的普遍担忧。为了加强生态文明建设和贯彻实施渔业可持续发展战略，近年来，在国家和各相关部门的共同努力下，我国在负责任捕捞技术、渔业资源监测和监管技术、增殖放流、人工鱼礁和海洋牧场建设等资源养护工程领域取得了不少研究成果，某些领域已接近国际先进水平，促进了人与自然的和谐发展，维护了海洋生物多样性和水域生态系统健康，在全国范围内形成了社会影响广泛的养护生物资源和改善生态环境的良好氛围。

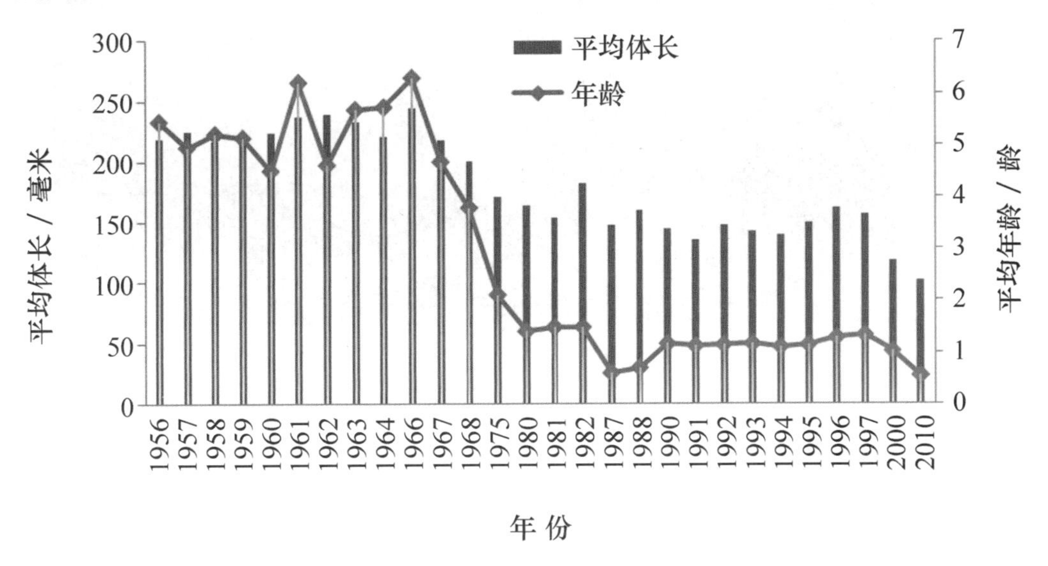


图 2－1－2　黄海小黄鱼平均体长和平均年龄的年际变化

资料来源：单秀娟等，2011.

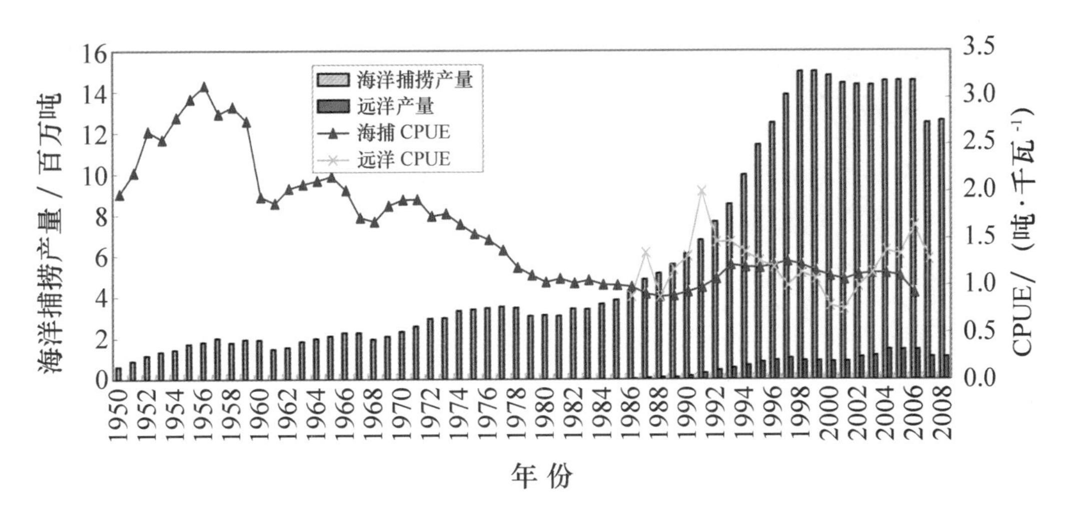


图 2－1－3　近海和远洋捕捞产量及其单位捕捞努力量的变化

## （一）负责任捕捞技术

我国负责任捕捞技术主要围绕网具网目结构、网目尺寸、网具选择性

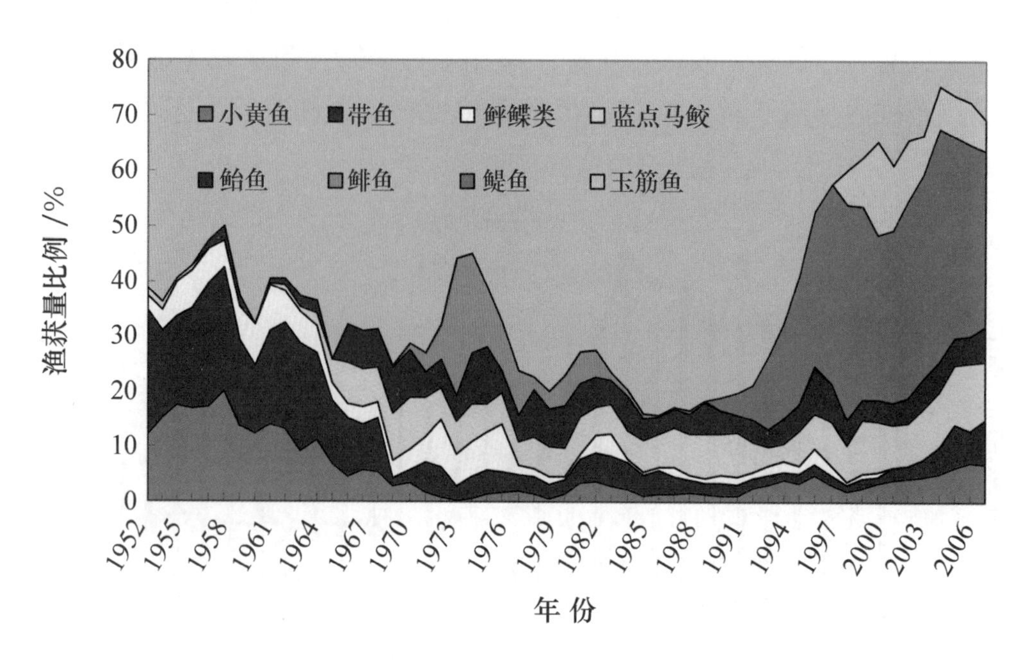


图 2－1－4　黄渤海捕捞优势种在总渔获量中比例的变化

装置等方面开展研究，尚处于研究评估阶段，未形成规模化示范应用。具体包括：①通过网囊网目结构和尺寸改变，成功获取了海区鱼拖网、多囊桁杆虾拖网、单囊虾拖网、帆张网、锚张网和单桩张网等不同捕捞对象体型特征的最适最小网囊网目结构和尺寸参数；②研发了适宜我国渔具结构和捕捞对象的圆形、长方形刚性栅和柔性分隔结构等多种选择性装置；③评估了我国主要流刺网渔具结构和渔获性能，取得了东海区小黄鱼、银鲳、黄海区蓝点马鲛和南海区金线鱼刺网最小网目尺寸标准参数；④在东海区蟹笼选择性研究方面，突破了传统渔网具靠改变网目尺寸提高选择性能的方法。

## （二）近海渔业资源监测与监管技术

### 1. 近海渔业资源监测技术的发展现状

渔业资源监测包括专业性科学调查和渔业生产科学观察两大类。常用的专业性渔业资源科学调查技术与方法主要包括底拖网调查——扫海面积法、声学探测——回声积分法以及鱼卵仔鱼调查——产卵群体估测方法等。总体而言，我国在渔业资源拖网调查和声学调查技术已基本达到国际水平。其中底拖网调查方法自 20 世纪 50 年代末即开始应用，而声学方法自 1984

年引入我国以来也有近30年的应用与研究经验。但渔业资源监测系统性方面与国际先进水平尚有一定的差距，由于经费投入较少，缺乏长期系统性研究，在许多重要的技术环节上与国际先进水平尚有一定的差距。在鱼卵仔鱼调查方面，虽然我国在渔业资源与环境调查中同步采集鱼卵仔鱼样品，由于既缺少必要的仪器或设备、又缺少相关的专业人员，至今尚未开展专业性的、旨在监测生殖群体生物量的鱼卵仔鱼调查。

### 2. 渔业监管技术体系的发展现状

本报告中"渔业监管"一词是对国际上通用的对渔业实施"监测、控制及监管（Monitoring, Control and Surveillance, MCS）"的简称，包括法律法规、船舶登记、许可审批发放、渔捞日志填写与报告、渔获转卸监控、科学观察员的派驻、船位监控以及登临检查等。其中法律法规不属本研究的范畴。在船舶登记和捕捞许可证审批发放方面，目前我国已有较为完备的管理体系和现代化的技术手段（渔船动态数字化管理系统），所有合法渔船（包括补给、运输等辅助船只）均已纳入有效管理。在海上登临检查方面，我国已有一支逐步规范化的渔政执法队伍从事该方面的工作。但是渔业监管体系尚不健全，虽有少量渔船安装卫星链接式船位监控系统，但在法规层面对渔船船位监控并没有统一要求，渔捞日志填写与报告、渔获转卸监控、科学观察员的派驻以及船位监控等方面则是目前我国渔业监管技术体系中的薄弱环节。

20世纪80年代之前的计划经济时代，渔业公司或为国营，或为集体企业，渔业管理方面政令较为畅通，渔捞日志的记录还较为普遍、较为准确，这些数据在资源状况分析方面发挥了重要作用。然而随着80年代中后期以来私有船主或私有渔业公司的快速发展，可用于渔业生产分析的渔捞日志几乎消失，科研人员仅能依靠断续的资源调查资料进行资源状况分析，研究结果自然难以为渔业管理提供有效支持。近年来渔业主管部门已越来越意识到准确的渔捞日志所提供数据的重要性，并通过海洋捕捞基础信息动态采集分析项目逐步恢复渔捞日志的回收分析工作。

在渔船船位监控方面，目前国内仅有部分地区以提高生产安全性为由开展了渔船监控系统的安装；在法规层面还没有统一要求；在渔获转卸监控、科学观察员派遣方面至今尚未统一开展相关工作，渔业监管体系尚不健全。

### （三）增殖放流技术

增殖放流，是指用人工方法直接向海洋、滩涂、江河、湖泊、水库等天然水域投放或移入渔业生物的卵子、幼体或成体，以恢复或增加其种群数量，改善和优化水域的渔业生物群落结构。可见移植也是增殖放流的一个方面，虽然移植并不乏成功例子，但移植造成的生物入侵案例也比比皆是，给当地的经济和环境造成了重大损失，如太湖新银鱼引入云南滇池和抚仙湖后导致本地种群数量急剧下降，河鲈的引入导致新疆博斯腾湖中新疆大头鱼的灭绝。由于移植物种的长期生态学效应难以预测，所以移植在许多国家是受到法律的严格限制，甚至是明令禁止的。我国农业部2009年颁布的《水生生物增殖放流管理规定》明确规定，“禁止使用外来种、杂交种、转基因种以及其他不符合生态要求的水生生物物种进行增殖放流”，这是一个里程碑式的进步。

我国增殖放流始于20世纪50年代，即“四大家鱼”人工繁殖取得成功，从而有可能为增殖放流提供大量种苗之后才发展起来的。此时，中国水产科学研究院黄海水产研究所开始了真鲷、鲐、中国对虾等物种的标志放流研究，特别是80年代开始的大规模中国对虾放流，标志着我国增殖放流进入了一个新时代。目前，在我国内陆和沿海水域各省、自治区和直辖市都已开展了增殖放流工作，并且随着国家对增殖放流业的愈加重视，通过各种渠道对增殖放流的投入不断加大。据统计（图2-1-5），2006年近海增殖放流各类种苗38.8亿尾（粒），2009年增加至79亿尾（粒），2010年和2011年分别达到128.9亿尾（粒）和150.8亿尾（粒）；投入资金也由2006年的1.1亿元增加至2009年的1.8亿元，2012年放流资金投入（包含淡水）达到9.7亿元，同比增长15.6%，组织放流活动超过1 597次，放流资金数量、苗种规模均创历史新高，增殖种类超过100种，呈多样化趋势。

开展增殖放流对我国天然渔业资源的恢复起到了积极作用，并取得了可喜的成绩。近年来，渤海和黄海消失多年的中国对虾、海蜇、梭子蟹的渔汛又出现了，并且每年具有一定的回捕量，2010年黄渤海的中国对虾超过4 000吨。

### （四）海洋牧场构建技术

海洋牧场建设，就是通过人工鱼礁投放、藻礁与藻场建设、资源放流

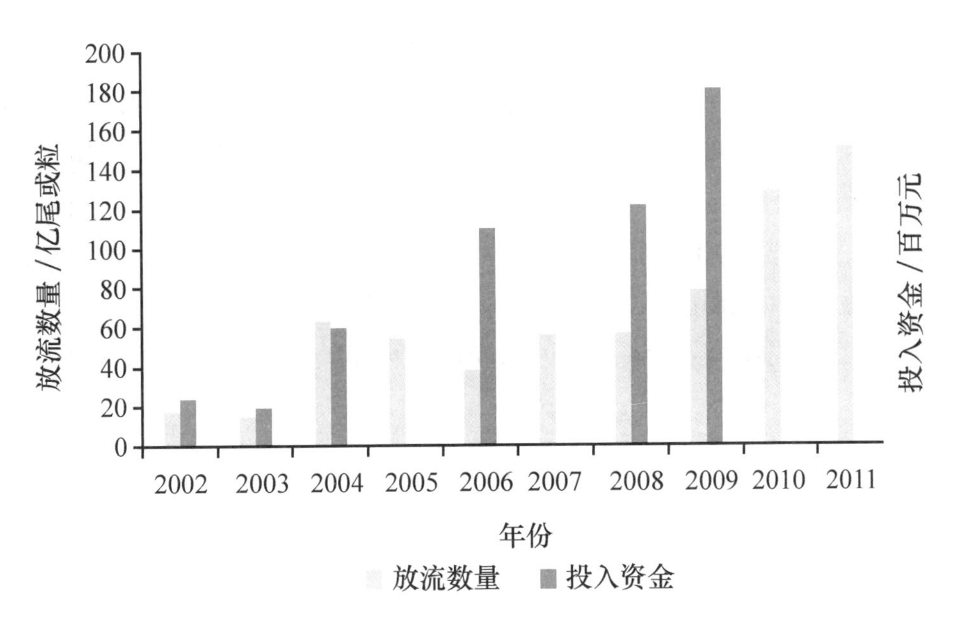


图 2－1－5　近海渔业资源增殖放流数量和资金投入情况

资料来源：中国渔业统计年鉴 2003—2012.

增殖、音响投饵驯化和海域生态化管理等技术手段，达到海域生产力提高、资源密度上升、鱼类行为可控和资源规模化生产的目标，实现海洋渔业资源的可持续开发利用。人工鱼礁作为海洋牧场建设的工程基础，我国早在20世纪80年代前后即开展过试验研究，至1987年，全国共建立了23个人工鱼礁试验区。在此之后，由于多方面的原因，我国人工鱼礁的建设工作一度中止。进入21世纪，随着我国经济的快速发展、资源与环境保护意识的增强和渔业产业结构的不断调整，人工鱼礁建设再度成为沿海渔业发展关注的热点，并且发展迅速（图 2－1－6）。目前，我国海洋牧场的产业初具雏形，生态经济效益逐步显现，到2011年年底，我国从北到南形成了50多处以投放人工鱼礁和增殖放流为主的海洋牧场，包括辽西海域海洋牧场、大连獐子岛海洋牧场、秦皇岛海洋牧场、长岛海洋牧场、崆峒岛海洋牧场、海州湾海洋牧场等。据不完全统计，2000—2010年全国人工鱼礁建设共投入22.96亿元，建设人工鱼礁3 152万空立方米（人工鱼礁的计量单位）。

在人工鱼礁与海洋牧场研究与技术开发方面，近年来，我国沿海主要地区都开展了大规模的人工鱼礁建设（图 2－1－6），对养护近海渔业资源、保护生态环境发挥了重要作用。人工鱼礁和海洋牧场构建技术等方面的相关研究也已开展，为人工鱼礁和海洋牧场的建设研究奠定了基础。然而，目前国内的相关研究大多仅限于人工鱼礁的某些单项技术方面，有关礁体与生物之间的关系、礁体的适宜规格与投放布局等研究的较少，海洋牧场构建的综合技术研究的就更少。而相对于单一的人工鱼礁工程，海洋牧场的构建则要更为复杂，海洋牧场建设注重的是局部海洋生态系统的形成，强调的是工程与生物的和谐统一，达到的是牧业化人为调控管理，实现的是资源可持续开发利用的最终目标。因此，亟须研究和开发海洋牧场构建关键技术，为受损海域的综合治理和渔业的可持续发展提供技术支撑。

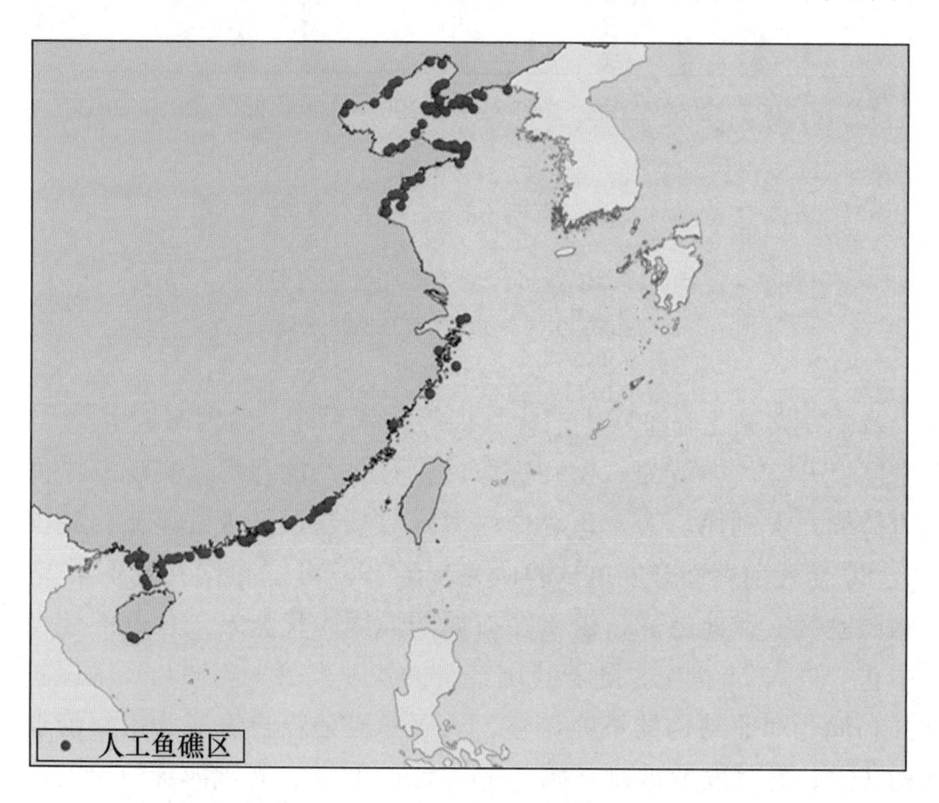


图 2-1-6　我国人工鱼礁建设现状分布示意图

资料来源：全国人工鱼礁建设情况总结报告，2011.

另外，休闲渔业（recreational fisheries）作为集水上垂钓、潜水采捕、旅游观光、休闲娱乐、特色餐饮等为一体的一种新型渔业活动方式，近年来，随着我国社会经济的快速发展，人民生活水平的提高，加之双休日、节假日的延长等，已在我国悄然兴起，并作为促进消费、拉动经济发展的重要措施。休闲渔业是将渔业与旅游相结合，将第一产业与第三产业优化配置，以提高渔民收入，发展渔区经济为最终目的的新兴产业。它既不同于传统的渔业生产，也有别于单纯的旅游观光，其产业链已外延到游钓渔业、观赏渔业、休闲采捕、特色增养殖、渔村体验、渔业文化和餐饮服务等相关产业，产业活动过程体现的是“休闲性”和“参与性”。正如台湾经济学家江荣吉教授所言，20 世纪是劳动时代，21 世纪是休闲时代；20 世纪是劳动型文化，21 世纪是休闲文化。休闲渔业正是适应这一潮流而在全世界兴起的，因此开发前景十分广阔。然而，由于我国的休闲渔业发展起步较晚，产业基础薄弱，尤其是与渔业资源养护相关结合的海洋游钓渔业，基本尚属空白。

## 二、远洋渔业工程

我国的远洋渔业可分为过洋性和大洋公海远洋渔业（含极地渔业）。远洋渔业虽然发展迅速，但由于起步较晚，加上远洋渔船装备技术长期缺乏系统性科研支撑，造成我国远洋捕捞整体技术水平偏低。

我国远洋渔业经过 20 多年的发展，已成为我国“走出去”战略的重要组成部分。到 2012 年年底，我国远洋渔业的作业海域覆盖 38 个国家的专属经济区和太平洋、大西洋、印度洋及南极公海水域（刚起步的南极磷虾渔业），年产量 122.3 万吨，其中公海捕捞产量占了世界公海总捕捞产量的 6%。境外远洋渔业基地 100 多个，在境外兴建了一些码头、加工厂、冷库、船网修造厂等，实现了合作的互利双赢。

但是我国远洋渔业起步较晚，基础差，尽管“十五”和“十一五”，通过 863 计划、农业部远洋渔业资源探捕专项，在大洋渔场环境信息采集和渔场速报技术有了突破，基本上掌握了部分海域的金枪鱼、竹荚鱼、柔鱼类等主要大洋性渔业资源的分布以及其渔场和环境的关系，并实现了商业性开发，但与世界先进渔业国家和地区相比还有较大差距，特别是远洋渔业装备技术水平，如过洋性渔船多为前近海渔船改造而成，装备陈旧老化，效益差，大洋性渔船多使用国外淘汰的二手设备，在公海捕捞作业中竞争力明显落后。目前，我国 42% 的远洋渔船船龄在 20 年以上，30% 以上的渔船船龄超过 25 年，已过报废期限，许多渔船已接近或超过报废时限，作业性能差，成本高，燃油消耗已成为效益增长的主要障碍，单位渔获物的耗油量远远高于近海捕捞，因此，迫切需要提高我国远洋渔业捕捞技术和装备水平。

## （一）大洋渔业

### 1. 对外渔业合作

我国一直坚持在国际渔业管理框架内发展远洋渔业，坚持资源养护与合理利用相结合，认真履行负责任渔业国家承诺。目前，我国已经加入了8个国际渔业组织，与12个多边国际组织建立了渔业合作关系，严格履行相关国际义务，遵守有关渔业管理措施和决议，坚决支持国际社会打击非法捕鱼行为。与此同时，按照“互利互惠、合作共赢”的原则，我国与有关国家签署了14个双边政府间渔业合作协定、6个部门间渔业合作协议，企业通过在有关国家投资收购开展合作的方式更加成熟，为合作国家的数十万人提供了就业机会，为当地社会经济发展做出了贡献。

### 2. 新资源和新渔场开发

先后开发了西非沿岸、东非沿岸、印度洋周边海域，以及南太平洋和南美洲周边海域的过洋性渔场；日本海太平洋褶柔鱼、西北太平洋柔鱼等大洋性鱿鱼类渔场；大西洋赤道附近公海和地中海公海等三大洋大眼金枪鱼渔场；智利外海、秘鲁外海、纳米比亚外海等海域的竹荚鱼渔场；南极附近海域南极磷虾渔场，北太平洋秋刀鱼渔场，以及印度洋公海底层深海鱼类和印度洋南部长鳍金枪鱼渔场等。

### 3. 捕捞技术

我国远洋渔业作业方式从单一的底拖网，发展到现在的大型中上层拖网、光诱鱿钓、金枪鱼延绳钓、金枪鱼围网、光诱舷提网、深海延绳钓等多种捕捞技术，成为远洋渔业作业方式最多的国家之一。

### 4. 捕捞装备

基本实现了过洋性底拖网的网具、甲板机械等，光诱鱿钓的钓具、集鱼灯、钓线等，金枪鱼延绳钓的液压卷扬机、投绳机、钓钩等及其助渔设备的国产化，并得到较好的应用，部分产品还出口到国外。

### 5. 渔情预报技术

建立了我国远洋渔业生产统计与海洋环境数据库，开发了渔情预报的模型，依靠国内和国外实时的海洋遥感数据，对10多个作业海域的大洋性渔业进行了每周一次的业务化渔情预报分析，科学指导渔船寻找中心渔场。

### 6. 远洋渔业产业链

远洋渔业产业链条初步建立并逐步延伸，目前专业加工企业已发展到30多家，远洋渔业产品专业冷藏能力超过20万吨/次。其中，金枪鱼加工营销企业16家，储藏能力达3万吨/次。一些企业还在境外兴建了码头、加工厂、冷库、船网修造厂等陆地设施，充分体现了合作中的互利和双赢。

### 7. 科研力量增强，科技支撑和保障能力不断提高

远洋渔业科研技术力量正在不断扩大和增强。以上海海洋大学、中国海洋大学和中国水产科学研究院东海水产研究所、黄海水产研究所、南海水产研究所为主组成了远洋渔业专家顾问团和5个专业技术组，为远洋渔业项目的设立、运作和生产提供专业的技术咨询和指导，在开展远洋渔业数据资料的系统调查、收集与研究，执行生产应急调研和技术指导任务，参与多边国际技术交流与研讨，落实远洋渔业资源探捕和观察员计划等方面发挥了积极和重要的作用。

### 8. 管理制度逐步健全，行业协调服务功能不断完善

针对远洋渔业专业性和涉外性强、从业风险大的特点，积极适应国际规则，建立健全监管制度，对远洋渔业实施有效监管。根据《远洋渔业管理规定》，目前我国远洋渔业实行准入审批、年度审查和行业自律三大基本管理制度，建立了以生产情况报告、标准化捕捞日志、渔船船位监测、派遣国家观察员、签发合法捕捞证明等为主要内容的监管体系，对重点远洋渔业项目实施分类指导和管理，对促进远洋渔业持续健康发展提供了有力的制度保障。同时，积极扶持建设远洋渔业行业组织，充分发挥其协调、管理和服务功能，并于2012年5月29日成立了中国远洋渔业协会，中国远洋渔业协会以“服务成员企业、辅助行政决策、加强行业自律、完善行业体系、促进交流合作”为宗旨，为远洋渔业发展提供了切实、广泛、有效的行业平台支持。

## （二）极地渔业

目前，我国极地渔业为刚起步的南极磷虾渔业。2009/2010渔季[①]，我国由两艘渔船组成的船队首次对南极磷虾资源进行了探捕性开发，捕获磷

① 南极磷虾的渔季跨年度计算，始于当年12月1日、止于翌年11月30日。

虾 1 946 吨；2010/2011 渔季先后派出 5 艘渔船，捕获磷虾 16 020 吨；2012/2013 渔季派出 3 艘渔船，捕获磷虾 31 945 吨；2013/2014 渔季有 6 艘渔船通报入渔，通报的预计产量为 9 万吨，继续推进我国南极磷虾渔业朝规模化方向发展。然而由于我国从未对南极磷虾资源进行过专业性科学调查，对资源分布及渔场特征了解很不充分；另外，我国从事磷虾捕捞的渔船均为南太平洋渔场竹荚鱼拖网加工船经简单适航改造即进入南极渔业的，捕捞与加工技术较挪威、日本等国的渔船有相当大的差距，整个渔业尚处于初级发展阶段。

### （三）远洋渔业装备

据统计，2012 年我国远洋渔船规模达到 1 830 艘，其中大洋性作业超低温金枪鱼延绳钓渔船由 2001 年 41 艘发展到目前的 132 艘；大型拖网加工船 14 艘，远洋鱿鱼钓船 546 艘，金枪鱼围网渔船由 2001 年的零艘发展到 2012 年 19 艘的规模。我国远洋渔业发展迅速，但由于起步较晚，加上远洋渔船装备技术长期缺乏系统性科研支撑，造成我国远洋整体捕捞技术水平偏低。

## 三、渔船与渔港工程

至 2011 年年底，我国拥有海洋渔业机动渔船 29.06 万艘（其中海洋捕捞渔船 20.4 万艘）。木质渔船占 85% 以上，其中 90% 船龄在 5 年以上，40% 在 10 年以上，渔船老化情况严重。长期以来，我国渔船规范化建设水平低下，监管与科技保障能力不足，导致船型杂乱、装备落后、安全与耗能问题突出，与世界渔业发达国家相比，整体水平严重落后。我国海上渔业生产安全事故频发，海上渔业生产属于高危行业。研究表明，我国渔船捕捞行业燃油消耗 790 万吨/年，以拖网和刺网作业为代表的近海渔船，其单位鱼产品能耗是水产养殖的 8 倍，能源利用效率非常低，燃油消耗已占到捕捞生产成本的 70% 以上。

渔港是海洋捕捞与沿岸增养殖渔业的重要基地，是渔民生产、生活和避风减灾的重要场所，也是沿海众多中小城镇的重要基础产业依托，又是渔业戍边维权、实施国家海洋战略的重要组成部分。因此渔港发挥着保障渔区民众生命财产安全、推动渔业产业结构调整和渔区经济社会繁荣的重要作用。我国现有各类沿海渔港 1 299 个，截至 2012 年 10 月，中央共投资 27.91 亿元对其中的 133 个渔港进行了改扩建，形成了中心渔港 61 个、一级渔港72个，能够为沿海9.2万艘渔船（占全国海洋机动渔船的31%）提供避风减灾服务。使沿海渔港建设布局框架初步形成，渔业防灾减灾能力逐步提升，渔区经济社会发展加快。

### （一）渔船建设

#### 1. 我国捕捞渔船数量多，规模大，能耗高

在我国近百万艘各类生产渔船中，机动渔船67.5万艘，总吨位88.0万吨，总功率2 074.2万千瓦，散布在沿海及内陆可捕捞水域。其中海洋捕捞渔船20.4万艘，601.9万总吨，1 304.1万千瓦，占机动渔船的比重分别为：30%、68%、62.9%，是机动渔船的主要组成部分。

#### 2. 木质渔船仍是我国捕捞渔船的主体

木质渔船占渔船总数的85%以上，钢质船在中、大型渔船方面有一定程度的应用，而节能效应最好的玻璃钢渔船使用很少，约为2%。

#### 3. 渔船玻璃钢化具备了一定的技术和产业基础，但发展滞缓

“九五”期间，国家曾设立科技专项推进玻璃钢渔船的建造，由于种种原因，我国渔船的玻璃钢化并未实现规模化推进，但由此奠定的技术和产业仍具有一定的基础。在一些领域，如远洋捕捞渔船、出口渔船等，玻璃钢渔船的建造仍在进行。近年来先后建造了24米大型玻璃钢拖网渔船、33米大型玻璃钢拖网渔船和30米大型玻璃钢冰鲜金枪鱼延绳钓渔船等中型船舶，小型玻璃钢渔船批量出口非洲。

#### 4. 船型优化技术研究与应用取得成效，在标准化渔船建设工程中发挥作用

针对渔船船型杂乱导致船体阻力、推进动力与安全隐患方面的问题，在模型优化的基础上开展船机桨匹配研究，形成标准化船型及系统配套技术，在“上海市渔船标准化改造项目”中形成36米拖网渔船与20米定置网多种作业船两种船型，整体性能明显提高，拖网渔船实现节能15%～20%，已推广应用30艘，相关技术将应用于“江苏省万艘渔船升级改造工程”，开发6种以上标准化船型。

#### 5. 玻璃钢渔船建造技术不断完善，示范船舶开始应用

玻璃钢渔船由传统的“圆舭型线形”改为“棱舭型线形”，以提高渔船的稳性和安全性；在结构设计上采取“以纵向结构为主，横向结构为辅”

的板阁状结构，保证船体的结构强度，玻璃钢渔船建造技术及工艺不断完善，在山东威海、青岛等地形成了玻璃钢渔船建造产业，玻璃钢机动渔船已批量出口。山东省第一批标准化玻璃钢渔船建设正在实施，辽宁省在船型优化的基础上，建造了首批水产养殖玻璃钢渔船作为改造试点。

### 6. 远洋渔船建造技术基础初步形成

在国家重大科研专项的支持下，深水拖网双甲板渔船、大型金枪鱼围网渔船、鱿鱼钓船等的船型开发技术取得一定进展，技术基础初步形成。大连渔轮公司设计建造的37.6米双甲板拖网渔船，集成了诸多先进的捕捞装备技术；大型金枪鱼围网渔船，总长75.47米，主机功率4 000马力，拥有各种捕捞设备44台，配有一流导航和探鱼设备，2010年下水。浙江欣海公司设计的远洋鱿鱼钓船，船长72.80米，配员40人，总吨位1 200吨，日冻结能力90吨，完全适应西南大西洋等远洋渔区的鱿钓作业。由于远洋捕捞渔船是专业化、集成化程度高的现代高端产品，尤其是大型加工拖网渔船和大型金枪鱼围网渔船，这些突破以及所形成的技术基础和世界先进水平相比，还有较大差距。

## （二）渔港建设

### 1. 渔港建设基本情况

渔港建设步伐加快，中央投资渔港数量显著增多。1991年，国务院转发了农业部《关于加强群众渔港建设的报告》，要求各级政府要高度重视渔港建设，着重对82个（后调整为83个）群众渔港进行扶持，每港中央补助100万~300万元不等，经过几年的建设，渔货卸港量增加，生产安全条件得到初步改善。但由于渔港建设历史欠账太多，且国家对渔港建设资金补助有限，渔港设施普遍比较落后。

1998年，国家实施积极财政政策，利用国债资金加强农业重点基础设施建设，截至2002年，我国一级群众渔港中有27个利用国债资金和地方配套资金进行了改扩建，缓解了港池紧缺、无法满足渔船停靠的问题，渔船避风有了进一步保障。

2002年农业部选择基础条件较好、避风能力较强的6个沿海一级渔港作为中心渔港试点，进行重点投资建设。2005年农业部制定《全国渔港建设总体规划》（2006—2010年）；2008年《国务院办公厅关于加强渔业安全生产工作的通知》对加强渔港设施建设也提出明确要求。

在国家发展改革委员会等有关部门的大力支持下，到2010年，中央共投资24.05亿元，建设了143个渔港（中心渔港55个、一级渔港56个、内陆渔港32个），共建设码头55 372米，新改建护岸57 458米，防波堤64 482米，港池、航道疏浚2 931万立方米，形成有效水域面积5 000万平方米（表2－1－1和表2－1－2）。

**表2－1－1 1998—2010年渔港建设中央投资情况** 万元

| | 年份 | | | | | | |
|---|---|---|---|---|---|---|---|
| | 1998 | 1999 | 2000 | 2001 | 2002 | 2003 | 2004 |
| 投资 | 40 000 | 0 | 3 000 | 3 450 | 11 700 | 40 570 | 30 285 |
| | 年份 | | | | | | |
| | 2005 | 2006 | 2007 | 2008 | 2009 | 2010 | 合计 |
| 投资 | 15 919 | 16 481 | 10 000 | 11 600 | 28 236 | 29 256 | 240 497 |

资料来源：全国渔港建设“十二五”规划.

**表2－1－2 各类型渔港建设投资情况** 万元

| 项目名称 | 建设个数 | 总投资 | 中央投资 | 地方投资 |
|---|---|---|---|---|
| 总计 | 143 | 544 932 | 240 497 | 304 435 |
| 中心渔港 | 55 | 348 041 | 157 870 | 190 171 |
| 一级渔港 | 56 | 177 523 | 70 256 | 107 267 |
| 内陆渔港 | 32 | 19 368 | 12 371 | 6 997 |

资料来源：全国渔港建设“十二五”规划.

沿海渔港布局框架初步形成，渔业防灾减灾能力得到提升。沿海中心渔港、一级渔港和内陆重点渔港基础设施条件得到改善，配套设施基本完善，成为区域性渔业安全保障和生产服务基地。初步形成了沿海渔港防灾减灾框架体系。截至2012年，形成有效掩护水域面积6 000万平方米，渔港综合防风水平提升到10级，东南沿海部分地区中心渔港防波堤设计波浪的标准达到百年一遇，可满足9万余艘海洋渔船在10级以下（含10级）大风天气时的就近分散避风和休渔期停泊，保障近百万渔民生命财产安全。

渔港经济区快速发展，促进渔区社会和谐发展。通过渔港建设带动地方和社会投资近55亿元，满足700万吨的鱼货装卸交易和70万吨的水产品加工，形成百余个渔港经济区，提供18万个就业机会，综合经济效益超过160亿元。渔港所在地区利用渔港经济区建设，兴市场、抓配套、拓街道、建小区，推动了港区城镇化和渔民转产转业，促进了渔民增收，辐射带动了沿海重要渔区经济的发展。

2. 工程技术发展状况

渔港应坚持渔港功能升级战略、产业链延伸战略、渔港渔村（镇）一体化战略、水产品加工及物流现代化等战略，实现渔港经济区发展目标；爆破排淤填石法处理防波堤软弱地基技术的应用，在渔港防波堤深厚软弱地基处理技术方面取得了重大突破，推动了我国沿海地区渔港防波堤工程的建设，振冲碎石桩复合地基在渔港重力式码头工程的应用研究，开拓了振冲桩处理海域软基的新领域；透空式防波堤结构研究与应用，保障了港内波稳条件和水体交换，避免和减轻水域环境污染，保证了渔港的正常使用年限；港区波浪、潮流场与泥沙冲淤研究，对拟建国家级的渔港项目港内泊稳条件、潮流场、港区工程泥沙等方面进行全面分析论证，使渔港项目的决策和实施更为科学。

我国近海养护与远洋渔业工程技术发展现状见图2－1－7。目前，我国在增殖放流与国际水平差距最小，接近国际2011年前后的水平，近海渔业监测和负责任捕捞方面与国际差距较小，海洋牧场建设相当于国际2009年水平，渔港建设和近海渔船的升级改造与国际先进水平差距有8年左右，而极地渔业和远洋渔业装备水平与国际先进水平的差距有10年左右。

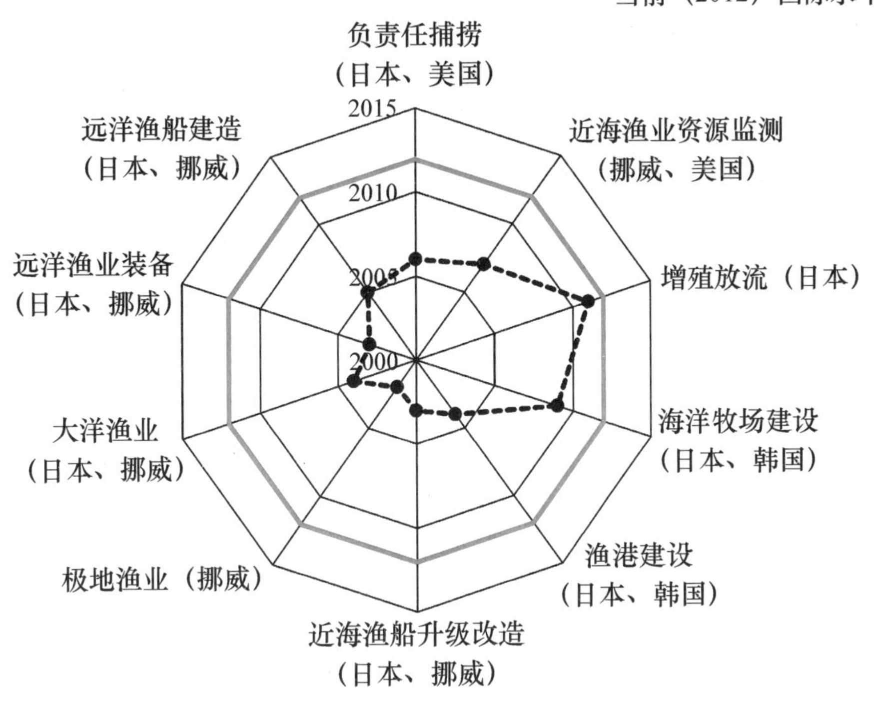


图 2－1－7　我国近海养护与远洋渔业工程技术当前水平及国际发展水平

# 第三章　世界近海养护与远洋渔业工程技术发展现状与趋势

世界海洋渔业资源种类12 000余种，传统的海洋渔业资源潜在渔获量1.3亿吨，如果包括磷虾、头足类、贝类、灯笼鱼类等，潜在渔获量可在2亿吨以上，世界海洋捕捞产量曾从1950年的1 680万吨大幅度增加到1996年顶峰时期的8 640万吨，随后开始回落，稳定在8 000万吨左右，2011年全球海洋捕捞产量为7 890万吨（图2－1－8）。从全球来看，自1974年FAO开始监测全球渔业资源种群状况以来，低度开发和适度开发种群的比例呈持续下降趋势，从1974年的40%到2007年的20%，被完全开发的种群比例从1974年的50%增加至2009年的57.4%，并且约30%的种群已遭过度开发，12.7%的种群为未完全开发种群，面临捕捞压力较小，但这些种群通常不具备较高的生产潜力（图2－1－9）。世界上有评估信息的523个鱼类种群的80%为完全开发或过度开发（或衰退或从衰退中恢复），并且世界海洋捕捞业产量约30%的前10位的多数种类被完全或过度开发，如东南太平洋秘鲁鳀的两大主要种群、北太平洋的阿拉斯加狭鳕和大西洋的蓝鳕已被完全开发。东北大西洋和西北大西洋的大西洋鲱种群已被完全开发。西北太平洋的鳀和东南太平洋的智利竹荚鱼被认为已遭过度开发。东太平洋和西北太平洋的鲐种群已被完全开发。在金枪鱼的7个主要种类中，2009年估计有1/3遭过度开发，37.5%被完全开发，29%未充分开发。世界海洋捕捞业已经达到了最大潜力。对部分高度洄游、跨界和完全或部分在公海捕捞的其他渔业资源而言，情况也相当严峻。海洋捕捞过度已是一个很普遍的现象。然而，南极磷虾已探明其资源量在6.5亿～10亿吨，目前，其捕捞技术已获得突破，国际上从捕捞到高值产品加工的产业链已基本形成，但是为保护其资源可持续性，其渔业管理日趋严格。

尽管全球海洋捕捞业面临的形势令人担忧，但一些地区已经通过有效的管理措施，在降低开发强度和恢复过度开发的渔业种群方面取得了良好

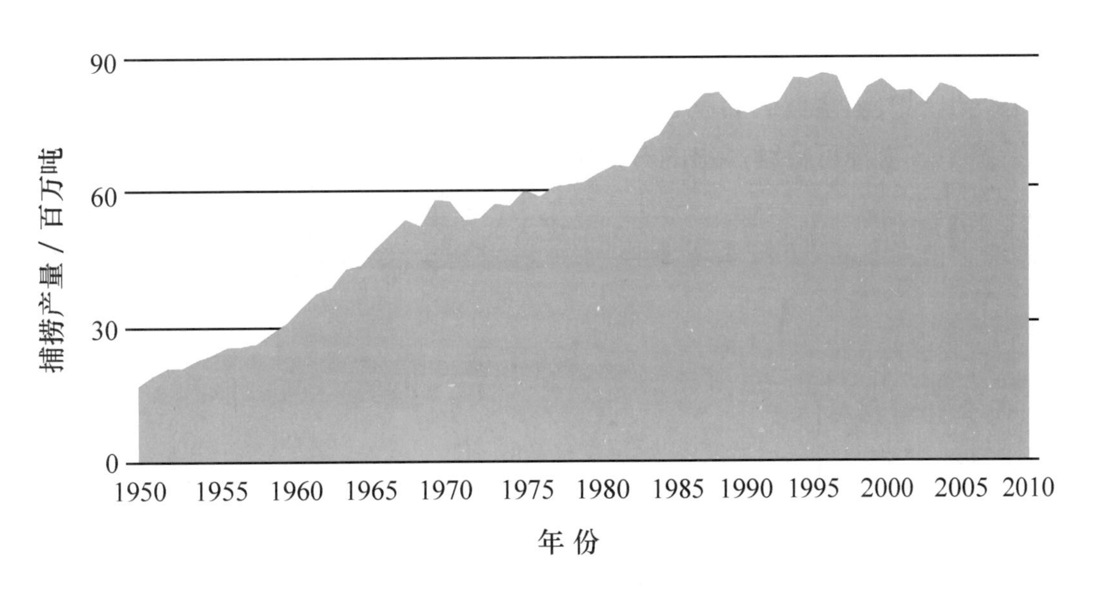


图2-1-8　世界海洋捕捞产量

资料来源：FAO，2012.

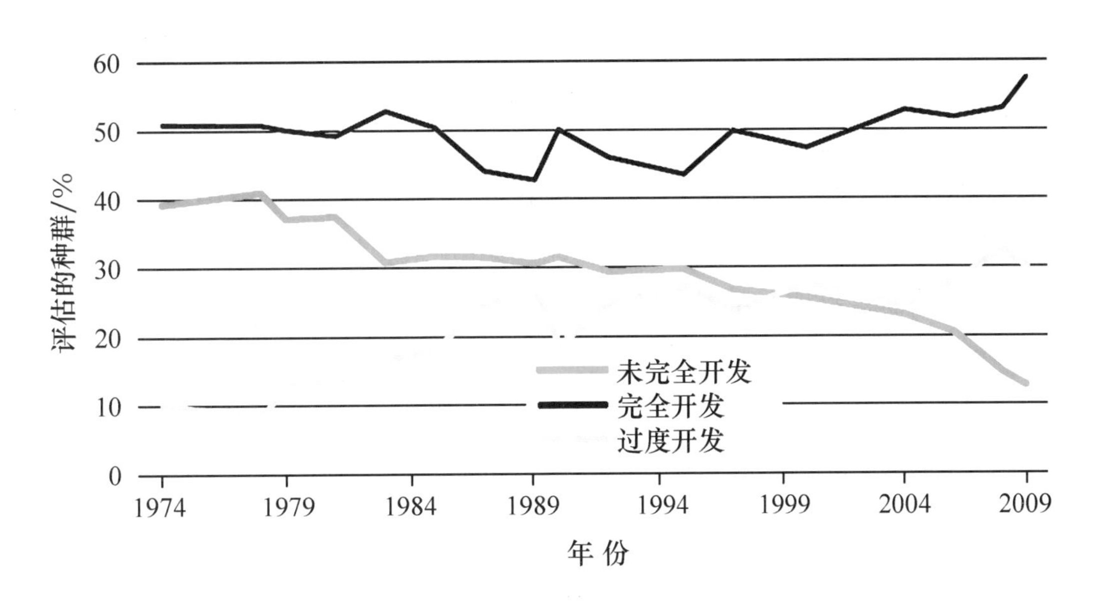


图2-1-9　1974年以来世界海洋鱼类种群状况的全球趋势

资料来源：FAO，2012.

进展。在美国，67%的种群目前已得到可持续捕捞，只有17%仍遭到过度捕捞。在新西兰，69%的种群完成了管理目标，澳大利亚2009年只有12%的种群仍遭到过度捕捞。从20世纪90年代起，纽芬兰—达布拉多大陆架、美国东北部大陆架、南澳大利亚大陆架和加利福尼亚洋流生态系统的捕捞压力均出现大幅缓解，目前已降至或低于模型中提出的能最大程度保持生态系统中多物种可持续产出的开发强度。

## 一、世界近海养护与远洋渔业工程技术发展现状与主要特点

### （一）近海资源养护工程

#### 1. 负责任捕捞技术

海洋渔业资源可持续利用是关系到人类生存和发展的重大问题，已引起世界各国的极大关注。1995 年，FAO 通过了《负责任渔业的行为准则》，随后，又通过了《FAO 渔捞能力管理国际准则/行动计划》，世界海洋渔业管理正逐步向责任制管理趋势发展，负责任捕捞已成为世界各国渔业管理的重点。

负责任捕捞技术主要以具较高释放功能的选择性装置为研究对象。选择性装置研究最早始于世界渔业资源开始衰退、兼捕抛弃问题逐渐被认识的 20 世纪 60 年代。在此期间，欧洲的渔业科研人员开始对虾拖网进行减少兼捕装置（bycatch reducing devices，BRD）的研发。近几十年中，BRD 研发发展迅速，尤其在 80 年代末和 90 年代初，发明了许多适合于特定渔业的选择性装置，例如方形网目网片、Nordmøre 栅等拖网渔具中的各种减少兼捕装置。除了有效地分隔装置本身的结构和选择性能外，近几年来，很多学者开始对选择性装置中某些特征值对接触渔具鱼类的选择率进行了研究，通过这些研究可以更为合理和有效地设计选择性装置。渔具选择性装置主要分为两类：一类是物理分离机能（即通过目标种类和兼捕种类个体大小不同原理来减少兼捕的装置）；另一类是利用动物行为特性的分离机能（即通过目标种类和兼捕种类之间的行为差异来减少兼捕的装置，这类装置亦被称为被动式的选择性分离装置）。

渔具选择性装置根据其材料不同，可分为软性和刚性选择性装置，由柔性网片所制成的选择性装置都存在着可能被渔获物及其他杂物堵塞而影响拖网及 BRD 性能的潜在问题，因此很多学者在底层鱼类拖网中试验了刚性的栅栏系统作为释放和分隔兼捕的装置。为了实现负责任捕捞，许多国家对渔具选择性装置的使用进行了明确规定，如 20 世纪 90 年代开始，挪威

虾拖网渔业中的强制使用 Nordmøre 栅，澳大利亚虾拖网渔业中的 AusTED，许多国家要求拖网渔具必须安装海龟释放装置等。

从确保渔业资源可持续利用的基本观点出发，首先必须确保捕捞能力与资源的可捕量相适应。为此，世界各国采取了许多行之有效的强制性限制措施，如除渔船吨位与功率限制，捕捞许可证、可捕量和配额控制外，对渔具渔法的限制措施主要有禁止破坏性捕捞作业，禁止运输、销售不符规格的渔获物，禁止渔船上存留非目标或不符规格的种类，禁止不带海龟装置（TED）、副渔获物分离装置（BED）的拖网作业、甚至禁止近岸海区拖网渔业等。

2. 近海渔业资源监测与监管技术

世界发达国家历来重视对近海渔业资源的监测与管理。资源监测方面一般均有针对不同海区以及重点种类的常规性科学调查，并持续地为限额管理、甚至配额管理提供科学建议。在渔业管理上则普遍采用从投入至产出的全程监管，这一点在各区域性渔业管理组织中也是如此。

世界渔业资源监测与监管科技发展的一个主要特点就是新技术的发展与应用。如挪威在资源监测方面，除不断发展与完善原有传统技术方法外，还采用载有科学探鱼仪的锚系观测系统，在办公室里即可对鲱的洄游与资源变动进行常年监测；又如，许多国家和国际组织已要求辖区的所有渔船安装卫星链接式船位监控系统，在陆地上即可监控渔船的生产行为并同时接收渔获数据，为确保渔船依法生产以及限配额的管控提供了有力支撑。

3. 增殖放流技术

国际社会对增殖放流给予了高度重视，分别于 1997 年在挪威、2002 年在日本、2006 年在美国、2011 年在中国召开了 4 次资源增殖与海洋牧场国际研讨会。据 FAO 资料显示，目前世界上有 94 个国家开展了增殖放流活动，其中开展海洋增殖放流活动的国家有 64 个，增殖放流种类达 180 余种，并建立了良好的增殖放流管理机制。日本、美国、俄罗斯、挪威、西班牙、法国、英国、德国等先后开展了增殖放流工作，且均把增殖放流作为今后资源养护和生态修复的发展方向。这些国家某些放流种类回捕率高达 20%，人工放流群体在捕捞群体中所占的比例逐年增加，增殖放流是各国优化资源结构、增加优质种类、恢复衰退渔业资源的重要途径。据 FAO 统计结果，尽管世界各国都开展了增殖放流活动，但地区间放流规模和重视程度不一。北美洲的美国和加拿大皆开展了增殖放流活动，欧洲有 19 个国家，亚洲和太平洋地区有 23 个国家，拉丁美洲有 11 个国家，非洲有 9 个国家。欧洲和北美洲比较重视增殖放流对资源的养护作用。

欧洲的渔业增殖活动源于修复因波罗的海流域沿岸水电站的兴建而遭破坏的渔业资源，最初是直接放流刚孵化的鲑苗，从 20 世纪 70 年代中期至 1991 年，转为放流稚幼鱼。但跟踪监测结果发现增殖放流效果均不太理想，如挪威放流大西洋鲑鱼苗的成活率仅 1% ~2% 。而冰岛由于其得天独厚的河流条件、拥有大量未受污染的淡水，海洋生产力较高以及采取积极渔业管理措施（如海上禁捕大西洋鲑），且放流的都是一些 2 龄或接近 2 龄的幼鱼，20 世纪初以来进行的增殖放流均非常成功。

俄罗斯向自然水体放流的物种较少，大约有 10 种，主要是放流鲟、鳇、鲑等。目前，人工放流鲑回捕率及经济效益较高，其中细鳞鲑回捕率达 2. 3% ~5. 8% ，人工增殖投入产出比高达 1∶10。美国的增殖放流始于 19 世纪后期，其目的是增加江河中因伐木、铁路建筑和围坝等建设工程而受损的鲑资源，迄今已有 100 多年的历史，鲑资源量恢复取得明显效果。进入 20 世纪后，政府行为的海洋增殖放流项目均取得了突破性的进展，并在整个沿岸水域进行了广泛的推广，增殖放流的对象主要为一些高价值的鱼类。在 90 年代初，美国沿岸每年放流的鱼苗超过了 20 亿尾，放流生物 20 余种。目前，鲑鱼资源量得到大幅度增长，美国的鲑产量居世界之首。此外，各州也都有相关的政策来支持增殖放流，同时还有各类渔业协会等开展自助放流，如北大西洋印第安渔业协会每年召开会议，研究制定鲑的放流计划，筹集资金并开展放流活动。

澳洲在 19 世纪中后期开始了渔业增殖放流活动，起初是在私人水域中放流墨累河鳕，然后是引进褐色鲑和大西洋鲑在公共水域中进行放流，继而是开展虹鳟的增殖放流。这些早期的引种或增殖放流其目的在于建立和发展休闲渔业，因而很少去了解或考虑由此所产生的负面效应。褐色鲑在 1870 年末被初次引进到澳洲西部沿岸进行增殖放流，但这些放流未取得成功而暂时搁浅，直到 1931 年成功引进褐色鲑鱼卵并将孵化的幼鱼放流到当地河流后，增殖放流才得以重新开始。20 世纪 60 年代中期，澳洲的昆士兰州为建立和发展休闲渔业而考虑引进尼罗河鲈并放流到围坝水库中，到了

1990 年这些放流活动在开放的江河系统中得到了进一步的推广。

日本是世界上增殖放流物种较多的国家，目前，放流规模达百万尾以上的种类近 30 种，既有洄游范围小的岩礁物种，也有长距离洄游的鱼类。自 20 世纪 60 年代在濑户内海建立第一个栽培渔业中心后，把多种技术的应用与海洋牧场结合起来，积累了丰富的增殖放流经验和成熟的技术，鲑鱼、扇贝、牙鲆等种类的增殖十分成功。日本的增殖放流自 70 年代以来得到广泛的发展，且全部为政府行为的社会福利活动。在日本的近岸渔业中，增殖放流相当关键，据统计，在 80 年代末，增殖放流所提供的渔获量占了近岸总渔获量的 18%。目前，日本底播增殖最多的是杂色蛤，年放苗超过 200 亿粒，虾夷扇贝占第二位，年放苗达 20 余亿粒。洄游鱼类放流数量在 50 亿尾以上，其中真鲷放流量每年达 1 700 余万尾。日本还是世界上放流增殖鲑鳟最早的国家之一，其捕捞的 21 万吨鲑几乎均来自增殖放流。

韩国的渔业资源放流工作，最早可追溯到 1967 年，当时在江原道放流了大马哈鱼，其后，随着渔业资源的变化，韩国的水产管理部门和研究部门以及民间机构陆续开始放流新品种。1986 年，韩国政府开始把增殖放流当做一项正式的产业扶持发展。目前，韩国重点放流的水产种苗共 38 种，其中鱼类 29 种，占全部放流种苗的 76%。全国有 10 余处国立水产种苗培育场从事种苗生产与增殖放流。

### 4. 海洋牧场构建技术

海洋牧场已经成为世界发达国家发展渔业、保护资源的主攻方向之一，各国均把海洋牧场作为振兴海洋渔业经济的战略对策，投入大量资金，并取得了显著成效。海洋牧场的构想最早是由日本在 1971 年提出的。1978—1987 年，日本开始在全国范围内全面推进“栽培渔业”计划，并建成了世界上第一个海洋牧场。日本水产厅还制订了“栽培渔业”长远发展规划，其核心是利用现代生物工程和电子学等先进技术，在近海建立“海洋牧场”，通过人工增殖放流和聚引自然鱼群，使得鱼群在海洋中像草原放牧一样，随时处于可管理状态。经过几十年的努力，日本沿岸 20% 的海床已建成人工鱼礁区。

韩国于 1994—1996 年进行了海洋牧场建设的可行性研究，并于 1998 年开始实施“海洋牧场计划”，该计划试图通过海洋水产资源补充，形成牧场，通过牧场的利用和管理，实现海洋渔业资源的可持续增长和利用极大化。1998 年，韩国首先在庆尚南道统营市建设核心区面积约 20 平方千米的海洋牧场，与项目初期相比，该海区资源量增长了约 8 倍，渔民收入增长了 26%。此后，韩国将在统营牧场所取得的经验和成果推广应用，积极推进其他 4 个海洋牧场的建设。韩国近年来在海洋牧场建设方面广泛开展了研究，研究内容涵盖人工牧场工程与鱼礁投放、放流技术、放流效果评价、人工鱼礁投放效果评价、牧场运行与监测、设施管理、牧场的经济效益评价、牧场建成后的管理、维护和开发模式等。

美国于 1986 年制定了在海洋中建设人工鱼礁来发展游钓渔业的计划，经过 20 多年的努力，现已在规划的各海域中建成了 1 288 处（共沉放了 156 座报废的海洋采油平台和 58 万艘报废船只）可供旅游者钓鱼的人工鱼礁基地，形成了初具规模的旅游钓鱼产业。据全美旅游钓鱼协会的统计，全美游钓协会拥有会员 6 058 万人，游钓船只（含私人游钓船艇）1 182 万艘，游钓产量约 152 万吨，约占全美渔业总产量的 1/5。这些规划建设的人工鱼礁不仅改变了水域的鱼类生态环境，而且因游钓带来的旅游经济效益高达 500 多亿美元。

除日本、韩国和美国外，挪威、英国、加拿大、俄罗斯、瑞典等国均把栽培渔业作为振兴海洋渔业经济的战略对策，投入大量资金，开展人工放流，恢复渔场基础生产力，取得了显著成效。

另外，早在 20 世纪 60 年代加勒比海地区就兴起海洋游钓业，到 90 年代初，休闲渔业在西方迅速发展，并形成一种新兴的产业。海上游钓区、钓具、餐饮、旅馆、商场、娱乐场所等各种服务设施配套齐全，充分满足了游钓爱好者的休闲需求，休闲渔业创造的产值为常规渔业产值的 3 倍以上。日本早在 70 年代就提出了“面向海洋，多面利用”的发展战略。通过在沿海投放人工鱼礁，建造人工渔场，并采取各种措施，改善渔村渔港环境，发展休闲渔业。1993 年日本游钓人数已达 3 729 万人，占全国总人口的 30%。在加拿大和欧洲各国，以游钓为主体的休闲渔业都十分盛行和发达。

### （二）远洋渔业工程

#### 1. 大洋渔业

世界海洋渔业年捕获量近年来稳定在 8 000 万吨左右，其中远洋捕捞量约占 7%。主要远洋渔业国家和地区包括美国、日本、挪威、韩国、西班牙及中国（包括台湾省），早期的远洋渔业发达国家还包括苏联、波兰、德国等。世界发达国家把发展远洋渔业，特别是大洋性渔业，作为扩大海洋权益、获取更多生物资源的重要举措。

（1）美国。美国前总统小布什于2007年签署了《2006年麦格森—史蒂芬渔业养护与管理修订法案》，明确了美国海洋与渔业政策及其科技发展方向的最终目标是确保海洋生态系统的平衡，以便渔业生态系统能够持续为大众提供福利。为此，要求掌握每一重要渔业种类的生活史、资源开发和利用现状、栖息地、在生态系统中的作用、渔业对环境的影响及其社会经济的重要性，在此基础上，要求对每一种类均要提出基于生态系统的渔业管理计划以及维持生态系统的平衡、重要栖息地和资源保护的措施，确保实现基于海洋生态系统的渔业资源管理和所确定的目标。

（2）日本。日本2002年3月通过了“水产基本计划”，以“确保水产品安定供给”和“水产业健全发展”为指导性理念，制定了综合施政计划，将推进水产品的安全性及改善质量、水产资源的保护管理、推动水产动植物的增养殖、保护及改善水产动植物的生育环境、海外渔场的维持与开发等相关内容作为渔业发展的战略重点和科技核心支持点。为此，日本在海洋渔业领域开展以下重要的研究内容：①加强远洋与极地海洋生物资源的调查与评估。水产厅所属的“照洋丸”和“开洋丸”，远洋渔业研究所的“俊鹰丸”，独立行政法人水产综合研究所的“第八白岭丸”等渔业资源调查船，每年定期3～4次对三大洋重要渔业资源（金枪鱼、柔鱼类、狭鳕、深海鱼类和南极磷虾等）进行科学调查。同时还与秘鲁、阿根廷、印度尼西亚等国合作，在他国专属经济区的水域进行渔业资源调查，以科技合作为条件，分享他国渔业资源。此外，从2004年开始，日本渔业研究机构每年发布一本《国际渔业资源现状》的评价报告，包括金枪鱼类、柔鱼类、鲨鱼类、鲸类和南极磷虾等67个重要远洋渔业种类。这些研究成果，为其外海渔场的拓展和稳定发展提供了技术保障。②加强信息技术在远洋渔业中的应用。日本渔情预报中心每年定期发布三大洋海域55种渔业信息产品，包括近海太平洋海况情报（每周两次）和太平洋外海海况情报（每周两次）等。从2006年起，渔情预报中心以日本金枪鱼延绳钓渔船为服务对象，建立可收集处理24小时内的海况数据，48小时内的渔获数据的信息网络系统，同时利用遥感信息为渔船提供水温、水色等实时的在线渔情预报服务。

此外，日本各水产研究所还定期对太平洋褶柔鱼、秋刀鱼等周边重要渔业资源进行每年两次中长期渔情预报，预测捕捞对象的资源补充量和渔获个体，以科学指导渔业生产的安排和计划。海洋遥感等高新技术的应用，能够快速地获取大范围高精度的渔场信息，大大提高了船队的捕捞效率。

（3）欧盟。欧盟于2006年发布了新的共同渔业政策绿皮书，目标是建立负责任及可持续的渔业，以确保健全海洋生态系统，保持海洋生物资源和栖息地的品质、多样性及可获性，保护和改善渔业资源状况；确保大众的健康和安全；将海洋捕捞能力与海洋生物资源的可获性及可持续性相协调；确保在全球化经济环境下，实现自给自足的海洋捕捞业和养殖渔业体系；改善相关信息资料的质与量，以支持科学决策，推动多学科交叉的科学研究。此外，2009年4月欧盟委员会通过了一份关于未来欧盟共同渔业政策的绿皮书，分析了当前远洋渔业政策的缺陷，向公众发布并开展了广泛的协商。绿皮书强调了生态可持续性的重要性，只有健康的种群和与之相适应的捕捞船队，才可能有健全的远洋渔业。

欧盟为了在分享他国专属经济区内或公海海域渔业资源中保持优势地位，通过投入巨资，提高技术优势，建造设备先进的渔船，配备高科技仪器和性能优良的渔具。尤其是渔船趋向专门化、大型化、机械化、自动化。例如，荷兰在西非沿海作业的渔船是船长为140.8米、宽18.6米的万吨轮、配置大容积冷冻船舱。

（4）区域性国际渔业组织。远洋渔业资源是一种共享资源，各国均在积极争取更多的份额。为确保远洋渔业资源的可持续利用，各区域性国际渔业组织均将限额捕捞作为一种管理方式，并采用渔船动态监测系统（VMS）、水产品可追溯等管理制度，要求金枪鱼延绳钓渔业采用防止兼捕和混捕等生态型捕捞技术，金枪鱼围网渔船采取措施，释放围捕的海豚等保护动物。

世界发达国家远洋渔业领域科技发展重点是：远洋渔业资源的节能、高效和生态型开发技术，最大限度地降低捕捞活动对濒危种类、栖息地生物与环境的影响，减少非目标鱼种的兼捕；节能型渔具渔法的开发，实现精准和高效捕捞；基于生态系统的渔业资源可持续利用和管理，实现海洋生态系统的和谐和稳定；加强大洋和极地渔业资源的开发和常规调查，并结合“4S”高新技术，加深对渔业资源数量波动和渔场变动的理解，增强对远洋渔业资源的掌控能力。

2. 极地渔业

捕捞技术取得突破，磷虾渔业正在进入第二轮发展高潮。作为人类潜在的、巨大的蛋白质储库，南极磷虾的试捕勘察始于20世纪60年代初期，70年代中期即进入大规模商业开发（图2－1－10）；1982年达历史最高年产，近53万吨，其中93%由苏联捕获。1991年之后随着苏联的解体，磷虾产量急剧下降，年产量波动在10万吨左右，其中约80%由日本捕获。

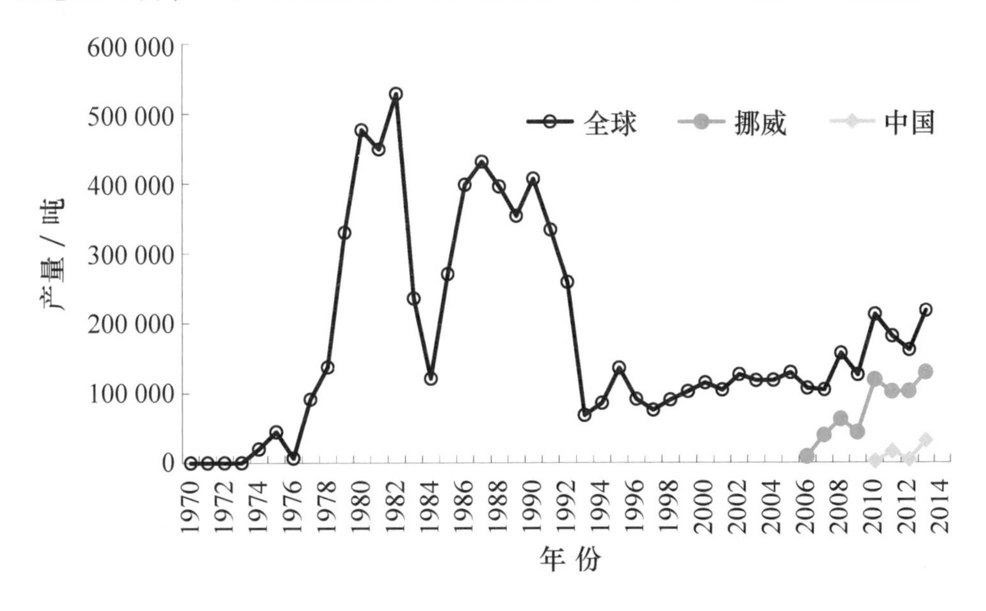


图2－1－10　南极磷虾渔业年产量统计

资料来源：南极海洋生物资源养护委员会 CCAMLR.

近年挪威研发了一种“水下连续泵吸捕捞”专利技术。生产期间，拖网一直处于水下捕捞状态，捕获的磷虾由吸泵经传输管道送至船上；俄罗斯也采用泵吸技术，将磷虾直接从水面吸送至船上。这些技术使得磷虾捕捞省去了传统的起放网生产作业程序，同时大大提高了磷虾渔获的质量，为磷虾渔业的发展注入了新的活力，渔业又呈上升趋势，2010年（指2009/2010渔季，下同）达到21万吨；最新资料显示，2014年的产量还将高于这一数字（6月底已超过22万吨）。截止到2013年，南极磷虾的累计上岸量已达790万吨。目前，磷虾捕捞国主要有挪威、韩国、日本、乌克兰、俄罗斯、波兰以及中国等。2011年智利再次回归磷虾渔业。新一轮磷虾开发高潮正在形成。

研究专利激增，从捕捞到高值产品加工的产业链已基本形成。南极磷虾资源开发以来，各渔业国一直非常重视磷虾高值利用潜力的挖掘，并纷纷申请专利对其研发成果进行保护，以期占领磷虾高值化利用产业市场。根据欧洲专利局的数据，1976—2008 年间仅名称和关键词中包含南极磷虾的专利数量就达 812 项，其中 1999—2008 年间新增 351 项，为磷虾资源的综合、高值利用做了大量的技术储备。目前已知的从事磷虾高值利用的国际公司至少有 5 家。这些公司已经或即将推向市场的产品主要包括动物饲料、人类食品、保健品及医药化工原料四大类，产品不断向高值化延伸，南极磷虾综合开发利用产业链已基本形成。

渔业管理日趋严格，入渔国加强科学调查投入已成为维护磷虾资源开发利用权益的唯一有效途径。南极磷虾主要以浮游植物为食，同时又是鱼类、鸟类（包括飞鸟和企鹅）、海洋哺乳类（海豹类及鲸类）等顶级捕食者的主要或重要饵料，是南大洋海洋食物网的关键种；另外，作为浮游动物的一种，磷虾资源的变动易受气候变化的影响。因此，出于对磷虾渔业快速发展的预期以及对南极变暖的担心，近年南极海洋生物资源养护委员会（CCAMLR）组织中的生态与环境保护派极力推动加强对磷虾资源的保护，针对磷虾渔业的管理措施越来越严格，同时要求捕捞国承担更多的科学研究责任与义务。

为此，挪威于 2008 年 1—3 月国际极地年之际利用海洋生物资源调查船对目前磷虾主要渔场所在的南大西洋（48 统计区）进行了专业性科学调查，并于 2010/2011 年渔季针对南奥克尼群岛渔场（48. 2 亚区）启动了一个为期 5 年的、利用渔船开展科学调查的项目；日本也于 2011 年 7 月提出一个利用渔船对南乔治亚岛渔场（48. 3 亚区）进行科学调查的计划。这些调查项目与计划已成为捕捞国展示负责任渔业国家形象、获取磋商谈判第一手科学资料重要的、且很可能是唯一的有效途径。

### 3. 远洋渔业装备

世界发达国家都相当重视发展远洋渔业，特别是大洋性渔业，并通过渔船装备技术进步，不断提升远洋渔业产业技术升级，以高效利用远洋渔业资源。在渔船捕捞装备方面，日本、韩国、欧、美等国家利用机械、电子信息技术的飞速发展以及船舶工业技术所带来的发展契机，加大了渔船船型、助渔导航技术及捕捞装备和水产品精深加工装备自动控制技术等方面的研究，成功地将船舶工程技术、现代声学技术、电子计算机技术、机电液压自动化控制技术、卫星遥感技术、无线电通信技术等应用于渔船捕捞、助渔和水产品加工装备领域，推进了远洋渔业的现代化进程，部分远洋重要捕捞鱼类实现了选择性精准化捕捞。

世界远洋渔业科技发展基本实现了与船舶工业同步发展，以大型化远洋渔船为平台的捕捞装备技术呈现自动化、信息化、数字化和专业化的特点，产品配套齐全，系统配套完善。捕捞装备自动化主要体现在大型变水层拖网、围网、延绳钓和鱿鱼钓等作业。其中，大型变水层拖网除起放网实现电液控制自动化外，在拖网过程中也实现了曳纲平衡控制和结合助渔仪器探测信号实现作业水层的自动调整；围网包括金枪鱼围网采用起放网集中协调控制模式，围网起网实现边起网边理网的自动化操作作业过程；金枪鱼和深海鱼类延绳钓作业装备也实现了起放钓和装饵操作全过程的自动化；鱿鱼钓捕捞采用电力传动与微电子控制技术，起放钓循环控制及模拟饵料防生运行自动控制。信息化主要体现在助渔仪器方面，利用现代化的通信和声学技术开发探鱼仪、网位仪、无线电和集成 GPS 的示位标等渔船捕捞信息化系统。先进信息化装备包括：360 度远距离电子扫描声呐高分辨探鱼仪以及深水垂直探鱼仪，拖网无线网位仪，金枪鱼围网海鸟雷达、流木和延绳钓无线电跟踪示位标。数字化主要体现在利用卫星通信和计算机网络方面提供助渔信息和渔船船位监控及渔业物联网管理系统，基于“3S”系统和渔业物联网系统是远洋渔业数字化发展方向。远洋渔业信息化和数字化发展是实现海洋精准与选择性捕捞的关键技术。

### （三）渔船与渔港工程

#### 1. 渔船建设

1）世界近海渔船发展现状与主要特点

新造先进船型的尺度相对适中。由于近海捕捞航程短，单航次捕捞量较小，对续航力、自持力要求不高，为提高作业效率，船型普遍较小。2009 年欧盟注册的 8.48 万艘渔船，83% 的渔船船长在 12 米以下，4% 在 24 米以上，新造先进的作业渔船主要集中在 18 米左右。如欧盟 2009 年登记在册的 84 909 艘渔船中，船长小于 18 米的渔船占 91.6%。另据报道，英国 Macduff

船厂2010年为挪威船东建造的近海拖网渔船“EXCEL BF110”号船长为18.95米，型宽7米；丹麦船厂为挪威公司建造的捕虾和双臂架拖网渔船总长19.9米，型宽6米。根据该网站近一年内的统计，挪威、冰岛、芬兰境内船厂开工建造的近海捕捞船长度均在20米以下，此外，波兰为挪威建造的捕蟹船总长为19.9米，捕虾船总长为19.8米。

玻璃钢等轻质材料应用普遍。玻璃钢、铝合金等轻质材料在保证渔船安全的前提下具有很好的节能效果，前者已成为国外渔船建造的主要用材，后者的应用也日益见多。与木质和钢质渔船相比，玻璃钢渔船具有使用寿命长、维修成本低、节能减排等优点，是世界中小型渔船建造的主要材料。发达国家中小型渔船已基本实现了玻璃钢化，在美国木质渔船已全部淘汰，日本早在20世纪80年代就实现了国内近海渔船玻璃钢化，韩国至2009年玻璃钢渔船已占79%，我国台湾省30米以下渔船全部实现玻璃钢化，欧洲在60年代就制定了玻璃钢渔船构造规则，中小型渔船多为玻璃钢船。铝合金渔船自70年代在日本首次建造以后，在西方发达国家中小型渔船中占有一定的比例。

建造规范，安全性、舒适性要求高。世界渔业发展国家重视渔船规范化建造与监管，制定了科学完善的渔船建造标准，监管力度到位，对渔船建造及主尺度的控制发挥了重要的作用。在设计标准方面，对渔船的安全性及舒适性有更明确的要求，以保证生产者的基本劳动条件。

2）世界远洋渔船发展现状与主要特点

相比于近海渔船，远洋渔船航程远，单次作业周期长，从事捕捞作业的海域海况高，风浪大，主要针对集群性很高的鱼类，对其船体稳性、适航性、结构强度、装载量及冷冻加工能力都有较高的要求。

大型化、专业化是远洋渔船发展的基本方向。在拖网渔船建造方面，挪威建造的世界最大的拖网加工船“大西洋黎明”号，船长144.6米，宽24米，吃水7.8米，14 000总吨，配备两台7 200千瓦/500主机转速；在围网渔船建造方面，世界上最大金枪鱼围网船，由西班牙在90年代建造，总长105米，型宽16.2米，型深10.2米，主机功率5 300千瓦，航速17节。2004年，西班牙又建造多艘总长为115米的金枪鱼围网船，该船型有鱼舱3 250立方米，日冻结能力为150吨；在钓船建造方面，挪威建造的延绳钓船“ST-155 Geir”，是目前世界上最先进的延绳钓船，该船船长51.3

米，型宽 12.4 米，型深 5.82 米，最大吃水 5.37 米。

该船采用柴电推进系统，其艏部推进器在需要时可用作侧向推进器，船尾甲板和船首甲板分别安装臂长为 12 米和 8 米的甲板吊用于吊运渔获物，此外该船中部设置“起绳月池”的设计也是世界首创，该月池（收钩舱）的布置可以减少渔获物损失并提高船员操作时的安全性，使该船能在海况差的条件下继续作业，该技术已申请专利。

机械化、自动化是远洋渔船建造的基本要求。在大型化的基础上，通过机械化提高作业效率并提高作业的安全性。目前远洋渔船上的甲板捕捞、捡鱼分鱼、鱼产品加工等设备已基本实现机械化或半机械化，尤其是围网、拖网捕捞装备，一般都采用先进的液压传动与电气自动控制技术。为了节省人力，提高作业效率并提高作业的安全性，最大的拖网绞机拖力达到 100 余吨。先进的拖网渔船一般都采用综合拖网系统，其综合了鱼群探测系统和拖网渔具定位系统的数据，拖网绞机控制系统，主机转数、螺距控制、卫星导航和自动驾驶，以满足选择性精准捕捞的作业要求。金枪鱼围网渔船的捕捞设备一般由双卷筒括纲绞机、支索绞机、吊杆绞机、变幅回转吊杆、动力滑车、理网机等设备组成，所有设备都采用中高压传动以及自动化电气控制技术，大部分捕捞作业都是由设备自动完成。围网作业还采用现代无线互联网及卫星遥感技术进行渔场、鱼群信息分析，并通过无线电浮标及 GPS 定位系统进行鱼群高效搜索。先进鱿鱼钓机已从单机电控型向计算机多机集中模糊控制系统发展，使起钓滚筒的脉冲转动进行记忆以及模拟人工操作手钓动作，其自动化程度极高。

### 2. 渔港建设

1）注重渔港中长期发展规划，渔港布局合理

日本渔港建设依据渔港法，科学制定渔港长期规划，重视建设前期研究与渔港投资保障。日本海岸线长度约 3.4 万千米，全国有渔港 2 944 个，平均每 11.5 千米的海岸线有 1 个渔港；台湾地区现有渔港 225 个，其中台湾本岛 139 个，台湾本岛海岸线长 1 349 千米，平均约每 9.7 千米海岸线有 1 个渔港。

2）建设投资力度大，设施配套完善，功能作用明显

发达国家与地区的渔港建设，十分注重政府投资支持力度，渔港设施完善，多元化服务功能明显。

日本渔港建设依据渔港法，对国家实施的渔港，国家负担投资比例为60%～80%；对地方实施的渔港，国家补助投资比例为40%～60%。1982—1998年是日本渔港建设较集中的时期（表2－1－3）

表2－1－3　1982—1998年日本渔港建设投资情况

| 年限 | 年数 | 建设港数 | 年建港数 | 总投资额/亿日元 | 单港投资额/亿日元 | 单港投资额/亿元人民币 |
|---|---|---|---|---|---|---|
| 1982—1987 | 6 | 480 | 80 | 8 952 | 18.65 | 约2.3 |
| 1988—1993 | 6 | 490 | 82 | 11 606 | 23.69 | 约3.0 |
| 1994—1998 | 5 | 480 | 96 | 8 493 | 17.67 | 约2.2 |

资料来源：农业部渔业局渔港总体设计规范赴日考察团考察资料综汇，1998.

韩国政府高度重视渔港建设，到2005年，韩国已经建设完成国家渔港81个，中央投资20 273亿韩元，约合119亿元人民币，单港投资额约1.47亿元人民币。

美国最大的渔港位于靠近阿拉斯加半岛东岸的荷兰港，荷兰港是阿拉斯加狭鳕的主要集散地，在军事战略上也具有极高的价值。

3）注重水产品交易市场配套建设

日本除服务范围以本地渔业为主的渔港有四成配备水产品交易市场外，其他各类渔港均配套有水产品交易市场，规模一般在1 000～2 000平方米，有的甚至达到2万平方米以上，有效地加强了鱼货市场秩序，强化了渔业资源的管理。

4）法规及技术规范完善

发达国家渔港建设与管理均有相应的技术规范和法律法规。如日本1950年就颁布了《渔港法》，定义了渔港范围和内容，规范了项目建设立项程序及资金扶持比例，明确了渔港维护管理的主体和责任。日本渔港协会颁布的《渔港工程技术规范》，涵盖了渔港设计条件、地基与基础、水域设施、陆域配套及污水处理设施等技术规范和要求。

5）研究机构健全，支撑作用明显

日本国立水产工学研究所主要从事全国渔港与渔场工程相关工程技术研究，特别是在多功能渔港规划、防灾减灾、水域生态环境保护修复等技术的创新研究，对日本的现代渔港与渔场工程发展发挥着重要支撑。

例如日本十分注重渔港港内水域水质保护，利用波浪及海流动力，通过采取导水工程措施，改进防波堤结构形式，加强港内与港外海水流动，进而达到净化港内水质目的，保护了水域生态环境，也保证了港内养殖业的正常进行。

## 二、面向2030年的世界近海养护与远洋渔业工程技术发展趋势

### （一）近海资源养护工程

#### 1. 负责任捕捞技术

进入21世纪以来，世界各国对现代捕捞业的可持续发展，作为国家粮食安全、食品安全和生态安全等战略内容来重新审定，并制定现代捕捞业的发展规划。如日本通过高效渔具渔法的研究，开拓多种途径利用国外渔业资源来保证国内水产品的稳定供给；欧盟通过建立负责任及可持续的捕捞渔业，保护和改善渔业资源状况，实现自给自足的渔业体系；美国则以确保海洋生态系统的和谐，促进渔业生物资源的持续利用，重建并维持可持续现代捕捞业，以持续地为人类提供财富和福利。

为了确保渔业资源的可持续开发利用，世界负责任捕捞技术的发展趋势主要表现为：①大力开发并应用负责任捕捞技术，最大限度地降低捕捞作业对濒危种类、栖息地生物与环境的影响，减少非目标鱼的兼捕；降低丢失渔具的“幽灵捕捞”。②积极开发并应用环境友好、节能型渔具渔法，实现船、机、网之间的最佳匹配，满足低碳社会发展的要求。③在国际公约允许范围内，积极开发新渔场，利用新鱼种，拓展渔业作业空间，维护国家海洋权益。④积极开发高效助渔、探鱼设备，提升探寻捕捞对象的能力，提高捕捞效率和资源利用国际竞争力。⑤捕捞业集约化、自动化水平不断提高，劳动生产力水平明显提升，有效地改善了工作环境和捕捞业安全生产性能。

#### 2. 近海渔业资源监测与监管技术

2002年可持续发展世界首脑峰会实施计划提出2015年恢复衰退的渔业资源的目标。然而直至2008年，全球处于过度捕捞的渔业种群的比例不仅没有降低，而且还有增大的趋势。为此世界各国，包括区域性渔业管理组织都在致力于渔业资源的养护，除不断完善和加强渔业监管外，对渔业资

源监测的要求也越来越高。尤其在面临全球气候变化的情况下，加强资源监测研究以甄别人类活动与气候变化对渔业资源变动的影响，这对渔业资源的有效管理显得尤为重要。

在渔业资源监测方面，人们越来越认识到长时间序列的观测数据对科学预测种群变动趋势、进而制定合理的捕捞量、维持资源可持续利用的重要性。长时间序列数据的获得包括两个层面，一是继续坚持多季节、大范围的年度科学监测调查；二是采用海量数据传输新技术，利用布设于各重点水域的观测网络对重要渔业种群进行洄游分布、资源变动以及环境因子连续观测，以深入研究鱼类种群的变动机制。另外，利用渔船采集科学数据也是渔业资源监测的一个重要发展趋势。渔船长期在渔场作业并经常往返于港口与渔场之间，对渔船进行适当的科学配备可以在投入最小化的条件下采集大量的、可供分析研究渔业资源状况的数据。国际海洋考察理事会（ICES）于2003年即成立了一个专家组专门研究利用渔船收集声学数据问题；CCAMLR近年也极力倡导利用渔船进行科学监测调查。研究利用渔船作为专业科学监测调查有效补充的技术也将是未来重要的发展趋势。

在渔业监管技术方面，渔业生产过程的海（渔政船、科学观察员）、陆（渔船监控系统VMS、雷达）、空（飞机、卫星）综合监控技术以及渔捞统计实时报送与数据采集技术已经并将继续成为未来的发展趋势。

3. 增殖放流技术

针对近海渔业资源的全球化衰退趋势，增殖放流被证实是实现衰退渔业资源修复和重建的有效措施，日本、美国、俄罗斯、挪威、西班牙、法国、英国、德国等先后开展了增殖放流工作，且都把增殖放流作为今后资源养护和生态修复的发展方向。国际上增殖放流工作的开展将更加注重其生态效益，在生态效益、社会效益和经济效益评价的基础上，开展“生态性放流”，达到渔业资源增殖和修复的目的，恢复已衰退的自然资源并使之达到可持续利用，并将放流增殖作为基于生态系统的渔业管理措施之一，即在增加产量的基础上，推动增殖渔业向可持续方向发展。未来增殖放流在国际上更加注重以下几个方面。

（1）增殖放流的科学机制。增殖放流政府起决策管理作用，科研单位起科学指导作用，而渔民（协会或企业）既是受益者也可能是放流具体承担者。完善增殖放流机制，使政府管理部门、科研单位（资源和环境监测和效果评价单位）以及企业（协会）的强化管理、研究和具体放流操作的相互衔接，提高增殖放流的社会经济效果。

（2）增殖放流的生态安全。增殖放流不仅要考虑苗种培育、检验检疫、生态环境监测及增殖效果评估等。同时要考虑水生生物多样性保护、种群遗传资源保护以及对生态系统结构和功能影响，减小放流的生态风险。

（3）增殖放流的生态容量。增殖放流必须考虑放流区域的生态容量和合理放流数量，增殖放流前应对放流水域的生态系统开展调查，以摸清包括水环境、饵料、敌害等状况，从而确定放流种类的数量、规格、时间和地点。同时要加强放流后的跟踪监测和效果评估，以调整放流数量、时间和地点，保证放流增殖资源的最佳效果。

（4）增殖放流的体系化建设。完善的管理、研究、监测评估和具体实施的增殖放流体系是可持续增殖渔业所必需的，同时，跨境水生生物资源增殖放流的国际合作体系建立也是保证增殖放流效果的发展趋势。

### 4. 海洋牧场构建技术

面对全球性海洋渔业资源不断衰退的严重问题，建设人工鱼礁发展海洋牧业将受到世界各渔业国家越来越多的关注。日本是目前世界上海洋牧场建设开展最早、研究最深入、效果最明显、技术最先进的国家。韩国是亚洲的后起之秀，其人工鱼礁和海洋牧场建设近年来发展较快。借鉴世界先进国家的成功经验，分析其研究发展方向，未来海洋牧场建设与科技的发展趋势可归纳为以下几点。

（1）更加注重海洋牧场生境营造与栖息地保护。即由简单地在近海投放人工鱼礁、诱集鱼类聚集，向注重海域环境的调控与改造工程、生境的修复与改善工程、栖息地与渔场保护工程、增殖放流与渔业资源管理体系构建等综合技术发展。

（2）建造大型人工鱼礁，投礁海域向40米以深海域发展。近年来，日本通过人工鱼礁设计与建造技术的研究，开发出大型框架组合式鱼礁、浮鱼礁等新型鱼礁，投礁海域由20米等深线以内海域发展到40米以深海域，最深投礁海域已达70米水深。

（3）发展海洋牧场现代化管理的控制与监测技术。运用现代工业、工程、电子与信息技术，日本、加拿大、美国和韩国等国外海洋牧场建设较发达的国家，在鱼群控制、音响驯化、采收与回捕、生态环境质量的日常监测及生物资源的动态监测等方面开展研究，部分技术已在海洋牧场的建设与管理中取得较好的应用效果。

（4）发挥海洋牧场的碳汇功能，开发碳汇扩增技术。中国是世界上最早提出“碳汇渔业”理念的国家，海洋牧场作为碳汇渔业的一种重要模式，其碳汇功能、特征与过程的研究，尤其是碳汇扩增技术的开发，将为海洋牧场的建设与发展注入新的活力。

### （二）远洋渔业工程

#### 1. 大洋渔业

综合分析世界发达国家海洋捕捞业科技规划、研究内容和方向，结合世界科技的发展趋势，世界大洋渔业发展趋势主要表现在以下几方面。

（1）捕捞业基础研究不断深入，远洋渔业技术革命进程不断加快。在未来的远洋渔业科学研究中，涉及捕捞业的基础理论与原理、方法、规律等方面的突破，将比20世纪以更短的技术周期而快速发展。一些发达国家投入资金实施远洋渔业相关领域的重大基础研究，比如新西兰实施的深海瞄准捕捞技术，试图以创新再次抢占世界远洋渔业科学理论的前沿。可以预见，未来远洋渔业新技术革命的进程将不断加快。因此，海洋捕捞的基础研究如生态型捕捞技术、鱼类群体行为特性、渔业生产活动对海洋生物资源与环境的影响、基于生态系统水平的渔业管理和途径等将成为未来研究的重要基础领域。

（2）信息技术研究将带动现代捕捞业的迅速发展，大大提高渔业的综合生产能力。随着信息技术在渔业各个领域的广泛应用，地理信息系统、计算机、微电子技术、遥感技术等多项信息技术已广泛应用于远洋渔业生产的各个领域，大大提升了远洋渔业生产能力。例如，以“4S”技术为基础发展了远洋渔业生产与管理辅助决策系统、渔海况预测预报系统等，实现了精准捕捞，不断降低了能耗，而且大幅度提高了生产效率。

（3）围绕远洋渔业资源高效利用，综合应用现代化的计算机与卫星通信、计算机多媒体和声学技术，促进远洋渔业实现选择性、精准化、资源友好与保护型方向发展。进而使信息化的远洋渔船捕捞助渔仪器朝数字化方向发展，构建基于“3S”和物联网技术的远洋渔业信息化、数字化助渔与管理系统。信息化、数字化的助渔仪器将全面提高全球远洋渔业捕捞与管理效率，成为未来体现远洋渔业竞争力的核心技术。

（4）学科的交叉、融合与创新，将远洋渔业科学推向一个新的发展阶段。渔业科学通过与生物科学、信息科学、材料科学等的交融、更新和拓展，从理论、方法和技术手段上加速传统的远洋渔业科学及基础学科的更新，推动交叉学科的发展，促进新的分支边缘学科的构建，如渔业遥感、渔业地理信息系统等，从整体水平、学科结构以及应用领域把渔业科学推向一个新的高度。例如，美国将海洋食物链、多媒体技术、数学模型等相结合，提供可视化渔业生态系统，使人们对生态系统获得全面的直观了解；小型和微型 GPS 元件广泛应用于渔具作业状态的监控；弹起式（POP-UP）卫星标志应用于鱼类洄游分布的研究，使得人们能够直接了解和掌握鱼类生活习性和栖息地环境；1993 年国际上启动的全球海洋生态系统动力学（GLOBEC）研究项目，结合了生物资源、海洋学、生态学等研究全球环境变化对生物资源变动的影响。

（5）远洋渔业可持续发展技术体系越来越受到重视。由于负责任渔业是集资源、生态、捕捞技术和经济为一体的技术体系，其中全球渔业地理信息系统（FISGIS）、VMS、生态型捕捞技术、水产品生态标签和可追溯技术等成为主要研究内容，已得到世界各国政府和专家学者的普遍认可。捕捞水产品综合利用是远洋渔业产品高值化的主要方向，围绕船载渔获物综合利用的精深加工技术不断完善，精深加工产品不断涌现。随着可持续发展理念的进一步推行，人们将越来越重视远洋渔业可持续发展技术体系的建设。

2. 极地渔业

由于挪威、中国等水产养殖大国对饲料用优质动物蛋白的需求和磷虾油等高值产品的产业化发展，以及世界各有能力的国家对磷虾渔业的兴趣越来越高；还由于普京政府采取了一系列重振海洋渔业的措施，俄罗斯逐步实现了其南极渔业的强势回归；加之前述磷虾捕捞技术的革命化发展，可以预期南极磷虾渔业必将进入新一轮大发展。

随着磷虾渔业的发展，对磷虾资源进行科学调查研究的需求也在不断地增长。FAO 于 1995 年出台的《负责任渔业行为准则》指出：“捕鱼的权力同时赋予以负责任的方式从事渔业的义务，以确保水生生物资源的有效养护和管理。”并在其有关渔业研究的条款中呼吁充分认识坚实的科学基础对渔业管理决策的重要性。2008 年 CCAMLR 通过决议进一步敦促各成员国为委员会的科学研究做出应有的贡献。

目前磷虾渔业有关捕捞限额方面的管理主要以 2000 年英国、美国、日本和俄罗斯四国联合调查为基础。由于这些资料已有 10 年的历史，能否代表现今状况已成各方质疑的焦点。为此，CCAMLR 于 2010 年提出“综合评估计划”，利用英、美、德以及其他捕捞国（如前述挪威、日本等）的局域性调查资料，结合来自渔业的科学观察数据，对磷虾资源状况进行综合评估，从而为磷虾渔业管理提供实时、有效的科学依据。另外，CCAMLR 正在构建名为“反馈式管理”的磷虾渔业管理框架；这些管理计划在发展磷虾资源评估技术的同时，均要求捕捞国在科学调查方面做出应有的贡献。

在南极磷虾科学调查方面，CCAMLR 制定了特有的规范，其中声学方法是其认可的唯一方法。在其声学数据的处理与资源评估方面，2005 年由美国科学家提出了磷虾目标强度的 SDWBA 模型反演法，并不断完善发展，以期为磷虾资源管理提供更加准确的资源评估结果。

### 3. 远洋渔业装备

远洋渔船捕捞设备向专业化和自动化方向发展。捕捞设备专业化和自动化是提高远洋渔业捕捞效率、效益和加强选择性捕捞以及科技以人为本的技术保障，针对各类捕捞对象，应研发专业化的捕捞装备，并集成现代工业自动化控制技术，使大型变水层拖网、磷虾拖网、大型金枪鱼围网、延绳钓和鱿鱼钓、秋刀鱼舷提网等远洋主要捕捞作业方式实现专业化和自动化高效捕捞。随着交流变频电力传动与控制技术的发展，远洋渔船捕捞设备开始探索应用全电力驱动技术，以解决液压传动效率低、管路复杂和油液污染的问题，交流变频电力传动与自动控制技术是远洋渔船捕捞设备实现节能环保运行的重要方向。

远洋渔船捕捞助渔仪器向信息化与数字化方向发展。围绕远洋渔业资源高效利用，促进远洋渔业向实现选择性、精准化资源友好与保护型方向发展。综合应用现代化的计算机与卫星通信、计算机多媒体和声学技术，开发信息化助渔仪器，与自动化捕捞机械系统集成，实现远洋渔业选择性负责任捕捞。进而使信息化的远洋渔船捕捞助渔仪器朝数字化方向发展，构建基于“3S”和物联网技术的远洋渔业信息化、数字化助渔与管理系统。

远洋渔船船载加工装备多功能化支撑资源综合利用。未来 10 ~ 20 年，船上加工装备将会越来越普及，加工装备种类更丰富、功能多元化，加工效率日益提高，船上加工模式不断创新，将逐步形成产品价值最大化、利用率最高化、加工专业化的船上加工模式。捕捞水产品综合利用是远洋渔业产品高值化的主要方向，围绕船载渔获物综合利用的精深加工技术不断完善，精深加工产品不断涌现。开展渔获物精深加工工艺和装备技术研究是远洋渔业资源高效利用和高值化综合利用的重要科研支撑。如挪威磷虾海产品公司（Krill Seaproducts）在南极磷虾产业中，打造专业化的磷虾捕捞加工船，研究装备了日处理能力超过700吨、捕捞磷虾综合利用的成套设备，完成磷虾的快速转运、前保鲜处理、虾粉虾油制品以及提取高端蛋白和保健品等高值化处理。

### （三）渔船与渔港工程

#### 1. 渔船建设

近海捕捞渔船规模趋减，专业化程度不断提升。面对资源及环境的持续恶化，可以预见未来20年世界各国会进一步加强对海洋，尤其是200海里专属经济区内资源与环境的保护力度，发展符合发展要求的专业作业渔船。以欧盟为例，欧盟执委会于2011年7月提出了新的欧盟共同渔业政策改革提案，该提案内容将确保所有鱼类或渔业资源必须于2015年前达到可持续的水平，并支持建立小规模渔业。近海渔船装备进一步向专业化发展，对资源环境有影响的作业方式将逐步萎缩，渔船的选择性捕捞作业能力、节能减排水平、可监管程度将进一步提高。

大洋性捕捞渔船规模趋于合理，工业化程度不断提高。远洋渔船的主要捕捞对象是公海的渔业资源，虽然目前世界上的众多国际渔业管理组织也对公海的捕捞作业做出了诸多限制和约定，但总体来说，远洋捕捞较近海捕捞有更多的发展空间，在国际公约的强制性约束下，产业规模将趋于合理，各国在大洋性资源开发方面如南极磷虾、金枪鱼等的竞争能力不断提高。大洋性远洋渔船装备围绕着选择性高效捕捞，工业化水平不断提高，作业船型、助渔仪器、捕捞装备、加工设备全面配套，自动化、信息化水平不断提高，远洋渔获物产品的价值进一步体现。

新材料、新技术不断在渔业船舶工程中得以应用。随着科学技术与船舶工业科技的发展，以提高渔船作业性能、实现节能减排、提升信息化水平为目的的渔业船舶工程技术创新活动不断推出新的使用技术，数值化模拟设计技术、轻质材料技术、电力推进技术、余热利用技术、数字化监控技术等在渔业船舶工程中的应用逐步完善，作业效率在满足海洋生物资源可持续利用的前提下不断得以提高。

养殖渔船规模逐步扩大，功能多元化。海洋生物资源的开发正在由捕捞向养殖与捕捞并举转变，养殖的规模必将呈现迅速发展趋势，养殖渔船的规模将逐步扩大。养殖渔船的专业化水平将随着离岸养殖设施的规模和要求向专业化发展，生产管理与运输的功能趋于全面，包括监控、投喂、操作、运输等，自动化程度不断提高。养殖渔船作为能在外海进行养殖生产的大型海上养殖平台将逐步成为海上主要养殖方式之一。

#### 2. 渔港建设

渔港作为水产品安全供给基地的保障作用愈来愈强。随着全球经济社会的发展和人们生活水准的提高，世界水产品消费需求日益旺盛。渔港作为捕捞与增养殖渔业和水产品安全供给基地的责任和使命愈来愈强。

适应现代渔业的发展、渔港功能多元化趋势日益显著。面对经济社会的发展和海洋牧场与渔村（镇）对渔港服务的新要求，渔港服务功能应前伸后延，实现渔场渔港渔村（镇）一体化、水产品交易加工和物流的现代化及休闲渔业产业化。

渔港作为水产品交易、加工、配送、冷链物流的集散中心作用更趋明显。对于地处城市，毗邻巨大消费市场的渔港，应进行水产品交易、加工、配送、冷链物流等为一体的建设与配套，使其成为水产品加工与市场为一体的都市型渔港。对以村镇依托的渔港，在渔港建设时，应进行水产品交易与物流一体化的建设与配套，使其成为地域市场为主体的村镇型渔港。

绿色低碳、生态环保是现代化渔港的显著特征。渔港设施与装备应采用新技术、新材料、新结构、新设备，完善渔港多元化功能。渔港应保持生态环境美化，建设和改造具有海水交换功能的防波堤，以及利于海洋生物生息、繁殖的水工建筑物，并要综合治理海滨，以缓解对海洋生态环境的影响。

## 三、国外经验（典型案例分析）

### （一）近海资源养护工程案例：日本人工鱼礁与海洋牧场建设的成功经验

日本被公认为是目前世界上人工鱼礁与海洋牧场建设最成功的典范。

早在第二次世界大战以后，日本就开始发展沿海栽培渔业，科学、系统的大规模人工鱼礁投放造就了日本富饶的海洋。其成功经验主要有 3 个方面：①日本于 1975 年颁布了《沿岸渔场整修开发法》，使人工鱼礁建设以法律形式确定下来；②设立专门的人工鱼礁与海洋牧场研究机构，开展系统的科学研究；③制定沿岸渔场整修规划，并设立专项资金用于渔场环境改良、藻类栽培和资源增殖。

20 世纪 50 年代初，日本就开始利用废旧船作为人工鱼礁投放。1950 年日本全国沉放 10 000 只小型渔船建设人工鱼礁渔场，1951 年开始用混凝土制作人工鱼礁，1954 年开始日本政府有计划地投资建设人工鱼礁。进入 70 年代以后，由于世界沿海国家相继提出划定 200 海里专属经济区，促使日本加速了人工鱼礁的建设进程。1975 年以前在近海沿岸设置人工鱼礁 5 000 多座，体积 336 万立方米，投资 304 亿日元。从 1976 年起，每年投入相当于 33 亿元人民币建设人工鱼礁，截至 2000 年共投入了相当于人民币 830 亿元的资金。2000 年后，日本年投入沿海人工鱼礁建设资金为 600 亿日元。

1959—1982 年的 23 年中，日本沿岸和近海渔业年产量从 473 万吨增加到 780 万吨。在世界渔业资源利用受到限制的情况下，近海优质种类捕捞产量继续增加，主要是依靠建设沿岸渔场，其中海洋牧场起的作用最大。人工鱼礁的建设造就了日本富饶的海洋。海洋生态环境一度遭受严重破坏的濑户内海，在有计划进行人工鱼礁投放和海洋环境治理以后，已变为名副其实的“海洋牧场”。据估算，日本近岸每平方千米的海域生物资源量为我国的 13 倍。

### （二）远洋渔业工程案例：挪威南极磷虾渔业成功的发展方式

在南极磷虾开发与利用方面，挪威是比较成功的典范，在短时间内成为世界第一磷虾捕捞大国。对南极磷虾的开发，挪威成功的经验是遵从“产业开发，科技先行”的指导思想，采取了以坚实科学研究为支撑的负责任的磷虾渔业发展战略。

由于南极磷虾渔场路途遥远、捕捞成本高，对挪威这样的高生产成本国家而言，以传统捕捞技术提供初级磷虾产品的生产模式在经济上是很难有利可图的。为此，在进入磷虾渔业之前，挪威做了两项重要的技术储备：一是“水下连续泵吸捕捞”专利技术；二是磷虾油精炼加工技术。前者保证了磷虾渔业的生产效率与产品质量，后者大大提高了磷虾产品的附加值。

此外，挪威企业还投巨资对渔船进行了彻底改造，使其成为集捕捞与高附加值产品加工于一体的磷虾专业捕捞加工船，保障了磷虾渔业的经济效益。

事实上，挪威的磷虾资源开发也是分两步完成的。在确保其磷虾渔业的可行性之前，为不引起国际社会过多的关注，挪威渔船首先通过悬挂瓦努阿图国旗的方式于2004年进入南极磷虾渔业。经过两年的经验积累之后，于2006年正式以挪威渔船的名义开展磷虾捕捞，随即于2007年成为南极磷虾第一捕捞大国。2010年挪威的磷虾产量达12万吨，2011—2013年也均在10万吨以上，占世界磷虾总产量的60%。

由于挪威自身本来就是渔业管理发达国家，加之其磷虾渔业绝非浅尝辄止、而是具有长远的发展目标，因此其一进入磷虾渔业就全盘接受CCAMLR组织中其他注重生态与环境保护的非磷虾渔业国的各种管理要求，并如前所述对磷虾资源科学调查研究做了大量投入，以负责任的形象从事渔业生产与科研，在维护南极磷虾资源可持续利用的同时，最大限度地拓展其渔业权益及其渔业自身的可持续发展。

### （三）渔船与渔港工程案例一：大洋性拖网渔船

由Westcon船厂（挪威）为Serene渔业公司（挪威）建造的最新一代超级拖网渔船“SERENE LK 297”（图2－1－11），是目前世界上最先进的拖网船，该船的主要参数及配置如下：船长71.66米，垂线间长62.4米，型宽15.6米，型深11.1米，燃油容量550立方米，淡水容量100立方米，冷藏容积2 045立方米，定员15人。其甲板设备包括：甲板吊1：Karmøy Winch 4吨/14.5米；甲板吊2：Karmøy Winch 4吨/10米；尾部堆网机：Karmøy Winch 5吨/14米；拖网绞车：Karmøy Winch 2×95吨；顶部绞绳机：Karmøy Winch 80吨；绞网滚筒：Karmøy Winch 2×43米$^3$/115吨；中间绞绳机：Karmøy Winch 35吨；尾端绞绳机：Karmøy Winch 50吨；起锚机：Karmøy Winch；辅助绞车：Karmøy Winch 3×5吨；吸鱼泵：Karmøy Winch 24”。机舱设备包括：主机：MAK 12M32C（6 000千瓦）；齿轮箱：Scana Volda ACG 950；桨系统：Scana Volda CP 105/4 blade；桨导管：NSMB19A；主发电机组：1×6M20C和1×8M20C；停泊发电机组：CAT C4.4；应急发电机组：CAT C9；侧推（首尾）：Brunvoll FU~63~LTC~1750；船舶管理系统：Vassnes Automasjon AS。该船的推进系统、机舱设备、甲板设备及通信导航设备均选用世界知名品牌的顶级设备，采用先进的全船综合控制系统。

图 2－1－11　新一代超级拖网渔船“SERENE LK 297”

资料来源：http：//www. worldfishingtoday. com

### （四）渔船与渔港工程案例二：日本神奈川县三崎渔港

#### 1. 渔港多元化利用

日本三崎渔港因其丰富的水产品与临近东京的优越地理位置，成为都市型休闲观光渔港。渔港利用其区位优势，发展成为水产品集散地，设置鱼货直销中心，并利用活鱼蓄养提供水产美味食材，吸引消费人群，创造产业商机；渔港利用港区游艇码头，提供海上观光和海底赏景活动，并结合公园绿地及每年花火节活动，使三崎渔港在传统渔业之外的活动愈来愈活跃，其渔港多元化功能得以充分发挥。

#### 2. 教训

日本大地震使临震地区渔港受到巨大破坏损失。《日经商务》以“日本的食物面临危机”为题，称“渔港不见渔船踪迹，食品从货架消失……如果不克服，后果不堪设想，食品令人担忧”。

地震警示人们，受自然灾害重创的农（渔）业将会影响国民的食物供应，人类必须进行渔港工程重大工程技术的研究，提高抵御自然灾害的防灾减灾能力。

# 第四章 我国近海养护与远洋渔业工程技术面临的主要问题

## 一、渔业资源研究基础薄弱，行业支撑乏力

### （一）渔业资源监测投入少、手段不足，难以为渔业管理提供有效支撑

我国渔业监测研究时断时续，调查范围有限，20 世纪末期开展的国家海洋勘测专项调查是我国近海相对全面的渔业资源及其栖息环境监测，但也已经有 10 多年之久，并且监测技术研究开展的也很少，尤其一些重要技术环节方面与国际先进水平尚有较大差距。在鱼卵仔鱼调查方面，虽然我国在渔业资源和环境调查中采集鱼卵仔鱼样品，由于既缺少必要的仪器或设备，又缺少相关的专业人员，至今尚未开展专业性的、旨在监测生殖群体生物量的鱼卵仔鱼调查。另外，捕捞生产统计资料缺乏，因此难以准确地进行资源状况及其发展趋势分析，并为渔业资源管理提供有效的科学依据。

### （二）负责任捕捞技术研究创新不足

相对渔业发达国家，我国虽在负责任捕捞技术方面开展了相关基础研究，但大多局限于实用性很强的渔具，缺乏基础性的理论研究。选择性渔具渔法、渔具捕捞能力评估等研究方面，缺乏水下遥控观察设备、生物遥测仪等必要的实验仪器设备和实验室，研究手段落后；无专业鱼类行为研究的机构和实验室，缺乏专用的研究手段、实验仪器设备，对鱼群行为控制方法的研究至今仍是空白；在高强度、低能耗、高性能渔用材料和绿色环保型渔用材料的研究方面落后。

### （三）增殖放流效果评价体系严重缺失

我国增殖放流已进行了20 多年，特别是农业部2009 年颁布施行《水生生物增殖放流管理规定》后，全国进行渔业增殖放流、底播、移植等已有

100余种，但很多属于生产性放流，并且很多种类在放流前缺乏对放流水域敌害、饵料、容量，放流时间、地点、规格等必要的科学论证和评估，具有一定的盲目性，造成迄今尚没有一套成熟的放流增殖效果评价方法。而且增殖放流是将人工培育的幼体释放到开放的天然水域，在人工苗种繁育过程中，某些优质苗种供应不足，某些原种亲本的保障技术缺乏科学基础，人工苗种种质检验缺乏规范的标准。另外，增殖放流可能导致疫病风险，虽然目前增殖放流过程中基本上都有对放流苗种的病害检疫这一关，但目前全国尚没有统一的检测规范或标准。对于同一物种，各地在检测项目、检测方法上存在诸多差异，对检测费用高的项目，往往少检测或者不检测，这些都对增殖放流效果的科学评估造成了一定的影响。

### （四）重生产轻科研调查，对大洋渔业资源的掌控能力弱

1994年《联合国海洋法公约》生效后，世界海洋秩序发生了深刻变化，各区域性渔业管理组织相继成立，几乎涵盖了所有公海作业海域，渔业资源养护和管理日趋严格，对远洋渔业发展提出了更高的技术标准和要求。基于我国远洋渔业起步较晚的现实，以及国际社会对渔业资源“先占先得”的历史分配格局，我国在国际渔业资源的竞争中处于劣势；各渔业资源国开始重视并发挥其渔业资源的综合价值，竞相调整入渔政策，使得我国远洋渔业发展空间受到制约，渔业企业面临着不断提升的入渔门槛。

我国大洋渔业重生产轻科研调查。尽管我国曾对北太平洋狭鳕、西非沿岸、三大洋金枪鱼和大洋性柔鱼、南极磷虾等资源进行了数十次的调查，但这些调查大多由生产渔船承担，调查时间一般仅为2～3年，缺乏系统性。与日本和苏联等国家有计划的系统调查相比，对大洋渔业资源的科学调查显得很不足。另一方面，由于缺乏长期生产统计和调查数据的积累，对主要渔业种类分布、变化规律和渔场掌握不准，因此难以为生产渔船提供决策依据，同时直接影响到我国大洋性渔业的发展战略和捕鱼船队的布局。

尽管我国“九五”以来，设立了涉及远洋渔业的多项国家863计划项目，取得了一定的效果，初步构建了我国远洋渔业主要鱼种的渔情预报信息服务系统框架。但是，我国遥感信息产品无法做到实时，信息产品目前主要为表温，同时由于遥感数据量大、通信成本昂贵等原因，无法实现在线的渔情信息服务，制约着我国大洋捕鱼船队对渔场的掌握以及渔船动态的了解，与日本、美国和法国等渔情信息服务有较大差距。

### （五）大洋渔业新技术研发缺乏重大科技支撑

我国在大洋渔场开发探捕、远洋渔船捕捞装备研发等方面长期投入不足。近10年来，我国远洋渔船捕捞装备工程与技术研究长期存在科研投入不足以及实验条件不完备，相关专业技术人员纷纷转岗转业，捕捞装备技术研究的科研队伍严重萎缩，致使远洋渔船装备缺乏系统性研究，装备国产化关键技术没有形成实质性突破，主要装备来自国外。远洋渔业是高风险产业，受公海渔业资源波动、气候变化、国际渔业管理以及油价不断上涨、船龄老化、捕捞生产油耗高、捕捞效率低等因素的影响，我国远洋捕捞业普遍效益不好，企业自主开展装备技术研发的经济基础不足，承受高技术应用的风险能力有限。因此，渔船装备技术得不到及时更新，影响了产业的可持续发展。

## 二、南极磷虾产业长远规划缺乏，国际竞争力低下

### （一）资源调查研究匮乏，渔业掌控能力薄弱

一是缺少资源分布与渔场变动规律调查研究，渔情信息了解不够，渔场预测能力较低，渔业生产效率不高。二是缺少渔场环境与气象条件等信息服务，渔业生产的安全保障能力低。三是由于缺少调查研究第一手资料，在资源养护措施及捕捞限额分配谈判中缺少话语权，在以资源养护为主调的磋商中处境被动。

### （二）捕捞技术落后，渔业生产竞争力低

我国目前从事磷虾探捕的渔船系抽调于东南太平洋竹荚鱼渔业的拖网船，而两种渔业的捕捞技术、包括渔具渔法均存在较大的差异，针对磷虾的捕捞技术大大落后于其他国家，捕捞生产效率和磷虾渔获的质量均有较大差距，国际竞争力低下。

### （三）下游产品研发滞后，产业链亟待培育

在“蓝色圈地”和公海资源抢占日趋激烈、CCAMLR 对磷虾渔业的管理日趋严格的形势下，我国及时开展了南极磷虾资源商业性探捕，为拓展我国极地生物资源开发权益、争取我国远洋渔业发展空间奠定了良好的基础。目前，我国的磷虾渔业尚处于初级阶段，缺乏规模化产业规划，综合

利用研究滞后，磷虾产品品种较为单一、且去向主要为国际市场，国内磷虾资源大宗利用及高值综合利用技术亟待加强，产业链亟待培育。

## 三、海洋渔业装备落后，自主研发能力亟待提高

### （一）近海渔船装备老化现象严重，技术落后

我国渔船装备经历20世纪80年代以后的迅猛发展后，许多渔船使用至今，装备老化问题严重。在现有渔船中，只有10%是近5年内建造的新船，船龄在5～10年的占50%，船龄在10年以上的占40%，也就是说有90%以上的捕捞渔船配备的设备可能使用了5年以上，对新型高效节能设备的使用比例相当低。有40%的动力机械使用时间可能在10年以上，尤其是主机和辅机等，机械效率进入快速衰减期，无用功增加，有用功减少，效率较刚使用时相比明显下降。如果机械效率下降10%，意味着这部分的燃油消耗被白白浪费。另外，随着船龄的增大，渔船的安全状况明显恶化，严重威胁渔民的生命财产安全。我国渔船安全技术状况与《1993年国际渔船安全公约》的要求有很大差距。

### （二）近海渔船船型杂乱，主机配置及船机桨匹配差异大

由于我国渔船建造业实行市场化，加上渔船标准化建设的滞后，造成任意建造、船型杂乱。我国渔船建造秩序的混乱，船厂听由船主的要求，而船主对渔船的适航性、安全性和经济性缺少全面了解，只是根据个人使用经验和喜好，随意变更设计或施工图纸，木质渔船更是仅凭工匠的一张型线草图建造，并随意修改。管理部门在受理发证审批时，标准化、规范化的依据不足。

由于渔船建造的规范性差、优化度不够，我国渔船的主机配置、船机桨匹配方面存在着很大的差异，直接关系到航行的性能和经济性。如在东海区进行拖网作业49艘船长为（30±2）米的钢质渔船，主机功率从202千瓦至397千瓦不等，螺旋桨直径从1.4米至1.8米不同。拖网渔船在同一海区、相同作业方式、同样功率配备的条件下，船长和螺旋桨配置的随意性大，船长变化范围为2.9%～11.6%，螺旋桨直径变化范围为7.9%～30.4%。

### （三）近海玻璃钢渔船推广应用受阻

玻璃钢渔船造价较木质船要高50%以上，比钢质船高25%左右，初期

投资成本过高，渔民难以接受。由于产业规模没能形成，我国玻璃钢渔船建造工艺的规范度不够，建造质量难以保证大中型渔船和作业受力较大的拖网渔船的需要，有些玻璃钢渔船建造受成本的限制，质量不高，达不到应有的材料性能指标。玻璃钢材料的弹性模量和层间剪切强度较低，不抗磨、不耐碰撞，而我国的许多渔港没有规范的航道和港区，渔船进港锚泊经常要与滩涂碰擦，客观上对玻璃钢渔船造成了限制。

### （四）远洋捕捞装备落后，关键技术及装备受制于国外

我国大洋性渔船装备因主要依赖进口国外二手设备，所以渔船老化、设备陈旧、技术落后，其中船龄20年以上占42%，25年以上占30%，许多渔船都处于超龄状态，作业风险大，总体性能落后。随着世界各国对海洋资源开发的愈加重视，渔业合作的门槛越来越高，捕捞配额受到限制，对作业效率及成本控制的要求越来越高，企业的生产发展受到越来越大的制约。另外，我国远洋渔船中有80%的北太鱿鱼钓船和90%以上的过洋性拖网渔船都是由近海渔船改装而成，远洋渔船专业化水平低，渔船捕捞装备技术落后，捕捞效率差，特别是在金枪鱼、鱿鱼和南极磷虾以及深海捕捞技术与发达国家相比差距明显。

捕捞技术及其装备，特别是一些技术含量高的装备，如金枪鱼围网网具、大型中层拖网网具及网板、鱿鱼自动钓机等都依赖进口；一些实现国产化的捕捞装备也没有国家或者行业标准，系统设备配套不完善，设备可靠性差。渔船、捕捞技术及其装备水平的落后使我国难以与装备先进的日本、韩国的远洋渔船相抗衡。

### （五）大洋性远洋渔船捕捞装备国产化率低，系统配套不完善

我国过洋性渔船捕捞装备虽然自动化还有待提高。大洋性渔业由于起步晚，捕捞装备国产化低，系统配套极不完善，大洋性远洋渔船主要作业方式鱿钓、大型金枪鱼延绳钓、大型拖网和金枪鱼围网以及专业化秋刀鱼捕捞成套设备和大功率远距离水平探鱼仪、垂直深水探鱼仪、调频虾类探鱼仪、金枪鱼延绳钓无线示位标和海鸟雷达、网位仪以及拖网曳纲张力控制仪等捕捞助渔设备主要依赖进口，其中大部分处于技术空白，尤其是资源潜力巨大的南极磷虾捕捞刚开展探捕，还没有专业化的装备技术。在深水拖网和中小型围网捕捞和金枪鱼延绳钓装备方面，国内开展了初步研究，

取得了阶段性成果，但与发达国家相比在技术先进性方面仍有比较大的差距。国产深水拖网捕捞机械只能满足200米水深的作业要求，没有形成系列配套产品。发达国家能满足500～1 000米深水拖网作业自动化成套装备的配套要求，远洋围网实现了自动化高效作业、鱿鱼钓和金枪鱼延绳钓实现全自动化作业。而国产围网系统设备配套还不完善，大型金枪鱼延绳钓机没有实现国产化，鱿鱼钓机在自动化和设备可靠性方面还存在缺陷。

### （六）远洋渔船水产品加工装备及相关产业链配套不完善

目前，我国远洋渔船加工设备自动化程度低，加工技术相对落后，远洋渔船加工装备以粗加工为主，少数具有精深加工能力，由于我国远洋渔船水产品加工装备技术缺乏系统性研究，远洋渔船水产品加工国产化装备基本还不具备系统配套能力。我国远洋渔业产业主要集中在捕捞生产环节，产品附加值低。我国远洋渔业船队在境外普遍缺少综合性的渔业基地，在渔船修造、后勤补给、加工销售等方面受制于人，增加了生产成本和不稳定性，难以应对国际渔业产业化发展趋势的挑战。

### （七）渔船建造关键技术尚未全面突破，技术体系有待完善

海洋渔业船舶形式多种、方式多样，对应“安全、节能、规范”的发展要求，与作业要求密切相关的船型参数优化技术、船机桨优化匹配技术以及配套装备技术有待全面突破，中小型渔船玻璃化设计与建造技术、中大型钢质渔船标准化设计与建造技术、作业船舶电力推进技术、大型渔捞装备技术、数字化助渔仪器等关键技术亟待突破，大型拖网渔船、金枪鱼围网渔船的技术及建造水平还有待完善，南极磷虾捕捞船亟待开发，相关的技术体系需要构建与完善。我国是世界船舶建造大国，在船舶研发方面具有相当的实力，但渔业船舶的专业性很强，技术性能的复杂性远高于普通航运船舶，需要结合作业海域生产特点、渔具渔法、捕捞产品品质保障要求等进行长期的系统性研究与专业化的设计。目前，我国渔船装备的科研一直处于空白状态，研究设计能力和力量严重缺乏，渔船装备科技进步任重道远。

## 四、渔港工程技术研究滞后，服务多功能化不足

### （一）建设标准低，“船多港少”矛盾突出，避风减灾能力依然薄弱

渔港是渔业生产和渔区经济发展的基础，也是渔船停泊避风的重要场所。“十一五”期间，中央和地方都加大了渔港建设投入，到2012年年底，建设了133个一级以上沿海渔港，使沿海中心渔港、一级渔港基础设施条件得到较大改善，但由于基础薄弱，渔港建设规模和数量仍然不足，建设水平和标准依然偏低，加之适合扩建避风渔业港口有天然山脉掩护的港湾资源有限，使得渔港只能选址于天然风浪较大的地方，现有渔港虽然具有较强的防浪能力，但渔港防风减风的设施及措施欠缺。因此，渔港建设仍然不能完全满足渔船安全锚泊避风的需要。

截至2012年10月，我国沿海有各类渔港1 299个，平均约每25千米海岸线分布有1个渔港，平均每240余千米海岸线分布有1个国家投资建设的一级以上渔港，远低于日本和我国台湾地区政府投资渔港的水平。我国目前沿海80%左右的渔港避风设施缺乏，港池及掩护水域偏小，泥沙淤积较为严重，港池水域受到不同程度的污染。大部分渔港设施及渔用航标的日常管理维护经费无固定的投资渠道和资金保障，维修养护不及时，其功能发挥受约束，严重影响到渔船正常停泊和航行安全。

根据各国经验，“防台主要是避台”。实践证明，渔船就近、分散避风，能分散风险、最大限度地降低台风灾害。渔港过大、停泊渔船过多，容易发生大规模灾难，造成重大损失。如2006年8月“桑美”台风正面袭击福建省沙埕渔港，共造成福建、浙江两省1 926艘渔船沉没、228名渔民死亡，就是极为深刻的教训。许多国家渔港建设分布密度都较高，目的也在于方便渔船分散避风、分散风险。

我国是海洋气象灾害最严重的国家之一，据1945—2012年统计资料分析，影响我国沿海的寒潮、热带风暴、台风等海洋气象灾害年均约9.2个；另参考国家行业标准（JTS 144－1－2010）《港口工程荷载规范》50年一遇全国沿海和海岛基本风压资料，分析推算沿海各省、市、自治区的平均风速及对应风级（表2－1－4），明显看出东北沿海地区50年一遇的风级均在10级以上，东南沿海地区均在12级以上。

**表 2-1-4 全国沿海各省、市、自治区平均基本风压、风速和风级**

| 沿海地区 | 辽宁 | 河北 | 天津 | 山东 | 江苏 | 上海 |
| --- | --- | --- | --- | --- | --- | --- |
| 平均基本风压/千帕 | 0.63 | 0.47 | 0.533 | 0.704 | 0.594 | 0.575 |
| 重现期50年的风速/（米·秒$^{-1}$） | 31.74 | 27.42 | 29.21 | 33.56 | 30.84 | 30.33 |
| 对应风级 | 11 | 10 | 11 | 12 | 11 | 11 |
| 沿海地区 | 浙江 | 福建 | 广东 | 海南 | 广西 | |
| 平均基本风压/千帕 | 1.075 | 0.9 | 0.863 | 0.894 | 0.8 | |
| 重现期50年的风速/（米·秒$^{-1}$） | 41.47 | 37.95 | 37.17 | 37.83 | 35.78 | |
| 对应风级 | 14 | 13 | 13 | 13 | 12 | |

近年来，随着全球气候变暖，台风等极端天气气候事件增多趋势明显，不但给渔船、渔港、养殖设施等造成重大损失，还对渔民人身安全造成严重威胁。

据《中国渔业统计年鉴》数据，2008—2011年因台风、洪涝造成池塘、网箱（鱼排）、围栏、沉船、船损、堤坝、泵站、涵闸、码头、护岸、防波堤、工厂化养殖、苗种繁育场等设施的经济损失及沉船、船损、人员损失见表2-1-5。从表2-1-5中数据可见，近年来渔业灾害损失虽然有减小的趋势，但是减小幅度不大，依然处于高位，渔业受自然灾害威胁依然严重。

**表 2-1-5 2008—2011年渔业部分灾害损失统计**

| 年份 | 渔业设施/万元 | 沉船/艘 | 船损/艘 | 人员损失/人 |
| --- | --- | --- | --- | --- |
| 2008 | 560 051 | 808 | 5 095 | 298 |
| 2009 | 255 212 | 486 | 3 647 | 240 |
| 2010 | 234 400 | 598 | 2 423 | 242 |
| 2011 | 309 233 | 646 | 2 541 | 142 |

## （二）交易市场配套不足，鱼货物流不畅

由于投资体制的制约，目前国家投入建设的沿海国家中心及一级渔港中，国家只投资公益性基础设施的建设，而交易市场等经营性设施，一般采用市场运作、社会融资方式投入建设，由于各地投资环境不同，只有极少渔港进行了同步配套建设，进而造成交易市场建设的不同步或缺失，造成港区鱼货交易的无序，甚至渔霸的滋生，也严重造成国家水产品产量统

计的不规范和数据的出入。

### （三）渔港重大工程技术研发滞后，水域生态环境保护亟待加强

我国渔港重大工程技术研发尚无法满足渔业现代化发展需求，特别在多功能渔港规划、渔船避风减灾、水域生态环境保护与修复等技术的研究方面滞后于我国渔业经济的发展，严重影响了渔港在我国渔业经济中重要功能的发挥。

另外，渔港项目生态环境保护理念不强，有的港口为了满足泊稳条件，对水域采用水工建筑物进行近乎封闭式掩护，导致水体交换不畅，局部水域或大部分水域形成永久性死水团，港域水质环境受到严重污染和恶化，有的泥沙淤积严重，渔港使用年限急促缩短。

## 五、基础人力资源队伍素质偏低，渔业现代化发展受阻

我国现有的渔业人才队伍不能满足发展需要。①基础人力资源队伍整体素质偏低，特别是远洋渔业均在公海或境外实施，环境比较复杂，对专业人才的需求呈现出复合型、外向型的发展趋势；②具有渔业相关专业的大专院校少，且专业设置与人才需求不相适应；③船员招聘主要是谁投资谁选配，船员文化水平不高，安全意识和海上技能较弱；④渔业船员流向境外渔船和国内运输业船舶的现象严重。

另外，我国100多家远洋渔业企业中，民营企业占90%以上，中小企业偏多，作业力量分散，抗风险能力和国际竞争力较差。尤其是面对资源国“投资入渔”的要求，由于建设码头、加工厂、冷库等资金需求较大，经营风险较高，中小企业往往望而却步，失去了较多的“走出去”发展合作的机会。

## 六、渔业标准规范制定滞后，管理与维权依据缺乏

### （一）人工鱼礁/海洋牧场尚未形成合理的建设标准和统一规划

自20世纪80年代以来，在人工鱼礁建设方面，尚未形成国家层面的人工鱼礁全国建设规划，部分省份制定了大量的有关条例法规，例如辽宁省的《人工鱼礁建设许可》，河北省的《河北省水产局人工鱼礁管理办法》，山东省的《山东省渔业资源修复行动计划人工鱼礁项目管理暂行办法》等。

这些条例法规大多集中在立项、建造和验收等环节，目标功能、规模配置、运输投放、调查评价等关键性技术环节尚无有关法定规范。

由于海洋牧场主要依赖于增养殖业、人工鱼礁构建、增殖放流等技术体系，所以其独立性不强，不能根据海洋牧场产业链环节的要求加以调整。目前主要是以人工鱼礁建设为主的海洋牧场，北方海域以增殖海珍品为主的人工鱼礁和南方海域以鱼类养护为主的人工鱼礁。沿海各省、市、自治区近两年虽然兴建起了一批海洋牧场，并充分利用了人工鱼礁和增殖放流叠加的增殖效应，但尚未形成集现代工业、工程、电子与信息技术，在育苗、放流、鱼群控制、音响驯化、采收与回捕、环境质量的日常监测以及生物资源的动态监测于一体的现代化的海洋牧场。在产业技术平台建设方面，尚未出现国家层面的专门科技研发机构。

### （二）渔港法规规范制定滞后，缺乏管理与维权依据

近年来，随着沿海经济社会的快速发展，海洋经济开发力度不断加大，港口岸线资源日趋紧张，渔业传统岸线不断缩小，部分传统避风港湾、锚地或被渔业养殖侵占或被交通道路和桥梁封堵，渔船停泊安全受到严重威胁。商港和城镇开发与渔港用地矛盾也日益突出，渔港的经济和社会功能受到不同程度的制约，对渔业生产、渔民增收和渔区社会稳定造成不利影响。

目前，我国还没有完善的渔港管理的法律法规体系。渔港的所有权、使用权、经营权、监督权缺乏法律保障，随意改变渔港性质和功能的现象时有发生，部分港址较好的渔港被侵占或废弃，被迫迁到远离经济腹地、直面风浪袭击的边远海域；天然避台风锚地也因被围垦、被侵占，不断减少和丢失。

我国目前只有（SC/T 9010－2000）《渔港总体设计规范》，渔港防波堤、码头、修造船等建筑物的设计均参用国家交通部（JTJ）相应工程技术规范。

渔港工程学科研究队伍分散，国家扶持力度薄弱，原创性人才缺乏，严重影响了创新能力的提高和学科的健康发展。

## 七、渔业立法和监管不完善，现代渔业管理进展缓慢

### （一）海洋捕捞作业类型结构不合理

渔具选择性不足，对渔业资源破坏力大的渔具在中国近海渔业生产中

占主导地位。如目前中国沿海主要作业方式有拖网、围网、流刺网、钓、定置网等多种作业方式，其中拖网与定置网的产量约占总产量的2/3（图2-1-12），这两种作业方式对渔业资源及其渔场环境的破坏极其严重，拖网作业还对底栖生物、产卵场、育幼场的环境产生极大的破坏，严重影响着鱼类、虾蟹类的繁殖、生长和索饵。另外，捕捞幼鱼用于海水养殖鱼类的饵料，也导致渔业资源再生能力下降。

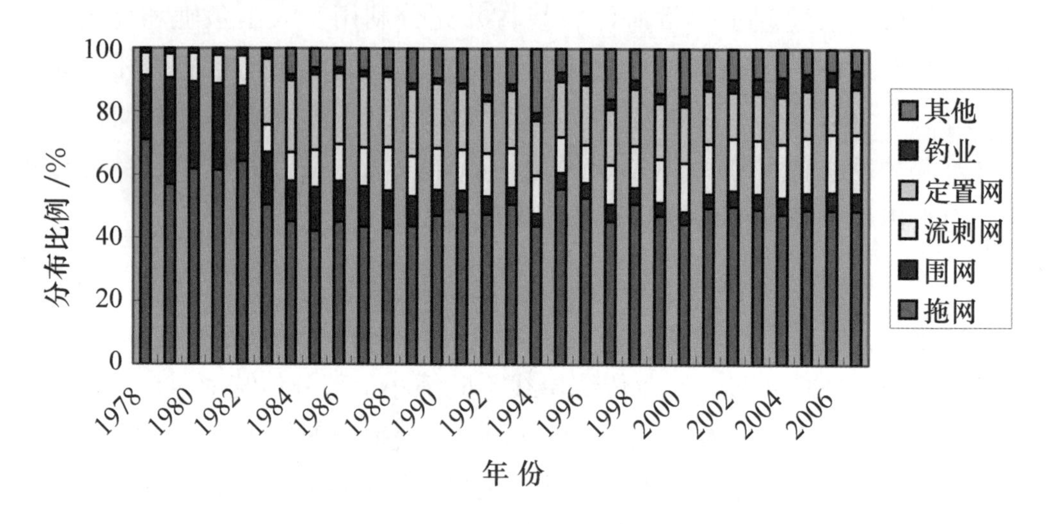


图2-1-12　中国海区各作业方式的分布比例

## （二）渔业监管技术体系不健全

我国的渔业管理主要集中在投入管理上，在过程与产出的监控与管理方面的技术手段极度欠缺，离现代渔业管理技术体系尚有很大的差距，无法控制对业已严重衰退的渔业资源的破坏性移出，自然资源的根本性好转与恢复仍面临巨大挑战。渔捞日志填写与报告、渔获转卸监控、科学观察员的派驻以及船位监控等方面是我国渔业监管技术体系中的薄弱环节。如20世纪80年代中后期以来随着私有船主或私有渔业公司的快速发展，可用于科学分析的渔捞日志几乎消失，科研人员仅能依靠断续的资源调查资料进行资源状况分析，研究结果自然难以为渔业管理提供有效支持。在渔船船位监控方面，目前国内仅有部分地区以提高生产安全性为由开展了渔船监控系统的安装；在法规层面并没有统一要求。在渔获转卸监控、科学观察员派遣方面至今尚未统一开展相关工作。

### （三）渔民负责任捕捞观念不强

目前，渔民使用禁用工具和方法从事捕捞活动的现象屡禁不止，负责任捕捞渔具和渔法还没有被广大渔民接受，相关研究成果也很少在生产实践中推广。另外，渔民海洋捕捞活动中的垃圾、污水对海洋环境也造成损害，如污水、固体废弃物等生活垃圾及残油泄漏、残网遗弃等生产资料对海洋的污染。

另外，将放流增殖当成生产手段。目前，我国的增殖放流多为“生产性放流”，增殖放流的种类大多是移动范围小，便于回捕的种类，在短期内增加产量和提高经济效益，把“放流增殖”认同于“放养”的结果，由于资源增殖品种开捕期不一致，捕捞量没有控制，利益相关者之间没有建立良性的协调机制，其结果使资源增殖没有达到最大增殖效益和资源恢复的目的。放流增殖在国际上被公认是一种管理手段，而不是生产手段。因此，所谓的“生态渔业”、“栽培渔业”或“增殖渔业”的核心首先都是高水平的“管理渔业”，渔业资源的增殖和管理应当相辅相成。

# 第五章　我国近海养护与远洋渔业工程技术发展战略和任务

## 一、战略定位与发展思路

### （一）战略定位

围绕海洋渔业健康发展基本要求，充分发挥近海养护和远洋渔业工程技术的支撑作用，推进近海渔业向资源养护型发展、远海与远洋渔业向工业化发展，为国家实施海洋强国战略，维护国家海洋权益，保障优质蛋白质资源供给，缓解资源环境压力，保障海洋生态安全，提供全面的科技支持。

### （二）战略原则

以生态优先、资源养护为基本前提，发展人工鱼礁与海洋牧场构建技术、选择性捕捞装备技术、渔船节能减排技术，保证海洋渔业的持续性发展；以生产效益、安全保障为发展要求，发展资源监测与鱼群探测技术、现代渔船装备技术、海上物流工程技术，确保渔业生产效益，保障渔业生产安全；全力支撑与推进我国海洋渔业发展能力与国际竞争力建设，维护国家海洋权益。

### （三）发展思路

按照海洋渔业健康可持续发展基本要求，近海渔业以资源养护与生态环境修复为目标，推动离岸近海渔业资源增殖与生态养护工程建设，开发生态友好、节能减排型捕捞技术，推广标准化渔船，构建沿岸渔港物流交易体系，保障渔民生计，提升渔港城镇化水平；远海渔业以提升远海渔场可持续捕捞能力为目标，研发先进渔船装备，发展现代商业化捕捞船队，建立资源与生产、安全信息化管理体系，构建南海渔场捕捞与物流保障系统，提升产品质量与生产效益；过洋性渔业以提升作业渔船安全水平与生产效率为目标，按照国际公约要求提升渔船建造水平，提高渔船装备机械化水平；大洋性渔业以提高国际竞争力为目标，增强渔业资源探测能力，研发国产化先进渔船装备，大力开发极地渔业新资源（南极磷虾），构建鱼群信息、装备制造、物流加工等完备的生产保障系统，全面推动我国海洋渔业健康快速发展，为维护国家海洋权益、保障优质蛋白质供给、推动经济发展和社会稳定、保障生态环境安全及实施海洋可持续发展战略做出积极贡献。

## 二、战略目标

### （一）2020年：进入海洋渔业强国初级阶段

#### 1. 近海资源养护工程

建立近海渔业水域常规监测平台，实现负责任捕捞技术的推广示范，对近海衰退渔业资源种群和水域环境实现“生态修复”，部分衰退渔业种群在一定程度上得到恢复，渤海、黄海、东海和南海的近海海域海洋牧场的人工鱼礁、藻场、藻床等生境营造工程覆盖5%左右，海洋牧场区渔业碳汇扩增5%，科技含量达到60%，初步形成海洋牧场产业链。

#### 2. 远洋渔业工程

开展主要大洋渔业资源的科学系统调查、主要大洋渔业种类的生活史及环境对其影响研究；开拓大洋性渔业，增强对大洋和极地渔业资源的掌控能力、综合开发能力和国际义务履行能力，重点开展大洋性头足类资源、金枪鱼类资源、中上层鱼类资源、南极磷虾资源的高效开发和利用技术；深海渔业资源开发利用技术及深水拖网捕捞技术的研发；远洋渔船装备与科技水平达到国际先进水平，实现远洋渔业装备水平的全面提升。

#### 3. 渔船与渔港工程

形成2 000艘以大洋性拖网加工船、围网渔船、金枪鱼延绳钓船、鱿钓船为主的，具有现代化装备水平与国际竞争力的大洋性捕捞船队；形成2 000艘符合过洋性作业要求的现代化渔船；近海捕捞渔船数量减少30%，基本实现其现代化建设，在渔船功率总数控制的前提下，形成4万艘12～24米近岸多种作业方式的标准化渔船，其中玻璃钢渔船占80%以上，形成

4 万艘 24 米以上远海商业性拖网、围网、刺网等作业方式的标准化渔船，其中玻璃钢渔船占 30% 以上。

新建 200 个一级以上渔港（可容纳近 14 万余艘渔船安全避风），届时沿海一级以上渔港数量达到 330 个以上，能为 80% 海洋渔业机动渔船（100% 海洋捕捞渔船）提供基本安全保障避风保障；国家渔港工程领域学科队伍得到加强，渔港防灾减灾对策与技术、现代渔港规划技术、渔港水域生态环境修复保护技术研究有所突破，多功能现代化渔港得到示范和建设。

## （二）2030 年：建设中等海洋渔业强国

### 1. 近海资源养护工程

实现近海渔业水域实时动态监控，实现负责任捕捞技术的创新和普及，近海部分衰退渔业种群资源恢复，部分渔业资源种群利用实现良性循环，渤海、黄海、东海和南海的近海水域海洋牧场的人工鱼礁、藻场、藻床等生境营造工程覆盖 10% 以上，海洋牧场区渔业碳汇扩增 10%，海洋牧场产业连同海洋生物产业增加值突破 5 000 亿元。

### 2. 远洋渔业工程

实现远洋渔业资源的科学监测评估，实现大洋性头足类资源、金枪鱼类资源、中上层鱼类资源、南极磷虾资源的高效开发和利用，形成远洋渔业产业链。突破远洋渔船装备关键技术，尤其是大洋性渔业选择性、精准化捕捞的制约性技术，推进远洋渔船装备自动化、信息化和数字化发展，形成装备制造产业群。

### 3. 渔船与渔港工程

实现近海和远洋捕捞渔船的现代化，达到“安全、节能、适居、高效”的发展要求；再建 100 个一级以上渔港（可容纳 6 万余艘渔船安全避风），届时全部海洋渔业机动渔船得到安全避风保障；海洋岛礁（人工岛）渔港建设工程技术、渔港水域生态环境修复保护技术研究有重大突破，渔港的综合功能、生态环保特征明显，初步建成多功能现代渔港体系。

到 2030 年，我国近海养护与远洋渔业工程技术发展与国际发展水平的比较见图 2 - 1 - 13。

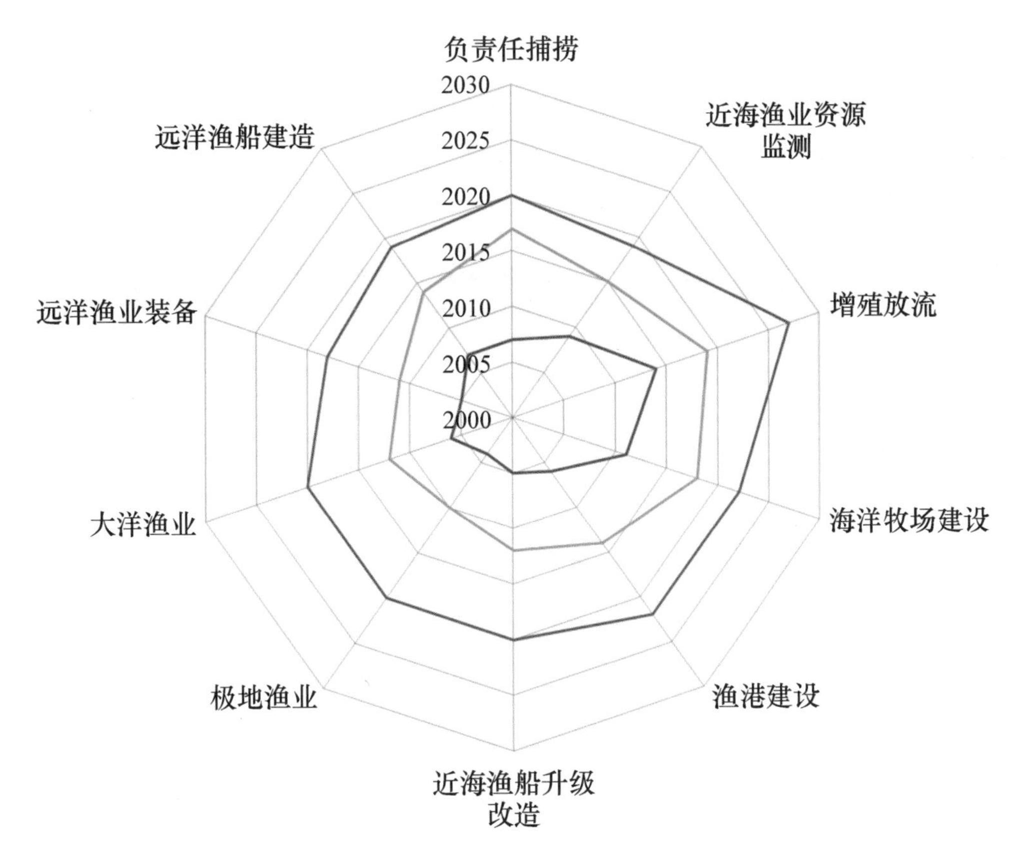


图2－1－13　我国近海养护和远洋渔业工程发展趋势与国际发展水平的比较

## （三）2050年：建设世界海洋渔业强国展望

### 1. 近海资源养护工程

形成完善的近海渔业水域动态网络监测系统，形成完善的海洋牧场建设技术研发、工程监管和利用管理等综合技术体系，使整个渤海及黄海、东海和南海近海海域的生态环境和生物资源得到有效恢复，形成良性循环的渔业产出系统，海洋牧场建设规模、综合效益和科技水平均达到世界领先水平。

### 2. 远洋渔业工程

实现对大洋和极地远洋渔业资源的掌控能力、综合开发能力和国际义务履行能力，形成完善的远洋渔业产业链。

#### 3. 渔船与渔港工程

全面实现近海和远洋捕捞渔船的现代化，达到“安全、节能、适居、高效”的发展要求；渔港工程与技术水平达到国际先进水平，满足海洋强国的发展要求，多功能现代渔港体系全面形成。

## 三、战略任务与重点

### （一）总体任务

围绕建设“资源节约、环境友好、质量安全、优质高效”型的现代渔业发展目标，以技术创新和集成为支撑，实现我国近海资源养护型开发、壮大远洋渔业与多功能现代化渔港建设的目标。

### （二）重点任务

#### 1. 近海资源养护工程

1）近海渔业资源与环境监测

• 渔业资源评估与预报技术。重点开展渔业资源评估技术、渔情精确预报技术等研究。

• 渔业生态环境监测、诊断和预警技术。重点开展环境监测技术、渔业污染生态学和环境安全评价技术、渔业生态环境质量管理和保护技术、渔业生态环境质量管理技术、近岸重点海域综合整治技术、退化渔业水域生态修复技术等研究。

2）渔业资源养护

• 渔业资源增殖放流技术。重点开展增殖容量评估技术，放流苗种种质保障技术，放流苗种标志技术，增殖效果综合评价技术等研究。

• 海洋牧场构建技术。重点开展人工鱼礁（岛礁）工程技术、新型海洋牧场构建技术及新型海洋牧场示范体系的研究。

• 负责任捕捞技术。重点开展无损伤型捕捞技术研究及应用、高效、节能、生态友好型渔具渔法及系统集成、渔具准入关键技术参数、渔业行为对生物资源与环境的影响及评估技术、新型渔用材料的开发及应用、海洋捕捞承载力的评估技术、渔获物监测和识别技术、捕捞作业情况自动测报系统等研究。

## 2. 远洋渔业工程

1）远洋渔业

● 提高对全球远洋渔业资源的掌控能力。重点开展主要远洋渔业资源的科学系统调查、主要远洋种类的生活史以及环境对其影响研究；渔业资源动态评估、渔捞统计与评估技术。

● 提高对远洋渔业资源和渔场的预测预报。重点开展全球气候变化对大洋性渔业资源的影响及预测技术；渔业资源和环境的信息化技术；主要远洋渔业中长期渔情预报技术；远洋渔业信息服务系统建立及其业务化；渔业管理策略及风险评估技术。

● 提高对远洋渔业资源生态高效开发能力。重点开展大洋性柔鱼类资源、金枪鱼类资源、中小型中上层鱼类资源、南极磷虾资源的高效开发和利用技术，无损伤型捕捞技术研究和应用以及深海渔业资源开发和深水拖网捕捞技术；新型渔用材料的开发和应用；高效节能型渔具渔法和系统集成；信息化、数字化助渔仪器研发与系统化构建；远洋专业渔船及现代捕捞装备的研制、应用与国产化。

● 远洋渔业行为符合国际规则。重点开展生态友好型远洋捕捞技术（海龟、鲨鱼、海鸟以及其他濒危水生生物防误捕技术）；渔获物监测识别及作业状况自动测报系统研制等；VMS 系统、科学观察员制度、渔捞日志制度等。

2）远洋渔业装备

● 大洋性远洋捕捞装备研发与国产化制造能力建设。以形成稳定可靠的装备作业性能为目标，重点开展大型变水层拖网及磷虾拖网系统化设备、大型围网及金枪鱼围网起网设备、延绳钓和鱿鱼钓装备等大洋性专业捕捞装备的研发，制定政策，设立扶持专项资金，鼓励远洋捕捞生产企业使用国产化设备，熟化技术装备，建立技术标准，努力形成国产化制造能力，逐步替代老旧二手设备，整体提升大洋性远洋捕捞装备技术水平，实现高效捕捞。

● 信息化、数字化助渔仪器研发与系统化构建。以捕捞作业精准化、资源管理信息化为目标，重点开展高分别率数字化声呐探测技术、信息化资源与船位管理技术研究，研发远距离高分辨数字化探鱼仪、南极磷虾专业化调频声呐探鱼仪，以及基于“3S”技术的数字化管理系统、基于捕捞、加工、物流与管理系统的物联网系统，全面提高远洋渔船作业与管理的信息化和数字化水平。

### 3. 渔船与渔港工程

1）渔船建造

• 推进中小型玻璃钢渔船建造。以近岸作业渔船为对象，针对不同地区捕捞作业的特点与要求，发展拖网、定置网、刺网等标准化专业船型与多功能作业船型。①构建玻璃钢渔船船型系列及基本配置，定型产品；②建立与完善玻璃钢渔船建造规范，设立建造企业资质要求，确保建造质量；③制定鼓励政策、实行以地方为主的财政补贴，定型建造，控制成本，引导渔民进行置换，淘汰老旧木船；④完善渔港建设标准，设立专项改造渔港及航道停泊与航行条件。

• 实施中、大型渔船升级改造。以远海作业渔船为对象，针对不同海区捕捞作业特点与要求，发展拖网、刺网、围网等标准化渔船。①优化主要作业船型，构建渔船主尺度标准系列与标准化船型；②在主要作业海区建立符合“安全、节能、适居、高效”要求的标准化渔船示范船，以其安全性能、节能效果、生产条件和生产效益发挥示范效应；③制定鼓励政策、实行以中央为主的财政补贴，引导企业与渔民合作社，改造老旧渔船和升级捕捞装备。

2）渔港建设

• 推进南海海域多功能渔港建设。针对南海海域渔业生产后勤保障能力不足的问题，合理布局并积极推进南海海域岛礁（人工岛）渔港建设。①开展岛礁（人工岛）渔港新型建筑材料技术、防海浪构筑物结构与安全技术、高海况施工及保障技术研究，形成技术体系与建设规程；②制定中央和地方政府投资及扶持政策，积极推进三沙多功能渔港建设。

• 加强沿海多功能现代化渔港建设。①开展现代渔港规划技术、渔港减灾技术与对策、水环境修复与保护技术研究；②针对各作业海区捕捞生产需要以及地域环境的特点，科学规划和设计功能多元化现代渔港工程；③加大国家投资力度，大力提升渔港避风减灾能力，推进多功能现代化渔港建设，建立一批具有国际先进水平的现代化渔港基地。

## 四、发展路线图

近海养护和远洋渔业工程技术发展路线见图2－1－14。通过近海资源养护技术和南极磷虾资源综合利用技术的研发，渔港、渔船及渔业装备的现代化建设，到2030年，我国在近海养护和远洋渔业工程技术的研发和创新方面取得较大进展，基本实现近海资源的养护型开发，远洋渔业的中度发展及渔船与渔港的现代化，达到世界中等海洋渔业强国水平。到2050年，争取建设成为世界海洋强国，近海资源实现可持续利用，远洋渔业产业链逐步完善，渔船现代化和渔港的多功能化全面实现。

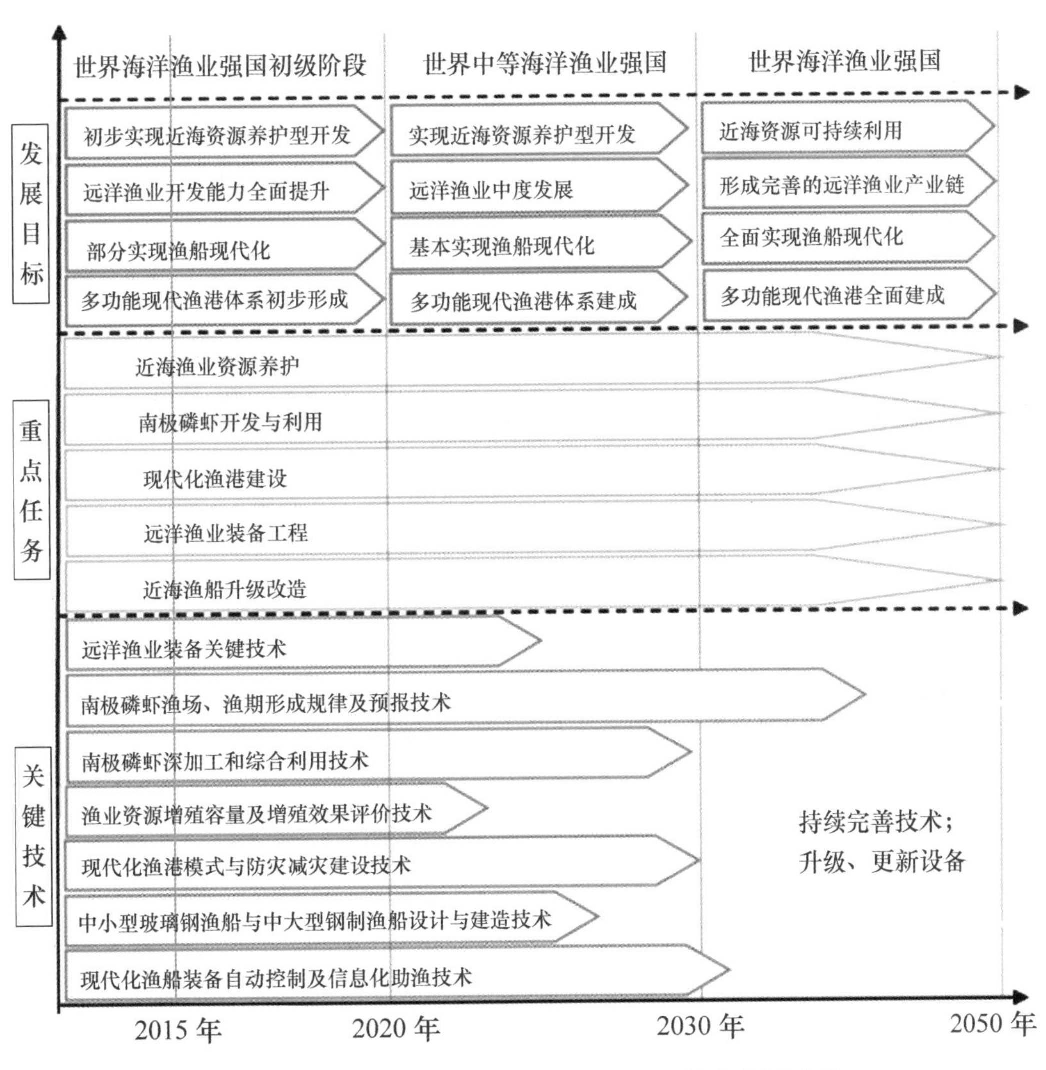


图2－1－14 近海养护与远洋渔业工程技术发展路线

# 第六章　保障措施与政策建议

## 一、建立以资源监测调查评估为基础的渔业资源监管体系

渔业资源监测调查评估结果对科学预测渔业资源发展趋势、制定合理捕捞限额、维持资源可持续利用及争取远洋资源国际捕捞配额是不可或缺的。针对我国近海渔业监测时断时续，远洋渔业资源调查匮乏（包括南极磷虾资源），并且渔业资源监测技术及相关研究基础薄弱，难以为近海渔业资源管理、渔业资源养护效果评估及远洋渔业快速发展提供有效支撑等问题，建议设立专项资金，稳定支持定期对近海（包括人工鱼礁和海洋牧场建设区和增殖放流水域）和远洋渔业资源及其环境调查评估，逐步建立起以渔业资源监测调查评估为基础的科学监管体系。

## 二、制定南极磷虾产业长远发展规划

南极磷虾蕴藏量巨大，是地球上已探明的可供人类利用的最大的动物蛋白库，是人类重要的战略资源。针对我国没有专业南极磷虾捕捞的渔船和捕捞技术，捕捞生产效率和磷虾渔获的质量与其他国家均有较大差距，并且目前磷虾产品品种较为单一、磷虾综合利用研究滞后，产业链亟待培育等造成的国际竞争力低下等问题，制定磷虾产业规模化发展规划，加快开发步伐；实施磷虾渔船与装备升级更新和渔业科技创新，提升我国南极磷虾渔业的国际竞争力；制定加速磷虾资源规模化开发的扶持政策，实施磷虾渔业科技创新重大工程，推动我国远洋渔业新一轮发展，促进我国海洋生物新兴产业及相关产业链的发展，保障我国优质水产品供给，保障食物安全，维护我国南极权益。

## 三、加快推进渔船与渔业装备升级

针对我国渔船与渔业装备十分落后、老化现象普遍、安全形势严峻、

研发设计制造能力亟待提高、渔业探测和科学调查船严重缺乏等问题，把海洋渔业提升为战略产业，加快推进海洋渔船与渔业装备的升级改造，提高渔业生产效益与安全保障能力，是促进我国渔业现代化建设、提高渔业实力、壮大渔业经济、改善民生和转变发展方式的迫切需要。

## 四、加快多功能现代化渔港体系建设

针对目前我国渔港建设标准低，“船多港少”矛盾突出、防灾减灾能力依然薄弱，鱼货交易市场配套不足，缺乏多功能的现代渔港示范基地，以及渔港重大工程技术研究滞后，水域生态环境保护设计理念亟待加强等问题，建设和完善多功能现代化渔港体系；加快海洋岛礁（人工岛）渔港建设工程技术研发，完成南海多功能渔港与补给基地示范建设。

## 五、实施人才强渔战略，加快渔业人才培养

针对目前我国渔业基础人力资源队伍整体素质偏低，相关专业的大专院校少，且专业设置与人才需求不相适应，船员文化水平不高，特别是远洋渔业项目均在公海或境外实施，环境比较复杂，对专业人才的需求呈现出复合型、外向型的发展趋势，现有渔业人才队伍远不能满足渔业发展需要及公众渔业资源养护意识较低等问题，改革渔业教育体制和环境，设立专项资金培训专业渔业从业人员，提高渔业从业人员的教育水平和技能，为我国近海资源养护和远洋渔业发展提供人才支撑。同时，重视渔业科普工作，对青少年的渔业科普教育，培养其对渔业资源的养护意识。

## 六、政策引导，建立科学规范的海洋渔业管理机制

针对目前我国近海养护和远洋渔业开发关键技术研发投入不足，增殖放流、人工鱼礁和海洋牧场建设等尚未形成合理的建设标准和统一规划，渔港工程和远洋渔业标准规范制定滞后，立法工作滞后，其建设管理及维权缺少依据等问题，建立和健全近海资源养护和远洋渔业发展的相关管理制度和政策，完善渔业政策扶持体系，形成近海资源养护、远洋渔业开发与利用及渔船渔港现代化建设的良好政策环境，充分发挥财政资金的引导作用，在现有扶持政策的基础上，设立中央与地方相结合的专项资金，各

地各级政府和渔业行政主管部门要结合地区发展目标和重点，努力争取增加对资源养护、远洋渔业开发与利用及渔船渔港现代化建设的扶持力度，培育一批具有国际竞争力的创新型企业。完善渔业管理模式，确保资源养护、远洋渔业开发与利用及渔船渔港现代化建设的健康有序发展。

## 七、强化监管与执法力度，形成良好的发展条件

针对目前我国渔业作业结构不合理、渔业监管技术体系不健全，过程与产出的监控与管理方面的技术手段极度欠缺，离现代渔业管理技术体系尚有很大的差距，难以适应现代渔业管理的需求等问题，用立法来保护和管理近海资源养护和远洋渔业开发与利用，尽快完善相关法律法规，加强渔业资源的保护和监管力度，保护其产卵场和育幼场，杜绝捕捞幼鱼用于海水养殖饵料鱼，严格执行国际远洋渔业相关组织的规定，为近海资源养护和远洋渔业发展保驾护航。

# 第七章　重大海洋工程与科技专项建议

## 一、近海渔业资源养护及安全开发利用工程

### （一）必要性分析

近年来，随着科学技术的进步和生产力的不断提高，及迅速增长的世界人口食物资源需求，人类对近海渔业资源的开发利用也越来越大，加之由于工业化、城市化、农业活动等人类活动及全球气候变化的影响，作为海洋生物资源主体的渔业资源已呈现全球化衰退趋势，并日益危及近海生态系统的健康和可持续产出。目前，我国近海渔业资源严重衰退，一些传统的鱼、虾产卵场不复存在，部分水域生态出现严重的荒漠化趋势。渔获物组成的营养级水平逐年下降，低龄化、小型化和低值化现象日益加剧，目前低值种类比例已上升到总渔获量的60%～70%，即使是一些处于食物链比较底端的种类，如鳀、玉筋鱼等，资源量也明显下降，近海主要渔场、渔汛已不复存在。因此，加强海洋生态环境保护，养护海洋渔业资源，走可持续发展之路成为我国现代渔业发展面临的一项重要而紧迫的任务。近年来，为修复近海渔业资源，增殖放流、人工鱼礁、海洋牧场及种质资源保护区建设等资源养护工作在我国已经广泛开展，并且已证实是改善水域生态系统产出功能的有效措施，为解决我国食物蛋白供应和“三农”问题提供了良好的平台，对渔业资源的恢复和生态环境的修复具有积极的作用。但是与我国近海渔业资源恢复的需求还有很大差距，并缺乏统一规范和科学指导，相关研究工作明显滞后。

我国捕捞渔船数量多，规模大，能耗高，渔船装备老化。中小型渔船玻璃钢化是世界渔船发展的趋势，我国已具备了一定的产业发展基础，但发展滞后。目前，发展现代捕捞业，迫切需要发展操控性能好、信息化水平高、生产成本低、具有良好生产安全与劳动保障条件的现代化渔船装备；建设现代渔业，促进渔民增收，迫切需要提高渔船装备整体性能；控制捕

捞强度，提升渔政与渔船管理水平，迫切需要提高渔船装备水平；渔港是海洋捕捞与沿岸增养殖渔业的重要基地，承担着渔获物装卸、交易中转、保鲜加工、物资补给、渔船渔具维修、渔船避风减灾、渔业休闲观光和沿岸增养殖渔业条件保障等重要功能。发挥着保障渔区民众生命财产安全、推动渔业产业结构调整和渔区经济社会繁荣的重要作用。我国沿海渔港基础设施薄弱，陆域配套设施不足，渔港建设密度低、“船多港少”矛盾突出，安全保障能力仍显不足，隐患突出，渔港建设与技术体系有待完善。

因此，加强近海渔业资源养护及安全开发利用工程的建设是实现我国近海渔业资源可持续利用的必要条件，对维护国家海洋权益、保障国家生态和食品安全具有重大意义。

### （二）重点内容与关键技术

#### 1. 重点内容

1）近海资源养护工程

- 放流苗种体系。放流苗种种质保障技术，放流苗种规模化生产技术及中间暂养技术，放流苗种快速检测技术和质量保障体系建设。
- 资源增殖技术。增殖种类筛选技术及其生物学研究，增殖种类放流技术规范和标准，增殖放流水域生态容量研究，资源增殖效果评价技术研究。
- 增殖渔业管理体系。增殖放流种类权属与利益分配，增殖种类回捕规格、数量、时期、地点、捕捞方式等，开捕时间是先与现行渔业管理措施的衔接等。
- 海洋牧场构建体系。通过工鱼礁投放、海底植被修复、生物屏障构建、增殖种类筛选与放流等技术试验与示范，构建海洋牧场建设综合技术体系，分阶段、分区域有步骤地在我国近海适宜海域开展大规模海洋牧场建设。
- 构建生态友好、低耗节能型捕捞工程技术体系。生态友好型捕捞技术研究，高效节能型渔具渔法及系统集成，新型渔用材料的开发及应用，无损伤型捕捞技术研究及应用。
- 建立水产种质资源保护区及其网络数据共享平台。

2）近海渔船升级改造工程

- 渔船船型优化与标准化建造技术。针对我国近海作业渔船船型杂乱、设备配置混乱所造成的高能耗、低效率及安全隐患等突出问题，发展渔船船型优化与标准化技术，以拖网、刺网、围网和定置网作业渔船的规范化、标准化构建为重点，通过典型船型分析、模型试验和优化设计，形成标准化船型系列；通过对动力系统、捕捞装备等的高效、节能型设备优选，形成系统配置规范，从而建立符合“安全、节能、高效、适居”要求的标准化渔船系列。

- 玻璃钢渔船建造技术。针对我国玻璃钢渔船应用在性能、质量、造价等方面存在的制约性问题，以近岸中小型作业渔船为重点，发展玻璃钢渔船结构设计规范、玻璃钢材料敷制技术及工艺规范，优化船型与设备配置，形成建造规范，建立技术标准，建立符合作业与生产条件要求、性能可靠、造价适度的玻璃钢渔船系列。

- 中小型捕捞渔船装备研发。针对我国中小型捕捞设备自动化程度低、操控性差以及大型捕捞装备技术发展问题，以拖网起网设备、围网起网设备、延绳钓机、鱿鱼钓机以及高性能探鱼仪等关键装备的研发为重点，借鉴引进国外先进装备技术，研发自主系列产品，开发电液自动化控制系统，建立产品及性能评价标准，全面形成大型远洋捕捞装备的自主生产能力。

3）渔港建设工程

建设多功能现代化渔港基地，完善现代渔港技术体系，建设多功能现代化渔港基地；重点加强南海海域多功能渔港基地建设。

### 2. 关键技术

1）近海资源养护工程

- 海洋牧场建设对海洋生态环境修复和生物资源养护作用的关键技术；
- 渔业资源增殖种类与增殖容量估算及其效果评价技术；
- 生态友好型捕捞工程技术。

2）近海渔船升级改造工程

- 中小型玻璃钢渔船及中大型钢制渔船设计与建造技术；
- 高效作业装备与节能渔具优化配套技术；
- 现代渔船装备自动化控制技术及信息化助渔技术。

3）渔港建设工程

- 多功能现代化渔港建设技术；
- 渔港避风减灾技术与对策；
- 岛礁（人工岛）渔港设计与建设技术。

## （三）预期目标

### 1. 近海资源养护工程

- 实现“生态性放流”；部分衰退渔业种群利用形成良性循环，建立亲本及放流苗种的品质评价技术，建立科学规范的增殖渔业管理体系，制定统一的放流增殖规范及效果评价标准。
- 在近海实施大规模的人工鱼礁投放、海底植被恢复、生物屏障营造、资源增殖放流等海洋牧场建设工程。建立海洋牧场技术研发工程中心和海洋牧场产业化示范区，使沿海海域海床的“人工绿化”面积（人工鱼礁、海藻/草场等）达到10%以上。海洋生态环境和生物资源得到有效恢复，使60%的典型水域生态系统得到保护，逐步建立起具有自我维持能力的渔业生态系统。
- 实现资源养护、生态友好型近海捕捞渔业；
- 建立水产种质资源保护区及其数据共享平台。

### 2. 近海渔船升级改造工程

围绕标准化渔船构建关键技术研究与集成示范，重点开展“船—机—桨”优化模型与主参数系列化技术，形成标准化船型配置系列；开展高效作业装备与节能渔具优化配套技术研究，完成高效装备与节能型渔具研发；开展玻璃钢渔船构建技术研究，构建标准化建造规范；集成现代渔船装备自动化控制技术、信息化助渔技术，参照国际渔船安全公约，形成渔船设计技术体系，建立标准化示范渔船。

### 3. 渔港建设工程

开展海洋岛礁（人工岛）渔港建设工程技术研究，积极推进三沙多功能渔港示范建设；针对渔船避风减灾的需求和各作业海区捕捞生产需要以及地域环境特点，科学合理布局建设一批现代化功能完善、生态环保特征明显、水产品交易等物流信息化程度高、经济辐射力强的现代化综合性渔港，完善国家多功能现代化渔港体系。

## 二、远洋渔业装备及南极磷虾开发与利用科技专项

### （一）必要性分析

中国作为世界最大的发展中国家，在人多地少的基本国情条件下，如何保障16亿人口的食物安全，是我们所面临的严峻挑战。面对我国近海渔业资源严重衰退，为食物安全进行基础性、战略性和前瞻性的研究和探索，是摆在我们面前的一项迫切任务。2011年，我国海洋捕捞产量1 357万吨，占全球海洋捕捞产量7 890万吨的16.8%。其中远洋捕捞产量114.78万吨，占我国海洋捕捞产量的8.4%，仅占全球海洋捕捞总产量的1.44%，这与占世界人口1/5的人口大国地位极不相称。远洋渔业是关系公海生物资源开发权益、拓展和争取国家海洋发展空间的战略性产业。1994年《联合国海洋法公约》生效后，我国过洋性渔业和部分大洋性渔业的发展受到很大限制，近20年来，我国远洋捕捞产量一直维持在100万吨左右。因此，极地海域将成为发展壮大我远洋渔业的重要区域。

南极磷虾是尚无明确权属的南极水域的重要生物资源，蕴藏量巨大，生物量为6.5亿～10亿吨，是可供人类利用的最大的可再生动物蛋白库，也是世界海洋唯一开发利用水平很低的大宗远洋渔业资源，生物学年可捕量达可达1亿吨，具有巨大的医药保健和工业原材料开发利用前景，在传统海洋资源锐减的当今，南极磷虾已被视为重要的战略资源，成为各国竞相争夺的目标。目前，我国的南极磷虾渔业刚起步，2009/2010渔季，我国由两艘渔船组成的船队首次对南极磷虾资源进行了探捕性开发，捕获磷虾1 946吨；2010/2011渔季捕获磷虾16 020吨；2012/2013渔季捕获磷虾31 945吨；2013/2014渔季已有6艘渔船通报入渔，预计产量达9万吨，必将进一步推动我国南极磷虾渔业朝规模化方向发展。然而，我国从未对南极磷虾资源进行过科学调查，缺少渔场环境与气象条件等信息，对资源分布及渔场特征了解很不充分，对南极磷虾资源的掌控能力低，在其资源养护措施及捕捞限额分配国际谈判中缺少话语权，在以资源养护为主调的磋商中处境被动。另外，南极磷虾综合利用研究滞后，目前磷虾产品品种较为单一、且去向主要为国际市场，国内磷虾资源大宗利用及高值综合利用技术亟待加强，产业链亟待培育，整个渔业尚处于初级发展阶段。

另外，我国在世界远洋渔业资源开发的竞争中，装备水平落后成为严

重的制约因素。远洋渔船装备整体落后，过洋性渔船多为近海渔船改造而成，装备陈旧老化，效益差，大洋性渔船多为国外淘汰的二手装备，在公海捕捞作业中的竞争力明显落后。而我国从事磷虾捕捞的渔船均为南太平洋渔场竹荚鱼拖网船经简单适航改造即进入南极渔业的，捕捞与加工技术离挪威、日本等国的先进渔船有相当大的差距，国际竞争力低下。

因此，制定远洋和南极磷虾产业规模化发展规划，积极发展南极磷虾业，实施远洋渔船与装备升级更新和渔业科技创新已成为争取和拓展我国南极生物资源乃至其他资源开发权益的战略需求。

### （二）重点内容与关键技术

#### 1. 重点内容

- 远洋渔船和南极磷虾捕捞渔船关键装备技术研究与系统集成；
- 远洋和南极磷虾捕捞技术、捕捞和加工装备关键技术研究与应用；
- 南极磷虾渔业的渔场、渔期形成规律及预报技术研究；
- 南极磷虾渔业及综合利用产业链培育；
- 远洋渔业专业科学调查船建造。

#### 2. 关键技术

- 大型变水层拖网网形监控装备、金枪鱼延绳钓设备、高分辨率声呐探测仪等关键设备研制；
- 金枪鱼围网起网设备、南极磷虾作业系统化装备、鱿鱼钓设备等关键技术；
- 南极磷虾捕捞装备关键技术；
- 南极磷虾深加工和综合利用技术。

### （三）预期目标

- 通过关键技术研究与集成创新，研发先进船型与系统装备，形成科研和产业结合的技术体系。具备南极磷虾拖网加工渔船、竹荚鱼拖网加工船、金枪鱼围网加工船、金枪鱼延绳钓船和鱿鱼钓船及其捕捞装备的自主建造能力，稳步推进大型捕捞装备的国产化率。
- 开展渔具、渔法及装备参数优化研究、作业自动化控制技术研究，全面提升我国远洋渔业系统装备技术的集成创新能力。
- 开展南极磷虾分布规律及形成机制研究，建立南极磷虾渔业信息数字化预报系统，提高南极磷虾捕捞生产效率和磷虾渔获质量，提升我国利用南极磷虾资源的竞争力和国际捕捞限额分配谈判中的话语权。

- 提高南极磷虾深加工和高值综合利用技术，提高其产品质量和附加值，培育集产、学、研、加工、储运、流通企业紧密连接产业链。

## 主要参考文献


陈雪忠,徐兆礼,黄洪亮．2009．南极磷虾资源利用现状与中国的开发策略分析[J]．中国水产科学，16(3):451－457.

谌志新．2005．我国渔船捕捞装备的发展方向与重点[J]．渔业现代化,(4):3－4.

单秀娟,李忠炉,戴芳群,等．2011．黄海中南部小黄鱼种群生物学特征的季节变化和年际变化[J]．渔业科学进展,32(6):1－10.

牛盾．2008．深入实践科学发展观,大力推进水生生物资源增殖放流事业[J]．中国水产,(12):4－5.

农业部渔业局．2011．中国渔业年鉴［M］．北京:中国农业出版社.

孙龙．2009．我国渔港工程学科发展报告(20002—2008)[J]．渔业现代化,36(5):1－3.

孙颖士,王炳喜．2009．中国渔船船员死亡事故分析报告[M]．北京:中国农业出版社.

唐启升,苏纪兰．2000．中国海洋生态系统动力学研究：Ⅰ．关键种科学问题与研究发展战略[M]．北京:科学出版社.

徐皓．2007．我国渔业装备与工程学科发展报告(2005—2006)[J]．渔业现代化，34(4):1－8.

杨金龙，吴晓郁，石国峰，等．2004．海洋牧场技术的研究现状和发展趋势[J]．中国渔业经济,(5)：48－50.

Blaxter J H S. 2000. The enhancement of marine fish stocks[J]. Adv Mar Biol, 38：1－54.

Brown C, Day R L. 2002. The future of stock enhancements：lessons for hatchery practice from conservation biology[J]. Fish and Fisheries,(3):79－94.

Cheung W L W, Lam V W Y, et al. 2009. Projecting global marine biodiversity impacts under climate change scenarios[J]. Fish and Fisheries, 10:235－251.

Heithaus M R, Frid A, Wirsing A J, et al. 2008. Predicting ecological consequences of marine top predator declines[J]. Trends in Ecology and Evolution, 23(4)：202－210.

Jeremy B, Jackson C, Kirby M X, et al. 2001. Historical overfishing and the recent collapse of coastal ecosystems[J]. Science, 293:629－637.

Liao I C, Su M S, Leano E M. 2003. Status of research in stock enhancement and sea ranching[J]. Rev Fish Biol Fisher, 13：151－163.

Lotze H K, Lenihan H S, Bourque B J, et al. 2006. Depletion, degradation and recovery po-

tential of estuaries and coastal seas[J]. Science, 312:1806 - 1809.
Molony B W, Lenanton R, Jackson G, et al. 2003. Stock enhancement as a fisheries management tool[J]. Rev Fish Biol Fisher, 13: 409 - 432.
Pauly D, Christensen V, Dalsgaard J, et al. 1998. Fishing down marine food webs[J]. Science, 279: 860 - 863.
Scheffer M, Carpenter S, Young B D. 2005. Cascading effects of overfishing marine systems [J]. Trends in Ecology and Evolution, 20(11): 579 - 581.
Sinclair M, Valdimarsson G. 2003. Responsible fisheries in the marine ecosystem[M]. FAO & CABI Publishing.
Tittensor D P, Micheli F, Nyström M, et al. 2007. Human impacts on the species area relationship in reef fish assemblages[J]. Ecology Letters, (10): 760 - 772.
Worm B, Barbier E, Beaumont N, et al. 2006. Impacts of biodiversity loss on ocean ecosystem services[J]. Science, 314(3):787 - 790.

## 主要执笔人

唐启升 中国水产科学研究院黄海水产研究所 中国工程院院士
金显仕 中国水产科学研究院黄海水产研究所 研究员
许柳雄 上海海洋大学 教授
徐　皓 中国水产科学研究院渔业机械研究所 研究员
孙　龙 中国水产科学研究院渔业工程研究所 研究员
赵宪勇 中国水产科学研究院黄海水产研究所 研究员
单秀娟 中国水产科学研究院黄海水产研究所 副研究员
黄洪亮 中国水产科学研究院东海水产研究所 研究员
关长涛 中国水产科学研究院黄海水产研究所 研究员
任玉清 大连海事大学 副教授
黄新胜 农业部渔船检验局法规处 副处长
陈丕茂 中国水产科学研究院南海水产研究所 研究员

# 专业领域二：我国海水养殖工程技术与装备发展战略研究

## 第一章 我国海水养殖工程技术与装备的战略需求

当今世界面临着人口、环境与资源三大问题，这些问题在当前的我国尤为突出。

海水养殖是人类主动、定向利用国土海域资源的重要途径，已经成为对食物安全、国民经济和贸易平衡做出重要贡献的产业，是我国改善食物结构、保障人民健康的刚性需求。

### 一、保障食物安全

我国是世界头号水产养殖大国，海水养殖的种类包括鱼类、虾蟹类、贝类、藻类四大类，产量位居世界首位，是世界上唯一养殖产量超过捕捞产量的渔业国家。我国水产养殖产量占水产总产量的70%，占世界水产养殖产量的70%。鱼类等水产养殖产品可以为人类提供优质蛋白质，提供富含高度不饱和脂肪酸的优质脂类。同时，以肉料比和单位饲料废物排出量为依据，与陆生养殖动物相比，鱼类养殖比畜禽养殖能节约更多的粮食，污染环境更少。

美国环境经济学家莱斯特·布朗曾在1994年提出“谁来养活中国”的惊世疑问，但在2008年他又指出水产养殖是当代中国对世界的两大贡献之一，认为世界还没有充分意识到这件事情的伟大意义。现在，我国的水产养殖每年超过4 000 万吨，提供了优质蛋白质食品，这是世界上最有效率的食物生产技术。2008—2012年的5年间，全国水产养殖总量由3 412.82 万吨增长到4 288.36 万吨，增长率为25.65%；全国海水养殖总量由1 340.32

万吨增加到1 643.81万吨，增长率为22.64%（表2-2-1）。我国著名的海洋渔业资源与生态专家估计，如果要稳定我国目前水产品的人均消费量，到2030年前后全国人口达到15亿，我国水产品需要再增加2 000万吨以上。

**表2-2-1 2008—2012年我国水产养殖和海水养殖总量和年增长率的变化**

| 年份 | 水产养殖总量/万吨 | 水产养殖年增长率/% | 海水养殖总量/万吨 | 海水养殖年增长率/% |
|---|---|---|---|---|
| 2008 | 3 412.82 | 4.10 | 1 340.32 | 2.52 |
| 2009 | 3 621.68 | 6.12 | 1 405.20 | 4.84 |
| 2010 | 3 828.84 | 5.72 | 1 482.30 | 5.49 |
| 2011 | 4 023.26 | 5.08 | 1 551.33 | 4.66 |
| 2012 | 4 288.36 | 6.59 | 1 643.81 | 5.96 |

资料来源：历年中国渔业统计年鉴.

同时，用于海水养殖动物的人工配合饲料所需原料主要来自农副产品和食品加工后剩下的人们不能食用的下脚料，如榨取和提炼大豆油后剩下的豆饼和豆粕，生产花生油后剩下的花生饼和花生粕，酿酒后剩下的酒糟，禽类加工后剩下的羽毛等。海水养殖一方面为人类提供了含优质蛋白质和优质脂肪酸的水产品；另一方面高效利用了人们不能食用的“食物”副产品。可见，海水养殖对提高人们生活水平，建设资源节约型社会意义重大，海水养殖对保障我国食物安全的贡献必将越来越大。

## 二、维护国家权益

社会水产品消费规模增长，需要开发蓝色国土，发展蓝色农业。发展远离陆地及市场的远海海域蓝色农业，对应多变的海洋条件，需要构建规模化的产业链及安全可靠的生产设施，以工业化的生产经营方式发展集约化养殖，包括深水大型网箱设施、大型固定式养殖平台和大型移动式养殖平台等离岸深海养殖工程。同时，深海大型养殖设施的构建，如同远离大陆的定居型海岛。

在我国与周边国家海域纠纷突出、海域领域被侵蚀的状况下，发展深海大型养殖设施就是屯渔戍边、守望领海，体现渔权即主权、存在即权益。

# 第二章 我国海水养殖工程技术与装备的发展现状

海水养殖可分为陆基养殖、浅海养殖和深海养殖，涉及水（水环境和生态）、种（遗传育种）、病（病害防控）、饵（饲料）和养（养殖技术和装备）等。

## 一、遗传育种技术取得重要进展，分子育种成为技术发展趋势

我国在海水养殖生物育种领域取得重要进展，早期以引进种为主，近几年多为杂交选育种，已累积获得30余个国家水产新品种（表2－2－2），标志着我国初步形成了海水养殖育种技术体系。培育的新品种在产业中得到应用推广，产生了良好的经济和社会效益，在促进养殖业发展、加速产业结构调整、丰富市场供应以及帮助渔民发家致富等方面发挥了重要作用。我国海水养殖逐渐从依赖野生型向利用人工改良型种质转变，提高了产业效益和可持续发展能力。

**表2－2－2 我国海水养殖新品种**

| 序号 | 品种名称 | 年份 | 登记号 | 类别 |
|---|---|---|---|---|
| 1 | 罗氏沼虾 | 1996 | GS－03－012－1996 | 引进种 |
| 2 | 海湾扇贝 | 1996 | GS－03－015－1996 | 引进种 |
| 3 | 虾夷扇贝 | 1996 | GS－03－016－1996 | 引进种 |
| 4 | 太平洋牡蛎 | 1996 | GS－03－017－1996 | 引进种 |
| 5 | “901”海带 | 1997 | GS－01－001－1997 | 引进种 |
| 6 | 大菱鲆 | 2000 | GS－03－001－2000 | 引进种 |
| 7 | SPF凡纳滨对虾 | 2002 | GS－03－001－2002 | 引进种 |
| 8 | 中国对虾“黄海1号” | 2003 | GS－01－001－2003 | 选育种 |
| 9 | “东方2号”杂交海带 | 2004 | GS－02－001－2004 | 杂交种 |
| 10 | “荣福”海带 | 2004 | GS－02－002－2004 | 杂交种 |

续表

| 序号 | 品种名称 | 年份 | 登记号 | 类别 |
|---|---|---|---|---|
| 11 | “大连1号”杂交鲍 | 2004 | GS－02－003－2004 | 杂交种 |
| 12 | “蓬莱红”扇贝 | 2005 | GS－02－001－2005 | 杂交种 |
| 13 | “中科红”海湾扇贝 | 2006 | GS－01－004－2006 | 选育种 |
| 14 | “981”龙须菜 | 2006 | GS－01－005－2006 | 选育种 |
| 15 | 杂交海带“东方3号” | 2007 | GS－02－002－2007 | 杂交种 |
| 16 | 漠斑牙鲆 | 2007 | GS－03－002－2007 | 引进种 |
| 17 | 中国对虾“黄海2号” | 2008 | GS－01－002－2008 | 选育种 |
| 18 | 海大金贝 | 2009 | GS－01－002－2009 | 选育种 |
| 19 | 坛紫菜“申福1号” | 2009 | GS－01－003－2009 | 选育种 |
| 20 | 杂色鲍“东优1号” | 2009 | GS－02－004－2009 | 杂交种 |
| 21 | 刺参“水院1号” | 2009 | GS－02－005－2009 | 杂交种 |
| 22 | 大黄鱼“闽优1号” | 2010 | GS－01－005－2010 | 选育种 |
| 23 | 凡纳滨对虾“科海1号” | 2010 | GS－01－006－2010 | 选育种 |
| 24 | 凡纳滨对虾“中科1号” | 2010 | GS－01－007－2010 | 选育种 |
| 25 | 凡纳滨对虾“中兴1号” | 2010 | GS－01－008－2010 | 选育种 |
| 26 | 斑节对虾“南海1号” | 2010 | GS－01－009－2010 | 选育种 |
| 27 | “爱伦湾”海带 | 2010 | GS－01－010－2010 | 选育种 |
| 28 | 大菱鲆“丹法鲆” | 2010 | GS－02－001－2010 | 杂交种 |
| 29 | 牙鲆“鲆优1号” | 2010 | GS－02－002－2010 | 杂交种 |
| 30 | 中华绒螯蟹“光合1号” | 2011 | GS－01－004－2011 | 选育种 |
| 31 | 海湾扇贝“中科2号” | 2011 | GS－01－005－2011 | 选育种 |
| 32 | 海带“黄官1号” | 2011 | GS－01－006－2011 | 选育种 |
| 33 | 马氏珠母贝“海优1号” | 2011 | GS－02－002－2011 | 杂交种 |
| 34 | 牙鲆“北鲆1号” | 2011 | GS－04－001－2011 | 其他种 |
| 35 | 凡纳滨对虾“桂海1号” | 2012 | GS－01－001－2012 | 选育种 |
| 36 | 三疣梭子蟹“黄选1号” | 2012 | GS－01－002－2012 | 选育种 |
| 37 | “三海”海带 | 2012 | GS－01－003－2012 | 选育种 |
| 38 | 坛紫菜“闽丰1号” | 2012 | GS－04－002－2012 | 其他种 |

资料来源：全国水产原种和良种审定委员会.

我国具有产业化规模栽培的大型经济海藻包括海带、裙带菜、紫菜

（条斑紫菜和坛紫菜）、龙须菜、麒麟菜和羊栖菜。根据2012年全国渔业经济统计公报的数据，我国海藻养殖面积为12.08万公顷，海藻总产量为176.47万吨。我国在海藻总产量、栽培面积和从业人数多年位居世界首位。利用有性繁殖规律进行苗种生产的种类包括海带、裙带菜、条斑紫菜、坛紫菜和羊栖菜；利用藻体营养增殖进行苗种扩繁的包括龙须菜和麒麟菜。反季节进行苗种培育的只有海带，需要在夏季制冷水中提前完成苗种繁育，从而实现延长孢子体生长时间提高产量的目的。

我国海水养殖动物种苗繁育关键技术实现了跨越性发展，形成了符合我国海区特点的海水养殖种苗繁育技术体系，苗种繁育技术总体上处于世界领先水平。我国从最北端沿海的辽东半岛到最南端的海南岛都有不同物种的海藻栽培。我国实现了半滑舌鳎全人工苗种繁育，斜带石斑鱼全人工大规模育苗，促进了我国海水鱼网箱养殖业和增养殖业的迅速发展，大菱鲆的工厂化育苗与养殖产业化成功开辟了鱼类养殖主流产业。

但整体上讲，目前我国海水养殖业的良种覆盖率还相当低，与我国海水养殖的产业规模比较，新品种还是太少，而且新品种的培育周期也过长，难以满足产业发展的需求。目前这些新品种基本是采用选择和杂交等传统育种方法获得，育种周期长、效率低，难以满足大批量、高品质、多优性状和广适性新品种的市场需求。我国海水养殖新品种培育研究已开始由传统育种向以分子育种为主导的多性状、多技术复合育种和设计育种的转变。全基因组测序的完成，将有助于建立基于全基因组功能基因资源的育种技术体系，实现大批量优良品种的高效产出。

## 二、水产动物营养研究独具特色，水产饲料工业规模世界第一

我国水产动物营养和饲料学研究起步晚、历史短。然而，由于国家产业政策正确和巨大的产业需求，推动了我国水产动物营养研究与水产饲料工业的快速发展。现在，我国已经成为国际上一个全新的水产动物营养研究与水产饲料生产中心，走出了一条符合我国国情、独具中国特色的发展道路，发展成为世界第一水产饲料生产大国（图2-2-1）。

### （一）水产养殖动物营养需求

我国的水产养殖在世界上具有显著的特殊性：生态分布、养殖种类、食性类型、养殖模式等都具有高度的多样性。单单养殖种类就有100余种，

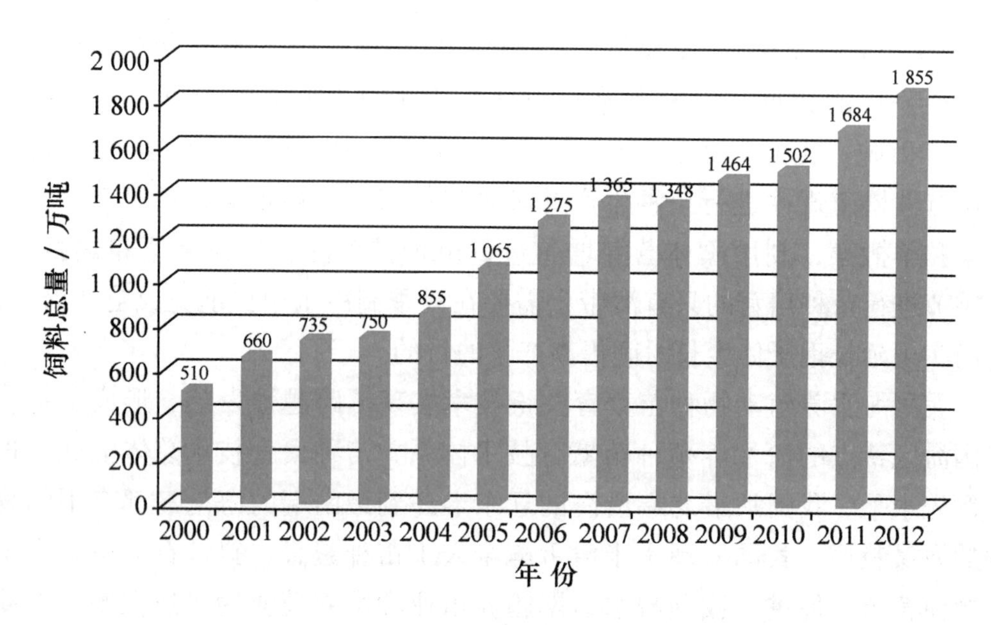


图 2-2-1　2000—2012 年我国水产饲料总量统计

资料来源：历年中国渔业统计年鉴.

而且种类更替也非常快。因此，我国的水产动物营养学和饲料研究基于“选择代表种、集中力量、统一方法、系统研究、成果辐射”的战略思路，启动了我国水产动物营养的系统研究，形成了我国独具特色的水产饲料工业发展模式，引领了符合我国国情的水产饲料工业体系构建。逐步建立了我国主要水产养殖动物的营养参数公共平台。

### （二）饲料原料的生物利用率

我国虽然是一个农业大国，但不是一个饲料资源大国。我国饲料原料的数量和质量都不能满足我国饲料工业快速发展的需要。尤其是优质蛋白质原料，如鱼粉、豆粕70%依赖进口，世界鱼粉产量的约40%以上都消耗在中国。因此，我们一直寻找更广泛的饲料原料来源。这就决定了我国水产饲料原料的多样性和低品质的特点。通过多年的努力，我们建立了具有我国特色的水产养殖种类对具有中国特色的饲料原料生物利用率数据库。

除草食性养殖水产动物外，对大多数其他食性动物来说，植物性原料都存在适口性差、营养拮抗因子、氨基酸与无机盐不平衡等问题。为了提高廉价饲料原料的利用率，近年来国内在原料预处理（如发酵菌种筛选、植物蛋白源复合发酵、酶处理、物理和化学处理）、饲料配方的营养平衡

（如氨基酸平衡、能量平衡等）、添加剂（营养添加剂、诱食剂、外源酶添加剂等）等方面都取得良好进展，有效地提高了廉价饲料原料的生物利用率。

### （三）渔用饲料添加剂

进入21世纪以来，我国饲料添加剂工业有了长足发展。品种大幅度增加，质量提高，产量快速增长，改变了完全依赖进口的局面，许多产品还进入国际市场。根据我国饲料添加剂工业的现状，增加薄弱环节的研发投入，加快适用于水产动物的新型专用饲料添加剂的开发与生产，改变长期以来借用畜禽饲料添加剂的局面。如鱼虾诱食剂、专用酶制剂、氨基酸（如对水产动物来说苏氨酸、精氨酸常常是限制性氨基酸）、替代抗生素的微生态制剂和免疫增强剂等，逐步实现主要饲料添加剂国产化，降低饲料生产成本，提升国产饲料添加剂和水产养殖产品的国际竞争力。

### （四）水产饲料加工设备制造

通过探索与技术改造，消化吸收国外先进技术，我国饲料工业技术装备水平得到了快速提高。特别是微粉碎设备和膨化成套设备的国产化逐步普及，对提高我国水产饲料加工工艺水平和饲料质量起到重要的作用。现在我国生产的水产饲料加工成套设备，不仅能基本满足国内水产饲料生产的需要，而且也外销国际市场。

## 三、病害监控技术保持与国际同步，免疫防控技术成为发展重点

### （一）病原检测与病害诊断技术

水产病害快速检测和流行病监控技术的快速发展为人们及时准确地了解和监控养殖对象和养殖水体健康状态提供了保障。国内对水产病害诊断和流行病学监控技术的研究一直保持与国际同步的水平上。发展并完善了水产病害基于抗体的免疫学检测方法和分子生物学方法，追踪世界先进技术开发了多种水产病害的PCR、LAMP快速诊断技术。近年来，国内的科研人员也将基因芯片和抗体芯片技术应用于病原的检测。诊断技术的快速发展为监控水产病害的发生、流行及科学用药提供有力支持。

### （二）免疫防控技术

在鱼类病害防治技术研发方面，由于使用化学药物容易造成污染和残

留，病原对抗生素的耐药性日益增强，因此开发低成本高效疫苗和免疫抗菌、抗病毒功能产品，对重大流行性疾病进行免疫防治，已成为21世纪水产动物疾病防控研究与开发的主要方向。

（1）疫苗的研发。我国水产疫苗研究起步于20世纪60年代末，淡水鱼类疫苗的研究代表了我国水产疫苗研究的发展历程。据不完全统计，于20世纪90年代中期始，有20多家高校、研究机构开展了水产疫苗及其相关研究。在我国，在鳗弧菌、哈氏弧菌、溶藻弧菌、副溶血弧菌、爱德华氏菌等研究中获得了免疫保护效应较好的亚单位疫苗；成功研制草鱼出血病病毒灭活疫苗、肿大细胞病毒全细胞灭活疫苗和淋巴囊肿病毒口服型核酸疫苗。在利用基因敲除技术制备减毒疫苗方面取得了重大突破，在海洋病原菌交叉保护疫苗方面做了有益的探索，研制了鳗弧菌灭活疫苗、减毒活疫苗、多弧菌混合疫苗和脂多糖疫苗，通过方便安全的接种，取得了良好的疫苗免疫效果。蛋白质疫苗在我国的研究非常广泛，几乎所有重要海水养殖相关病原菌的重组亚单位疫苗都有报道。此外，水产养殖动物疫苗中试规模正在扩大，建立了具有病毒活疫苗、病毒灭活疫苗、细菌灭活疫苗和亚单位疫苗生产能力的水产疫苗GMP生产与中试基地。

（2）免疫抗病基因工程制品的研发。研制抗病蛋白基因制品和免疫增强剂是免疫防控的最重要途径之一。对从海水养殖动物如鱼、虾和贝类等获得的抗菌和抗病毒基因，进行基因工程重组表达，对获得的重组蛋白进行抗菌和抗病毒活性，作用机制，以及动物安全性实验研究。已有研究表明，大多数海水养殖动物的抗菌肽hepcidin具有广谱抗菌及抗水产病毒的功能，目前表达成功的包括真鲷抗菌肽、虹鳟抗菌肽Oncorhyncin Ⅱ、鲈鱼抗菌肽和石斑鱼抗菌肽等。表达成功的抗菌肽也被应用于水产饲料添加剂的研发。为了减少水产药物的使用与残留，从20世纪90年代中期开始注意水产养殖动物抗病力与营养素及添加剂关系的研究，以开发提高动物抗病力的营养添加剂和免疫增强剂。鱼类溶菌酶已经被证实是一种很好的能够增强鱼体免疫能力的免疫增强剂，长期使用水产专用溶菌酶“Aegis溶净”，能有效防治细菌性疾病（嗜水气单胞菌、爱德华氏菌等引起的），降低肠胃炎、出血病、脱肛、烂鳍烂鳃等的发生率，提高成活率。此外，一些免疫活性因子，如非甲基化的胞嘧啶鸟嘌呤二核苷酸重复序列-寡聚脱氧核苷酸（CpG-ODN）对养殖虾蟹类具有免疫增强效果，为无脊椎动物的病害控制提供了新途径。所有这些结果为研制无公害的基因工程生物制品奠定了良好基础。

### （三）生态防控技术

生态防治的原理是根据同一生态系统中的不同微生物之间的相互作用和生物间的营养竞争等方式，达到防治致病菌的目的。水产养殖中的许多病害，不仅与病原微生物有关，而且和养殖水体的微生物生态平衡有着密切的关系。水体中微生物群落的组成直接决定着病原微生物是否会最终导致疾病的发生。微生物生态技术及微生态制剂的使用是健康养殖中病害生态防治的重要途径。通过对养殖水体中理化因子，生物种群等进行分析，了解养殖水体中微生物种群的变化。生态防控以保持良好的养殖环境为重点，通过水质、底质等调控措施，营造利于养殖动物健康生长的环境。环境改良主要包括生物改良技术和理化改良技术。生物改良技术研究的热点是微生态技术，主要是通过对能够分泌高活性消化酶系、快速降解养殖废物的有益微生物菌株筛选、基因改良、培养、发酵后，直接添加到养殖系统中对养殖环境进行改良。目前，水产养殖使用的有益菌主要有芽孢杆菌、光合细菌（PSB）、乳酸菌、酵母菌、放线菌、硝化细菌、反硝化细菌和有效微生物菌群（EM）等。芽孢杆菌制剂、光合细菌制剂、以乳酸菌为主导菌的EM菌剂等产品已经在养殖生产中使用，其中以对虾养殖使用比较普遍，并取得良好效果。产品类型也从单一菌种到复合菌种，剂型也从液态发展到固态。此外，通过了解养殖水体中微生物种群的变化建立养殖鱼类疾病的预警预报体系。

## 四、生态工程技术成为热点，引领世界多营养层次综合养殖的发展

我国陆域与近岸海域水、土资源有限，发展水产养殖必须依靠先进、高效的养殖模式，以集约化、工厂化为前提，不断提高单位水、土面积的产出效率，提升养殖生产效率与劳动生产效率。近海海域水质劣化，自然灾害频发，需要提升水产养殖系统自身控制能力。同时，现代社会可持续发展对水产养殖控制富营养物质排放提出了更高的要求，需要控制与减少养殖系统的废水排放。

基于生态系统的养殖生态工程技术成为国际研究热点，这种养殖理念将生物技术与生态工程结合起来，广泛采用新设施、新技术，以节能减排、

环境友好、安全健康的生态养殖新生产模式来替代传统养殖方式。近半个世纪以来，我国海水养殖业取得了长足发展。海水养殖业坚持“充分利用浅海滩涂、因地制宜养殖增殖、鱼虾贝藻全面发展、加工运销综合经营”的发展方针，以“巩固提高藻类、积极发展贝类、稳步扩大对虾、重点突破鱼蟹、加速拓展海珍品”为主攻方向，初步实现了“虾贝并举、以贝保藻、以藻养珍”的良性循环，取得了一批国际领先或先进的科技成果。良种选育取得重大突破，为生态工程化提供了种质基础；陆基工厂化养殖、浅海多营养层次综合养殖、深水抗风浪筏式养殖和网箱养殖、滩涂贝藻养殖等各具特色的生态养殖模式正在涌现；病害防治的基础研究及其应用取得明显进展；渔业捕捞方式正在转型。各个领域所呈现出的转变为现代海水养殖的生态工程化奠定了坚实的基础。

## 五、海水陆基养殖工程技术发展迅速，装备技术日臻完善

我国陆基工厂化循环水养殖模式研究步入逐步深入发展的阶段，研发了多项关键设备，节水节地等循环经济效应初步显现。20 世纪 90 年代以来，科技部、农业部等国家部委和地方主管部门为此曾先后多次立项，支持开展工厂化养殖循环系统关键装备的研究，其中以鲆鲽类为代表的海水鱼类循环水养殖系统更是当时支持的重点。在广大科研人员的共同努力下，通过模仿、改进、自主研发等方式，取得了鱼池高效排污、颗粒物质分级去除、水体高效增氧、水质在线检测与报警等关键技术的长足进步；在低温条件下生物净化、臭氧杀菌等技术环节也取得了一定的进展；开发的弧形筛、转鼓式微滤机、射流式蛋白泡沫分离器、低压及管式纯氧增氧装置、封闭及开放式紫外线杀菌装置等技术装备都达到或基本到达国际先进水平。以此为基础先后在国内诞生了 10 多家专门生产循环水处理设备的企业。在系统模式方面，在山东、辽宁、天津等地构建了数套鲆鲽类封闭式循环水养殖系统，同时开展了生产性养殖试验，为我国海水鱼类循环水养殖起步走向工业化养殖里程起到了积极的推动作用。

## 六、浅海养殖容量已近饱和，环境友好和可持续发展成为产业特征

我国浅海养殖的主要模式包括池塘养殖、滩涂养殖、筏式养殖以及网箱养殖等。近年来，随着产业升级换代，特别是随着管理部门和公众资源

环境意识的提高，各种节能环保新技术在水产养殖中得到应用，不仅提高了养殖的经济效益，同时也减少了养殖的环境影响；产业发展更加体现出环境友好和可持续的特征。

海水池塘养殖是我国养殖历史最悠久、分布面积最广泛的海水养殖方式，在我国应对气候变化、海洋生态环境恶化以及资源衰退等诸多国家战略中占有重要的位置。我国海水池塘养殖模式以潮间带池塘、潮上带高位池和保温大棚为主。其中，潮间带池塘的生态养殖模式以自然纳潮进水或机械提水，部分配有增氧机，养殖虾、蟹、参、鱼、贝类等，亩产100～200千克；潮上带的高位池集约化养殖模式，以对虾精养为主，具有完善的机械提水和排水系统，使用增氧机或鼓风机充氧，水泥护坡或覆地膜，亩产1 000～2 000千克；保温大棚养殖模式利用土池或小型水泥护坡池塘，有塑料薄膜房顶或其他保温设施，以苗种暂养和反季节养殖为主，以鼓风机或液态氧充氧，养殖产量2～4千克/米$^2$。基于工程化理念和技术的健康养殖技术体系是现阶段海水池塘养殖的最新技术。

滩涂养殖的主要模式有：滩涂底播养殖（泥蚶、扇贝、缢蛏、文蛤、鲍鱼、海参、菲律宾蛤仔、牡蛎等）、滩涂筑坝蓄水养殖（泥蚶、缢蛏、鲍鱼、海参、青蟹、脊尾白虾等）、滩涂插柱养殖——牡蛎、浅海筏式养殖（牡蛎、扇贝、鲍鱼、紫菜、海带、海参等）、浅海网箱养殖（海水鱼类）。国内相关研发主要集中于养殖技术、养殖容量评估等方面，包括利用藻类、贝类、微生物吸收、降解、转化养殖区沉积物环境和养殖水体中的污染物等生物净化和生物修复技术。

近海多元综合养殖。可持续海水养殖不仅要注重养殖的最大经济效益，而且要减少养殖活动对自然和生态环境的压力。多营养层次的综合养殖（IMTA）或复合养殖是目前解决这一问题的有效手段，即在同一养殖系统内进行多种养殖经营，以提高单位设施利用率和养殖效果。多营养层次的综合养殖是基于生态系统水平管理的一种养殖模式。目前已经研发成功并且投入实际生产的有：鱼－藻、鱼－贝－藻、贝－藻、贝－藻－参等多元综合养殖模式，产生了良好的经济、社会和生态效益。目前在山东沿海已经形成养殖模式多元化、增养殖种类多样化的浅海多元综合养殖体系格局。南方沿海各地借鉴北方成功经验，结合当地条件和自身情况因地制宜开展多元综合养殖，浙江、福建和广东鱼－贝（鲍）－藻综合养殖已经成为成熟和广泛采用的养殖模式。

网箱养殖具有单位面积产量高、养殖周期短、饲料转化率高、养殖对象广、操作管理方便、劳动效率高、集约化程度高和经济效益显著等特点。

中国是浅海贝藻养殖的第一大国，2012 年养殖产量达 1 384.91 万吨，占当年全国海水养殖总产量的 84.25%，约占世界海水养殖总产量的 2/3。贝藻养殖在缓解我国粮食安全保障压力和满足水产品供给中发挥着极其重要的作用。此外，随着我国“碳汇渔业”理念的提出，据有关专家估算，我国海水贝藻养殖每年从水体中移出的碳量为 100 万～137 万吨，相当于每年移出 440 万吨左右的二氧化碳。由此可见，贝藻养殖不仅在我国海水养殖产业中占有举足轻重的地位，而且为减排二氧化碳和科学应对全球气候变化做出重要的贡献。然而，长期以来，由于我国近海养殖的设施化与工程化水平不高，养殖生产基本处于低技术水平的数量规模化发展。尤其是我国的贝藻养殖，目前除在浅海海域架设的简易浮筏和长绳、吊笼外，基本无其他配套设施和装备，养殖生产过程主要靠人力操作，养殖的工程化与设施化水平与其产业地位和贡献极不相称，因此，亟须加速提升我国贝藻养殖的设施与装备水平，扩增产业效能，构建一个技术水平先进、产业形象优良的贝藻养殖产业，从而助推我国贝藻养殖业又好又快发展。一个稳定持续发展的贝藻养殖业不仅符合加速提升我国海水养殖总体水平和建设水产养殖强国的重大需求，而且对保障我国食物安全与水产品供给及减少二氧化碳等温室气体排放等都具有重要的战略意义。

我国海水增养殖污染状况。近年来，随着国家对海洋环境综合治理力度的加大，我国海水增养殖区水质和底质环境状况整体趋于稳定，但局部区域仍存在自身污染严重的问题。根据养殖类型区分，藻类养殖区环境状况良好，贝类筏式养殖区域仍以生物沉积物和贝类粪便为主要污染物，影响养殖区域的沉积物环境；网箱鱼类养殖区水质和底质污染则主要是由投喂残饵和粪便造成。另外，近几年来近岸浅海海珍品底播增养殖发展迅速，但由于增养殖大多利用海区天然饵料，因此基本不存在自身污染问题。

根据《2012 年中国海洋环境状况公报》数据，我国 63 个海水增养殖区环境质量整体状况较好，增养殖区海水中化学需氧量、pH、溶解氧和粪大肠菌群等监测要素符合Ⅱ类海水水质标准要求的站次比例均在 93% 以上。部分增养殖区海水中无机氮和活性磷酸盐含量较高，水体呈富营养化状态。

其中，东海增养殖区海水中无机氮、活性磷酸盐超标率较高，渤海、黄海和南海相对较低。增养殖区沉积物中粪大肠菌群、石油类、有机碳、硫化物、汞、镉、铅、砷、DDT和多氯联苯等监测要素符合Ⅰ类海洋沉积物质量标准要求的站次比例均在95%以上，部分增养殖区沉积物中铜和铬超标率较高。海水增养殖区综合环境质量状况的评价结果显示，等级为“优良”、“较好”、“及格”和“较差”的海水增养殖区所占比例分别为68%、22%、8%和2%（图2-2-2），海水增养殖区环境质量状况基本满足增养殖活动要求。2006年以来，环境综合质量等级为“优良”的养殖区所占比例呈增加趋势。

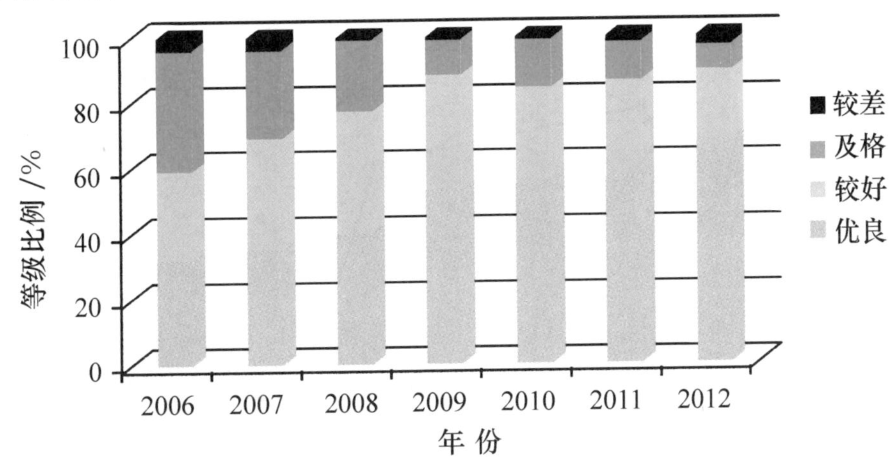


图2-2-2　2006—2012年我国海水增养殖区综合环境质量等级比例

资料来源：2012年中国海洋环境状况公报.

## 七、深海网箱养殖有所发展，蓄势向深远海迈进

我国深海网箱养殖工程技术与装备的研究和开发起步较晚。我国于1998年引进重力式高密度聚乙烯（HDPE）深水抗风浪网箱，2000年以后，国产化大型深水抗风浪网箱的研发得到了国家与各级政府部门的大力支持，发展至今，已基本解决了深水抗风浪网箱设备制造及养殖的关键技术。然而，深水网箱设施系统抵御台风等自然灾害侵袭能力还很弱，装备性能有待进一步提高。我国深水网箱的主要结构形式，总体上是引进挪威用于大西洋鲑养殖的重力式HDPE网箱。我国沿海海域大陆架平坦，涌浪大，水流急，频受台风的侵袭，设置HDPE网箱，多选择湾口或有岛屿掩护的半开放

水域。深水网箱养殖区每当受到台风的正面袭击，在浪、流的夹击下，当网箱的承受能力超出极限时，往往损失惨重。深水网箱养殖设施系统还不具备远离陆基，迈向大海的能力。

图2-2-3是我国海水养殖工程技术与装备当前（2012年）水平各个方向与国际发展水平的比较。

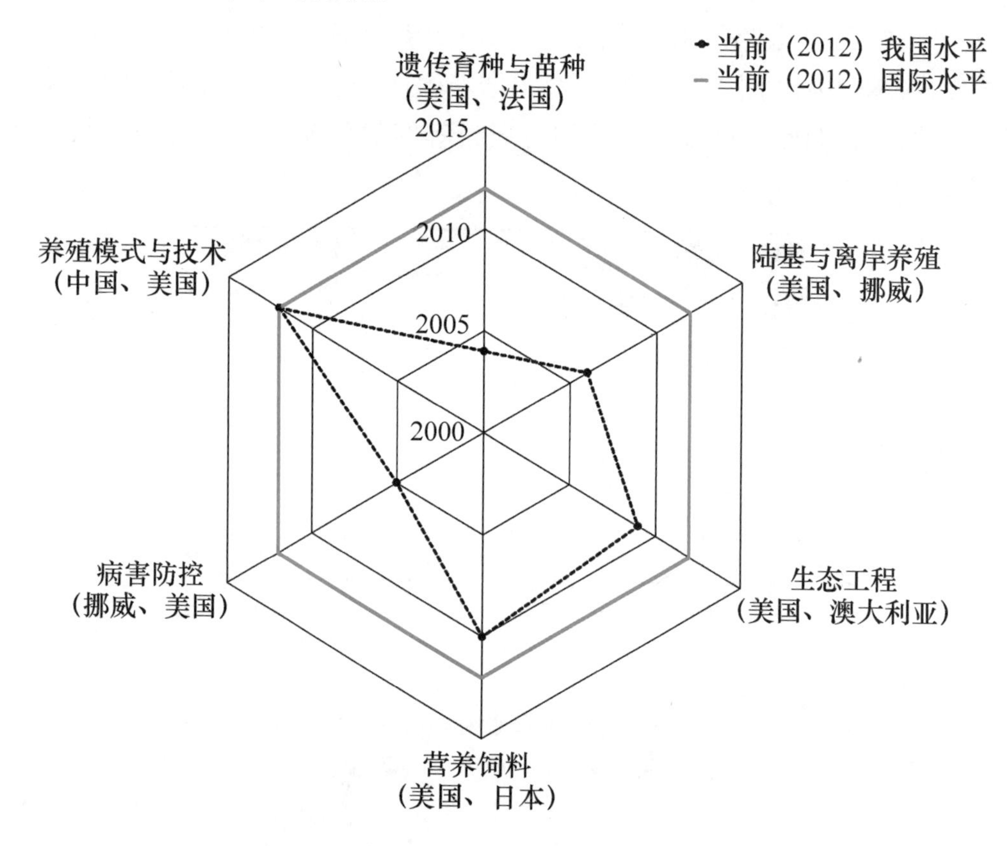


图2-2-3 我国海水养殖工程技术与装备当前水平与国际发展水平比较

# 第三章 世界海水养殖工程技术与装备发展现状与趋势

## 一、遗传育种与苗种培育工程技术

### （一）世界遗传育种与苗种培育工程技术的发展现状

数量性状遗传评估技术、基因工程和分子标记辅助育种成为国际研究热点。

世界上主要发达国家如美国、英国、日本、澳大利亚等国均将经济海洋生物（鱼、虾、贝、藻）的遗传育种研究列为重点发展方向，以最佳线性无偏预测（BLUP）和约束最大似然法（REML）分析为基础的数量性状遗传评估技术正在快速向水产育种领域转化。近几年来，国际上海洋生物遗传育种研究的重心已转向基因工程育种，美国、法国等在对虾致病基因的克隆和抗病品系的筛选方面取得了可喜的进展；加拿大将抗冻蛋白基因和生长激素基因转移到鲑鱼体内获得整合表达，使转基因鱼生长速度比对照组提高了4~6倍。通过分子标记辅助育种实现海水养殖品种的良种化是目前世界各国研究的热点。美国率先开展了无特定病原（SPF）虾苗培育和高健康对虾养殖的研究，将分子遗传标记技术用于该项目之中，在夏威夷建立了世界SPF虾苗培育中心，培育出的SPF对虾新品种已推广到世界各地。

世界范围内，经济海藻栽培的国家主要限在亚洲的中国、日本、韩国和菲律宾。除中国外，世界其他国家的海藻产品基本来自于自然生长的野生种群，人工养殖的海藻基本构不成资源。中国在经济海藻苗种培育工艺上走在了世界的前列。国际上海水鱼类苗种培育技术的研究主要集中在仔鱼小生态系（物理环境和生物环境）的建立和仔稚鱼营养强化等方面。贝类方面，国际上重视在生理学研究基础上研发幼体发育关键期培育技术及中间培育技术。

### （二）面向2030年的世界遗传育种与苗种培育工程技术的发展趋势

从传统的育种技术逐渐转向细胞工程育种和分子聚合技术育种、从单性状育种向多性状复合育种、从单技术向多技术复合育种方向发展。苗种培育技术发展趋势是依据经济种类的遗传特点，建立科学合理的亲本管理和亲本选择策略，防止近交衰退。

现代生物技术与传统遗传育种技术相结合已成为海洋优良品种培育技术发展的总趋势。围绕基因组、功能基因组，对海水养殖生物重要经济性状的分子基础进行深入研究，明确重要经济性状（生长、性别决定、抗病抗逆等）的分子基础及基因调控网络，利用遗传连锁图谱和SNP等新一代分子标记技术，分析性状和遗传基础的关系，提出良种分子设计的策略和可行途径，为海水养殖生物的良种创制提供重要理论基础和技术支撑是目前海洋生物育种领域发展的主要动向。遗传连锁图谱的建立，性状相关基因的筛选、定位和克隆，性状分子基础及调控机制的解析成为研究的热点。继标记辅助选择技术之后，全基因组选择技术、分子设计育种已逐渐成为分子育种技术领域的热点。总之，国外海水养殖良种培育技术的发展趋势是从传统的育种技术逐渐转向细胞工程育种和分子聚合技术育种、从单性状育种向多性状复合育种、从单技术向多技术复合育种方向发展，以满足产业日益增加的对优质、高效培育新品种的需求。

苗种培育技术发展趋势是依据经济种类的遗传特点，建立科学合理的亲本管理和亲本选择策略，防止近交衰退。此外，繁殖生理学研究、幼体发育和生理以及幼体培育技术仍然是苗种培育工程的主要研究内容。

### （三）国外经验（典型案例分析）

欧、美等水产研究先进国家投入了大量资金资助海水养殖动物基因组育种技术研发，包括鳕、罗非鱼、鲇、大西洋鲑等养殖鱼类。

近些年以来每年完成的基因组测序项目呈几何级数上升。截止到目前，NCBI中的动物基因组项目接近400项。目前已有多项农业动物的基因组项目在执行，而水产养殖动物全基因组测序工作则进展较为缓慢，已经实施的项目有鳕、罗非鱼、鲇、大西洋鲑等。目前的基因组后续研究主要包括两大方面：一是利用反向遗传学手段对基因资源进行研发。二是以单核苷酸多态性（SNP）为代表的基因变异检测。通过关联分析和连锁分析，将基因结构的变异和表型的变异联系起来，寻找经济性状相关的基因和标记，并将其用于分子育种。通量测序平台建设为分子育种和基因资源研发所需的大量标记和序列的获得提供了可能。以 SNP 标记为代表的全基因组标记开发推动了分子育种技术的发展。基因验证技术的发展为重要经济性状基因资源研发和利用提供了可能。

欧、美等水产研究先进国家投入了大量资金资助海水养殖动物基因组育种技术研发。国际大西洋鲑基因组计划于 2010 年 1 月份启动，经费主要由挪威政府和企业资助，目标是促进大西洋鲑基因组育种技术的发展。美国的罗非鱼、鲇等基因组测序计划正在紧锣密鼓地进行，同时 SNP 开发工作也在进行。挪威等北欧国家在水产生物的育种学研究中一直处于世界领先位置。近年来，挪威政府对经济鱼类的分子育种学研究加大了支持力度，启动了一批水产生物基因组项目。鉴于全基因组选择对低遗传力性状选择的明显效果，国际上目前主要应用这一方法开展抗病育种。2011 年 8 月，挪威奥斯陆大学在《Nature》报道了鳕基因组测序结果，分析了鳕免疫系统的特点，为抗病抗逆品系的选育，疫苗开发和疾病管理提供了重要基础。目前挪威正在开展鲑鳟鱼和鳕鱼的抗弧菌病和 VNN 病毒病的全基因选育。此外，加拿大 Genome Atlantic 基因组中心也启动了鳕分子育种研究项目，旨在结合基因组数据及家系选育技术，培育性状优良的鳕新品系。美国在进行抗弧菌病斑点叉尾鮰的全基因组选育。全基因组选育技术的发展和应用已成为国际育种领域新的研究热点。

## 二、营养与饲料工程技术

### （一）世界营养与饲料工程技术发展现状

美国的鱼类营养研究最早，饲料年产量维持在 100 万吨左右，饲料质量好，以膨化饲料为主。欧洲国家紧随日本之后，成为国际上一个重要的水产动物营养研究与水产饲料生产中心，以挪威为代表引领着世界鱼类营养研究的前沿方向。

美国是鱼类营养研究开始最早的国家，始于 20 世纪 30 年代，40 年代快速发展，到 50 年代试制成功颗粒饲料并生产销售。日本渔用配合饲料生产始于 1952 年，当年引进美国鳟鱼湿式粒状饲料，开展鱼类营养研究和配合饲料的商业化生产。欧洲国家紧随日本之后，成为国际上一个重要的水产动物营养研究与水产饲料生产中心。

虽然美国、日本和欧洲是水产动物营养研究与水产饲料商业化生产最早的国家和地区，但是，他们不是水产养殖的主产区，它们的水产饲料总量并不大。美国水产饲料2012年的产量为100万吨，主要用于鲑鱼、虹鳟和斑点叉尾鮰的养殖。由于美国的基础研究较好，又重视采用先进技术，推广自动化加工系统，饲料质量很好，80%以上是膨化饲料，饲料系数达到1.0~1.3。美洲其他主要水产饲料生产国包括智利、墨西哥、厄瓜多尔、加拿大和巴西，2012年总产量接近300万吨。日本养鱼饲料协会统计，日本2006年的水产饲料产量为65万吨，2012年下降为43.2万吨。自20世纪70年代以后，大西洋鲑和鳕养殖在挪威占有重要的经济地位，挪威逐步成为一个活跃的世界鱼类营养研究中心，尤其近10年来挪威引领着世界鱼类营养研究的前沿方向。欧洲的主要水产饲料生产区域包括挪威、地中海、英国和爱尔兰，2012年总产量在250万吨左右。东南亚地区是世界水产饲料的主要产区之一，主要生产国是泰国、印度尼西亚、越南、菲律宾、马来西亚和印度，其中印度尼西亚、越南、菲律宾和马来西亚虾饲料呈现增长势头，而印度和泰国则下滑。2012年印度水产饲料产量为350万吨，泰国160万吨，印度尼西亚130万吨，越南292万吨。2012年全球水产饲料总产量为3 440万吨，中国水产饲料总产量为1 855万吨。

### （二）面向2030年的世界营养与饲料工程技术发展趋势

人工配合饲料必将全部替代鲜杂鱼在海水养殖中广泛使用。营养调控将超越传统的仅仅对养殖产量的追求，目标更加多元化，要求调控更加精准化。

饲料通常被视为是影响水产养殖发展的一个主要因素，据联合国粮农组织统计，虽然目前水产品养殖中有1/3（2 000万吨）无需人工投喂，如双壳类及滤食性鲤科鱼类。然而，无需投喂饲料的种类在世界总产量中所占比重已逐渐从1980年的50%以上下降至2011年的33.3%，说明需投喂饲料种类的比重相对增长较快，同时反映出消费者对营养价值较高的鱼类和甲壳类的需求在不断增加。

因为营养物质是生物生长、发育、繁殖等一切生命活动的基础，所以通过营养操作就能够有目的地人为调控动物的生理、生化过程，以达到维持动物的正常生长、繁殖和健康等目的。广义地说，传统的营养与饲料学都属于营养调控的范畴。然而，随着科技的发展和产业的需要，营养调控必将超越传统的仅仅对养殖产量的追求，目标更加多元化，要求调控更加精准化。基于对营养物质（或可通过饲料途径的非营养成分）的调控机理的详尽研究，就可能通过营养饲料学途径对养殖动物的繁殖、生长、营养需要、健康、行为、对环境的适应能力、养殖产品质量、安全、甚至养殖环境的持续利用等都可以精准地调控。

### 1. 繁殖性能和幼体质量的营养调控

已经发现适量和比例适当的高度长链不饱和脂肪酸（HUFA）、磷脂、胆固醇和维生素 A、维生素 E、维生素 C 对鱼类和甲壳动物的繁殖性能及早期幼体质量都有重要的调控作用，能显著改善性激素合成、性成熟、繁殖力、受精率、孵化率和仔稚鱼的质量。类胡萝卜素、虾青素等色素不仅影响甲壳动物的体色，而且对其卵子质量和早期幼体的健康有显著的改善作用。

苗种的数量与质量是水产养殖成功的关键。亲本的营养和幼苗开口后的营养摄入对鱼虾幼苗的成活率和质量起着决定性的作用。研究证明除了育苗容器的水力学特征和其他环境因子外，影响仔稚鱼畸形的主要因素是营养物质。适量的磷脂、HUFA、肽、色氨酸、维生素 A 和维生素 C 等对降低仔稚鱼的畸形率和白化率具有显著的作用。它们通过参与骨组织生物矿化或色素代谢过程而产生调控作用。

### 2. 营养素定量需要的调控

饲料（尤其是蛋白质原料）成本是动物养殖成本的主要构成成分。由于水产饲料的高蛋白含量特性，饲料成本可高达养殖成本的 70%，因此，任何不必要的氨基酸分解代谢都导致养殖效益的降低。同时过量氨基酸分解代谢排出的氮化合物将污染环境和危害养殖动物的健康。赖氨酸常常是许多动物限制性氨基酸。因此，动物对赖氨酸的需要量往往决定了饲料的蛋白质水平和成本。赖氨酸在肝脏中在氨基己二酸半醛合成酶（AASS）的作用下进行不可逆的分解。利用 RNA 干扰技术（RNAi）部分抑制小鼠肝细胞系的 AASS 基因表达，从而降低了赖氨酸的氧化分解，使赖氨酸需要量降低。如果这种创造性思维和 RNA 抑制技术的创新性成果能成功应用于畜禽和水产养殖，将为人类蛋白质生产带来革命性的变化。

3. 动物健康的营养调控

最近10多年来，基因组学、蛋白质组学等生物技术的进步，对营养素与动物的免疫功能、抗病力的关系及作用机理的阐明起到巨大的推动作用，为动物免疫力和疾病预防及治疗的营养调控提供科学依据。逐步认识到科学的饲料配方不仅考虑动物的生产性能，还必须考虑动物的健康。健康的营养调控理论与技术为水产动物的健康养殖管理，减少疾病的发生和药物滥用起到重要的指导作用。

4. 动物行为的营养调控

影响动物行为的诸多因素中，营养是一个重要因素。甚至胚胎发育期间的母体营养也会影响幼体阶段的行为。如果母体孕期营养不良，就会影响胚胎与行为有关的海马体和下丘脑的发育，影响神经递质的分泌功能，进而影响幼体的行为。成年动物同样会因为营养摄入的变化而影响神经递质的合成，其行为自然因此而发生变化。动物行为尤其是摄食行为调控机理的研究对养殖管理十分重要。研究发现饲料的营养水平会影响到水产动物的摄食率，动物循环系统中的代谢产物水平、摄食节律及禁食均会通过一系列与食欲控制有关的调节控制摄食。食物的类型对水产动物的摄食有明显的影响，根据动物行为的营养调控原理，我们可以通过饲料配方的调整，改变动物一些不良的行为，为生产服务。

5. 动物对环境适应能力的营养调控

由于自然地理分布和长期适应的结果，环境的突然改变会导致养殖对象的生产性能下降，甚至死亡。而池塘养殖和网箱养殖等不同养殖模式下，由于养殖环境的不同，比如养殖密度的差异，养殖对象对营养素的要求也会不同。这很大程度上取决于环境因子的差异程度和动物本身的抗逆能力。良好的营养状态当然能提高养殖动物的抗环境应激能力。同时，科学的饲料配方调整也可以适应由于环境的变化而导致养殖动物营养需求的变化，而维持良好的生产性能。通过不同环境因子对营养代谢影响的研究，可以更为有效地结合养殖环境的变化，精确研究鱼类的营养需求和饲料技术。

6. 养殖动物产品质量与安全的营养调控

西方发达国家的水产养殖早在10多年前就开始研究养殖产品的调控问题，近几年来更关注养殖产品的安全，并且要求建立从鱼卵孵化到餐桌的生产全程可追溯系统。其实，养殖产品的质量与安全比野生产品更加可控，更有可能根据消费者的消费习惯来设计产品的特性。

通过营养调控技术获得所期望的质量和安全的肉、蛋、奶产品，在陆生动物养殖实践已经有许多成功的例子。对大西洋鲑和虹鳟等的研究也证明了营养与饲料对其颜色、外观、风味、口感、质地、营养价值和食用安全的直接影响。

饲料因素除了一般的营养成分对养殖产品的食用品质影响外，现在摆在科学家面前的一个新问题是用其他蛋白源和脂肪源取代日益短缺的鱼粉鱼油后对水产养殖产品的风味和营养价值的影响。这在西方发达国家已经开始研究。把好原料质量关，实现无公害饲料生产，从饲料安全角度来保证养殖产品的安全已经是人们的共识。

#### 7. 养殖环境持续利用的营养调控

保护养殖环境、保证养殖业的可持续发展是当今人们追求的另一个重要目标。水产养殖的自身污染是养殖业可持续发展的一个重要的限制因素之一。为了保护环境，丹麦早在 1989 年就限制饵料系数不得超过 1.2，1992 年又限制饵料系数不得超过 1.0。并且对饲料中氮、磷最高含量均有限制。导致养殖水体富营养化的氮、磷和产生对养殖动物危害很大的硫化氢中的硫都是主要来自饲料残饵和粪便的有机物积累，它们是水产养殖自身污染的主要污染源。通过科学的配方、提高饲料效率，减少氮、磷、硫的排出，是实现营养调控，保证养殖环境可持续利用的重要途径。

### （三）国外经验（案例分析）

挪威等一些发达国家早在 20 世纪 70 年代就通过立法禁止直接使用鲜杂鱼等饲料原料进行水产养殖，大大减少了病害的发生，避免了产生严重的环境生态后果。

现在中国的水产养殖还在大量使用下杂鱼作为饵料，人工配合饲料普及程度不高。投喂下杂鱼的生长速度也许比人工配合饲料要快一点，但如果全面评估的话，其成本并不比人工配合饲料低，对环境的污染也非常严重。如果不用下杂鱼来养鱼的话，每年我们可以多生产 80 万吨鱼粉，占我国现在进口鱼粉总量的 2/3 以上，这是一个很大的数字，比用下杂鱼养鱼做出的贡献要大得多，更有利于环境的可持续利用。一些发达国家早在 20 世纪70年代就通过立法禁止直接使用下杂鱼等饲料原料进行水产养殖，就是为了避免产生严重的环境生态后果。我国的水产养殖和综合经济实力发展到了今天，我们必须转变这种耗费大量资源、破坏环境、不可持续的发展模式。因此，必须大力提高配合饲料的普及率，直至立法禁止直接使用下杂鱼和饲料原料进行水产养殖。

## 三、病害防控工程技术

### （一）世界病害防控工程技术的发展现状

病原致病机理的基础研究与防控同步进行，多元化的病原检测技术和预警预报体系相结合，生态防治与养殖模式相结合，商品化疫苗的研制和应用十分活跃。

#### 1. 病原致病机理的基础研究与防控同步进行

国外对水产经济动物病原的研究较早地进入了分子水平，揭示了重要水产生物病原基因组及蛋白质组、病原与宿主相互作用以及宿主抵抗病原入侵的先天性免疫体系和适应性免疫反应的分子机制等多方面的规律，有力地推动了水产生物健康保障技术的原始性创新。欧、美、日等发达国家已开始摒弃抗生素和化学药物的大量使用，而普遍采用疫苗、有益微生物菌剂、免疫增强剂等生物安全制剂来控制水产养殖动物病害，这些国家对水产疫苗的生产和应用技术都已比较成熟，鱼类疫苗的使用已经相当普遍，整体上已进入后抗生素时代。

#### 2. 将多元化的病原检测技术和预警预报体系结合

随着分子生物学的发展，病原诊断技术有了很大的发展：根据多病原特异基因开发的DNA微阵列芯片和抗体微阵列芯片能同时完成多种病原的检测，是一种新的高通量检测技术；环介导核酸等温扩增技术（LAMP）只需要一个能提供恒温条件的装置就可以在1小时内大量扩增目的核酸片段，非常适于养殖现场病原微生物的检测，国际上已开发出针对多种水产养殖病害的LAMP诊断技术；应用纳米技术和电化学技术基于病原单克隆抗体或核酸探针开发检测水产病害微生物的生物传感器研究已初现曙光。

#### 3. 积极研制和开发商品化疫苗

以疫苗为基础的免疫防治是一种国际上公认的安全有效措施。目前研究的疫苗主要包括全菌疫苗（灭活疫苗和减毒活疫苗），蛋白质疫苗以及DNA疫苗。国际上已用于商业生产的灭活疫苗包括灭活鳗弧菌和奥大利弧菌联合疫苗、杀鲑气单胞菌等。国际上尝试的减毒活疫苗研究主要是针对传染性造血组织坏死病毒（IHNV）、出血性败血病毒（VHSV）等引起的病害。蛋白质疫苗，主要包括重组亚单位疫苗，为20世纪80年代后发展起来的疫苗类型，尽管在世界范围内开展了广泛研究，但是多停留在试验阶段。DNA疫苗，又称核酸疫苗或基因疫苗，是将疫苗抗原基因亚克隆于某种真核表达DNA载体中，该重组DNA载体在接种动物体内后可以表达合成疫苗抗原，从而刺激动物体产生一系列免疫反应。但由于其接种方法为肌肉注射，因而在实际生产应用中具有一定的局限性。

#### 4. 注重生态防治与养殖模式结合

近年来国际最新研究发现，养殖系统中多种类微生物能通过相互作用形成特定的形式，将粪便、残饵以及可溶性的营养成分转化为养殖动物可以摄取的食物，这种转化能在很大程度上提高饲料利用率并促进动物生长，例如生物絮团可提供罗非鱼40%的体重增长，能使对虾养殖的饲料利用率提高近1倍。而微生物对营养废物的转化又能显著降低水产养殖对环境的污染，并抑制有害微生物的存在，增强动物免疫能力，减少病害的发生。这些研究结果充分证明了有效发挥微生物在水产养殖系统中的作用，能够提高水产养殖系统的生产效率，节约资源，保护环境，控制病害。

在海水养殖方式上，目前正面临一场新的革命，传统的养殖生产模式少、慢、差、费，产量的提高主要以牺牲资源和环境为代价，能耗高、排放多，很难实现可持续发展。目前国际上普遍提倡基于生态系统（Ecosystem-based）的新型养殖方法，将生物技术与工程结合起来，广泛采用新设施，科学配方的新饵料，用节能减排、环境友好、安全健康的新生产模式来替代传统养殖方式。

### （二）面向2030年的世界病害防控工程技术的发展趋势

病原检测技术多元化，病原感染致病机制研究更加依赖于现代分子生物学技术，低成本、高效和长效疫苗的研发和应用将得到加强，抗病苗种的培育也将是病害防控工程的一个发展趋势。

国外的海水养殖病害防控工程与技术的发展趋势主要表现在：① 鉴定

和分离新兴的流行性病原，确定病原的种类。开发多元化的病原检测技术，将传统检测技术和分子生物学的检测技术有机结合。研制海水养殖动物重要病原高灵敏定量与定性检测的生物芯片、环介导等温扩增（LAMP）、生物传感器、试纸条等产品，开发病害发生的风险评估参数模型，建立海水养殖动物流行病监控与风险评估技术。为重大流行病监控、灾变预警提供技术支撑。② 利用现代分子生物学的各种技术方法和手段进一步深入研究病原的感染致病机制及宿主免疫反应；开展海水养殖动物和重要病原的免疫相关的基因组、转录组、代谢组和蛋白组研究；查明宿主免疫系统及控病免疫调控机制、病原侵染与致病机理、靶向制剂（含疫苗）靶点鉴定及作用机制，为疫苗的开发和研制提供重要的理论信息。③ 病原疫苗的开发和研究依旧是鱼类疾病防控的重要手段，针对海水养殖动物重大病毒性病原，开发低成本、高效和长效疫苗；寻找安全有效的疫苗导入途径，研究口服和浸泡疫苗导入的免疫机理，此外，针对多种病原，开发多价或联合疫苗。④ 基于鱼类非特异性和特异性免疫机制，开发天然和人工合成的抗病制品或免疫增强剂也将是疾病免疫防控的一个有效途径。⑤ 生态防治与养殖模式结合，从多方面达到病害防控的目的。⑥ 抗病苗种的培育也将是病害防控工程的一个发展趋势，转基因技术在水生动物抗病育种的应用研究也将会受到越来越多的关注。除此而外，注重疾病控制研究模型与资源库的建设，开发海水养殖疾病控制实验动物模型和海洋动物病原及药物分析水生动物细胞模型，建立海洋动物病原及渔用药物分析的细胞库。

### （三）国外经验

国外水产疫苗早已在生产上得到了广泛的应用。挪威的鲑鱼（大西洋鲑）产业就一直被视为水产养殖业疫苗防病的一个经典案例，其疾病防控基本上全部依赖疫苗，在应用实践中取得了显著成效。

水产养殖动物病害的一个显著特点是传播速度快，危害范围广。在鱼类病害防治技术研发方面，由于使用化学药物容易造成污染和残留，病原对抗生素的耐药性日益增强，因此开发低成本高效疫苗，对重大流行性疾病进行免疫防治，已成为21世纪水产动物疾病防控研究与开发的主要方向，将对鱼类养殖业健康发展起到积极推动作用。

尽管中国被称为是全球水产养殖第一大国，但以上种种因素导致了我国至今仍没有一种水产疫苗生产批文获得核发。国外水产疫苗则早已在生产上得到了广泛的应用。

作为世界海水养殖强国，挪威在以疫苗接种为主导的养殖鱼类病害防治应用实践中取得了显著成效。20 世纪 80 年代，挪威的鲑鱼养殖业受病害的影响增长缓慢，每年使用近 50 吨抗生素却无法有效控制病害。90 年代初期，由于抗药病原的大量产生，虽然增加使用抗生素，病害却无法得到有效控制，病害损失导致鲑鱼产量连续 3 年停滞不前甚至出现滑坡。随后挪威开始广泛采用接种疫苗的病害免疫防治措施。1989 年，第一个疫苗弧菌病疫苗开始用在大西洋鲑上，而后又陆续有其他几种疫苗被开发出来，1994 年，针对主要细菌性病原的联合疫苗被开发并应用于大西洋鲑。这些疫苗的出现非常有效地抑制了病害的发生，使得抗生素的用量急剧减少，而大西洋鲑产量同时却大幅提高（图 2－2－4）。至 2002 年，其鲑鱼产量已超过 60 万吨，而抗生素的使用却已基本停止。这一事实充分肯定了免疫防治对鱼类病害的有效控制和对鱼类养殖业健康发展的积极推动作用。

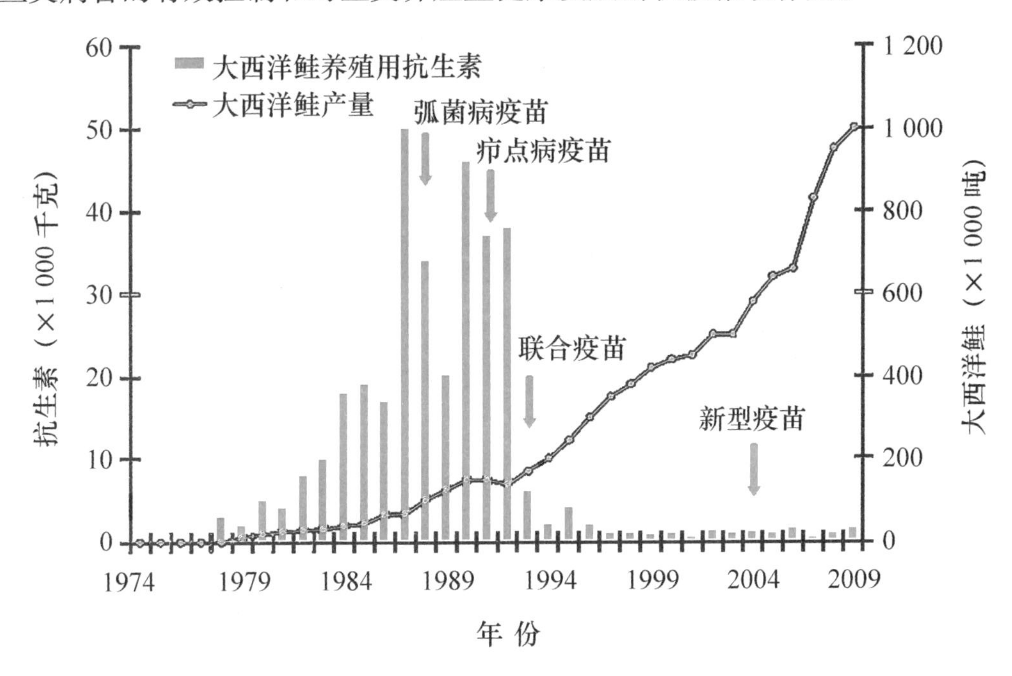


图 2－2－4 疫苗取代抗生素的挪威大西洋鲑养殖业

资料来源：马悦和张元兴，2012.

挪威使用疫苗成功防治大西洋鲑病害的主要经验和原因在于：① 挪威只养大西洋鲑，养殖品种单一，对鱼和病原的研究非常透彻，包括繁殖、孵化、养殖、病害、饲料等各方面的基础研究。② 病原相对单一，疫苗容易开发，并且清楚疫苗的原理和使用，有一整套成熟的疫苗使用的程序和流程。③ 挪威的大西洋鲑的养殖模式是工厂化集约化养殖，已经形成完整的技术规范体系，形成了规模化、集约化养殖的格局，养殖区域和养殖密度都有严格的规定，而且必须要有养殖执照。④ 挪威对大西洋鲑的水产养殖的管理非常严格，农业部门、水产部门、环境部门都会对水产养殖介入进行管理。相比我国的水产养殖及病害防控工程的现状，我们只能借鉴挪威的成功经验，根据我国的养殖现状和模式创造出一种比较好的病害防治的方式和理念。

## 四、养殖工程技术与装备

### （一）世界养殖工程技术与装备的发展现状

法国、德国、丹麦、西班牙、美国、加拿大，以及日本和以色列等国家的全循环高效海水工厂化养殖系统比较发达。人工鱼礁研究和应用进展迅速。生态养殖新生产模式正逐渐替代传统养殖方式。以挪威、美国和日本为代表的大型深水网箱，取得极大的成功，引领着海水养殖设施发展潮流。

在欧洲，高密度封闭循环水养殖已被列入一个新型的、发展迅速的、技术复杂的行业。通过采用先进的水处理技术与生物工程，大量引用前沿技术，最高年产可达100千克/米$^3$以上。封闭循环水养殖已普及到虾、贝、藻、软体动物的养殖生产，苗种孵化和育成几乎都采用循环水工艺。以色列的淡水鱼循环水养殖系统的饵料系数仅为1:1.2，每千克渔获量需要水体为0.25立方米，最高年渔获量可达225千克/米$^3$。

人工鱼礁研究和应用进展迅速。近几年来，日本每年投入沿海人工鱼礁建设资金为600亿日元；韩国政府也非常重视人工鱼礁的建设，自1973—2000年，共投资约4亿美元，2001—2007年共投资20亿美元；美国、英国、德国、意大利、葡萄牙和苏联、斯里兰卡、泰国、印度尼西亚、菲律宾、朝鲜、古巴、墨西哥以及澳大利亚等许多海洋国家都在20世纪60—70年代以后陆续动工兴建沿海的人工鱼礁渔场，对自然海域的鱼虾贝藻等生物资源和环境修复取得了很好的效果。

国际海水养殖中，用节能减排、环境友好、安全健康的生态养殖新生产模式来替代传统养殖方式是大势所趋；实行多营养层次的综合养殖模式，是减少养殖对生态环境压力，保证水产养殖业健康发展的有效途径之一，具体来说是基于生态系统的新养殖理念，实现生物技术与生态工程相结合，并广泛采用新设施、新技术。在陆基养殖生态工程方面，国外相关设施的研发一直致力于提高其智能化程度和运行精准度。同时，基于生态学理论在循环水养殖系统中构建适宜的混养系统也逐渐成为发展主流，如美国的鱼－菜共生系统，虾－藻（微藻）混养系统等，也大大增强了系统长期运行的稳定性。

世界深水网箱养殖已有 30 多年的发展。在这期间，以挪威、美国、日本为代表的大型深水网箱，取得极大的成功，引领着海水养殖设施发展潮流。近 10 年来，国外深水网箱主要向大型化发展，如挪威大量使用的重力式全浮网箱，采用高密度聚乙烯（HDPE）材料制造主架，外型最大尺寸达 120 米周长，网深 40 米，每箱可产鱼 200 吨，通常网箱外圆尺寸也在 80 ~ 100 米。美国的碟形网箱采用钢结构柔性混合制造主架，周长约 80 米，容积约 300 立方米，最大特点是抗流能力强，在 2 ~ 3 节的海流冲击下箱体不变形。

日本的浮绳式网箱，由绳索、浮桶、网囊等组成，最大特点是全柔性，随波浪波动，网箱体积大。除此之外，还有适用于近岸海湾的浮柱锚拉式网箱和适用于远海的强力浮式网箱、钢架结构浮式海洋养殖“池塘”，以及张力框架网箱和方形组合网箱等。挪威深水网箱自动化、产业化程度高，配套设施齐备，有完善的集约化养殖技术和网箱维护与服务体系。

国外网箱装备工程技术进展主要表现为：① 网箱容积日趋大型化。挪威的 HDPE 网箱现已发展到最大容积大到 2 万多立方米，单个网箱产量可达 250 吨，大大降低了单位体积水域养殖成本。② 抗风浪能力增强。各国开发的深海网箱抗风浪能力普遍达 5 ~ 10 米以上，抗水流能力也均超过 1 米/秒；在抗变形方面，美国的 SeaStation 网箱在流速大于 1 米/秒的水流中，其有效容积率仍可保持在 90% 以上。③ 新材料、新技术的广泛应用。在结构上采用了 HDPE、轻型高强度铝合金和特制不锈钢等新材料，并采取了各种抗腐蚀、抗老化技术和高效无毒的防污损技术，极大地改善了网箱的整体结构强度，使网箱的使用寿命得以成倍延长。④ 自动化程度高。网箱的自动化养殖管理技术得到快速发展，如瑞典的 FarmOcean 网箱，可完全不需人工操作。⑤ 运用系统工程方法注重环境保护。运用系统工程方法，将网箱及其所处环境作为一个系统进行研究，尽量减少网箱养殖对环境的污染和影响。⑥ 大力发展网箱配套装置和技术。已成功地开发了各类多功能工作船、各种自动监测仪器、自动喂饲系统及其他系列相关配套设备，形成了完整的配套工业及成熟的深海网箱养殖运作管理模式。

最新研究进展还包括：① 新型自推进式水下金枪鱼养殖网箱（tuna off-shore unit）。该网箱可以在水中实现自由沉浮、移动，由这种网箱组成的可移动养殖场不仅能够躲避大风、大浪等恶劣气象水文条件，而且还可以随海流缓慢移动，始终保持养殖水域环境的清洁；螺旋桨除用于推动网箱前进外，还可以提高网箱周边的水流速度，加大网箱内外的水交换量，提高网箱养殖鱼类的健康水平。② 纯氧注入系统。该系统非常适应于在极端炎热期，可以避免鱼的大量死亡，具有很高的经济性。③ 网箱系缆最大张力研究。通过分析网箱系缆的最大张力以及养殖系统最小的容积减少系数，得出的结论是海流速度超过 1 米/秒的地方不适合选作养殖场址，除非有技术设备用来克服严重的网箱体积变形。此外，远海网箱养殖的理想水深范围在 30 ~ 50 m。④ 先进的深水网箱研究方法。由于深海网箱受海洋浪、流的影响，其受力及运动情况相当复杂，对网箱的水动力学研究包括：如对网箱的潮流力的研究，对碟形网箱水动力学的数值计算，对圆柱形或多边棱柱形深海网箱系统水动力学的研究。

## （二）面向 2030 年的世界海水养殖工程技术与装备的发展趋势

国外海水工厂化全循环养殖工程技术已成熟，将更加高新化、普及化、大型化、超大型化、产业化和国际化。浅海养殖中机械化和智能化程度更高，深海养殖设施系统大型化，养殖环境生态化，养殖地域向外海发展，养殖过程低碳化。

国外海水工厂化全循环养殖工程技术的发展趋势主要体现在：①高新化和普及化。许多发达国家发展封闭循环水养殖都引进了当今的前沿技术，主要是不断采用先进的水处理技术与生物工程技术。工厂化养殖已普及到虾、贝、藻、软体动物的养殖，育苗企业普遍采用封闭循环水技术。②大型化和超大型化。国外工厂化养殖都有向大型、特大型、超大型企业发展的趋势。③产业化和国际化。封闭循环水养殖在西方一些国家已产业化，从研究、设计、制造、安装、调试，以及产品的产前产后服务，如银行、保险、保安、信息等都形成网络，形成了一个新的知识产业。围绕封闭循环水养殖，形成了上、下游产业群体，有的正形成集团与跨国集团。④自动化、机械化。当前国外发达国家十分重视工厂化养殖中水质调控的自动化和机械化研究与应用，如美国在高密度养殖系统中，程序控制技术研究与应用非常先进。

浅海养殖中机械化和智能化程度更高。欧、美等水产养殖发达国家的浅海养殖已实现机械化与自动化操作，近些年来随着计算机硬件的快速发展与软件的高度集成，CAE 技术被广泛应用于渔业工程仿真模拟中。在对于浅海养殖设施水动力学的研究方面，国外已有学者采用有限元方法利用商业软件做了一些数值模拟工作，其在一定程度上体现了未来养殖工程领域仿真智能化的发展趋势。

在深海养殖方面：① 养殖设施系统大型化。规模化生产是深水网箱养殖发展的必由之路，大型化则是规模化生产提高生产效率对设施装备的必然要求。国外先进的网箱养殖生产系统，网箱设施的大型化已达到相当的规模。随着我国深水网箱产业的发展，产业生产规模不断扩大，大型的网箱养殖设施及配套系统将成为产业发展之必须。② 养殖环境生态化。养殖生产对生态环境的负面影响已越来越为社会所关注，普通网箱养殖产业的生产与发展已受到制约，深水网箱的问题会随着产业规模的扩大而显现，增强网箱养殖设施系统对环境生态的调控功能，将成为结合渔业资源修复的系统工程，并对消减近海海域富营养化发挥积极作用。③ 养殖地域向外海发展。当海洋的自然生产力不能满足人类增长与发展的需要，海洋生产力必然由“狩猎文明”——海洋捕捞，向“农耕文明”——海水养殖转移。海水养殖的主要领域在广阔的外海，网箱养殖是海洋养殖的主要单元，网箱养殖设施系统需要具有向外海发展的能力；④ 养殖过程低碳化 充分利用 20 年来的创新技术，采用风能、太阳能、潮流能和波浪能技术高效利用洁净、绿色、可再生能源，摆脱网箱动力源完全依赖采用石油作为燃料的困境，实现网箱生态和环保养殖。

展望 2030 年，未来的海水养殖要求必须兼顾环境的友好性，因此大力推动养殖生态工程技术的应用是大势所趋。继续研究推广多营养层次综合生态养殖技术、深水海域增养殖技术、基于生态工程的海珍品增养殖技术和精准陆基海水养殖技术将成为国际海水养殖生态工程的发展主流，提高海水养殖综合效益、减少养殖自身污染、重点监控产品的质量和食品安全水平均成为发展过程中所关注的重中之重。

## （三）国外经验（典型案例分析）

### 1. 国外成功的工厂化封闭循环水养殖

国际上先进的封闭式循环水养殖系统具有自动化程度高、养殖密度大，便于管理，并且节能、节水、低排（或零排放）等特点，并且构建了基于循环水养殖的技术体系，实现了产业化。从研究、设计、制造、安装、调试，以及产品的产前产后服务，如银行、保险、保安、信息等都形成网络。真鲷在欧洲大多是采用封闭循环水系统养殖。Yossi Tal 等设计一套典型的海水封闭循环水养殖水处理系统，而且还设计相应的反硝化系统，每天的补水量小于1%（图2－2－5）。经过130天，真鲷从61克长到412克，成活率99%。用来作为硝化反应器的水处理设备是移动床反应器。在海水环境中该移动床的氨氮降解速率可以达到300克/（米$^3$·日）。从硝化反应水处理系统分离出来的有机物颗粒产生的硫化氢被用来产生自养的反硝化反应降解硝酸盐，而残余的颗粒则转化为沼气或者是二氧化碳。整个系统中的氨氮、亚硝酸盐氮和硝酸盐氮的含量始终分别保持低于0.8毫克/升、0.2毫克/升和150毫克/升。该封闭循环水海水养殖系统的真鲷平均体重从61克经过131天长到412克，成活率达99%，收获量为1.7吨。该系统的特点是在进行好氧硝化作用的同时，将厌氧反硝化工艺与厌氧氨氧化工艺结合，在将污泥分离、沉淀和集中处理后，再进入反硝化反应器产生沼气。该系统真鲷的养殖可达50千克/米$^3$。

### 2. 浅海养殖资源的开发和利用

近30年来，我国浅海和滩涂对虾、贝类及浅海网箱养殖先后兴起并呈现逐渐上升的趋势，几乎遍及沿海地区所有可开发的滩涂和海湾。由于缺乏科学系统的规划，受利益驱动而重视短期的经济效益，忽视环境效益和长远的社会效益，产业盲目发展、布局不合理，一些地区的养殖密度超过了水域环境容量，造成严重的自身污染问题，病害频发，经济损失巨大。同时，由于沿岸带不合理的开发，部分海域污染严重，生物多样性遭到破坏，优势种群栖息环境被恶性改变，生态和社会效益受到较大的负面影响。国外在海岸带渔业开发中也存在类似的问题，比如马来西亚和日本。不过，

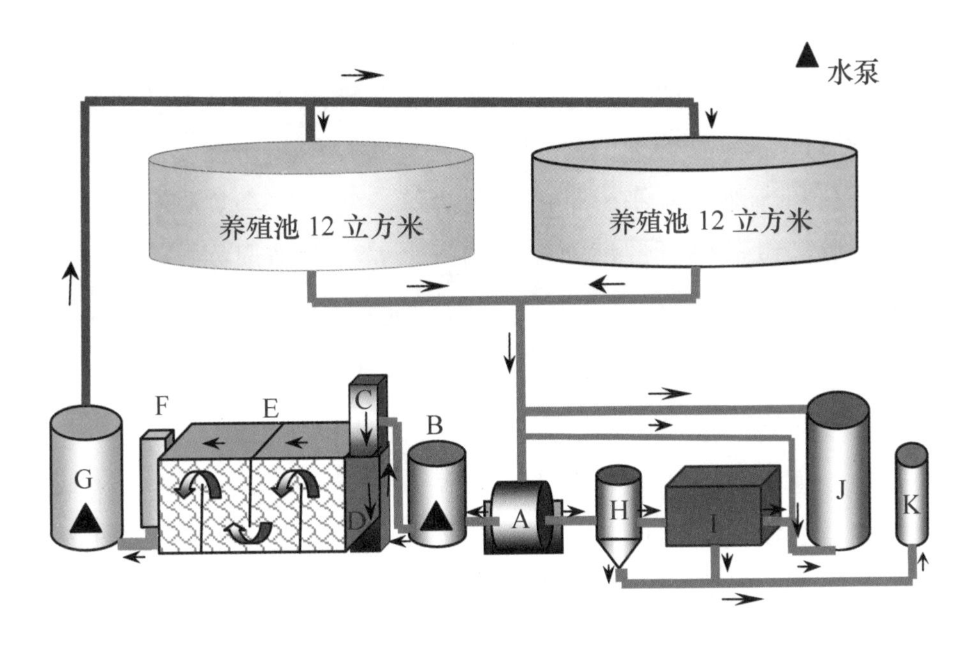


图 2－2－5　封闭式循环水养殖系统

注：A. 0. 3 立方米转鼓式微滤机；B. 0. 4 立方米水泵蓄水池；C. 0. 9 立方米二氧化碳脱气装置；D. 1. 5 立方米蛋白分离器；E. 8 立方米移动床硝化反应器；F. 1 立方米 LHO 增氧装置；G. 0. 6 立方米水泵蓄水池；H. 0. 15 立方米污泥收集箱；I. 0. 5 立方米污泥消化箱；J. 3 立方米固定床生物反应器；K. 0. 02 立方米带气体收集的生物气体反应器.

资料来源：Yossi Tal 等，2009.

一些发达国家能及时吸取教训、调整开发战略和管理政策，从而避免了资源严重衰退等生态危机。这方面颇值得我们借鉴。

美国本土三面环海，海洋资源丰富。美国对海涂浅海以生态保护为重点，在管理上注重长远规划和法规建设，成为海涂浅海开发管理的典范。美国水产养殖居世界前 10 位。《美国今后 10 年海洋渔业发展计划》中将海涂浅海人工养殖水产品的比例由现在的 5% ~9% 提高到 22% ~28%。美国海涂浅海开发纳入国家的海岸带管理体系，各州政府在立项时必须执行《美国海岸带管理法案》所规定的 9 个具体实施标准，即：保护自然资源范围包括但不限于海岸带的湿地、潮间带、河口、沙滩、沙丘、天然屏障岛、珊瑚礁、鱼类及野生生物的海岸栖息地；致力于最大程度地保护危险地区生命及其特性的管理性海岸带开发；优先考虑海岸开发，按顺序先后安排国家国防、能源、渔业开发、休闲、港口运输等设施，并在开发区的内外界定新开发区的范围；开辟以休闲为目的的海滨公共道路；协助城区海滨和港口的二次开发，保护、修复历史性、文化性海岸带风光点；协调、简化政府关于海岸带资源管理的决策过程；与联邦机构协调共处，并互为咨询；吸收公众和当地政府海岸带的有关决策；实行综合规划，保护和管理海洋生物资源，包括海岸带污染控制和海水养殖设施规划，改善与联邦政府之间的合作关系。

### 3. 深海巨型网箱

深海巨型网箱的推广应用，有利于养殖地域向外海发展，并可利用风能、太阳能、潮流能和波浪能等清洁能源，摆脱网箱动力源完全依赖采用石油作为燃料的困境，实现养殖过程低碳化。挪威深水网箱自动化、产业化程度高，配套设施齐备，有完善的集约化养殖技术和网箱维护与服务体系。最为关键的一点是政府以法令的形式来规范和保障深水网箱的健康发展。

深远海巨型网箱系统一般容量较大，如挪威的海洋球形（OceanGlobe）网箱最具代表性，其容积约为4万立方米，养殖产量可达1 000吨（图2－2－6）。网箱内部可以根据养殖的需要，用网片分割成2～3个部分。具有明显的优点，主要体现在：① 有效率地捕捞、清理及维修；② 可根据不同的气候条件在水底进行喂食；③ 适宜恶劣的海洋环境与天气；④ 可防止养殖对象被肉食性生物咬食；⑤ 有效防止养殖对象的逃逸；⑥ 球形设计不会因海流冲击而变形，保持稳定的内容积；⑦ 网箱与鱼的移动范围很小；⑧ 便于船只与员工停靠和操作；⑨ 使养殖鱼处于健康状态等。较好地解决了现有海洋抗风浪网箱存在的突出问题，如网衣更换、清洗、养殖对象的捕捞以及污染环境等。

### 4. 养鱼工船

现代化深远海可移动式养鱼工船的研发涉及船、机、电、生物、化学、经济、法律等多个领域，技术难度、投资风险都很大，是国家综合实力的体现，需要有配套的国家法律法规做保障。先进的深远海养鱼工船集苗种孵化、养殖、饲料、产品加工，以及作业过程中产生的死鱼、残饵和排泄物的清除于一体，全程自动化和信息化，并兼有“海上旅游”的功能。

法国在布雷斯特北部的布列塔尼海岸与挪威合作建成了一艘长270米的

图 2－2－6　挪威海洋球形网箱示意图

资料来源：Kvalheim 和 Ytterland，2004.

养鱼工船，总排水量 10 万吨。有 7 000 立方米养鱼水体，用电脑控制养鱼，每天从 20 米深处换水 150 吨，定员 10 人。年产鲑鱼 3 000 吨，占全国年进口数量的 15%，相当于 10 艘捕捞工船的产量。此举导致修改了法国国家养鱼设备的规定。挪威养殖技术公司设计的 7 000 吨级养鱼工船，分 4 个作业区：即孵化、养殖、饲料、产品加工区。水经紫外线辐射，各鱼舱均由隔舱分开，设海水进排水系统、射流增氧系统。孵化区配有先进的孵化设备，还专门布置了循环水系统产卵池，孵化用水经紫外线辐射处理。饲料加工、贮存、投喂均由电脑培制。加工区有清洗、包装、冷冻设备。整个“工厂”可以移动。

欧洲渔业委员会已经建造一艘半潜式恢复水产资源工船，补充海中的潜在利益。该船长 189 米、宽 56 米，有双甲板，中间是种鱼暂养池，甲板上为鱼的繁殖生长区，建有海水过滤系统，育苗室，实验室和办公室（图 2－2－7）。甲板下的船舱有 3 个贮存箱，为幼鱼养殖池，在船的中前部，还有一个半沉式水下网箱用来暂养成鱼。整船犹如一个育苗场，从亲鱼的暂养、繁殖到幼鱼饲养、放流都在工船上进行，称“海洋渔业资源增殖船”。该船主甲板高 47 米，最小吃水 10 米，航行和系泊时吃水 37 米（含网箱），航速 8 节，可去美国、北非、南美、西非、澳洲和斯里兰卡等金枪鱼渔场接运活捕的金枪鱼 400 吨，运往日本销售，亦可在船上加工。也可去产卵区捕野生的金枪鱼幼鱼，转运至适宜地肥育，年产量 700 ~ 1 200 吨。该船定员 30 人，船上设备有：喷水管道系统及起网设备，以清理网具；水下电视监控系统，可掌握鱼群生长情况及鱼群行为。以避免鱼群受到压迫；鱼类体质量、体长等测量器；5 000 立方米的饲料冷冻储藏设备；处理病鱼的网箱及设备；充气增氧系统；7 个投喂饲料管道系统；养殖网箱 12 万立方米。养殖密度：<4.2 千克/米$^3$；死鱼收集处理设备。

图 2－2－7　养鱼工船示意图

资料来源：徐皓和江涛，2012.

# 第四章　我国海水养殖工程技术与装备面临的主要问题

海洋渔业资源与生态专家估计，如果要稳定我国目前水产品的人均消费量，到2030年前后全国人口达到15亿，我国水产品需要增加2 000万吨以上。在渔业资源过度捕捞的状态下，捕捞产量不可能有大的变化，所以发展水产养殖将是满足我国国民经济发展中水产品刚性需求的唯一途径。

然而，现代海水养殖的发展面临着诸多问题，包括适合水产养殖的土地空间越来越少、越来越贵而造成的缺地问题；陆基和近浅海适合水产养殖的海域面积和海水质量难以满足要求而造成的缺水问题；社会老龄化与劳动力短缺而造成的用工问题等。这些问题都可以理解为影响现代海水养殖业发展的外部因素，我国海水养殖工程技术与装备的发展面临着如下突出的自身问题亟待解决。

## 一、育种理论与技术体系不完善，良种缺乏，海水养殖主要依赖野生种

良种的选择和培育是海水养殖增产、增效的关键，在其他条件不变的情况下，使用优良品种可显著增加产量。但是，在我国养殖的主要海水种类中，除对海带和紫菜曾经做过比较系统的人工选育和遗传育种的研究以外，其他养殖对象都是未经选育的野生种。现有的海水养殖依然主要依赖野生种，良种缺乏问题已成为制约我国海水养殖业稳定、健康和可持续发展的首要因素。

与发达国家相比，我国在海水养殖种质资源高效利用和新品种选育效率等方面差距较大，与大农业和畜牧业相比也有较大差距，主导品种的产量、抗性和品质尚不能满足生产和市场的需求。我国海水养殖的遗传育种工程与技术面临的主要问题：①育种理论与技术体系不完善，对重要经济性状，如生长、抗病抗逆性状和杂交优势的生物学机制以及遗传基础的认

识非常有限，对主要育种对象的种质研究还不够深入，针对这些性状的育种技术还有很大的提高空间；②当前我国海水养殖育种材料的收集、研究和整理、筛选等仍缺乏系统性、长期性和科学性，亟待针对主要养殖对象，建立遗传背景清晰，性状特点突出且稳定的育种材料体系；③对重要养殖生物的全基因组结构和功能所知甚少，严重限制了基于全基因组功能基因的高效育种技术的研发，应加强基于全基因组信息的功能基因资源发掘，并应用于高品质、广适性、多优性状良种的研发，实现精确、快速、批量的育种目标；④迄今为止用于育种研究的专用设施还比较少，所建立的一批水产原种场和良种场大多只能用于保种和苗种培育，有待于建立由企业支撑、政府扶持、科学家参与的育种和良种扩繁基地。

## 二、技术研究和开发不足，优质饲料蛋白源短缺，配合饲料普及率有待提高

饲料成本占养殖成本的70%以上，海水养殖业的快速发展对营养饲料科技进步的依赖越来越大。然而，作为水产饲料的主要蛋白源，鱼粉的世界产量近年来一直稳定在500万~700万吨，且略有下降的趋势，但价格却持续攀升。目前世界鱼粉产量的68%以上都已用于水产饲料。2012年，中国水产养殖总产量达到了4 288万吨，为了稳定我国目前水产品的人均消费量，未来十几年我国水产养殖量需要再增加1 000万吨以上，否则会出现食物安全问题。要实现这个目标，优质水产配合饲料的产量必须由2012年的1 855万吨提高到3 000万吨以上。这意味着每年用于水产饲料的蛋白源原料将达到2 500万吨左右。

目前，我国水产养殖用主要饲料蛋白源鱼粉和豆粕的70%以上依靠进口，50%以上的氨基酸依靠进口，成为饲料行业和水产养殖业发展的极为核心的制约因素。部分饲料添加剂的国内供应量严重不足，存在品种单一，产品生产成本偏高等问题，在质量和数量上均难以满足需要。近几年鱼粉价格经几轮飞涨，豆粕、玉米等大宗原料也不断上涨。在成本推动下，配合饲料价格经历了几轮涨价，一直在高位运行。与此同时，由于竞争激烈，养殖水产品价格却一直在低位运行。

水产饲料目前这种大量使用鱼粉的现状不可持续。开发来源广泛、价格低廉的新蛋白源，实现高比率或全部鱼粉替代，研发以新蛋白源为主的

低成本、优质高效的饲料配制和使用技术体系势在必行、迫在眉睫。

## 三、基础研究薄弱，疾病防治专用药物和制剂开发落后，缺乏应急机制与保障措施

由于缺乏水产专用良药，更没有专用疫苗，每年由于病害的发生对水产养殖造成了巨大的损失，同时也导致化学产品或者抗生素在水产病害防治中滥用，这甚至对食品安全构成了威胁。

病害防控工程面临的具体问题包括：①我国海水养殖规模、种类和模式差异较大，养殖种类病害多。我国水产养殖种类多样，包括鱼类、贝类、甲壳类及水生植物等。进行规模化养殖的水产品种类已达60多种，但几乎所有养殖种类都会受到疾病的威胁。水产养殖区域跨度大，养殖水域环境多样，不同气候和养殖模式以及养殖条件等导致发病情况差异显著。另外，随着种苗在全国范围频繁互换，病的多样性（包括病原种类、病原株型）不断增加。②我国在海水养殖鱼类病害的病原学、流行病学、病理学、药理学、免疫学、实验动物模型等基础研究领域仍较薄弱，存在的主要问题是高新技术和研究方法的应用较晚，研究内容缺乏深度和系统性。③我国水产疫苗的研究较晚，因为水产疫苗和生物制剂申报手续繁琐，审批周期长，目前尚无商品化的海水水产疫苗。国内水产疫苗研制与应用与国外相比主要差距为：水产疫苗的商品化进程缓慢、疫苗制剂的技术含量有待进一步提高、推广应用力度不够等。④养殖生态环境恶化，养殖健康管理技术落后。由于人类的破坏、抗生素滥用、养殖模式不合理、养殖密度的不规范，导致养殖生态环境恶化。此外，我国的水产养殖管理不够科学，制度还不完善，特别是病害预防、控制、治理方面缺乏应急机制与保障措施。在物种引进时没有严格的风险管理制度，对疾病携带的危险估计不够，控制措施不力。

## 四、养殖工程技术和装备现代化程度不高，传统比例较大，配套设施与技术研究依然落后

我国现有的海水养殖更多的还属于传统养殖，工程化程度不高，现代养殖技术和装备还很欠缺。

陆基海水养殖工程化程度相对较高，但工厂化养殖总体发展水平仍处

于初级发展阶段，仍以流水养殖为主，真正意义上的全封闭工厂化循环水养殖工厂比例极低。造成严重的水源和能源浪费，同时工厂化流水养殖废水未经处理直排入海，对沿岸水域造成富营养污染。如何优化全循环高效养殖系统的水净化工艺、简化设施与设备、降低系统能耗、提高养殖过程的精准化程度、提高系统的利用效率与产量、构建高效的生产管理系统等问题，已经成为全循环高效养殖系统更广泛地应用与生产实际的关键性科技问题，必须给予突破与系统性解决。

离岸海水养殖设施种类与养殖模式单一，集约化与综合养殖水平有待提高。浅海养殖模式生态化水平较低，多采用大规模单一的养殖种类，较少考虑到养殖业本身对沿岸海区生态环境的影响。深远海养殖技术和装备尤其薄弱。深海网箱装备结构尚未定型，我国现有网箱多数仍布置于 15 米以浅的海域，尚不能称为真正意义上的深海养殖网箱。深海网箱抗风浪、抗流性能及结构安全研究理论与国际先进水平仍有差距，新型专用网箱材料技术仍未突破。配套设施与技术研究依然落后。网箱装备的发展在很大程度上依赖于配套设施的研发，没有配套设施的强力支持，网箱装备无法推广应用。受产业基础的限制，现有的网箱制造公司并没有过多的涉及配套装备的研发，也未能找到合适的配套企业，是我国深海网箱养殖产业面临的最大问题。

# 第五章　我国海水养殖工程技术与装备的发展战略和任务

## 一、战略定位与发展思路

### （一）战略定位

海洋是生命支持系统的重要组成部分，海水养殖是人类主动、定向利用海洋生命系统来为人类——这一地球上最高级和复杂的生命系统——服务的行为。海水养殖关乎我国粮食安全、国民经济和贸易平衡。

### （二）战略原则

全球化、工程化、标准化、信息化、优质化和环境友好化的可持续发展。

### （三）发展思路

精选品种、标准养殖、质量优先、数量支撑、由浅（浅海）入深（深远海）、养（养殖）加（加工）联动。

**专栏 2-2-1　深远海规模养殖平台专栏**

由于受到近海环境污染、空间挤压和人类日益频繁的经济活动等因素的影响，迈向深远海是世界未来海水养殖发展的必然方向。挪威等发达国家已经开始了深水巨型网箱的海水养殖。

我国深远海养殖能力还很弱，几乎只有深海捕捞，更没有深远海规模养殖平台。差距集中在工程设施、配套设施、网箱养殖和海洋牧场构建技术等。然而，我国在作为平台的核心构架——深水大（巨）型网箱的设计与制造方面已有较好的基础，其他技术与配套设施经过联合攻关完全可以达到应用水平，不存在不可跨越的技术障碍。

> 我国必须制定和实施深远海规模化养殖的国家战略，突破深海巨型网箱设施结构工程技术，集成工程化和信息化鱼类养殖技术，以及人工生态礁及其他配套装备，在30米以深海域形成技术装备先进、养殖产品健康和高经济附加值、环境友好的现代化规模养殖平台，将养殖区域拓展到深远海。同时，以深远海可移动式养鱼工船、养殖基站和养殖平台等作为载体，可分别在南海、东海和黄海等海域宣示我国主权。

## 二、战略目标

（1）2020年：我国海水养殖规模和总量继续保持世界第一，海水养殖产量突破2 000万吨。海水养殖逐渐由数量型向质量型转变，在养殖模式与技术、营养饲料、生态工程等方面率先达到国际先进水平，基本实现陆基工厂化的全循环式养殖，标准化的陆基池塘养殖，规范化和规模化的浅海、滩涂养殖。

（2）2030年：陆基与离岸养殖、病害防控、遗传育种和苗种接近国际先进水平。工程化、信息化的深远海养殖具备相当规模，占整个海水养殖产量的比例超过15%。实现陆基、浅海和深远海养殖齐头并进，海水养殖总量超过3 000万吨，我国由世界海水养殖第一大国向第一强国发展。

（3）2050年：实现我国海水养殖的全球化战略，我国由世界水产养殖第一大国发展成为第一强国，在遗传育种、营养饲料、病害防控、生态环境和养殖技术与装备等环节实现全面领先（图2－2－8）。

## 三、战略任务与重点

### （一）综述

水产品是我国国民经济活动和人民生活的刚性需求，发展水产养殖是我国持续发展的战略需要。要实现我国海水养殖的可持续健康发展，由世界第一水产养殖大国质变为世界第一水产养殖强国，必须完成如下几个方面的重点战略转变任务。

（1）转变30年来的增长方式，才能保证我国水产养殖业的可持续发

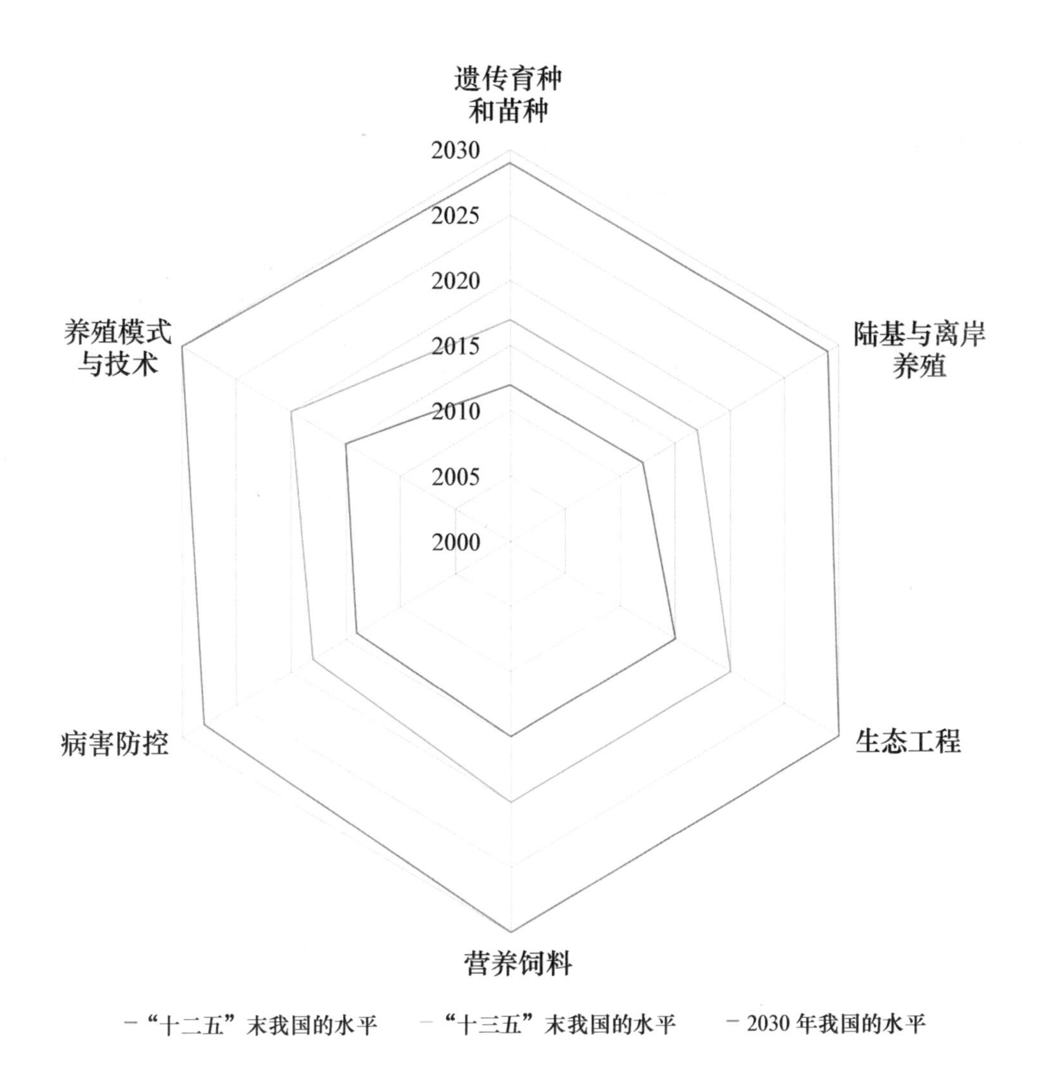


图2－2－8　我国海水养殖工程技术与装备发展趋势与国际发展水平的比较

展。30年来，我国水产养殖的发展特征是消耗资源、规模扩张、片面追求产量、不重视质量安全、不关心环境与持续发展。我国水产养殖的未来必须转变为3E发展模式，即经济（Economy）、环境（Environment）和生态（Ecosystem）效益并重。

（2）转变饲料投喂模式。一方面研究开发与普及高效环保的人工配合饲料，转变直接投喂下杂鱼、饲料原料的传统养殖模式；另一方面，鱼类配合饲料高度依赖鱼粉，但鱼粉使用不可持续，替代鱼粉是持续发展的必由之路。

（3）加快优良品种、品系选育和普及，转变主要依赖养殖野生种的局面。

（4）转变传统的病害防治模式，寓防于养，对疫苗进行创新与推广应用。转变大量使用抗生素药物的传统防治方法。

（5）转变传统的消费习惯，坚定不移地走销售前加工与流通的发展道路。

（6）转变养殖模式。一方面大幅度提高单位水体的产量，提高养殖操作自动化程度；另一方面由浅入深、由近及远，开拓外海空间，进行深海网箱养殖，建立深远海规模养殖平台。利用该平台进行养殖，极大地拓展了海水养殖的发展空间、实现大规模的蓝色食品工业化生产（而非农业）；利用了离岸深海的寡营养环境和巨大的物质循环与自净能力，养殖容量更大；温、盐等环境条件更加稳定；病原生物更少；产品更安全、质量更好。

## （二）分述

### 1. 海水陆基养殖工程技术与装备

加强技术创新与装备研发，提升全循环高效养殖工程技术水平。重点围绕循环水养殖水净化系统物理过滤、生物过滤、杀菌消毒等关键工艺环节，以及养殖状况、水质指标、养殖环境数字化检测与系统设备控制等关键控制环节，加强技术创新与装备研发，形成水体高效净化技术及装备、养殖过程精准化监控技术及装备，整体提升海水陆基全循环高效养殖工程技术水平。

加强产业性集成示范，构建具有引领作用的现代化养鱼工厂。重点围绕北方沿海鲆鲽类养殖、南方沿海石斑类养殖，构建专业化全循环高效养殖水净化系统模式、设施与设备构建模式、投喂及养殖生产模式、生产系统精准化监控模式，建立专业化养鱼工厂，进行区域性示范，以引领产业生产模式的升级。

设立系统改造专项工程，推进海水工厂化养殖产业技术升级。针对现有工厂化养殖系统，以高效养殖与节水减排为目标，设立专项改造工程，以政策引导与资金扶助为推动力，建立可行的改造模式，逐步推进产业技术升级。

### 2. 浅海养殖工程技术与装备

加强对环境容纳量、健康可持续养殖密度以及养殖自身污染、生态入侵可能造成的危害等研究；加强海域初级生产力评估技术、海域污染物自我净化能力研究、水产经济动物产卵场保护和修复技术研究与应用。为建立生态友好型浅海和滩涂养殖模式和技术提供理论支撑。

生物修复机理、不同生物修复耦合、生物修复效果与生物修复的生态风险评估等科学研究将是未来海水养殖的重要研究课题：①利用藻类、贝类、微生物吸收、降解、转化养殖区沉积物环境和养殖水体中的污染物；②利用大型藻类、贝类等生物可以固碳、产生氧气、调节水体的酸碱度作用，达到对养殖环境的生物修复和生态调控作用，获得经济效益与环境效益的统一；③通过筛选和优化适合养殖水体特定生态条件下大型藻类、鱼、虾（蟹）、贝等，建立耦合的新型海水养殖生态系统模式，以有效地吸收、利用养殖环境中多余的氮、磷等营养物质，减轻养殖废水对养殖环境的影响，提高养殖系统的经济产出。

提高养殖产地环境质量安全管理理论和技术水平，建立完善的养殖产地环境管理技术体系，是促进水产养殖业健康、可持续发展的重要环节。

加强高效集约化养殖技术研究，包括海水鱼类养殖的高效配合饲料研制及精准投喂技术，基于多营养层级的多品种综合养殖技术，研制高效疫苗及病害防控技术。养殖生态调控自动化、养殖生产操作机械化是未来研究的目标。

与海洋学、工程力学、材料学和流体力学开展多学科交叉研究，着力研发高强度、抗风浪、耐腐蚀的新材料和新装备，为深水养殖提供重要的物质基础和技术支撑。结合养殖品种的筛选、养殖配套技术的不断优化，逐步扩大深水养殖规模。

### 3. 深海网箱养殖工程技术与装备

应用现代海洋工程技术，研发大型深海网箱，构建海上养殖基站。针对我国沿海海域海况的特点，以现代海洋工程技术为支撑，跳出近岸富营养化水域，发展离岸养殖设施，通过研发大型深海网箱，以南海、东海海域为重点，构建依托原钻井平台或适宜岛屿的海上养殖基站，形成具有开发海域资源、守护海疆功能的渔业生产基地。

结合现代船舶工程技术，研发大型海上养殖工船，构建游弋式海洋渔业生产与流通平台。以现代船舶工业技术为支撑，应用陆基工厂化养殖技术，研发具有游弋功能，能获取优质、适宜海水，可躲避恶劣海况与水域环境污染，在海上开展集约化生产的养鱼工船，并以南海海域资源开发、海疆守护为重点，在养鱼工船的基础上，形成兼有捕捞渔船渔获中转、物资补给、海上初加工等功能的游弋式海洋渔业生产平台。

### 4. 遗传育种与苗种培育工程技术

加强蓝色种业科技的原始创新、集成创新和国际合作，加快培育具有自主知识产权的科研成果，提高蓝色种业的核心竞争力。重点开展育种理论方法和技术、分子生物技术、品种检测技术和扩繁制种技术等基础性、前沿性和应用技术性研究 。完善公共研究成果共享机制，为苗种企业提供科技支撑。

### 5. 营养与饲料工程技术

（1）饲料营养要素高效利用与转化的代谢基础研究。分析养殖动物营养需要和生物利用率及其差异的酶学和分子生物学机制，建立营养水平和生长参数与基因表达之间的数量关系模式；比较研究养殖动物对鱼粉和替代蛋白源利用的代谢差异，阐明替代蛋白源的代谢受限机理；探讨营养代谢与动物生长、健康、品质形成和对环境友好的耦联关系，探索营养干预这种耦联关系的有效途径。

（2）营养调控海水养殖动物品质和食品安全的技术。研究养殖水产品品质的形成机理，通过完善和优化饲料配方建立重要养殖种类品质的营养调控技术；研究饲料中潜在有毒有害物质对水产动物生长的影响及其在体内的代谢动力学过程，提出安全限量，建立饲料性水产品质量安全隐患风险评估与控制技术。

（3）鱼粉的替代品和功能添加剂的开发利用技术。①鱼粉替代蛋白源抗营养因子降解技术。研究不同植物和廉价动物等新型蛋白源中抗营养因子的特征及其对养殖动物的影响，建立降低抗营养因子含量技术。②鱼粉替代蛋白源适口性改良技术。研究主要养殖动物对不同食物的选择机制，研发改善海水养殖动物对新型蛋白源适口性的关键技术。③提高新型蛋白源营养效率的关键技术。研究氨基酸包膜技术、以包膜氨基酸添加、蛋白源配伍为基础的氨基酸平衡技术、以微量元素为核心的无机盐平衡技术，研发非淀粉性多糖酶和植酸酶的应用技术。④营养型水产饲料添加剂开发技术。开发维生素类、微量元素氨基酸螯合物、多肽和蛋白类饲料添加剂，集成上述技术，开发营养型复合添加剂。⑤水产饲料免疫增强剂技术。研究营养型和非营养型添加剂与养殖对象抗病力的关系，开发营养型、非营养型及复合型免疫增强剂。⑥水产饲料酶制剂技术。开发水产饲料蛋白酶、非淀粉性多糖酶制剂和复合酶制剂，提高饲料利用率，降低氮、磷排泄。⑦抗非生物环境应激型饲料添加剂技术。研究养殖水域中有机化合物、重金属、藻毒素等环境中非生物的有毒有害物质对海水养殖动物产生胁迫的途径，以及海水养殖动物抗应激的机制和营养状态的关系，开发有针对性的饲料添加剂（包括营养性和非营养性），提高养殖动物的抗应激能力和排毒解毒能力。

（4）高效饲料生产工艺与技术。研发海洋动物饲料原料前处理技术，优化饲料加工工艺，构建海水养殖动物饲料品质控制技术，提高饲料的利用率。重点在以下几个工艺技术上取得突破：微生物发酵饲料生产技术；多液体组分计量与添加、喷涂技术；添加剂预混料自动配料生产工艺；饲料的调质、膨化、制粒加工工艺；清洁饲料加工技术；低温造粒技术；微量元素的微胶囊化技术。

（5）无公害饲料生产良好操作规范的技术体系构建。采用研究与生产相结合的方法，建立从生产建筑设施、原料采购、生产过程、销售系统和人员管理到终端用户的可追溯信息管理系统质量保证技术体系。

### 6. 病害防控工程技术

坚持以“预防为主，防治结合”的方针，以保持优良养殖生态环境为基础，重点加强病原监测工作，突出重点疫病管理，以免疫防控为主导，免疫和生态防控相结合的疾病防控技术路线，建立重大疾病的预警、预防和控制技术体系；实施可控可调的精准化生态健康养殖，构建健康养殖保障工程技术体系。具体的任务和重点为以下几方面。

（1）分离和鉴定新发重要传染性病原；建立病原体内和体外感染模型，研究分析重要病原的感染和致病机制。确定重要病原的分布范围、传染源、感染及传播途径；建立海水养殖动物疫情预警预报与风险评估技术体系。

（2）针对重要的流行病原，自主研发和应用简便、灵敏、快速的诊断和检测技术。

（3）针对重要的病原，自主研发易于接种的安全有效疫苗、多价或联合疫苗、新型免疫佐剂、免疫增强剂和抗病功能基因制品等；确定不同形式免疫防控制品的免疫保护机制，发展有效和简便的免疫接种途径。实现基于疫苗、免疫增强剂和抗病功能基因制品的免疫保护技术产业化应用技术体系。

（4）注重生态防控，利用微生物制剂开发养殖动物安全防病技术；发展绿色生物安全渔药，建立渔药安全应用新技术。

（5）加强海水养殖模式的规范化管理，集成养殖健康管理技术规范，构建海洋农业健康保障工程技术体系。

### 7. 生态工程技术

（1）陆基低碳渔业生态工程。①节能增效型工厂化养殖生态工程：重点研制工厂化养殖节能环保新材料与新装备，构建海水养殖的自动化、系列化、标准化生产系统与精准养殖模式。②分级多元化池塘养殖生态工程：重点研发不同营养级养殖池塘的联合养殖模式，将对虾、鱼类、刺参等不同食性生物养殖池塘连通，搭配相应的水质处理与调控单元，使得整个养殖系统物质获得最大程度的循环利用，在降低污染物排放的同时收获多种养殖生物，实现生态化分级池塘养殖模式。

（2）浅海碳汇渔业生态工程。①多营养级浅海养殖生态工程：突破浅海生态增养殖关键技术，集成不同营养级养殖生物如肉食性鱼类、大型藻类、滤食性贝类、沉积食性动物等，建立多营养级浅海生态养殖模式。②离岸岛礁海域生态渔业工程：依托离岸岛礁优良的水质条件，集成鱼礁区规划建设、底栖初级生产力提升等技术，建立自然渔业资源保护和重要经济生物底播增殖相结合的离岸岛礁生态渔业模式。

（3）深远海现代化渔业生态工程。①移动式海洋养殖工船工程：研究海洋养殖工船结构及养殖工艺，集成开发工船控制、养殖控制等配套技术与装备，构建以工船为圈养载体的养殖模式，建立移动式深水载体养殖技术。②黄海冷水团大西洋鲑深水养殖工程：利用夏季黄海冷水团下层水仍保持其低温（6～12℃）和高盐（31.6～33.0）的特性，在该区域开展大西洋鲑深水网箱养殖工程，集成先进的离岸深水网箱养殖设施与管理技术，形成现代化的大西洋鲑养殖示范基地。

## 四、发展路线图

总的来说，重点发展海水陆基养殖工程技术与装备、浅海养殖工程技术与装备、深海网箱养殖工程技术与装备这3个技术与装备，重点发展遗传育种与苗种培育工程技术、营养与饲料工程技术、病害防控工程技术、生态工程技术这4个工程技术，实现转变30年来的增长方式、转变饲料投喂模式、转变主要依赖养殖野生种的局面、转变传统的病害防治模式、转变传统的消费习惯、转变养殖模式这6个转变，到2050年实现由世界海水养殖第一大国向第一强国的转变（图2－2－9）。

### 1. 海水陆基养殖工程技术与装备

根据陆基工厂化养殖“安全、高效、生态”的发展要求，首先开展技术创新与装备研发，重点突破悬浮物去除、生物膜构建、消毒杀菌、气体交换等高效水净化技术，以及水质监测、养殖监视、水净化设备控制、投喂与管理控制等精准化调控技术。进而以北方沿海鲆鲽类养殖、南方沿海石斑类养殖为对象，开展循环水净化、设施与设备、投喂与养殖、精准化监控等系统模式研究，并结合健康养殖技术、病害防控技术、生产管理技术，构建现代化养鱼工厂，开展陆基全循环高效养殖工程系统模式构建与示范，形成技术体系，构建现有工厂化养殖设施改造示范模式。在系统技术完善的前提下，通过政策引导、资金扶持，有组织地推进现有工厂化养殖系统升级改造工程，逐步实现陆基全循环高效养鱼工厂的产业化构建。发展路线见图2－2－10。

### 2. 浅海养殖工程技术与装备

在未来10年之内，我国浅海和滩涂养殖结构得到优化，在全国沿海广泛建立生态友好型海水养殖。深水养殖规模在现有基础上扩大3倍，取得10个以上适宜于深水养殖的鱼、虾、贝、藻类品种。进一步研发高强度、抗风浪、耐腐蚀的新材料和新装备，用于深海养殖。

再用10年左右的时间，使我国浅海和滩涂养殖结构得到全面优化，全国沿海普遍实现生态友好型海水养殖。深水养殖规模在现有基础上扩大10倍以上，取得15个以上适宜于深水养殖的鱼、虾、贝、藻类品种，并确定2～3个深水养殖核心品种。取得一批高强度、抗风浪、耐腐蚀的新材料和新装备，推广应用于深海养殖。

到21世纪中叶，我国生态友好型浅海和滩涂养殖在全国沿海普遍实现，并适用于不同规模、不同模式的生产方式。深水养殖规模基本上与浅海和

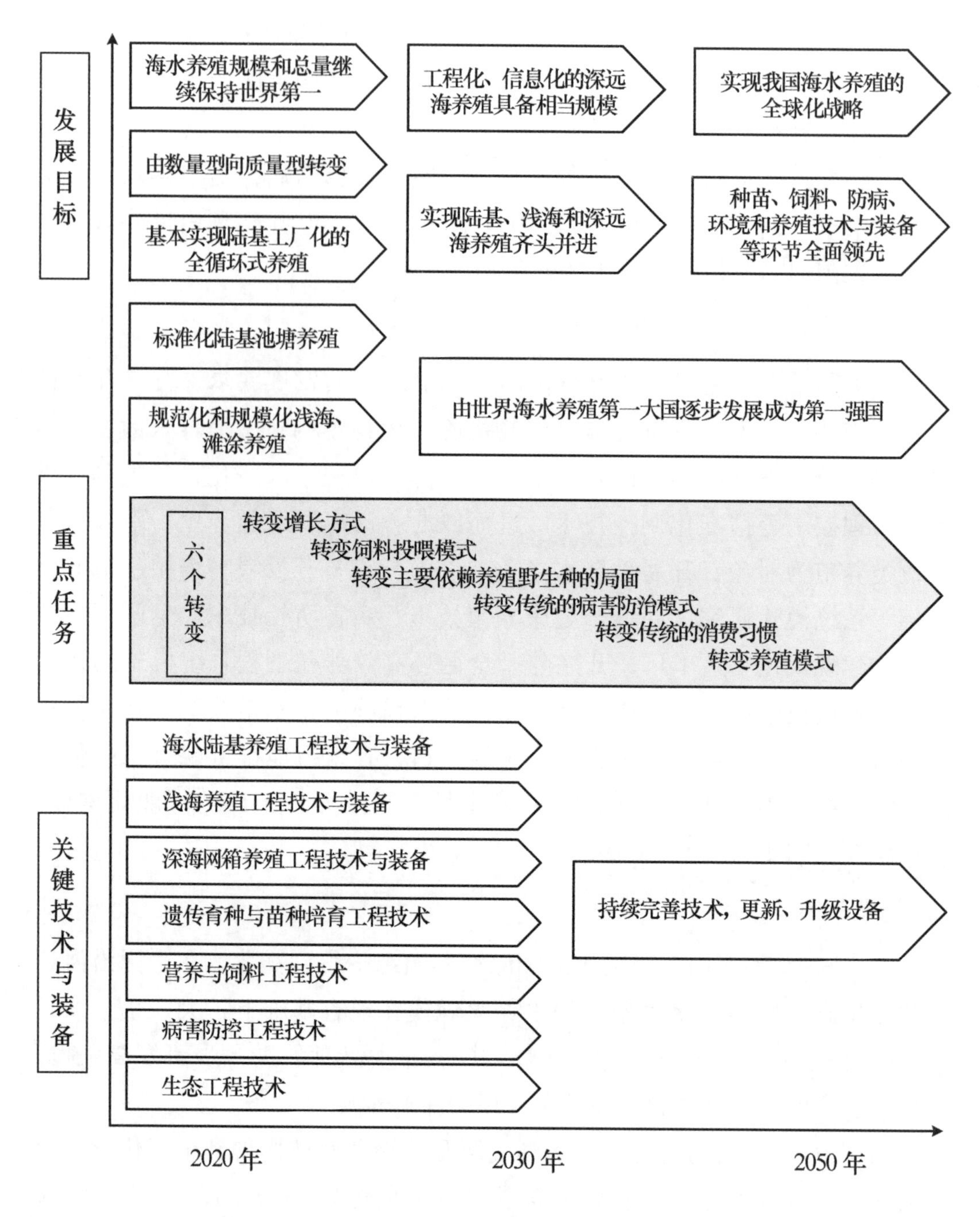


图 2－2－9　我国海水养殖工程技术与装备发展路线

滩涂养殖相当，取得 20 个以上适宜于深水养殖的鱼、虾、贝、藻类品种，并确定 3～5 个深水养殖核心品种。我国自主研发高强度、抗风浪、耐腐蚀的新材料和新装备得到进一步优化和提升，成为深海养殖的重要支撑。

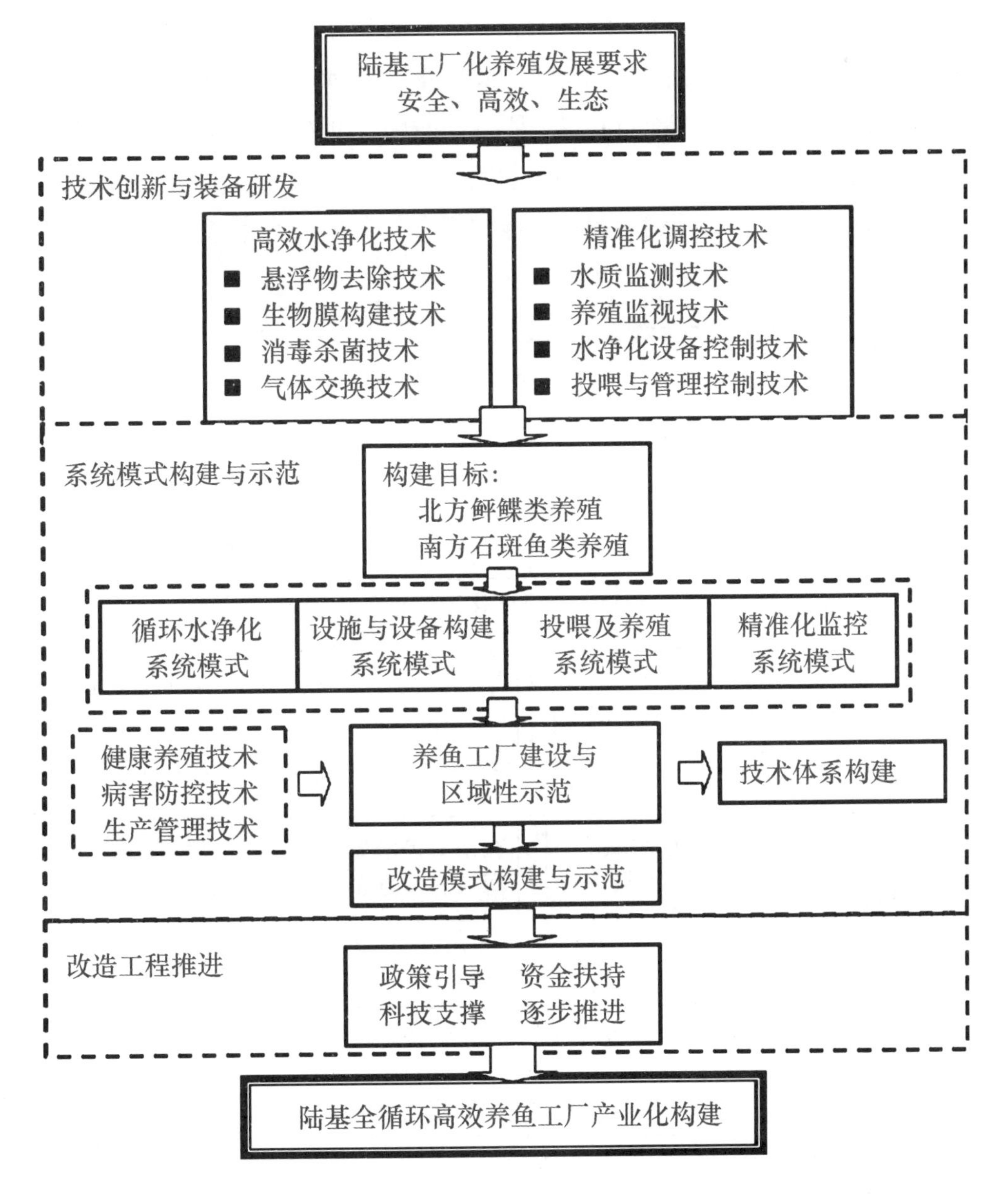


图 2－2－10　海水陆基养殖工程技术与装备发展路线

### 3. 深海网箱养殖工程技术与装备

按照逐步进入深海，全面构建符合“安全、高效、生态”的要求，开展集约化、规模化海上养殖生产体系的发展定位，以近海生态工程化网箱设施系统、深海网箱养殖基站、海上养鱼工船为重点，通过科技专项支持，突破关键技术，研发现代化装备，构建系统模式，形成技术体系与规范，为产业发展提供可靠的技术支撑。通过政策引导与资金支持，鼓励企业，组织渔民，进入深海，发展海上养殖业。使海上养殖生产系统得到合理分布，近海资源与环境得到有效保护，渔民实现转产、转业，生存有所依靠，面向海洋的养殖生产实现有效发展，我国海域疆土得到更多海上居民的有效看护，海洋渔业由“捕”转“养”，实现蓝色转变。发展路线见图 2－2－11。

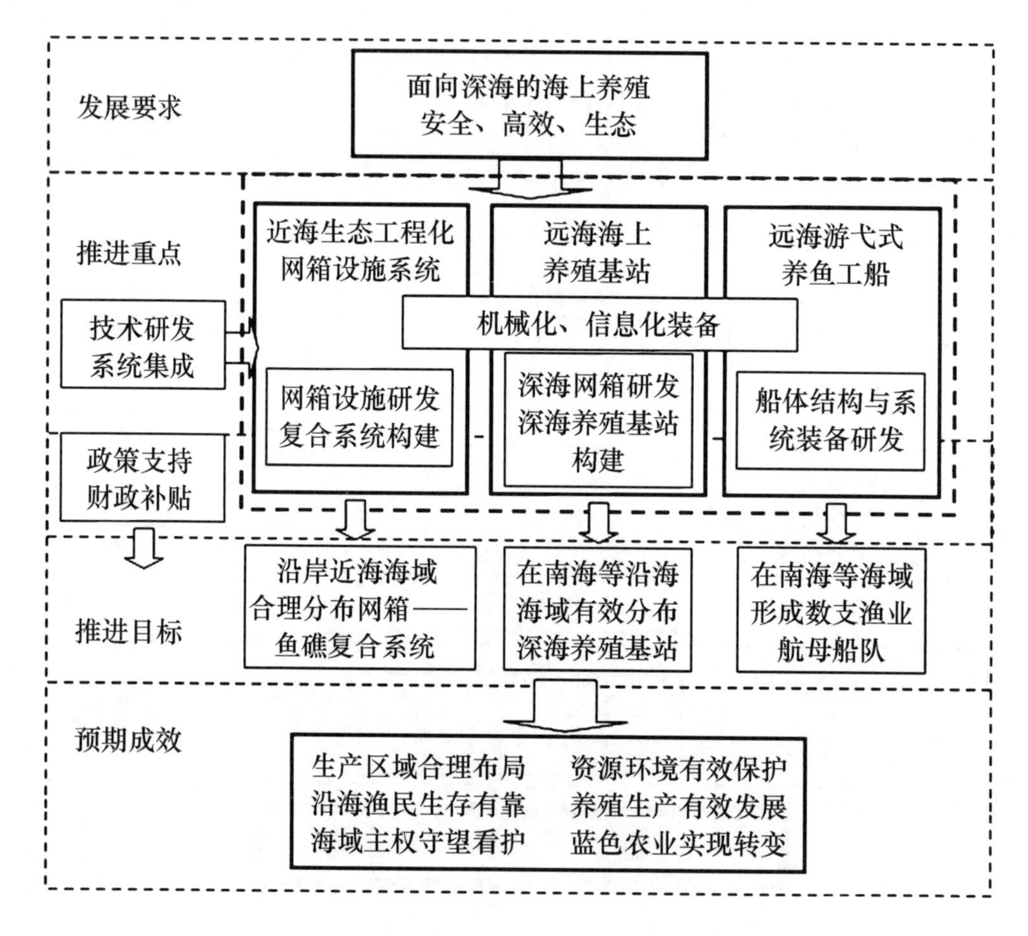


图 2－2－11 深海网箱养殖工程技术与装备发展路线

#### 4. 遗传育种与苗种培育工程技术

争取用 10 年左右的时间，实现我国水产种业自主科技创新能力的全面提升，突破一批对种业发展有重大影响的分子育种等核心技术，高效培育一批具有自主知识产权的高产抗逆优良水产新品种；建设一批水产优良新品种的繁育基地，加快水产新品种的培育和推广；重点扶持种业龙头企业，实现“育繁推一体化”的国际化种业运作模式。

在此基础上，建立以企业为主体的具有国际竞争力的现代水产种业自主科技创新体系，培育一批具有自主知识产权及国际领先优势的突破性优良水产新品种，打造一批具有国际竞争力的“育繁推一体化”现代水产种业集团，全面提升我国水产种业在国际上的竞争力，到2020年使我国水产种业科技总体水平进入先进国家行列。距今40年后，全面实现海水养殖种类良种化，培育一批具有自主知识产权及国际领先优势的水产新品种并实现繁育产业化，良种产业规模效益居国际领先水平。

### 5. 营养与饲料工程技术

站在海水养殖动物营养学研究和饲料配制技术开发的国际最前沿，充分发挥我国海水养殖动物品种丰富、养殖方式多样、养殖产量世界第一和可利用的潜在饲料原料资源丰富的优势，坚持基础研究与应用技术同时并重的原则，综合考虑饲料、养殖动物、水环境、养殖技术和消费者（食品安全）等各因素，做到自主创新和联合创新相结合，原始创新和集成创新相结合，满足我国海水养殖动物营养研究和饲料开发的战略要求。

扎实开展营养需求和代谢、营养与免疫、营养与质量和食品安全、营养与环境之间关系的机制的基础理论研究，突出环境友好型高效饲料、无公害高效饲料添加剂、新型饲料蛋白源和脂肪源等技术的开发，加强饲料加工工艺和配制技术、饲料高效应用技术的研发，保障我国海洋动物营养研究和饲料开发健康、和谐、快速和可持续发展。在新型饲料蛋白源和无公害高效饲料添加剂等一些理论、技术和产品的战略必争之地取得重大突破，使得我国在本领域的研究和开发工作中获得主动。发展路线见图2－2－12。

### 6. 病害防控工程技术

① 提高水产养殖动物免疫力。通过疫苗、免疫增强剂、抗病品种等手段促进养殖动物产生对特定病原的抵抗力和提高机体的基础抗病水平。② 减少养殖生态环境失衡对养殖动物的不良刺激。建立养殖生态标志因子检测技术和生态调控技术。③ 提高病害早期预测能力，控制病原的传播。建立病原早期快速检测试剂盒技术，开发新型绿色渔药，制定科学用药规范。

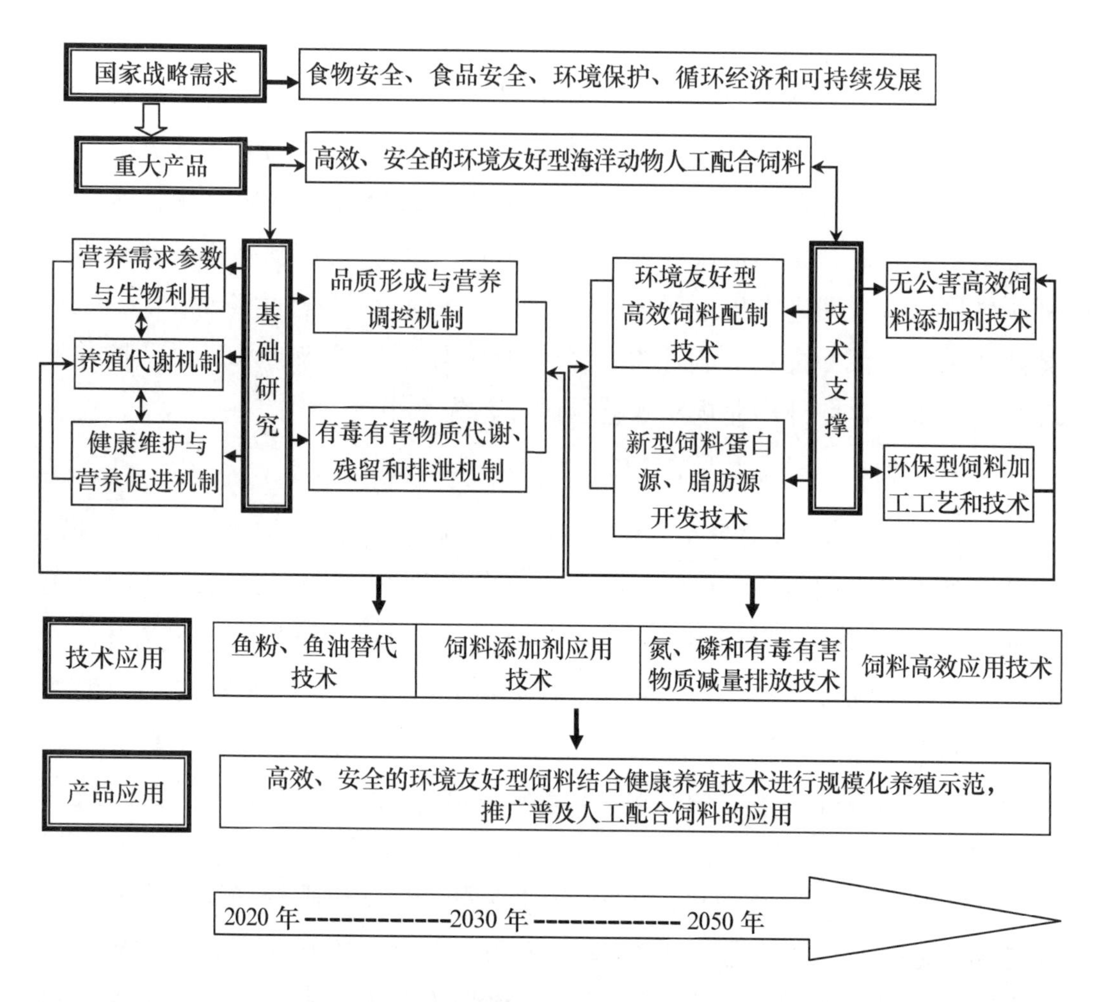


图 2－2－12　营养与饲料工程技术发展路线

④ 建立数值化病害监控技术复合体系。一方面由病原监测和生态因子监测组成预警功能体系；另外一方面由疫苗、免疫增强剂、环境改良微生物制剂等系列产品及其配套技术等组成控制功能体系。通过多体系的配合，坚持以“预防为主、防治结合”的方针，以保持优良养殖生态环境为基础，加强病原监测工作，突出重点疫病管理和基础研究，形成以免疫防控为主导，免疫和生态防控相结合的疾病防控的技术路线。发展路线见图 2－2－13。

## 7. 生态工程技术

在生态工程技术方面，以海水养殖生态工程应用理论研究为基础，重点突破能源环保材料与装备、池塘分级多元化养殖技术、浅海多营养级搭

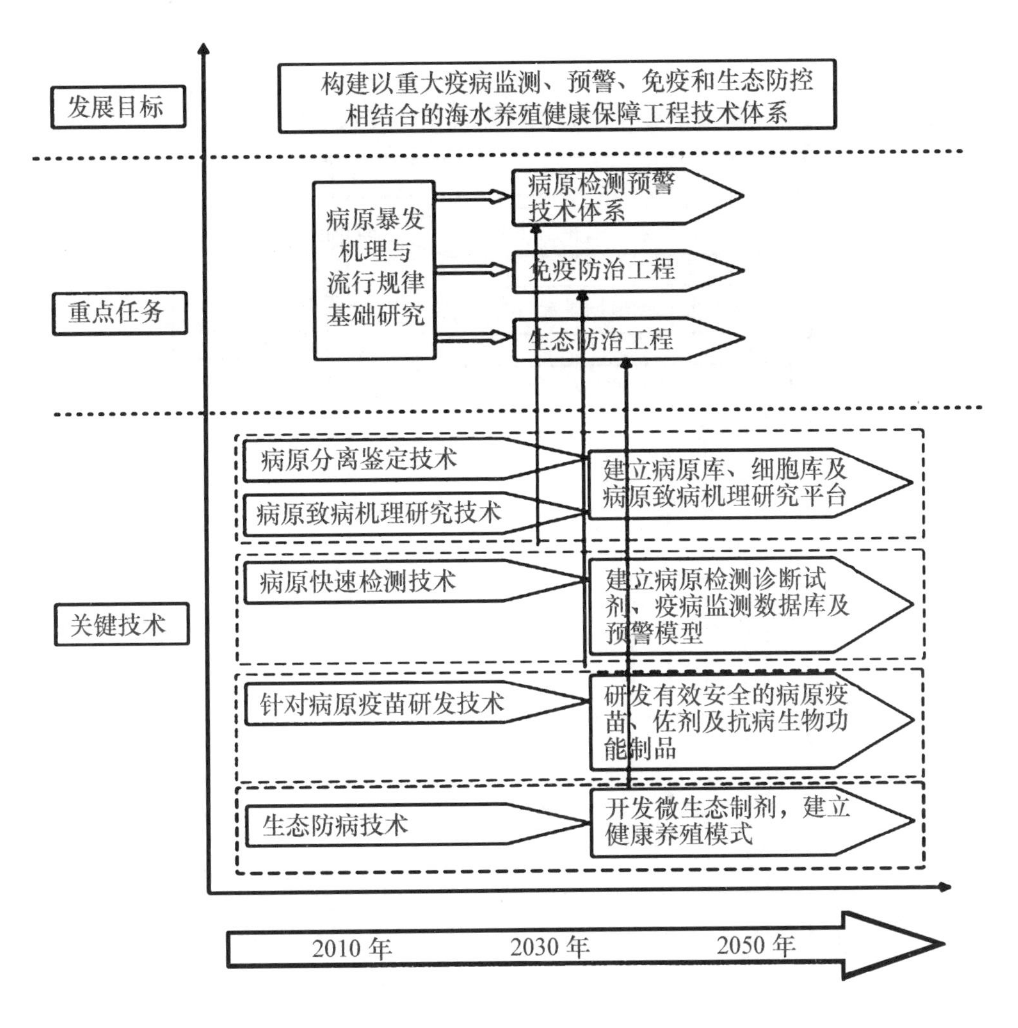


图 2－2－13　病害防控工程技术发展路线

配养殖技术、岛礁初级生产力提升技术、抗风浪深水网箱设施与管理技术、移动式深水养殖工船设计，建立自动化、系列化和标准化的生产系统、养殖池塘分级多元利用技术体系、浅海多元养殖工程技术体系、岛礁资源养护与增殖基地、冷水团鱼类养殖基地、深远海移动式养殖平台，构建以节能高效型工厂化养殖和分级多元化池塘养殖为代表的陆基养殖生态工程、以多营养层次浅海增养殖和离岸岛礁生态渔业为代表的浅海养殖生态工程、以黄海冷水团鱼类深水养殖和移动式海洋工船为代表的深远海现代化渔业生态工程，实现海水养殖生态工程的现代化。海水养殖生态工程技术的发展路线见图 2－2－14。

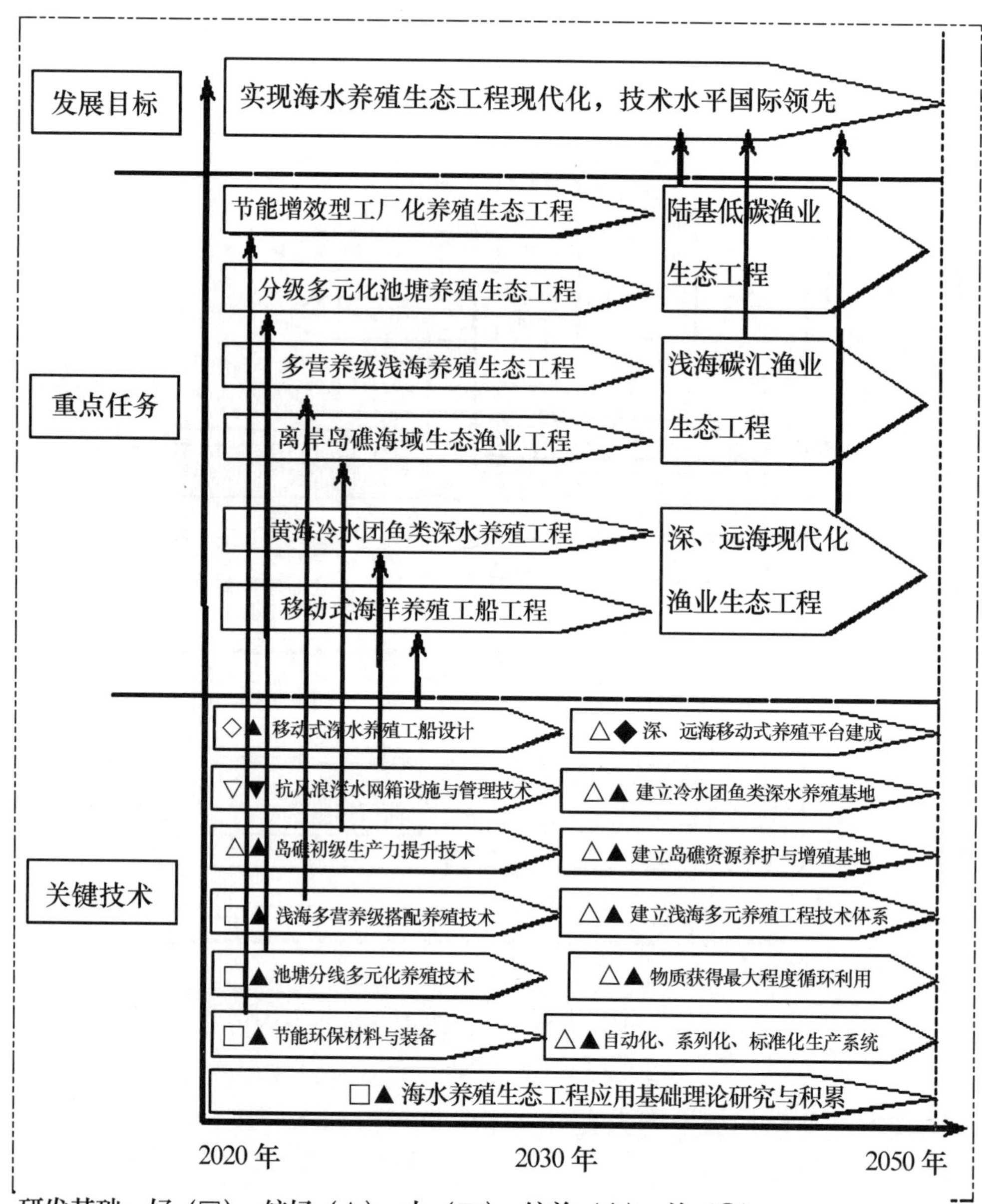


研发基础：好（□）. 较好（△）. 中（▽），较差（◇），差（○）；
研发方式：自主开发（▲），联合开发，（▼），引进消化吸收再创新（◆）

图 2－2－14　海水养殖生态工程技术发展路线

# 第六章　保障措施与政策建议

## 一、强化政策引导，实施深远海规模养殖战略

目前我国海水养殖主要是陆基和近、浅海养殖，由于经济社会的发展和人们对生活环境提出更高的要求，能够提供给海水养殖的空间受到严重挤压，海水养殖密度过大、病害频发和环境恶化等问题已严重影响我国海水养殖业的可持续发展。未来的海水养殖必需走向深远海。

目前世界上只有欧洲地区正在实施“深、远海大型网箱养殖平台”工程项目。已经在挪威的特隆汉姆近海、丹麦的哥本哈根近海等处建成颇具规模的试验区。该工程利用可整合海水大型网箱技术、海上风力发电技术、远程控制与监测技术以及优质苗种培育技术、饲料与投喂技术、健康管理技术等配套技术，形成综合性的工程技术体系，是人类开发和利用海洋资源的新尝试。

我国深远海养殖能力还很弱，几乎只有深海捕捞，更没有深、远海规模养殖平台。差距集中在工程设施、配套设施、网箱养殖和海洋牧场构建技术等。然而，我国在作为平台的核心构架——深水大（巨）型网箱的设计与制造方面已有较好基础，其他技术与配套设施经过联合攻关完全可以达到应用水平，不存在不可跨越的技术障碍。

我国必须制定和实施深远海规模化养殖的国家战略，这是我国在未来10~20年成为世界第一水产养殖强国的战略需求。从顶层设计，由政府主导，充分发挥财政资金的引导作用，以强化海洋渔业生产条件、提升装备保障能力、提高深远海养殖生产能力为目标。设立中央与地方相结合的专项资金，以中央财政资金为主，鼓励行业内外的企业整合优势资源，逐步走向深海，发展远海水产养殖，促进形成我国在远海疆域的海事存在，合理、有效地开发我国丰富的海域领土资源。

## 二、完善体制机制，创新近浅海海水养殖产业发展模式

我国未来5～10年时间的海水养殖仍然是以近浅海养殖为主。然而，由于片面追求产量和规模，忽视长远生态和环境效益，以及因缺乏统一规划管理，养殖布局不尽合理等现象在沿海各地普遍存在，致使局部海区开发过度、养殖量严重超出其养殖容量，出现了养殖个体小型化、死亡率上升、产品质量下降、产业增产不增效等现象。

在近浅海养殖方面，应当加强对养殖生态工程建设的投入和引导。从生态工程建设的角度，合理安排和配置近海资源。大力推行多营养层次的综合生态养殖技术。充分利用生态系统、碳汇渔业等前沿领域的研究成果，指导和支撑多营养层次的综合生态养殖的可持续发展。

在组织的模式上，要发挥养殖企业的主体作用，加快海水养殖企业技术改造和产业升级，推动产业的整体发展。在机制和体制上，发挥市场机制作用。按照以企业为主体、市场为导向、资本为纽带的利益共享、风险共担的原则，通过兼并、重组和与养殖专业协会、专业合作社联姻的方式，构建现代海水养殖产业专业联盟。

## 三、健全法律法规，推进饲料和疫苗的推广与应用

我国的水产养殖还在大量使用下杂鱼（trash fish）作为饵料，人工配合饲料普及程度不高。全面评估这两种类型的饵料在水产养殖中的应用，可以肯定的是下杂鱼饵料对环境的污染十分严重，其成本并不比人工配合饲料低，而且极易引起水质败坏、疾病滋生，同时还造成宝贵鱼粉资源的极大浪费。如果不用下杂鱼来养鱼的话，我们每年可以多生产80万吨鱼粉，占我国现在进口鱼粉总量的2/3以上，这是一个很庞大的数字，比直接用来养鱼做出的贡献要大得多，更有利于环境的可持续利用。

一些发达国家早在20世纪70年代就通过立法禁止直接使用下杂鱼等饲料原料进行水产养殖，丹麦现在还规定饲料系数超过1.2的人工配合饲料也不能用于水产养殖，就是为了避免产生严重的环境生态后果。

我国的水产养殖和综合经济实力发展到了今天，必须转变这种耗费大量资源、破坏环境、不可持续的发展模式。因此，必须由政府倡导和扶持、企业身体力行，大力提高配合饲料的普及率。同时，政府立法，逐渐减少

直至禁止直接使用下杂鱼和饲料原料进行水产养殖。

同时，免疫防控海水养殖病害已成为目前国际上公认的最有效和安全的措施。然而，迄今为止，国内尚无一种商品化的海水鱼类疫苗，这主要是因为我国还没有制定针对水产疫苗及渔用生物制剂的专门审批程序，水产疫苗的管理、质量标准和审批程序一直沿用家畜、家禽等兽医疫苗的管理措施、质量标准和审批程序，鱼类疫苗的审批流程复杂，审批周期漫长，与水产养殖病害的现状和疫苗产品研发的技术水平脱离，严重影响了疫苗及其他免疫制剂的应用与推广。

建议国家有关部门借鉴国际先进经验和已有的通行做法，制定专门针对水产疫苗和渔用生物制品的审批规章制度，将水产疫苗从兽用疫苗中剥离出来，简化审批程序，缩短审批时间，尽快将其从实验室推向产业化应用。

# 第七章 海水养殖工程技术与装备重大工程与科技专项建议

## 一、深远海规模养殖科技专项

### 1. 必要性

海水养殖是人类主动、定向利用国土海域资源的重要途径，已经成为对食物安全、国民经济和贸易平衡做出重要贡献的产业。目前我国海水养殖主要是陆基和近浅海养殖，养殖已利用的浅海海区水深均在 15 米以内，这些海区也是陆源污染最为集中的区域。同时，由于经济社会的发展和人们对生活环境提出更高的要求，能够提供给海水养殖的空间受到严重挤压，海水养殖密度过大、病害频发和环境恶化等问题日益突出。为实现新时期我国浅海养殖业的可持续发展，减轻养殖对近岸海区的影响，急需拓展养殖空间，实施深远海养殖战略。

深远海养殖将采取先进的养殖技术和设施，将养殖区域拓展到 30 米水深的海区。深远海海域水交换率高，污染物含量低，因此向深远海海域发展养殖将减轻各种污染对养殖生物的影响，生产出健康洁净的水产品。随着养殖区的外移，全国近岸区的养殖密度将得以有效控制，甚至完全可以实施内湾和近岸数千米海区内禁养，此举将明显减轻浅海养殖对近岸浅水区环境的影响，有利于浅海生态系统的恢复和环境保护，也有助于实现近岸关键生物资源的恢复和持续利用；同时，随着我国国民经济的进一步发展，人们对生活环境质量必然有更高的要求，实施深远海养殖战略，也将有利于促进我国沿海生态旅游业的发展。

目前世界上只有欧洲地区正在实施“深远海大型网箱养殖平台”工程项目。已经在挪威的特隆汉姆近海、丹麦的哥本哈根近海等处建成颇具规模的试验区。该工程利用可整合海水大型网箱技术、海上风力发电技术、远程控制与监测技术以及优质苗种培育技术、高效环保饲料与投喂技术、健康管理技术等配套技术，形成综合性的工程技术体系，是人类开发和利用海洋资源的新尝试。

我国深远海养殖能力还很弱，几乎只有深海捕捞，没有深远海规模养殖平台。差距集中在工程设施、配套设施、网箱养殖和海洋牧场构建技术等。然而，我国在作为平台的核心构架——深水大（巨）型网箱的设计与制造方面已有较好的基础，其他技术与配套设施经过联合攻关完全可以达到应用水平，不存在不可跨越的技术障碍。

2. 预期目标

（1）突破深海巨型网箱设施结构工程技术，集成工程化和智能化鱼类养殖技术，以及人工生态礁及其他配套装备，在30米以深海域形成2～3个技术装备先进、养殖产品健康和高经济附加值、环境友好的现代化规模养殖平台，将养殖区域拓展到深远海。

（2）构建与现代化规模养殖平台无缝连接的周边系统。形成深海养殖基站构建技术体系；研发大型现代化深远海可移动式养鱼工船3～5艘，集苗种孵化、暂养（养殖）、饲料、产品加工于一体，衔接深远海平台与母港；建立深远海养殖产品“海—陆—陆”的物联网管理体系，以及针对性的食品精深加工和质量安全控制技术体系，实现生产、加工、运输到餐桌的无缝连接。

（3）通过深远海规模养殖的实施，逐步减小近海养殖到一个符合环境和生态要求的规模，在养殖种类、产量和水产品的养成周期等方面实现近海养殖与深远海养殖互补、协调，促进整个海水养殖可持续发展。

（4）构建为深远海规模养殖保驾护航的法律法规，完善海水养殖和海产品质量安全相关的法律法规体系，确保海水养殖健康发展。

（5）深远海可移动式养鱼工船、养殖基站和养殖平台等作为载体，可分别在南海、东海和黄海等海域宣示我国主权。同时，以此发展新型“海上旅游”。

3. 重点内容与关键技术

（1）深远海大型养殖基站装备技术。以海洋动力学和工程学为基础，设计研制适于30米以深水域的大型养殖基站，开发集成平台控制、养殖自动控制、简易泊位、产品加工、冷冻与仓储、生活安全与保障设施、能源与信息等深海养殖重要配套技术装备，构建深海养殖工程化装备技术体系。

（2）深远海工程化鱼类养殖技术。开发适于深远海大型网箱设施，筛选适用于深远海养殖鱼类，研究其亲本保育和繁育，病害防治，营养需求和高效饲料配制、生产和智能投喂，数字化养殖管理，产品收获等技术，建立深远海设施养殖工程化技术体系。

（3）深远海增养殖生态工程技术。以 30 米以深水域物理环境为构建基础，设计生态型人工鱼礁，研究海底藻林人工种植、海珍品人工增养殖技术，建立海底藻林和海珍品生态增养殖工程技术。

（4）深远海工程化养殖配套设施集成技术。研究集成开发远距离自动投饵、水下视频监控、数字控制装备、轻型可移动捕捞装备、水下清除装备、轻型网具置换辅助装备，构建外海工程化养殖配套技术。

（5）海洋石油平台海水养殖功能性拓展和转移综合利用技术。拓展海洋石油平台的功能，嫁接现代化的深海养殖设施和装备，综合利用现役海洋石油平台。改造去功能化的海洋石油平台，构建去功能化的老旧海洋石油平台功能移植深海养殖模式，建立深远海养殖基站。

（6）海洋养殖工船研制与应用。围绕海上养鱼工船系统功能构建，重点开展鱼舱自由液面与进排水方式对船体结构的影响，以及养殖舱容最大化船体结构研究，形成船体构建设计与检验技术规范；研发下潜式水质探测与大流量、低扬程抽取装置，集成养殖水质净化技术，构建鱼舱水质监控系统；研发活鱼起捕、分级与输送系统化装备，饲料自动化投送系统；集成水产苗种工厂化繁育技术、软颗粒饲料加工技术、船舶电站式电力分配与推进技术，针对北方海域大西洋鲑等冷水性鱼类养殖或南方海域石斑鱼等温水性鱼类养殖，建造具有海上苗种繁育、成鱼养殖、饲料储藏与加工等功能的专业化养鱼工船，并可根据海区捕捞生产需要，建立海上渔获物流通与初加工平台。

## 二、海水健康养殖科技专项

### 1. 必要性

我国海水养殖生物种类多样，养殖区域南北跨度大，企业规模和经营方式各异，养殖模式千差万别。现有养殖仍然以陆基、近浅海和滩涂为主，由于存在良种缺乏、配合饲料普及率不高、病害防治困难，以及养殖水域污染等问题，制约着海水养殖的可持续发展。海水养殖产业实现升级换代，必须从提高经济效益、社会效益和环境效益着手，大力发展海水健康养殖。

2. 预期目标

突破育种科技难题，培育优良品系；开发新型饲料原料，建立原料、饲料生产和应用工程体系；强化流行病学基础研究，构建病害综合防治系统；加强环境修复，发挥生态效应，建立海水健康养殖新模式。

3. 重点内容与关键技术

（1）建立以分子设计为目标的育种理论和技术体系，通过各种技术的集成与整合，对生物体从基因（分子）到整体（系统）不同层次进行设计和操作，在实验室对育种程序中的各种因素进行模拟、筛选和优化，提出最佳的亲本选配和后代选择策略，实现从传统的“经验育种”到定向、高效的“精确育种”的转化，以大幅度提高育种效率。建立水生生物分子设计育种的关键技术及其技术体系，解决水生生物分子设计育种的策略和理论基础及可行性途径。

（2）通过对渔用饲料中替代鱼粉的新蛋白源组成、适口性、加工工艺及养殖效果的研究，开发新蛋白源饲料加工处理新技术。筛选出可用于综合处理饲料原料，有效提升非鱼粉蛋白源消化率、去除或钝化抗营养因子、提高适口性的相关配套技术。加强养殖产品品质形成机理的研究，建立营养调控水产品品质的理论体系和技术手段。开发高效环境友好型人工配合饲料，建立科学投饲技术，促进海水养殖全面应用人工配合饲料。

（3）阐明养殖动物病原感染、致病的分子机制；研制并完善重要病原快速诊断产品，突破建立重大疾病预警体系的关键技术；构建鱼类病原的高效保护疫苗，从主要海水养殖动物中筛选和鉴定出免疫和抗病功能基因，获得抗病功能蛋白，找出有效导入途径，突破渔用抗病生物制品的实用化关键技术。

（4）构建健康养殖模式与清洁养殖技术体系。研究养殖生态系统结构与功能，评价不同养殖种类的种间关系，建立合理的放养结构；研究不同类型养殖系统物质收支以及养殖生物对输入营养物质的利用效率和废水排放量，建立养殖废水管理方案和技术；研究系统优化养殖模式的理论与方法，以及相应的改进养殖设施和养殖技术的原理与方法；研究基于新能源、新材料的水产养殖工厂化设施与养殖技术。

## 主要参考文献

陈军,徐皓,倪琦. 2009. 我国工厂化循环水养殖发展研究报告[J]. 渔业现代化, 36(4):1-7.

联合国粮食及农业组织. 2012. 世界渔业和水产养殖状况[R]. 罗马:FAO.

刘晃,张宇雷,吴凡. 2009. 美国工厂化循环水养殖系统研究[J]. 农业开发与装备,(5):10-13.

麦康森,陈立侨,陈乃松,等. 2011. 水产动物营养与饲料学:第2版[M]. 北京:中国农业出版社.

麦康森. 2010. 中国水产养殖与水产饲料工业的成就与展望[J]. 科学养鱼,(11):1-2.

王清印,刘世禄,王建坤. 2012. 切实维护我国南海渔业权益的战略思考[J]. 渔业信息与战略,27(1):12-17.

徐皓,江涛. 2012. 我国离岸养殖工程发展策略[J]. 渔业现代化,39(4):1-7.

中华人民共和国农业部渔业局. 2012. 中国渔业统计年鉴[M]. 北京:中国农业出版社.

Daniel Cressey. 2009. Future fish [J]. Nature, 458: 398-400.

Lester Russell Brown. 1995. Who Will Feed China?: Wake-Up Call for a Small Planet[M]. Worldwatch Environmental Alert Series. W W Norton & Company, Inc, 168.

Paul Greenberg. 2010. Four Fish: The Future of the Last Wild Food [M]. London: Penguin Press, 304.

## 主要执笔人

麦康森　中国海洋大学　中国工程院院士

王清印　中国水产科学研究院黄海水产研究所　研究员

张国范　中国科学院海洋研究所　研究员

杨红生　中国科学院海洋研究所　研究员

徐　皓　中国水产科学研究院渔业机械研究所　研究员

秦启伟　中国科学院南海海洋研究所　研究员

包振民　中国海洋大学　教授

林文辉　中国水产科学研究院珠江水产研究所　研究员

张文兵　中国海洋大学　教授

# 专业领域三：我国海洋药物与生物制品工程与科技发展战略研究

## 第一章　我国海洋药物与生物制品工程与科技发展的战略需求

### 一、维护国家海洋权益

党的十八大报告中明确提出“坚决维护海洋权益，建设海洋强国”，凸显出在新的历史时期维护我国海洋权益的重要性和紧迫性，而维护海洋权益是建设海洋强国的先决和基本条件。

自《联合国海洋法公约》（1994 年）生效后，海洋生物资源，特别是远洋生物资源的可持续开发利用已引起世界各海洋大国和强国的高度关注，并逐渐成为国家海洋权益的重要组成部分。对远洋生物资源管理拥有较大的话语权和参与权已成为国家综合实力的体现。

当前，我国海洋生物资源开发利用已逐渐实现由近、浅海向深、远海的战略转移，在“存在即权益”的现实下，针对包括生物资源在内的海洋资源的争夺日趋激烈。海洋生物资源是开发创新海洋药物与生物制品的源头，增强我国对远洋和与他国公约重叠海域内生物资源的掌控与综合开发能力，将为维护我国海洋权益提供有力的技术支撑。

### 二、提升海洋生物资源深层次开发利用水平

独特的生态环境，造就了陆地无可比拟的生物多样性、基因多样性和化合物多样性，海洋生物来源化合物的独特结构和显著活性，已成为新药先导化合物最重要也是最后和最大的一个极具新药开发潜力的生物资源，并已成为国际竞争的焦点和热点领域。目前进行过化学成分和生物学活性

研究的海洋生物还不足5%，预示着海洋药物创制的巨大空间和广阔前景。因此，从海洋生物资源中发现药物先导化合物并对其进行系统的成药性评价和开发将长期是发达国家竞争最激烈的领域之一，未来的"重磅炸弹"级新药最有可能源于海洋。因此，加强对海洋药物研发的投入，创制具有自主知识产权和市场前景的海洋药物，对于促进我国海洋生物资源开发利用水平，提升我国医药产业的国际竞争力具有重要意义。

近年来，国际上以各种海洋动植物、微生物等为原料，研制开发海洋生物制品已成为海洋资源开发的热点。当前，国际海洋生物制品研发的热点主要集中在海洋生物酶、功能材料、绿色农用制剂，以及保健食品、日用化学品等方面。世界发达国家投入巨资发展海洋生物酶产业，迄今为止，已有20余种具有重要工业、医药、食品、日化用途的高性能海洋生物酶进入产业化，并垄断了中国70%以上的市场。利用壳聚糖开发的急救止血材料批准上市，并作为军队列装物资；另有一批海洋生物来源的组织损伤修复、组织工程和药物运载缓释材料等已处于实质性开发阶段。一批新型海洋生物农药、植物免疫调节剂得到大规模的应用，引发了农作物生产和食品安全的一场绿色化学革命。以疫苗接种为主导的养殖鱼类病害防治取得了显著的社会与经济效益。因此，加强对海洋生物制品研发的投入，创制一批具有市场前景的新型海洋生物制品，对于促进我国海洋生物资源开发利用水平的提高，推动"蓝色"经济的发展具有重要意义。

## 三、培育与发展战略性新兴产业

从现在至2020年，是我国全面建设小康社会的关键时期，而从2020—2030年，是我国建设中等发达国家的重要机遇期。随着我国人民生活水平的提升和对医疗卫生需求的不断增加，以及我国社会经济发展的快速推进以及工业、农业、医药、环保等领域技术革命需求的不断增加，大力发展海洋药物和生物制品产业，将成为我国海洋经济的新增长点并形成战略性新兴产业。

我国是最早将海洋生物用作药物的国家之一，20世纪八九十年代连续批准了5个海洋多糖药物上市。近年来，在国家的支持下，重点建设了海洋药物研究的技术平台，突破了一批先导化合物的发现和海洋药物研究的关键技术，为后续海洋药物的开发与应用奠定了丰富的资源和化合物基础，储备了重要的技术力量。我国科学家从海洋生物中发现了一批结构新颖和活性多样的针对重大疾病的药物先导化合物，其中20余种针对恶性肿瘤、心脑血管疾病、代谢性疾病、感染性疾病和神经退行性疾病等的候选药物正在开展系统的成药性评价和临床前研究阶段；5个海洋药物正在开展临床研究。上述工作为现代海洋药物产业的发展奠定了良好的基础。

我国开发海洋生物制品的资源丰富，研究基础坚实，产、学、研结合密切。海洋生物酶经过多年的研究积累，筛选到多种具有显著特性的酶类，部分品种已进入产业化实施阶段，在国内外市场具有一定的竞争优势。在海洋功能材料方面，海洋多糖的纤维制造技术已实现规模化生产，新一代止血、愈创、抗菌功能性伤口护理敷料和手术防粘连产品均已实现产业化；海洋寡糖农药开发应用在世界上处于先进水平，并已进入到应用推广阶段。上述工作为我国海洋生物制品产业的快速发展奠定了坚实的基础。

# 第二章 我国海洋药物与生物制品工程与科技发展现状

## 一、我国海洋药物产业尚处于孕育期

### （一）我国海洋新天然产物的年发现量居世界首位

我国对海洋天然产物的系统研究始于20世纪80年代末，近年来随着国家投入的不断增加，尤其在“十五”国家863计划中设立了海洋天然产物专题，极大地调动了我国海洋天然产物研究人员的积极性，中国海洋天然产物化学研究进入了一个快速发展期，在基础和应用研究方面均取得了长足进步，逐步缩小了与发达国家的差距，呈现出良好的发展势头。在过去10年里，海洋天然产物化学研究的对象扩展到了多种海洋无脊椎动物及海洋植物，海洋生物采集海域也由东南沿海扩展到了广西北部湾及西沙、南沙等海域并逐步向公海、深海延伸。近年来，我国科学家从海洋生物中发现了大量结构新颖和活性多样的海洋新天然化合物，引起了国际药学界同行的高度重视。据统计，迄今为止我国科学家已发现3 000多个海洋小分子新活性化合物和近300个糖（寡糖）类化合物，在国际天然产物化合物库中占有重要位置。据权威杂志《Natural Product Report》分析，目前中国平均每年从海洋生物中发现超过200个新化合物，新化合物发现的数量居世界第一位。但是，大多数海洋活性天然产物含量低微，难以进行后续深入的药物开发工作和产业化。因此，针对具有显著生物活性海洋目标产物的规模化制备及其系统评价技术研究，将是我国目前亟待解决的关键技术“瓶颈”，也是我国海洋生物资源可持续利用、发展的关键。

### （二）我国是最早将海洋生物用作药物的国家之一

早在公元前3世纪的《黄帝内经》中就记载有以乌贼骨为丸，饮以鲍鱼汁治疗血枯（贫血）。从我国最早的药物专著《神农本草经》、李时珍的

《本草纲目》以及清代赵学敏的《本草纲目拾遗》，历经2 000多年，共收录海洋药物110种，成为我国中医药宝库中的一个重要组成部分。近代的《全国中草药汇编》收录了海洋药物166种，《中草药大辞典》亦收录海洋药物144种。1999年，由国家中医药管理局组织编写的《中华本草》收载海洋药物达到了802种。2009年，由中国海洋大学管华诗院士组织编写的《中华海洋本草》，集成、梳理和整编了国内外海洋药物研究的相关信息和研究成果，共收录药物613种（味），涉及海洋生物1 479种，并汇集了20世纪初以来国内外现代海洋天然产物研究获得的2万余种海洋天然化合物及其生物活性研究的全部信息，可谓国内外海洋天然产物和海洋药物之大全。

近年来，我国医药工作者在继承和发展海洋药物方面开展了大量的工作。1985年，我国第一个海洋药物藻酸双酯钠成功上市，此后，甘糖酯、岩藻糖硫酸酯、海力特、甘露醇烟酸酯等海洋药物纷纷批准上市（表2－3－1）。以海洋糖化学和糖生物学研究技术为核心内容的海洋药物研究开发平台体系，经过多年的重点建设与积累，于2009年度获国家技术发明一等奖。

**表2－3－1　我国已获批的海洋药物**

| 药品名称 | 英文名称 | 化学成分 | 适应症 |
|---|---|---|---|
| 藻酸双酯钠 | Alginic sodium diester，PSS | 化学修饰的褐藻酸钠 | 缺血性脑血管病 |
| 甘糖酯 | Mannose ester，PGMS | 聚甘露糖醛酸丙酯硫酸盐 | 高脂血症 |
| 岩藻糖硫酸酯 | Fucoidan，FPS | L－褐藻糖－4－硫酸酯 | 高脂血症 |
| 海克力特（海麒舒肝胶囊） | — | 异脂硫酸多糖、昆布硫酸酯、琼脂硫酸多糖 | 慢性肝炎，肿瘤放化疗后辅助治疗 |
| 甘露醇烟酸酯 | Mannitol nicotinate | 六吡啶－3－羧酸己六醇酯 | 冠心病、脑血栓、动脉粥样硬化 |

## （三）我国海洋药物研发和产业化亟待重点发展

我国现代海洋药物研究起步较晚。近年来，在国家的投入和培植下，与发达国家的差距逐渐在缩小，特别是前期重点建设了海洋药物研究的技术平台，突破了一批先导化合物的发现和海洋药物研究的关键技术，为后续海洋药物的开发与应用奠定了丰富的资源和化合物基础，储备了重要的技术力量。

目前，我国科学家已获得一批针对重大疾病的海洋药物先导化合物，其中20余种针对恶性肿瘤、心脑血管疾病、代谢性疾病、感染性疾病和神经退行性疾病等的候选药物正在开展系统的成药性评价和临床前研究阶段；处于Ⅰ~Ⅲ期临床研究的海洋药物有络通（玉足海参多糖）、K-001、多聚甘酯、HSH-971和几丁糖酯（916）等（表2－3－2）。上述工作为海洋药物的产业化奠定了一定的基础。但总的来看，我国海洋药物研究与开发基础较为薄弱，技术与品种积累相对较少，海洋药物产业目前仍处于孕育期。

**表2－3－2 我国正在进行临床研究的海洋药物**

| 品名 | 化学成分 | 适应症 | 研究阶段 |
| --- | --- | --- | --- |
| 络通 | 玉足海参多糖 | 脑缺血 | NDA |
| K-001 | 螺旋藻糖－肽复合物 | 肿瘤 | II |
| 916 | 硫酸氨基多糖 | 高脂血症 | II |
| 多聚甘酯 | D－聚甘酯 | 脑缺血 | II |
| HSH－971 | 硫酸寡糖 | Alzheimer病 | II |

## 二、我国海洋生物制品产业已迎来快速发展期

### （一）我国海洋生物制品的研发已取得长足的进步

我国是海洋生物制品原料生产大国，以壳聚糖、海藻酸钠为例，我国生产量占世界80%以上。海洋生物酶经过多年的研究积累，筛选到多种具有显著特性的酶类，在国内外市场具有较强的竞争优势，其中部分酶制剂如溶菌酶、蛋白酶、脂肪酶、酯酶等已进入产业化实施阶段。在海洋功能材料方面，海洋多糖的纤维制造技术已实现规模化生产，年产品约在1 000吨；海洋多糖纤维胶囊，新一代止血、愈创、抗菌功能性伤口护理敷料和手术防粘连产品均已实现产业化；海洋多糖、胶原组织工程支架材料的研发取得重要进展。在海洋绿色农用制剂方面，海洋寡糖农药开发应用在世界上处于先进水平，并已进入到应用推广阶段；针对重要海洋病原（如鳗弧菌、迟钝爱德华菌、虹彩病毒等）开展了深入系统的致病机理研究和相应的疫苗开发工作，一批具有产业化前景的候选疫苗已进入行政审批程序，

有望通过进一步的开发形成新的产业。

## （二）我国海洋生物制品产业发展正处于战略机遇期

### 1. 海洋生物酶

我国自“九五”开始，针对海洋生物酶的开发利用技术开展了系统的研究，经过多年的积累，具备了较好的技术基础，拥有了一支较为稳定的队伍。目前，已筛选到多种具有较强特殊活性的海洋生物酶类如碱性蛋白酶、溶菌酶、酯酶、脂肪酶、葡聚糖降解酶、海藻糖合成酶、超氧化物歧化酶、漆酶等；已克隆获得了一批新颖海洋生物酶基因，如几丁质酶、β-琼胶酶、深海适冷蛋白酶等。与现有的陆地来源酶相比具有低温和室温下活性高、抗氧化、在复杂体系中稳定性良好等罕见的性质，在国内外市场具有较强的竞争优势，其中已有部分酶制剂在开发和应用关键技术方面取得重大突破，进入产业化实施阶段。这些成果引起国外研究机构和国际著名商业集团的重视，为我国海洋生物技术创新与产业发展做出了重要贡献，缩短了我国在海洋生物酶研究开发技术上与国际先进水平的差距。

### 2. 海洋农用生物制剂

海洋农用生物制剂的开发与应用，将有力地推动绿色农业的可持续发展。新型海洋微生物农药和海洋生物来源植物免疫调节剂的开发与应用是国际上该领域发展的重点。①海洋微生物农药开发潜力巨大。我国已有较扎实的海洋微生物防治植物病虫害研究的基础，近年发现海洋酵母菌具有防治樱桃番茄褐斑病的效果，海洋枯草芽孢杆菌3512A对黄瓜枯萎病菌有较强抑制作用；还发现海洋细菌L1-9对辣椒疫霉等10种病原真菌均有较好的抑制作用。开发了海洋放线菌MB-97生物制剂、海洋地衣芽孢杆菌9912制剂、海洋枯草芽孢杆菌3512、3728可湿性粉剂等；以B-9987菌株开发的海洋芽孢杆菌可湿性粉剂亦即将进入产业化阶段。海洋微生物用途广泛，但在农业领域中的应用尚未引起人们足够的重视，开发潜力巨大。②海洋寡糖植物免疫调节剂是近年来国际上迅速发展起来的一类新型海洋农用生物制剂，其特点是安全、高效、不易产生抗药性。以甲壳素衍生物为原料的“氨基寡糖素”及“农乐1号”等生物农药及肥料已初步实现了产业化，并开发出以壳聚糖、壳寡糖为原料的新型农肥、农药产品，已经取得了较好的经济效益和社会效益。仅海洋寡糖生物农药在国内20余省、市、自治区得到了推广应用，推广面积达2 000万亩。

3. 海洋生物功能材料

海洋生物功能材料是海洋资源利用的高附加值产业，也是高新技术的制高点之一。近年来，我国已初步奠定了海洋生物功能材料，特别是医用材料方面的研究基础，并逐步形成了数个海洋生物功能材料的研发机构和团队。我国的海洋生物医用材料研究结合国际第三代生物医用材料技术，在功能性可吸收生物医用材料方面实现了系列技术创新和成果创新。壳聚糖、海藻酸盐的化学改性技术已取得了几十项国家授权专利，形成了以医用材料为核心的技术优势。海洋多糖的纤维制造技术已实现规模化生产，年产品约在1 000吨；海藻多糖纤维胶囊，新一代止血、愈创、抗菌功能性伤口护理敷料和手术防粘连产品均已实现产业化；以壳聚糖为材料的体内可吸收手术止血新材料在产品制造、功能性和安全性方面取得了重大技术突破，其快速止血、促进创面愈合和吸收安全性方面超越了美国强生公司的手术止血产品，产品处于国家审批阶段；由此也展开了不同剂型、不同适应症的系列手术止血材料的技术研发，部分产品进入临床研究；以壳聚糖、海藻酸和鱼胶原为材料的组织工程仿生修复产品的研究，包括角膜组织支架材料、骨组织支架材料、神经组织支架材料、血管支架材料等亦已取得了阶段性研究成果。因此，目前我国海洋生物功能材料的发展到了需要实现全面突破的关键时期。

4. 海洋动物疫苗

我国养殖业大量滥用抗生素类等药物已对生态环境和食品安全造成了极其严重的危害。开发海洋动物疫苗与绿色生物饲料添加剂是解决此问题的重要手段。动物疫苗符合无环境污染及食品安全的理念，具有针对性强、主动预防等特点，已成为当今世界水生动物疾病防治研究与开发的主流对象。近年来，我国科学家针对海水养殖业中具有重大危害的病原，如鳗弧菌、迟钝爱德华菌、虹彩病毒等，分别开发了减毒活疫苗、亚单位疫苗和DNA疫苗等新型疫苗，并建立了新型的浸泡或口服给药系统；重点突破了疫苗研制过程中保护性抗原蛋白筛选、减毒疫苗基因靶点筛选及多联或多效价疫苗设计等三大关键技术，一批具有产业化前景的候选疫苗已进入行政审批程序，有望通过进一步开发形成新的产业。

# 第三章　世界海洋药物与生物制品工程与科技现状以及发展趋势

众所周知，海洋不仅是地球上万物的生命之源，亦是地球上生物资源最丰富的领域。据报道，地球物种的80%生活在海洋中。其中除了人类熟知的鱼、虾、贝类等生物外，仅较低等的海洋生物物种（海绵、珊瑚、软体动物等）就有20余万种。这些海洋生物虽不太为人类所熟悉，但它们在海洋生物系统中占有重要的地位，起着关键的生态作用。海洋生态环境的特殊性（高压、高盐、缺氧、避光），导致了海洋生物巨大的生物多样性和独特的化学多样性。许多低等海洋生物如海绵、珊瑚等无脊椎动物及海草、藻类等生物为在生存竞争严酷激烈的海洋生态环境中进化发展，通过生产一些次生代谢产物来防御、逃避被其他食物链上游生物的捕食、攻击。因而，海洋生物次生代谢产物的化学多样性、生物合成途径和防御系统的独特性与高效性与陆地生物相比有着巨大的差异。由于海洋生物次生代谢产物复杂、独特的化学结构及其特异、高效的生物活性，引起了化学家、生物学家及药理学家的广泛关注和极大兴趣，海洋生物资源已成为寻找和发现创新药物和新型生物制品的重要源泉。

自2004年以来，国际上接连批准了6个海洋药物：齐考诺肽（芋螺毒素）和Ω-3-脂肪酸乙酯（2004年），曲贝替定（加勒比海鞘素）（2007/2008年），黑色软海绵素衍生物甲磺酸艾日布林（2010年），阿特赛曲斯（抗$CD_{30}$单抗-海兔抑素偶联物）（2011年），以及伐赛帕（2012年）。一批新型医用海洋生物功能材料（珊瑚人工骨、壳聚糖介入治疗栓塞剂、海藻多糖胶囊、甲壳素药物缓释材料等）纷纷上市，预示着海洋药物/生物制品迎来一个空前发展的新阶段。

## 一、世界海洋药物与生物制品工程与科技现状

### （一）海洋药物研发突飞猛进

国际上最早开发成功的海洋药物便是著名的头孢菌素（cephalosporins，俗称先锋霉素）。它是1948年从海洋污泥中分离到的海洋真菌顶头孢霉（*Cephalosporium acremonium*）产生的，以后发展成系列的头孢类抗生素。目前头孢菌素类抗生素已成为全球对抗感染性疾病的主力药物，年市场600亿美元以上，约占所有抗生素用量的一半。第二个就是从地中海拟无枝菌酸菌（*Amycolatopsis mediterranei*）中发现的利福霉素（rifamycins），20世纪60年代，利福霉素成为药物抵抗性结核杆菌治疗的一线药物。自此以后，世界各国已经从海葵、海绵、海洋腔肠动物、海洋被囊动物、海洋棘皮动物和海洋微生物中分离和鉴定了20 000多个新型化合物，它们的主要活性表现在抗肿瘤、抗菌、抗病毒、抗凝血、镇痛、抗炎和抗心血管疾病等方面。迄今，国际上上市的海洋药物除了上述的头孢菌素和利福霉素外，还有阿糖胞苷（cytarabine/AraC，抗肿瘤），阿糖腺苷（vidarabine/AraA，抗病毒），齐考诺肽（芋螺毒素，ziconotide/Prialt，镇痛），曲贝替定（加勒比海鞘素，ecteinascidin 743/ET－743，抗肿瘤），黑色软海绵素衍生物甲磺酸艾日布林（eribulin mesylate，E7389，抗肿瘤），阿特赛曲斯（抗$CD_{30}$单抗－海兔抑素偶联物，抗肿瘤），Ω－3－脂肪酸乙酯和伐赛帕（高纯度EPA）（降甘油三酯）等8种（表2－3－3）。目前，还有10余种针对恶性肿瘤、创伤和神经精神系统疾病的海洋药物进入各期临床研究（表2－3－4）。

**表2－3－3　FDA（EMA）批准上市的海洋药物**

| 药物名称 | 商品名 | 生物来源 | 化学性质 | 适应症 |
|---|---|---|---|---|
| 阿糖胞苷（Cytarabine，Ara-C） | Cytosar-U® | 海绵 | 核苷酸 | 急、慢性淋巴细胞和髓性白血病 |
| 阿糖腺苷（Vidarabine，Ara-A）① | Vira-A® | 海绵 | 核苷酸 | 单纯疱疹病毒感染 |
| 齐考诺肽（芋螺毒素，Ziconotide） | Prialt® | 芋螺 | 多肽 | 慢性顽固性疼痛 |
| 甲磺酸艾日布林（Eribulin Mesylate，E7389） | Halaven® | 海绵 | 大环内酯 | 晚期、难治性乳腺癌 |

续表

| 药物名称 | 商品名 | 生物来源 | 化学性质 | 适应症 |
| --- | --- | --- | --- | --- |
| Ω－3－脂肪酸乙酯（Omega-3-acid ethyl esters） | Lovaza® | 海鱼 | Ω－3－脂肪酸乙酯 | 高甘油三酯血症 |
| 曲贝替定（Trabectedin，ET-743）（EMA 注册） | Yondelis® | 海鞘 | 生物碱 | 进行性软组织肉瘤，复发性卵巢癌 |
| 泊仁妥西布凡多汀（Brentuximab vedotin，SGN-35） | Adcetris® | 海兔 | ADC（－海兔抑素 E） | 霍奇金淋巴瘤 |
| 伐赛帕（AMR101） | Vascepa® | 海鱼 | EPA | 高甘油三酯血症 |

ADC：抗体药物偶联物（antibody-drug conjugate）；①：2001 年 6 月停产．

**表 2－3－4　处于各期临床研究的海洋药物**

| 研发阶段 | 药物名称 | 商品名 | 生物来源 | 化学性质 | 适应症 |
| --- | --- | --- | --- | --- | --- |
| Ⅲ期临床 | 普利提环肽（Plitidepsin） | Aplidin® | 海鞘 | 环肽 | 急性淋巴母细胞性白血病 |
| | 索博列多汀/海兔抑素 PE（Soblidotin，Auristatin PE；TZT-1027）② | NA | 海兔 | 多肽 | 小细胞肺癌，淋巴瘤 |
| Ⅱ期临床 | DMXBA（GTS-21） | NA | 海蚯蚓 | 生物碱 | 老年性痴呆 |
| | 普利纳布林（Plinabulin，NPI 2358） | NA | 海洋真菌 | 二嗪哌酮 | 小细胞肺癌 |
| | 艾莉丝环肽（Elisidepsin） | Irvalec® | 海蛞蝓 | 环肽 | 鼻咽癌，胃癌 |
| | PM00104 | Zalypsis® | 海天牛 | 生物碱 | 宫颈癌，子宫内膜癌 |
| | CDX-011 | NA | 海兔 | ADC（海兔抑素 E） | 乳腺癌 |
| | 泰斯多汀（Tasidotin，ILX-651）③ | NA | 海兔 | 多肽 | 乳腺癌，黑素瘤等 |
| Ⅰ期临床 | 玛丽佐米/盐单胞内酰胺 A（Marizomib，Salinosporamide A；NPI-0052） | NA | 海洋细菌 | β－内酯－γ－内酰胺 | 多发性骨髓瘤 |
| | PM01183 | NA | 海鞘 | 生物碱 | 急性白血病 |

续表

| 研发阶段 | 药物名称 | 商品名 | 生物来源 | 化学性质 | 适应症 |
| --- | --- | --- | --- | --- | --- |
| I期临床 | SGN－75 | NA | 海兔 | ADC（－海兔抑素 F） | 复发、难治性霍奇金淋巴瘤 |
| | ASG－5ME | NA | 海兔 | ADC（－海兔抑素 E） | 胰腺癌 |
| | 哈米特林（Hemiasterlin，E7974） | NA | 海绵 | 三肽 | 鼻咽癌，前列腺癌 |
| | 草苔虫内酯 1（Bryostatin 1） | NA | 苔藓虫 | 聚酮 | 食道癌，阿耳茨海默症 |
| | 拟柳珊瑚素（Pseudopterosins） | NA | 软珊瑚 | 二帖糖苷 | 创伤修复 |

ADC：抗体药物偶联物（antibody-drug conjugate）；②、③：2010 年 6 月停止临床试验.

除此之外，还有大量的海洋活性化合物正处于成药性评价和临床前研究中。据统计，1998—2011 年间，国际上共有 1 420 个具有抗肿瘤和细胞毒活性、抗菌、抗病毒、抗凝血、抗炎、抗虫等活性，以及作用于心血管、内分泌、免疫和神经系统等的海洋活性化合物正在进行成药性评价和/或临床前研究，有望从中产生一批具有开发前景的候选药物。

### （二）海洋生物制品已形成新兴朝阳产业

当前，国际海洋生物制品研发的热点主要集中在海洋生物酶、功能材料、绿色农用制剂，以及保健食品和日用化学品等方面。

（1）海洋生物酶。酶制剂广泛应用于工业、农业、食品、能源、环境保护、生物医药和材料等众多领域。欧、美及日本等发达国家每年投入资金多达 100 亿美元，用于海洋生物酶领域的研究与开发，以保证其在该领域的技术领先和市场竞争力，如欧洲的“冷酶计划”（Cold Enzyme）和“极端细胞工厂”计划（Extremophiles as Cell Factory），日本的“深海之星”计划（Deep-Star）等。迄今为止，已从海洋微生物中筛选得到 140 余种酶，其中新酶达到 20 余种。海洋生物酶已成为发达国家寻求新型酶制剂产品的重要来源。目前在海洋微生物领域至少有 8 家大型公司参与了工业酶的开发，著名的有丹麦的诺维信公司（Novozymes A/S），瑞士的杰能科（Genecor）公司和美国的 Verenium 公司等。

（2）海洋功能材料。海洋生物是功能材料的极佳原料，美国强生公司、英国施乐辉公司等均投入巨资开展生物相容性海洋生物医用材料产品的开发。国外正在或已开发的产品主要有：①创伤止血材料：美国利用壳聚糖开发的急救止血材料 HemCon 绷带、Celox 止血粉均已获 FDA 批准，并作为军队列装物资；②组织损伤修复材料：英国施乐辉公司的海藻酸盐伤口护理敷料已实现产业化，壳聚糖基跟腱修补材料、心脏补片等外科创伤修复材料亦已进入临床研究；③组织工程材料：如皮肤、骨组织、角膜组织、神经组织、血管等组织工程材料，目前尚处于研究开发阶段；④运载缓释材料：如自组装药物缓释材料、凝胶缓释载体、基因载体等，亦处于研究开发阶段。

（3）海洋绿色农用制剂。海洋寡糖及寡肽是通过激活植物的防御系统达到植物抗病害目的的一类全新生物农药。美国一种商品名为 Elexa® 的壳聚糖产品，经美国 EPA 批准用于黄瓜、葡萄、马铃薯、草莓和番茄病害防治；法国从海带中开发的葡寡糖产品 IODUS40，作为植物免疫调节剂可明显地防治多种作物病害；美国 Eden 生物技术公司通过基因工程开发的一种寡肽植物活化剂 Messenger 被批准在全美农作物上使用，并被誉为作物生产和食品安全的一场绿色化学革命。鱼类病原全细胞疫苗是目前世界各国商业鱼用疫苗的主导产品，挪威作为世界海水养殖强国和大国，在以疫苗接种为主导的养殖鱼类病害防治应用实践中取得了显著成效。日本、韩国等国家在海洋饲用抗生素替代物方面的研究取得了较大的进展，已将壳寡糖、褐藻寡糖、岩藻多糖等作为饲用抗生素的替代物。

## 二、面向 2030 年的世界海洋药物与生物制品工程与科技以及发展趋势

随着世界主要海洋强国对海洋生物技术投入的不断增加，海洋药物/生物制品的发展迎来了新的机遇。当前，国际上海洋药物/生物制品领域的发展趋势主要体现在下列 3 个方面。

### （一）药用与生物制品用海洋生物资源的利用逐步从近海、浅海向远海、深海发展

在国家管辖范围以内的海底区域，世界各国已采取行动建立海洋保护

区。针对目前深海生物及其基因资源自由采集研究的现状，联合国已展开多次非正式磋商，酝酿出台保护深海生物及其基因资源多样性的法规。我国充分利用后发优势，研制成功了定点和可视取样装备，包括载人潜器、ROV 和深拖等平台；完善了船载和实验室深海环境模拟培养/保藏体系；发展了相应的深海微生物培养、遗传操作和环境基因组克隆表达等生物技术手段，有望开发出一批满足节能工业催化、新药开发、能源利用和环境修复等需求的海洋药物与生物制品。

## （二）各种陆地高新技术在药用与生物制品用海洋生物资源的利用中得到充分和有效的利用

包括药物新靶点发现和验证集成技术，药物高通量、高内涵筛选技术，现代色谱分离组合技术，海洋天然产物快速、高效分离、鉴定技术，现代生物信息学和化学信息学技术，计算机辅助药物设计技术，先进的先导化合物结构优化技术，海洋药物与生物制品生物合成机制及遗传改良优化高产技术，海洋药物与生物制品系统性成药性与功效评价技术，海洋药物与生物制品大规模产业化制备技术等。

## （三）以企业为主导的海洋药物与生物制品研发体系成为主流

当前，国际上已出现专门从事海洋药物研究开发的制药公司（如西班牙的 PharmaMar，美国的 Nereus Pharmaceuticals 等），并取得了令人瞩目的成绩。随着海洋药物研究丰硕成果的不断涌现，一些国际知名的医药企业或生物技术公司纷纷投身于海洋药物的研发和生产，包括美国辉瑞、瑞士罗氏、美国施贵宝、法国赛诺菲、美国金纳莱（Genaera）、美国礼来（Eli Lilly）、美国眼力健（Allergan）、日本先达（Syntex）、英国史克毕成（Smith-Kline Beecham）、美国 Ligand Pharmaceuticals、丹麦诺维信（Novozymes A/S），瑞士杰能科（Genecor）和美国的 Verenium（由 Diversa 和 Celunol 合并）等。企业在海洋药物/生物制品创制方面的主体意识不断增强，建设了完整配套的创新药物研究开发技术链，逐步推动以企业为主体的专业性海洋新药与生物制品研发平台发展，促进了新药与生物制品研究以及医药产业的整体水平和综合创新能力的提升。

# 第四章　我国海洋药物与生物制品工程与科技面临的主要问题

当前，我国海洋药物与生物制品工程与科技迎来了历史上最好的发展机遇。《国家中长期科学与技术发展规划纲要（2006—2010）》已明确将“开发海洋生物资源保护和高效利用技术”列为重点领域中的优先主题；“海洋先导化合物和海洋创新药物技术”和“海洋生物制品开发利用技术”已列为“十二五”国家863计划，海洋技术领域海洋生物资源保护与开发利用技术主题重点发展方向。与此同时，我国海洋药物与生物制品工程与科技与世界发达国家相比尚有不小的差距，发展既面临挑战，又面临机遇，主要体现在“资源、技术、产品、体制”4个层面（图2－3－1至图2－3－3）。

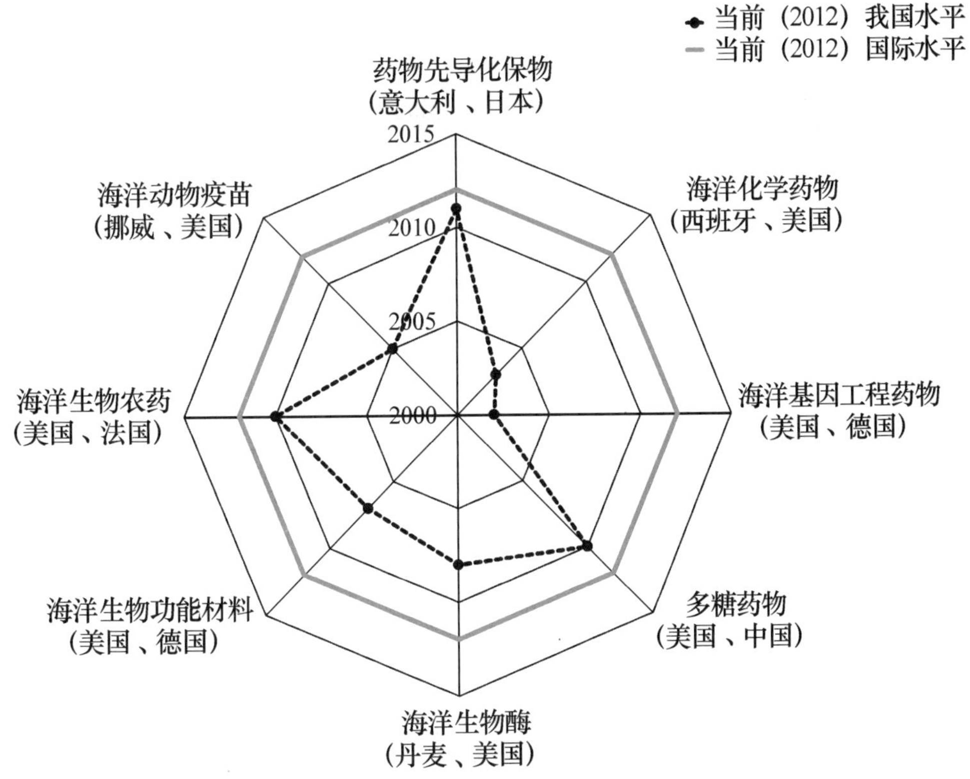


图2－3－1　我国海洋药物与生物制品工程和科技当前发展水平与国际水平的比较

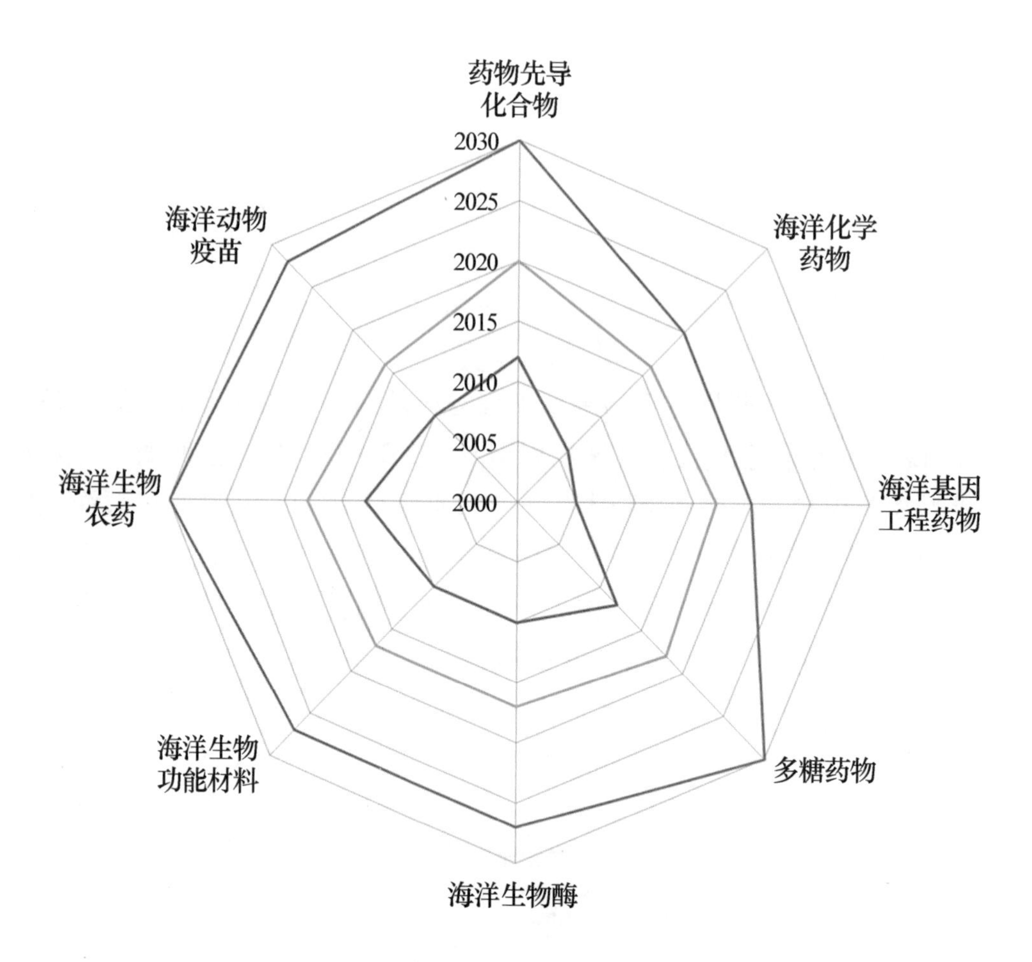


图 2－3－2　我国海洋药物与生物制品工程和科技发展趋势与国际发展水平的比较

## 一、资源层面上，开发利用的海洋生物资源种类十分有限

我国缺乏系统的海洋生物资源（特别是海洋微生物资源）调查规划，以往开展的一些零星调查计划既有许多重复，又有大量空白。《中国海洋生物种类与分布》已确认的我国海洋生物资源种类达到 20 278 种，其中潜在的海洋生物药用资源约有 7 500 种。但目前作过描述或初步鉴定的仅有 1 500 种左右，进行过初步开发研究的不到 200 种，且其中 80% 来自于沿海或近海，与我国丰富的海洋生物资源总量相比并不相称。

| 差　距 | 措　施 |
| --- | --- |
| 资源层面——开发利用的海洋生物资源种类十分有限 | 专项规划 |
| 技术层面——研究基础薄弱，关键技术亟待完善与集成 | 重点攻关 |
| 产品层面——品种单调，产业化程度低、应用领域狭窄 | 重点扶持 |
| 体制层面——资助力度小，企业参与度低，研究力量分散 | 政策支持 |

图2-3-3　我国海洋药物与生物制品工程与科技发展存在的主要问题以及拟采取的措施

就海洋基因资源的研究与开发来讲，相对于陆生生物，目前我国海洋生物基因资源的挖掘仅限于少数几种经济动物和模式动物，基因组数据资源极为匮乏，研究中学院化，重论文、轻应用现象严重。基因功能研究的广度与深度远远不够，缺乏系统和完善的研究平台，研究力量较为分散。

因此，有必要对我国海洋药用与生物制品用生物资源（包括物种、资源量、分布特征、时空变迁等）和基因资源（大规模序列测定、数据库建设、功能基因的筛选、功能基因的开发与应用）等进行进一步深入研究，以促进我国海洋生物资源的保护和物种资源、基因资源的高效利用。

海洋大型生物资源的研究开发应重点面向尚未涉及的海洋生物种类，深海、极地以及人迹罕至的岛礁等海洋环境的动植物；加大力度开展海洋微生物资源的研究与开发，包括极端和具有特殊性质的海洋微生物，海洋附生、内生和共生微生物，未培养微生物等。海洋基因资源研究与开发应侧重于重要经济动植物（鱼、虾、贝、藻等）、重要药用/生物制品用生物资源，以及深海和极端微生物等物种。

## 二、技术层面上，研究基础薄弱，关键技术亟待完善与集成

### （一）我国海洋药物与生物制品研究基础薄弱，投入不足

我国海洋药物与生物制品研发总体上力量分散，系统性不足，尚未形成有国际竞争力的团队。如：有些单位侧重于海洋天然产物的发现，但缺乏规模化制备和系统药理学评价的力量与技术；有的单位具有较好的海洋新酶发现和基础研究的技术力量，但缺乏中试放大和产业化的关键技术与设备。我国科学家已发现了3 000多个海洋小分子新活性化合物和近300个糖（寡糖）类化合物，在国际上占有重要位置，但做过系统的成药性评价工作的不超过30个，进入临床研究阶段的海洋药物仅有5个，离国际先进水平仍有较大的差距。

在投入方面，一些世界海洋大国和强国（美、日、俄、欧等）纷纷将开发海洋作为其基本国策，而有效利用海洋生物资源、大力发展海洋生物技术是研究的重点和优先领域。近年来分别推出了“海洋生物技术计划”、“海洋生物开发计划”、“海洋蓝宝石计划”以及针对海洋生物酶的“LexEn专项计划”、“极端细胞工厂”（Extremophiles as Cell Factory）、“冷酶（Cold Enzyme）计划”和“深海之星（Deep-Star）计划”等，近30年来总投入已超过500亿美元。世界上一些著名的组织和机构也相继建立了海洋生物技术研究机构，著名的有美国的Scripps海洋研究所，欧盟的欧洲海洋生物技术研究所，日本的海洋科学技术中心等。我国自“九五”以来，开始关注海洋药物与生物制品的研究与开发，先后分别在国家863计划资源环境和海洋技术领域，以及国家科技支撑计划中设立了“海洋生物技术”、“海洋生物资源利用开发”等主题和项目，但对海洋药物与生物制品研发方向的投入总计不超过2亿元；“十一五”以来“新药创制”国家重大专项对海洋药物的投入亦不超过2 000万元，与发达国家在此领域的投入有巨大的差距。

### （二）我国海洋药物与生物制品研发的关键技术亟待完善与集成

从技术层面讲，尽管我国的海洋生物技术近年来已得到飞速发展，但整体上仍落后于世界发达国家，特别在技术的集成和应用上，造成了我国在海洋药物与生物制品研究方面的整体创新能力不强。主要表现在：①海洋生物样品的采集、鉴定技术落后，特别是深海（微）生物的取样和保真

（模拟）培养、保存；②海洋微生物高密度发酵、海洋共生微生物的共培养与利用技术严重落后；③生物活性筛选，特别是普筛、广筛不够；④先导化合物发现技术体系落后，规模化制备技术薄弱；⑤活性化合物的化学修饰和全合成技术不强；⑥药物靶标的发现及筛选技术落后；⑦规范化成药性/功效评价集成技术不完整；⑧产业化关键集成技术严重落后。

因此，亟待完善与集成贯穿整个海洋药物/生物制品研发链的关键技术。重点发展的相关技术包括：①重要药用/生物制品用海洋生物培育、（增）养殖技术；②海洋动植物细胞的大规模培养/细胞工程技术；③海洋药用/生物制品用微生物菌株的筛选、改造、大规模发酵技术；④未培养海洋微生物的可培养技术；⑤海洋活性天然产物的大规模高效制备技术；⑥重要海洋药源/生物制品功能基因（基因簇）利用技术；⑦重要海洋活性先导化合物的化学合成/结构优化技术；⑧海洋药物/生物制品系统性功效/安全性评价及产业化集成技术。

## 三、产品层面上，品种单调，产业化程度低、应用领域狭窄

### （一）我国在研的海洋药物品种少，新药创新能力不强

我国在20世纪80—90年代批准上市的5个海洋药物藻酸双酯钠（PSS）、甘糖酯（PGMS）、岩藻糖硫酸酯（FPS）、海力特和烟酸甘露醇中，4个为多糖类药物，技术含量不高，市场销量不大，有些品种已经停产。目前进入临床研究的5个海洋药物K-001、D－聚甘酯、HS971、几丁糖酯（916）以及玉足海参多糖品种单一，其中4个为多糖药物，另1个为糖肽复合物，未见化学药或基因工程蛋白质/多肽药物进入临床研究。多个已批准或进入临床研究的海洋药物，基础研究工作不够扎实，有些药物的作用靶点不明、作用机制不详。因此，我国海洋药物总体创新能力不强，无论是研发还是产业远远滞后于世界先进水平。

经过多年的努力，我国已储备了一批针对重大疾病具有明确药理活性的海洋药物先导化合物，具有进一步作为药物候选物进行研究与开发、形成具有我国自主知识产权海洋创新药物的潜力。但规模化制备（包括合成）技术与国际先进水平相比仍有较大差距，难以提供足够的样品量以进行进一步的成药性评价。此外，由于缺乏对创新药物的规范化成药性评价集成技术（包括药效、安全性和质量控制等），使得这些具有巨大潜在开发前景

的海洋天然产物未能及时成为我国创新海洋药物候选物。这些都已成为我国海洋药物发展的“瓶颈”。

### （二）我国海洋生物酶品种少，产业化规模小、应用领域狭窄

我国海洋生物酶的研究、产业化、应用与国际先进水平相比还有较大差距。具体表现为品种少，产业化规模小、应用领域狭窄。过去十几年，大多数研究的酶种还局限在水解酶类，而其他类型的酶，如裂合酶类、转移酶类、氧化还原酶类、合成酶类等研究较少。尽管我国某些海洋生物酶制剂已经实现了工业化生产，但产业化酶种的数量偏少、剂型少，并且高附加值的海洋生物酶种更少，如淀粉水解酶的需求量约占全球酶消耗量的30%，包括α－淀粉酶（液化酶）和β－淀粉酶和异淀粉酶。深海热液口环境来源的α－淀粉酶和异淀粉酶具有更高的温度耐受性和辅助因子特殊性，正逐步取代现有的陆源酶系。我国需要继续支持对已有研究基础的酶种开展中试和工业化生产技术研究，促进海洋生物酶制剂的产业化发展。

我国海洋生物酶的应用基础研究及制剂技术薄弱。酶制剂的研究大多还集中在新酶的发现、基因克隆与分析、酶学性质研究等。尽管海洋生物酶由于其环境的特性，具有某些独特的催化特性，但由于天然酶蛋白分子结构方面的某些不足，很难直接进行产业化开发与应用，需要通过制剂技术或酶分子修饰和改造，在保持其优良的催化特性的基础上，提高酶分子应用的高效和稳定性。而液体酶催化剂已逐渐占领市场主流，但其稳定性严重制约了工业领域的应用能力。

我国海洋生物酶应用领域窄。目前我国海洋生物酶的应用多集中在工业、农业、食品等领域，而针对生物技术用酶、生物医药用酶等高端应用领域的研究相对较少。如生物技术领域中广泛应用的来源于深海微生物的耐热 *Taq* 酶，一个酶种的年产值已经达到数亿美元，而我国自主研发的工具酶类鲜见报道。酶应用关键技术的突破是能否实现酶产业化开发的关键之一。海洋生物酶是一类生物催化剂，其核心目标是大规模采用酶作为催化剂生产高附加值的化学品、医药、能源、材料等，最终建立在生物催化基础上的新物质加工体系。我们通常忽视酶应用技术研究，而限制了许多酶制剂的大规模应用。总之，尽管我国在海洋生物酶制剂的研究方面已经取得了很大进步，但由于我国在该研究领域起步较晚，研究基础薄弱，整体研究力量不足，因此与国际先进水平还有较大的差距。

### （三）我国海洋农用生物制剂产业化规模偏小，推广应用不够

海洋绿色农用生物制剂亟待解决产业化规模和推广应用等技术问题。目前在利用海洋微生物创制微生物农药、微生物肥料以及农用抗生素等农用生物制剂产业化方面，亟待解决以下关键技术问题：海洋微生物菌株发酵工艺优化与工业放大、海洋微生物农药与微生物肥料的高效低能耗生产工艺的优化与工业放大、海洋微生物农药与微生物肥料剂型及其配方的筛选与优化、海洋微生物农药的防病机制及耐盐机制等。而在海洋寡糖植物免疫调节剂大规模的产品生产和应用过程中，亟待解决产品种类单一、产品稳定性与质量控制、复配制剂技术、生产成本及产品应用技术集成等一系列影响产业化的关键技术问题。因此，进一步充分挖掘丰富的海洋资源，加强海洋绿色农用制剂品种研制，建立系统活性筛选和评价体系技术平台，提高产品的稳定性及建立完善的产品质量标准，解决大规模工业化生产的关键技术，降低产品工业化生产成本，推广产品的广泛应用，是我国绿色海洋农用生物制剂发展的重要课题。

### （四）我国海洋生物材料研发进度迟缓，动物疫苗研究刚刚起步

我国是海洋生物功能材料原料大国，但在产品的研发与产业化方面远远落后于世界发达国家。尽管我国在某些医用材料、功能材料及药用制剂辅料方面的研发亦取得了一定的进展，但总体上研究单位少，研究力量薄弱、分散，研发进度缓慢，尚未真正建立起具有自主知识产权的海洋生物材料开发的技术体系。急需突破海洋生物功能材料的改性修饰和分离纯化工艺、终端产品的规模化加工成型工艺、系统的功效和安全性评价等关键技术，建立海洋生物材料工程技术中心和产业化示范基地。

商业海洋动物（鱼类）疫苗是世界海水养殖强国和大国研发的重点，挪威在以疫苗接种为主导的养殖鱼类病害防治应用实践中取得了显著成效。我国的海洋动物疫苗研究起步较晚，国内仅有少数单位从事该领域的研发工作，基础和研发力量相当薄弱；品种单一，在研的疫苗品种仅有针对鳗弧菌、迟钝爱德华菌和虹彩病毒的疫苗。由于动物疫苗符合无环境污染及食品安全的理念，具有针对性强、主动预防等特点，已成为当今世界水生动物疾病防治研究与开发的主流方向。加强该领域的研究，将为我国海产品质量安全及海水养殖业的可持续健康发展提供技术保证。

## 四、体制层面上，资助力度小，企业参与度低，研究力量分散

我国海洋药物/生物制品研究与开发的国家资助来源主要为科技部863计划，其他还有极少数项目获得国家重大新药创制重大专项、国家海洋局公益性项目及部分省市有关科技计划的支持，资助力度小，难以满足我国海洋药物/生物制品研究与开发的快速发展以及应对国际海洋药物与生物制品研究与开发的发展趋势。就国家863计划而言，“十一五”期间在资源环境技术领域设立了“海洋生物技术主题”，总资助经费达到2.47亿元，但资助海洋药物与生物制品研究与开发的经费仅约为4 000万元；“十一五”期间，海洋技术领域设立了“海洋生物资源开发利用主题”，总资助经费3.10亿元。在这一主题中设立了4个有关海洋药物和海洋生物制品研究与开发重点项目，共资助约5 000万元；“十二五”期间，863计划原则上不再支持海洋新药的研究与开发（临床前及临床研究），仅支持药物的成药性评价技术，因此“十二五”计划迄今在海洋药物和生物制品方面共投入的经费仅有8 800余万元。

另一方面，由于我国海洋药物和生物制品研究与开发存在品种单调、基础薄弱、应用领域狭窄等问题，企业参与与投入的积极性不高，以企业为主体的海洋药物和生物制品研发体制尚未形成，产、学、研用的创新体系尚未建立，严重阻碍了我国海洋药物和生物制品研究的快速发展。

我国海洋药物与生物制品研究与开发的力量相当分散，相互间高效协作机制尚不完善。目前，全国约有30余家单位从事海洋药物与生物制品研究与开发方面的工作，参与研发的科技人员总人数不超过500人，这些单位主要分散在有关高等院校和研究所中，研发团队规模小，研究平台不够完善，系统技术集成度低。比较优势的单位有中国海洋大学（海洋糖类药物与生物材料），中国水产科学研究院黄海水产研究所（海洋生物酶），中国科学院大连化学物理研究所（海洋寡糖农药），华东理工大学（海洋鱼类疫苗和海洋微生物药物规模化发酵制备技术），中山大学（海洋功能基因），以及中国科学院上海药物研究所、北京大学、南京大学、第二军医大学（海洋天然产物）等，但尚未形成具有中国特色、国际影响的海洋药物和生物制品研发团队或基地。各研发单位间资源、信息共享存在较大的问题，全国性协作机制尚未真正构建，一定程度上阻碍了我国海洋药物与生物制品研究开发的快速发展。

# 第五章　我国海洋药物与生物制品工程与科技发展战略和任务

## 一、战略定位与发展思路

### （一）战略定位

面向人口健康、资源环境、工业和农业领域的国家重大需求，利用可持续发展的海洋生物资源，瞄准重大产品和关键技术的国际前沿，突破海洋生物资源高效、可持续利用的核心和关键技术，研制具有显著海洋资源特色、拥有自主知识产权和国际市场前景良好的海洋创新药物和高值化海洋生物制品；建立国际先进的海洋生物资源开发利用技术、符合国际规范的产品创新体系、功能完备的产品研发技术平台与产业化基地；形成在国际技术前沿具有创新能力和影响力的研发队伍。为在2020年建成海洋生物技术强国初级阶段、2030年中等强国和2050年世界强国提供高技术支撑。

### （二）战略原则

利用海洋特有的生物资源，开发拥有自主知识产权的海洋创新药物和新型海洋生物制品，建立和发展海洋药物和生物制品的新型产业系统，培育与发展海洋药物新兴战略性产业，发展与壮大海洋生物制品战略性新兴产业。

### （三）发展思路

海洋药物研发应紧紧围绕人口与健康的国家新药重大需求，针对恶性肿瘤、心脑血管疾病、神经/精神系统疾病、代谢性疾病、自身免疫性疾病、耐药和突发性感染等严重危害人民健康的重大疾病，建立和完善符合国际规范的海洋药物创新体系和功能完备的海洋药物研究开发技术平台，研发具有显著资源特色和作用机制独特、具有自主知识产权和国际市场开发前景的海洋药物和候选海洋药物。

海洋生物制品研发与产业化的核心是形成持续自主创新的能力，突破一批海洋生物资源高附加值产品开发利用的核心技术，建立系统开发海洋生物制品的研究技术平台，获得一批具有重大影响的创新成果，发展并壮大我国海洋生物制品新兴产业群。

## 二、战略目标

### （一）2020 年

全面实现我国海洋药物与生物制品产业化，产值达到 100 亿元，达到世界海洋生物技术强国初级阶段。海洋药物完成 20 种左右海洋候选药物的临床前研究，其中 10 种以上获得临床研究批文，初步实现我国海洋药物产业化，产值达到 20 亿元。海洋生物制品方面，完成 20 种以上的海洋生物酶中试工艺研究，实现我国海洋生物酶产业化，产值达到 30 亿元；建立自主知识产权的海洋生物功能材料开发技术体系，初步实现我国海洋生物功能材料产业化，产值达到 20 亿元；开发 5 种以上系列海水养殖疫苗产品并进入产业化，完成 10 种以上抗生素替代的饲用海洋生物制剂研发并实现产业化，完成 5 种以上海洋植物抗病、抗旱、抗寒制剂及 10 种以上海洋生物肥料的研发并实现产业化，全面实现我国海洋农用生物制品产业化，产值达到 30 亿元。

### （二）2030 年

发展并壮大我国海洋药物与生物制品产业群，产值达到 500 亿元，进入世界中等海洋生物技术强国行列，为在 2050 年建设成为世界海洋生物技术强国奠定基础。海洋药物全面实现产业化（20 种左右），产值超过 200 亿元。海洋生物制品方面，进一步发展和壮大海洋生物酶的产业群（30 种左右），产值超过 100 亿元；海洋生物功能材料全面实现产业化（20 种左右），产值超过 100 亿元；海洋农用生物制品形成产值超过 100 亿元的海洋农用生物制品产业群，全面推动海洋绿色农用生物制剂产业的发展。

### （三）2050 年

海洋生物技术产业成为我国发展势头最猛的战略性新兴产业之一，产品全面服务于工业、农业、人类健康以及环境保护等领域，产值超过 1 000 亿元。其中，100 个左右的海洋药物在国内外上市，产值超过 500 亿元。

200个左右的海洋生物制品（海洋生物酶、海洋生物功能材料、海洋农用生物制品）在国内外上市，产值超过500亿元，全面建设成为世界海洋生物技术强国（图2-3-4）。

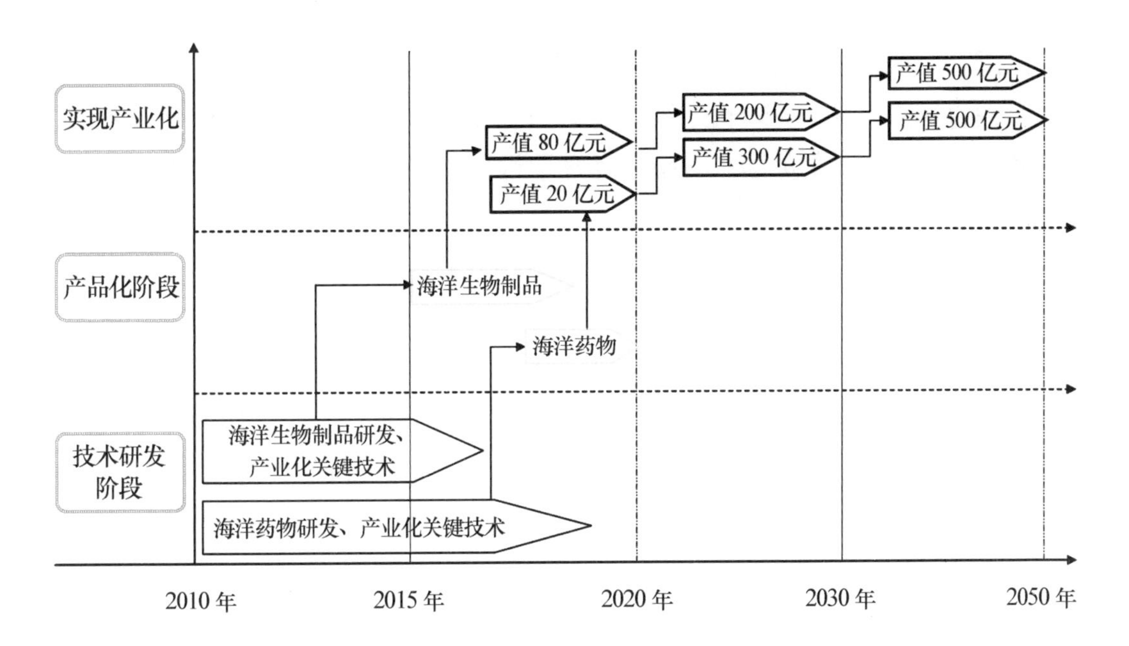


图2-3-4　我国海洋药物与生物制品产业发展路线

注："十二五"期间，初步完成我国海洋药物与生物制品产业化体系建设；"十三五"（至2020年）期间，全面实现我国海洋药物与生物制品产业化，产值超过100亿元，初步形成我国海洋药物/生物制品战略性新兴产业；至2030年，进一步发展并壮大我国海洋药物与生物制品产业群，产值超过500亿元，形成我国海洋药物/生物制品战略性新兴产业；至2050年，全面建设成为海洋药物/生物制品世界强国，产值超过1 000亿元.

## 三、战略任务与重点

### （一）总体任务

通过高通量和高内涵筛选技术和新靶点的发现，开发一批具有资源特色和自主知识产权、结构新颖、靶点明确、作用机制清晰、安全有效、且与已有上市药物相比有较强竞争力的海洋新药，形成海洋药物新兴产业。

利用现代生物技术综合和高效利用海洋生物资源，开发具有市场前景的新型海洋生物制品，形成并壮大工业/医药/生物技术用酶、医用功能材料、绿色农用生物制剂等产业。

## （二）近期重点任务

### 1. 海洋药物研发

（1）海洋候选药物的临床前研究　按照与国际接轨的新药临床前研究指导原则，科学规范地开展海洋候选药物的临床前研究与评价。采用先进的研究技术和可靠的评价模型，重点研究有关候选海洋药物的作用特点（作用靶点、作用强度等）、药代动力学性质（在动物体内的吸收、分布、起效、排泄等）、安全性（肝肾毒性、体内残留等），努力构建国际认可的临床前研究技术策略体系与评价数据，从整体上提升我国海洋创新药物的临床前的研究水平，确保我国海洋药物创制的高成功率和持续发展。

（2）海洋药物的临床研究　按照与国际接轨的新药临床研究指导原则，科学规范地开展海洋药物的临床研究与评价，包括Ⅰ期临床研究（含临床药代动力学研究）、Ⅱ期临床研究和Ⅲ期临床研究，重点考证新药的临床疗效和应用的安全性，考察与其他药物合用的临床疗效。产品获得新药证书并进入产业化。

### 2. 海洋生物制品产业化

（1）海洋生物酶制剂研发与产业化。把握国外海洋生物酶技术领域发展动态，研究酶制剂产业化制备中发酵过程优化与控制技术等过程工程技术；研究规模化酶高效分离工艺工程技术；研究酶制剂生产下游产品的工艺关键技术，构建集成技术平台；解决海洋微生物酶制剂稳定性与实用性的共性关键技术；结合酶功能特点和市场需求，突破海洋生物酶催化和转化产品关键技术；研究重要海洋生物酶在轻化工、医药、饲料等工业领域中的应用技术及其催化和转化产品的工艺技术，全面实现我国海洋生物酶产业化。

（2）海洋生物功能材料研发与产业化。建立稳定的医用海洋生物功能材料原料的生产及质控技术；完善与提升海藻多糖植物空心胶囊产业化技术体系；研究创伤修复材料、介入治疗栓塞剂等新型医用材料及其规模化生产技术；研究组织工程材料、药物长效缓释材料等制备、加工成型工艺及其过程安全性控制等关键技术，实现我国海洋生物功能材料产业化。

（3）海洋绿色农用生物制剂研发与产业化。针对我国海水养殖业中具有重大危害的病原，开发减毒活疫苗、亚单位疫苗和DNA疫苗，建立新型的浸泡或口服给药系统；重点研究新型海洋生物饲料添加剂规模化生产中的质量控制技术及其工艺放大的关键工程技术；建立海洋疫苗及海洋生物饲料添加剂产品的安全性和功能活性评价技术平台，构建可持续发展的水产及畜禽健康养殖体系。研究海洋农药和海洋生物肥料规模化生产过程中的优化与控制核心技术，解决产业化工艺放大关键技术；突破海洋农药及生物肥料有效成分和标准物质分离纯化及活性检测技术，建立海洋农药及生物肥料的质量控制体系；开展针对不同作物病害及冻害等防治新技术研究，完成海洋生物肥料的标准化田间药效学及肥效实验，全面实现我国绿色海洋农用制剂产业化。

## 四、发展路线图

“十二五”期间，初步完成我国海洋药物与生物制品产业化体系建设；“十三五”（至2020年）期间，全面实现我国海洋药物与生物制品产业化，初步形成我国海洋药物与生物制品战略性新兴产业，达到世界海洋生物技术强国初级阶段；至2030年，进一步发展并壮大我国海洋药物与生物制品产业群，形成我国海洋药物与生物制品战略性新兴产业，跻身世界中等海洋生物技术强国行列；至2050年，全面建设成为海洋药物/生物制品世界强国（图2－3－5）。

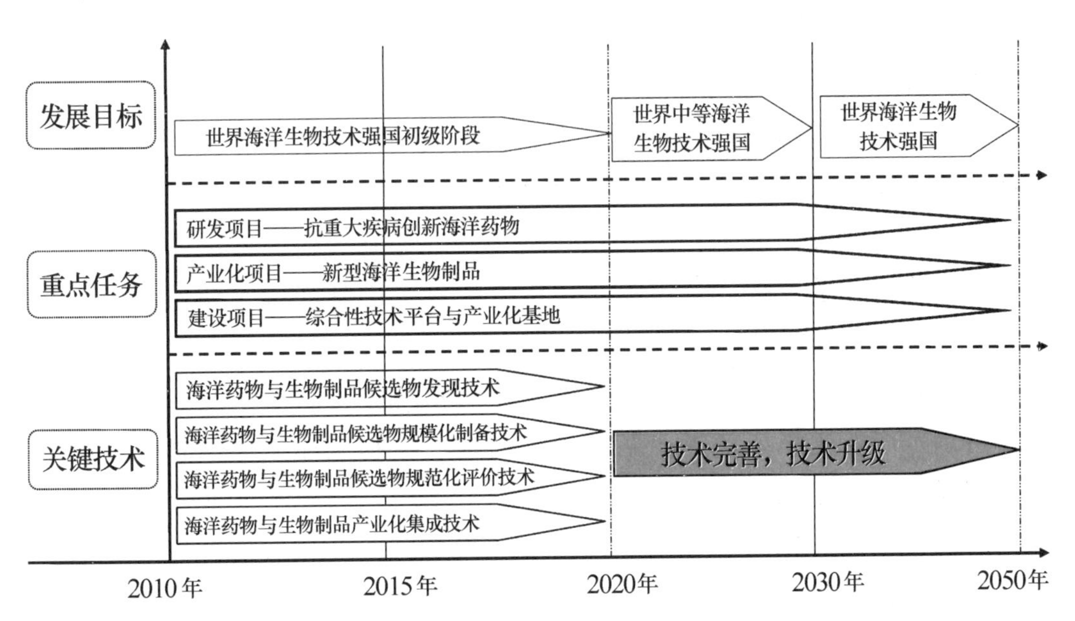


图2－3－5　我国海洋药物与生物制品工程与科技发展路线

# 第六章 保障措施与政策建议

## 一、发挥政府引导，形成国家战略

国家应该将海洋药物与生物制品作为战略性产业予以高度重视。政府通过优化发展战略、完善相关机构、加大资金投入、促进官、产、学、研用结合等方式加速发展海洋药物与生物制品产业。政府应制订海洋药物与生物制品产业的总体规划，以提高海洋生物技术产业的竞争力为目标，积极发挥政府在顶层设计中的作用，完善国家海洋生物技术与产业发展体系，营造良好的产业发展环境。应围绕海洋生物技术的发展目标，针对海洋生物技术产业化中需要解决的问题，分别制定相关的行动指南和行动计划，以大力推动我国海洋药物、海洋生物制品战略性新兴产业的培育与发展。

## 二、整合研究力量，注重技术集成

大力提倡研究单位之间、研究单位与产业之间的深层次协作，加快组建一批产、学、研结合的科研集团军，加强创新团队建设。要通过有效的机制，选好领军人才，组建结构合理的人才团队；要构筑创新平台，提高创新团队可持续发展能力；要创新管理体制，建立灵活高效的团队运作机制；要深化产、学、研、用合作，提高团队自主创新能力，切实形成加快国家重点科技创新团队建设的强大合力。

大力发展、完善与集成贯穿整个海洋药物与生物制品研发链的关键技术，特别是产业化集成技术，促进海洋药物与生物制品战略性新兴产业的形成与发展。加强共享平台建设，建立示范基地。高技术产业化示范基地是促进高技术产业化的重要媒介，是实现技术与产业衔接的桥梁。遴选海洋药物与生物制品重大目标产品，集成重大技术成果，建成成果产业化示范基地，将研究、开发、应用和产业化工作有机结合起来，引导和带动我国具有自主知识产权的技术产业健康快速发展。

## 三、突出企业主体，加快产品开发

企业作为创新主体既是国家制定的科技发展战略，也是国际科技发展趋势，应在国家鼓励下发挥作用。要鼓励成立科研、企业和政府的创新联盟，以企业为主体，坚持海洋生物技术创新的市场导向，激发科研机构的创新活力，并使企业获得持续创新的能力，拓展产业链，逐步形成海洋药物与生物制品新兴产业。

国家基金应加大向产业化和企业支持的倾斜度，建立多渠道投融资体系，以国家项目为导向，引导地方、企业资金走向，开拓科研资金的多渠道投入机制，促进重大成果的转化和产业化应用。

# 第七章 重大海洋药物与生物制品工程与科技专项建议

我国重大海洋药物与生物制品工程与科技应立足“十二五”、瞄准“十三五”、面向2030年、展望2050年。建议“十二五”至“十三五”期间海洋药物与生物制品产业以研发项目、产业化项目和建设项目3个方面组织和实施研发和产业化任务。

## 一、研发项目——创新海洋药物

### 1. 立项理由

海洋生物资源是一个巨大的潜在的新药宝库，在所有能够生产药物的天然资源中，海洋生物资源已成为最后、也是最大的一个极具开发潜力的领域。因此，从海洋生物资源中发现药物先导化合物和创制海洋新药将长期是发达国家竞争最激烈的领域之一，“重磅炸弹”级新药最有可能源于海洋。我国在海洋药物研发方面已有一定的积累，5个药物已获批上市，5个药物正在进行临床研究，10余个候选药物正在开展全面的临床前研究，一大批药物先导化合物正在进行功效和成药性评价中。经过5~10年的努力，完全可能初步建立起我国海洋创新药物产业体系，有效提升我国医药产业的国际竞争力。

### 2. 发展目标

“十二五”至“十三五”期间，全面开展10种左右海洋药物的临床研究，其中5种以上获得新药证书并进入产业化；完成20种左右海洋候选药物的临床前研究，其中10种以上获得临床研究批文。重点解决产品高效制备、合成和质量控制等药源生产关键技术，形成切实可行的中试和产业化规模的技术路线和完整的生产工艺技术体系。总体目标是构建海洋药物研发的创新技术平台，完善和实现海洋药物研发与产业链，初步建立起我国海洋创新药物产业体系。

3. 建设内容

（1）抗肿瘤、抗心脑血管疾病、抗老年性痴呆等海洋药物的临床研究。

（2）抗肿瘤、抗心脑血管疾病、抗艾滋病、抗严重细菌和病毒性感染、抗代谢性疾病等海洋药物的临床前研究。

4. 投资预算

按药物临床研究1 000万元/品种，临床前研究500万元/品种计，约需投入3.0亿元。

5. 效益分析

按5个药物进入产业化，每一品种年产出2亿元计算，项目完成后可直接产生10亿元/年的经济效益。

## 二、产业化项目——新型海洋生物制品

### （一）海洋生物酶制剂

1. 立项理由

以酶取代化学催化剂，并逐步以生物可再生资源为原料，从而对人类的化学加工过程进行根本的变革，是可持续发展的一个重要趋势。生物酶已经开始进入包括农业、医药和高分子材料等在内的很多领域。但目前在制药、化学和食品工业中使用的多种酶普遍存在不稳定的弱点，严重制约了其工业化应用范围，新的替代性工业酶资源存在于海洋极端环境生物。海洋微生物酶具有开发周期较短，较容易形成产业的优势，以海洋生物酶催化为核心内容的生物技术在支持新世纪社会进步与经济发展的技术体系中具有重要的地位，也是参与海洋生物技术竞争并有望取得优势的一个难得的机遇和切入点，应成为我国海洋生物技术应用研究的一个战略重点。

2. 发展目标

“十二五”至“十三五”期间，全面实施10种以上海洋生物酶（溶菌酶、蛋白酶、脂肪酶、酯酶等）的产业化，完成20种以上海洋生物酶（几丁质酶、β－琼胶酶、纤维素酶、漆酶、β－半乳糖苷酶、海藻糖酶、极端高温酶、过氧化氢酶等）的中试工艺研究，形成切实可行的催化/转化产品

产业化规模制备技术路线和完整的生产工艺技术体系。总体目标是构建海洋生物酶研发的创新技术平台，发展并壮大海洋酶制剂的生物催化与转化产业链。

3. 建设内容

（1）海洋生物酶（溶菌酶、蛋白酶、脂肪酶、酯酶等）的产业化与推广应用。

（2）海洋生物酶（几丁质酶、β-琼胶酶、纤维素酶、漆酶、β-半乳糖苷酶、海藻糖酶、极端高温酶、过氧化氢酶等）的中试研究。

4. 投资预算

按产业化3 000万元/品种，中试研究500万元/品种计，约需投入5.0亿元。

5. 效益分析

按10种酶制剂进入产业化，每一品种年产出2亿元计算，项目完成后可直接产生20亿元/年的经济效益。

## （二）海洋生物功能材料

1. 立项理由

海洋生物功能材料是海洋资源利用的高附加值产业，也是高新技术的制高点之一。我国海洋材料的产业目前处于出口廉价粗制品、进口昂贵的高附加值材料状态；国际跨国公司通过抢占中国市场、并购中国企业等措施，对我国海洋生物功能材料产业的发展构成严峻挑战。我国海洋生物功能材料领域要向先进国家发展，产业结构急需调整。加强海洋生物功能材料的研究对我国的经济发展有重要的推动作用。因此，发展我国高附加值的高端海洋功能材料制剂，对提升我国海洋生物资源利用的高新技术水平具有重要战略意义。

2. 发展目标

“十二五”至“十三五”期间，建立自主知识产权的海洋生物功能材料开发技术体系，形成医用材料、功能材料及药用制剂辅料的产业优势。实现海藻多糖植物空心胶囊产业化；实现5种以上海洋来源创伤修复产品产业化；完成5种以上海洋来源介入治疗栓塞剂、10种以上组织工程材料和药物长效缓释材料的研制并进入产业化；建立海洋生物材料工程技术中心和产业化示范基地。

#### 3. 建设内容

（1）海藻多糖植物空心胶囊产业化。

（2）海洋创伤修复产品产业化。

（3）介入治疗栓塞剂的研制与产业化。

（4）组织工程材料和药物长效缓释材料的研制与产业化。

#### 4. 投资预算

按产业化 3 000 万元/品种，研发项目 1 000 万元/品种，约需投入 2.5 亿元。

#### 5. 效益分析

按 10 种生物功能材料进入产业化，每一品种年产出 2 亿元计算，项目完成后可直接产生 20 亿元/年的经济效益。

### （三）海洋绿色农用生物制剂

#### 1. 立项理由

养殖业大量滥用抗生素已对生态环境和食品安全造成了极其严重的危害，动物疫苗具有针对性强、主动预防等特点，已成为当今世界水生动物疾病防治研究与开发的主流对象；绿色生物饲料添加剂产品开发是提高养殖动物免疫力、减少饲养动物病害的发生、降低抗生素的使用、保证畜牧产品的产量和品质及确保畜禽食品安全的有效途径。我国是人口及农业大国，每年农作物病虫害受害面积达到约 2 亿公顷。化学农药的过度使用导致大量的农药污染及病虫抗药性提高，直接危害环境生态及食品安全。利用海洋生物资源开发新型生物农药及生物肥料，是解决农药残留、确保食品安全的重要手段，也是发展我国绿色产业及解决食品安全问题的重要途径。

#### 2. 发展目标

“十二五”至“十三五”期间，形成并壮大我国海洋农用生物制品产业化体系。研究开发 5 种以上系列海水养殖疫苗产品并进入产业化；突破海洋生物来源饲料添加剂产业化关键技术，完成 10 种以上抗生素替代的饲用海洋生物制剂研发并实现产业化；完成 5 种以上海洋植物抗病、抗旱、抗寒制剂及10种以上海洋生物肥料的研发并实现产业化，全面推动海洋绿色农用生物制剂产业的发展。

3. 建设内容

（1）海洋动物疫苗功效/安全评价及其产业化。

（2）海洋农药功效/安全评价及其产业化。

（3）海洋生物饲料添加剂功效/安全评价及其产业化。

（4）海洋生物肥料功效/安全评价及其产业化。

4. 投资预算

按产业化3 000万元/品种，功效/安全评价1 000万元/品种，约需投入5.0亿元。

5. 效益分析

按10种绿色农用生物制剂进入产业化，每一品种年产出2亿元计算，项目完成后可直接产生约20亿元/年的经济效益。

## 三、建设项目——综合性技术平台和产业化基地

海洋药物与生物制品的研发与产业化转化仍然是该产业发展的主要“瓶颈”。为了保证海洋生物技术产业的健康发展，需要建立海洋生物产业技术平台和产业化基地。产业技术平台和产业化基地应当具有公益性、连贯性和长期性，发挥产品深度开发和产业孵化功能以及辐射带动效应。

对于海洋生物产业具有重要促进作用并具有典型海洋特色的技术平台和产业化基地应当包括以下几方面。

### （一）海洋创新药物研发集成技术平台

具有海洋天然产物/功能基因发现，高通量、高内涵活性筛选，结构改造、优化，规模化制备，半合成/全合成技术，成药性评价技术，规范化临床前研究等技术；拥有集天然产物化学、有机合成化学、药理、药学、医学等专业的人才队伍，能够进行海洋创新药物的全程研发。

### （二）海洋生物制品产业化基地

具有海洋生物制品的研发、中试和生产条件。建议成立国家海洋酶工程中心，国家海洋生物功能材料研发中心和国家海洋绿色农用生物制剂产

业化示范基地。产业化基地的建设应以企业为主体。

### （三）海洋微生物高密度发酵关键技术平台

具有海洋微生物高密度发酵用系列生物反应器（5～500升），掌握海洋生物基因重组（大肠埃希菌、毕赤酵母）和高表达技术、海洋丝状微生物反应器培养和放大技术、小分子和多肽产物分离纯化技术，能够进行海洋微生物产品的中试生产。

### （四）海水养殖动物疫苗和免疫增强剂综合实验平台

具有稳定和设施齐备的试验基地，具备海洋鱼类疫苗以及养殖动物免疫增强剂新产品开发评定的基本条件和相关能力。

## 主要参考文献

国家发展和改革委员会．2010．“十二五”海洋战略性新兴产业发展重点咨询研究报告——海洋药物与生物制品产业分报告[R].

科学技术部,国家海洋局．2009．国家深海高技术发展专项规划(2009—2020)[R].

张书军，焦炳华．2012．世界海洋药物现状与发展趋势[J]．中国海洋药物杂志,31(2)：58.

张元兴．2012．国海洋工程与科技可持续发展战略研究“海洋药物与生物制品工程技术”专题调研报告[R].

863计划海洋技术领域办公室．2010．“十二五”863计划海洋技术领域战略研究报告[R].

Mayer A M S, Glaser K B, Cuevas C, et al. 2010. The odyssey of marine pharmaceuticals: a current pipeline perspective[J]. Trends Pharmacol Sci, 31: 255.

Mayer A M S, Rodríguez A D, Taglialatela-Scafati O, et al. 2013. Marine pharmacology in 2009[J]. Marine Drugs, (11):2510.

## 主要执笔人

丁 健 中国科学院上海药物研究所 中国工程院院士

焦炳华 第二军医大学 教授

张元兴 华东理工大学 教授

郭跃伟 中国科学院上海药物研究所 研究员

孙　谧　中国水产科学研究院黄海水产研究所　研究员
王长云　中国海洋大学　教授
徐　俊　上海交通大学　教授
杜昱光　中国科学院大连化学物理研究所　研究员

# 专业领域四：我国海洋食品质量安全与加工工程技术发展战略研究

## 第一章　我国海洋食品质量安全与加工工程技术的战略需求

### 一、我国海洋食品质量安全工程与科技的战略需求

按照WHO的定义，食品安全是指食物中有毒、有害物质对人体健康影响的公共卫生问题。海洋食品质量安全可概括为专门探讨在海洋食品原料生产、加工、贮藏、流通、销售等过程中确保食品卫生及食用安全，降低疾病隐患，防范食物中毒的一个跨学科领域。

国以民为本，民以食为天，食以安为先。食品、农产品质量安全中的危害风险已成为当今社会风险之一，因其关系劳动力生产与再生产的质量、社会道德与国家诚信的建立、农业生产经营方式的改进以及和谐社会的构建，是各国社会政治经济发展到一定程度后政府重点管理的领域。因其一头连着生产，一头连着消费，一旦发生问题，常出现“伤两头”的情况：一边是产品滞销，影响产业发展和农民收入；一边是消费者信心不足，难以放心消费。食品、农产品安全不仅是一个重要的公共安全问题，也是全球重大的战略性问题，是世界各国的共同问题，而且会长期存在。由于各国不同的经济、社会发展阶段和具体国情，所以各国所面临的具体问题也不尽相同。

#### （一）行业发展背景

##### 1. 我国渔业快速发展成就巨大，产品质量安全水平“总体稳定、逐步趋好”

中国政府历来高度重视农产品质量安全工作。随着20世纪90年代农业

发展进入数量安全与质量安全并重的新阶段，为进一步确保农产品质量安全，我国明确提出发展高产、优质、高效、生态、安全农业的目标。根据国家统一部署，2001 年农业部在全国启动实施了“无公害食品行动计划”，着力解决人民群众最为关心的高毒农药、兽药违规使用和残留超标问题；以农业投入品、农产品生产、市场准入 3 个环节管理为关键点，推动从农田到市场的全程监管；以开展例行监测为抓手，推动各地增强质量安全意识，落实管理责任；以推进标准化为载体，提高农产品质量安全生产和管理水平。2002 年党的十六大召开以来，产品的质量安全水平“总体稳定、逐步趋好”。自 2007 年开始，在对近 100 类农产品、100 余个参数的抽检中，合格率从开始的 50%，提高到近 3 年连续保持在 97% 以上。农产品质量安全监管体系基本构建完成，乡镇一级监管机构覆盖率达到 82.9%，标准化生产过程控制评价体系（即认证体系）、科研创新体系、风险评估体系、检测体系四大业务（技术）支撑体系基本搭建完成。渔业作为大农业的主要组成部分，各级渔业主管部门十分重视水产品质量安全工作，采取各种措施加强水产品质量安全管理，着力开展药残检测和监控，积极推广以“危害分析与关键控制点”（HACCP）为核心的科学质量管理规范，实施“从鱼塘到餐桌”的全过程质量管理，建立完善出口企业注册登记制度，水产品质量安全水平显著提高。

2. 水产品质量安全仍存在诸多风险和隐患，影响产品质量安全水平

质量安全问题成为人们普遍关注的热点问题，也是新阶段渔业产业和经济建设工作中的重点问题。尽管我国在水产品质量安全方面做了很多工作，取得了快速发展和显著成效，但由于基础差、底子薄、起步晚等客观条件限制，总体水平仍有待提高。水产品质量安全仍存在一些风险和隐患，水产品质量安全事件仍时有发生，甚至造成危害公众健康、产生重大经济损失、引发国际贸易争端、影响政府公信力、损害国家形象等严重后果，水产品质量安全形势依然严峻。

水产品质量安全问题主要表现为：产品药残、重金属、病原微生物、贝类毒素等有毒有害污染物时有超标；产品掺杂使假、滥竽充数、以次充好。有时还能检出违禁投入品，如孔雀石绿、硝基呋喃类以及加工过程中的非法添加剂等。

### 3. 水产品质量安全隐患和制约因素十分复杂，但基本可以从行业内部和行业外部两方面进行分析

1）行业内部因素

（1）个别生产经营者的主体行为导致质量安全问题。近些年来，随着质量安全管理工作的深入推进，广大生产者质量安全责任意识提高，质量安全保证能力增强，但仍有个别生产经营者自我约束力弱，一味追求经济利益，忽略社会诚信，采取不正当的手段增加产量、压缩成本，进行产品生产和贸易。养殖者盲目增加养殖密度，违法添加投入品；加工生产者不按标准生产甚至在食品生产中掺杂使假，滥用食品添加剂和非食品原料加工食品；同时，生产者总体素质不高，生产技术多凭经验或模仿，抵御质量安全风险的能力差，出现病害时盲目用药、超量、超范围用药，是造成药残污染的重要原因；另外，生产经营主体组织化、规模化程度低，生产经营分散，小农户、小作坊式的生产方式大量存在，生产过程控制不规范、制度不健全，阻碍产品质量安全水平的提升。

（2）产地环境的污染可能导致产品重金属和污染物超标。有些污染源是自然原因造成的，如海水本底中自然含有的重金属镉、汞，可能随生物链转移至海洋生物体内造成食品污染；有些是人类活动造成的污染，如工业三废、居民生活垃圾、农业水源污染，致使渔业水质下降，养殖产地有毒物质和重金属含量增高。水产品养殖生产通常处于一个开放式的环境中，易受环境影响，尤其是海洋食品易受到溢油、石油管道爆炸、赤潮等外界环境不确定事件影响，造成巨大的危害。据统计，我国80%的水资源受到不同程度的工业污染。

（3）水产品的生物特性使得其易发生质量安全问题。水产品养殖生产周期通常较长（如海参的养殖周期一般在2年左右），养殖过程中养殖生物易受到周围环境的影响，同时由于生物富集、生物积累、生物放大等特性，养殖生物极易富集水体中重金属、石油、农药、有机污染物等有毒有害物质，造成产品质量安全问题。

（4）投入品的大量使用是药物残留超标的直接原因。传统渔业主要依靠养殖系统内物质自然循环利用。现代养殖业往往打破内部物质能量循环，大量使用外来化工产品作为渔药和饲料添加剂。另外，养殖生物生长调节剂、环境改良剂在包装、保鲜以及加工方面的添加剂、保鲜剂、防腐剂等

也广泛使用。一方面，超量、超限、超范围地违规滥用投入品可能造成化学物质残留超标；另一方面，渔药、饲料等投入品中可能含有禁用成分，也会造成产品的不合格。

（5）渔业生产技术快速发展，可能存在潜在的质量安全风险。一段时期以来，渔业生产技术进步迅速，但多以增加产量为目的，对于质量安全的风险隐患缺乏评估和控制技术的支撑。如高密度养殖，可能带来用药的增加；又如稻田养殖，可能存在农药污染水体，进而污染养殖水产品的问题。

（6）产品销售链的延长增加了产品的质量安全隐患。随着社会经济的发展，尤其是我国城市化进程的加快，社会分工的进一步细化，食品“从源头到餐桌”的供应链不断延长。使得食品中病原体的存活和生长的时间增加，食品自身品质难以持久保持，增加了食品污染的机会，同时增加了运销主体违法添加危害物质的可能；增加了产品供应过程中涉及的生产、经营和管理环节，增加了参与主体的复杂性，使质量安全管理的难度加大；生产与市场难以对接，产品信息断链，生产信息无法向下游传递，造成市场上产品优劣难以区分，不能实现优质优价，影响生产安全优质产品的积极性。

（7）对海洋食品安全的研究不足限制海洋食品质量安全水平的提升。国内学者在海洋食品安全方面的研究积累不多，对海洋食品危害物质的规律没有全面掌握，造成海洋食品安全的风险评估研究不透，科研与产业“两张皮”现象显著。高效、安全、低毒经济的新型替代渔药和疫苗研发滞后，海洋食品快速监测设备匮乏，人才队伍建设，科研能力建设与高效、安全的海洋渔业经济不符合。

（8）监测管理体系不健全限制了水产品质量安全水平的提高。当前，我国虽然颁布了多项相关法律法规，监管执法体系与技术支撑体系基本建立，但是尚不健全。主要体现在基层监管机构人员短缺，业务培训不足，工作能力不足，导致行业监管不能接地；技术推广服务不足，对生产者、养殖品种、养殖环境缺乏规范；水产品质量安全监测制度体系没有实现全面覆盖，对产品尤其对环境监测投入、技术力量及财力尚不足；同时水产品质量监管牵涉多个国家监管部门，存在执法不统一，交叉管理，职责不明晰的问题。

以上8个方面，是影响水产品质量安全水平的产业内部原因，其中前三方面是影响产品质量安全水平的直接原因，可能直接造成产品的质量安全问题，导致产品不合格。其余几方面是影响产品质量安全水平的间接原因，可能给产品质量安全带来潜在风险和隐患，或者制约产品质量安全水平的提高。

2）行业外部因素

（1）市场经济下强烈的利益驱动。以往自给自足的小农生产和计划经济下不存在现代的水产品质量安全问题。市场经济下的商品生产，产品不仅仅是自己消费，生产经营为了盈利。盈利的诱因极易刺激人们采用一切有利于扩大产量、压缩成本、促进产品销售的技术。一旦缺乏有效的监管手段，生产者可能唯利是图、违法乱纪。

（2）工业化对传统农业生产的影响。工业化对传统农业的影响是双重的。积极的一面是带来了先进的技术、投入品、装备、经营管理理念等，极大地提高了农业生产力水平。消极的一面是巨大的工业废弃物对环境的污染，化肥、农药、生物激素等农业投入品大量使用对质量安全的影响。气候环境的变化导致病毒、疫病的流行。

（3）农产品生产增长方式与生产经营方式的不相适应。目前，农业客观存在粗放型增长，体现在渔业上就是主要靠增加养殖密度和投入品使用实现产量增长。同时，生产组织基础依靠一家一户为单位的家庭经营模式，主体数量众多、组织化规模化程度低。粗放型的增长方式和家庭型生产经营方式与现代渔业的需求不相适应，也影响着质量安全水平的提高。

（4）农产品信息不完全导致市场机制失灵。完全信息是市场机制充分发挥作用的重要前提。交易双方对相关信息完全把握，从而优质优价，劣质低价，不存在欺诈、损害的问题，也就不存在农产品质量安全问题。但实际情况是，农产品质量信息传递断链，存在信息不对称的现象和“柠檬市场”效应，劣质低价产品驱逐优质高价产品，市场机制失灵，产品质量安全问题加剧。

（5）与我国居民“喜新”和“好食生鲜”的消费习惯有关。对于“新奇特”的偏爱，导致在对新品种缺乏有效的风险评估，质量控制体系尚未建立的情况下，生产上盲目引进和繁育新品种。目前，我国养殖的鱼、虾、贝藻有200多种，并仍在持续增加，增加了管理对象的复杂性，加大了质量安全隐患。对于“鲜活”水产品的钟爱，使得不能依靠加工环节中精准的工业化手段控制产品质量安全危害，也使得最终消费环节容易因为不当的处理方式产生质量安全危害。“活体运输”增加了运销过程的保鲜难度，出现了运输中使用麻醉剂、抗生素等违法投入品的现象。

（6）社会治理的缺失和社会诚信体系建设不健全。我国仍处于经济、政治社会重要转型时期。政治、法制社会还没有完全形成。经济正面临发展方式的转变，即由粗放经营向集约经营的转变，新型社会建设还只是起步。受市场经济影响，传统道德伦理受到冲击，重建社会秩序任务十分艰巨。特别是由于我国经济发展水平总体不高、改革开放的冲击、城市化进程的迅速推进以及法制建设进程的明显滞后等原因，使我国社会诚信体系建设尚不健全，针对社会责任主体缺乏有效的包括检测预警、社会监督、责任追究在内的监管机制，仅靠说教和自身觉悟使经营者树立“诚信为本”的意识显得乏力。面对经济利益，生产经营者很可能由于缺乏社会伦理约束，见利忘义，唯利是图。

### （二）消费市场发展背景

#### 1. 作为解决粮食安全的重要手段，全球市场对海洋食品的需求量加速增长

海洋动物是优质蛋白的重要来源，更是稀缺优质脂肪的主要来源。因此，海洋动物作为优质的营养成分来源越来越受消费者青睐。现今，水产养殖可以实现以低值的谷物成分换取高质的动物营养成分，这一方法已被国际权威专家认为是世界上获取动物营养成分最有效率的技术。成熟水产养殖技术的推广将使海洋动物摆脱“奢侈食品”的名号，使其逐渐发展成为与畜禽类产品等同的消费必需品。2007 年，水产品占全球居民摄入动物蛋白的 15.7% 和所有蛋白的 6.1%，在一些低收入缺粮的发展中国家，水产品对动物蛋白总摄入的贡献可达 20.1%，是人类重要的食品来源。在我国水产养殖业快速发展和产量快速增长的时期，不仅解决了城乡“吃鱼难”问题，也为保障国家粮食安全做出重要贡献。近些年，全球性粮价经历多次飞涨，使数个非洲国家发生因粮食短缺而引发的骚乱，通胀严重，社会动荡。粮食安全问题再一次摆在了全球的面前。而随着世界范围内可供开发的海洋渔业资源正面临着过度捕捞的威胁，需要依靠水产养殖业的发展

缓解这一危机。据 FAO 统计，2011 年，世界水产品总产量约 1.54 亿吨，人均消费量为 18.8 千克。据此预测，到 2030 年人均需求量将增长到 19 ~ 21 千克。

### 2. 国内海洋食品市场需求稳步提高，增长空间巨大

近年来，随着人们生活水平的提高，原有的食品结构不能满足我国消费者日益增长的饮食需求，消费者对于食品关注的重点从"吃饱"到"吃好"，从单纯追求数量充足到同时关注营养、口味、品质等因素，海洋食品因口味鲜美、品种多样，营养价值、经济价值和文化价值丰富，在消费者饮食结构中的比例逐年提高。水产品中富含优质的蛋白和对人体有益的不饱和脂肪成分，其中蛋白消费占我国动物蛋白消费的 1/3 左右，成为重要的优质蛋白来源。同时，水产品中富含 EPA、DHA 等多不饱和脂肪酸，是稀缺优质脂肪的主要来源，在防止心血管病、抗炎症、抗癌以及促进大脑发育等方面具有重要功效。其中，DHA 在金枪鱼等洄游性鱼类中含量高达 20% ~40%，小球藻、螺旋藻 EPA 含量达 30% 以上。这些高不饱和脂肪酸在陆生的植物中含量极低。FAO 预测，中国居民家庭水产品人均消费潜力巨大，要达到 2030 年世界平均水平，城镇居民和农村居民的水产品消费还需要分别增长 60% 和 354%。截止到 2012 年，中国水产养殖产量为 4 288 万吨，到 2030 年中国水产养殖需求量将达到 5 800 万吨，还有 35% 的增长空间。海洋食品不仅可以为人类提供优质的营养成分，促进经济的快速增长，还可以为蓝色海洋增添一笔浓厚的文化气息。壮阔的海洋景象、斑斓的海洋生活以及鲜美的海洋饮食构成了海洋的三大要素，品尝美味的海鲜已经成为海洋文化的重要组成部分，也是国内外海滨旅游的重要内容之一。

### 3. 消费者收入提高后，对食品安全和食品质量更加关注

1970—1980 年农业上使用的农药毒性（如六六六、1059 等）比现在使用的农药严重得多，由于是短缺经济，人们更在乎的是温饱，安全是次要的。随着社会的进步、经济的发展以及人民生活水平的提高，对食品安全开始关注。对不安全因素容忍限度降低，安全变成最低要求，营养、健康、品质、文化等需求变成左右产品销售的重要因素。

### 4. 消费者购买力提高，为质量安全支付成本的意愿增强

据研究，中国人均 GDP 从十几美元增加到 4 000 美元，用了 60 多年，

可是再增加 4 000 美元，或许只需几年时间。从这个角度讲，将来 10 年的经济增加将远远超过以前几十年的增加。随着经济社会的发展，民生水平的提高，恩格尔系数有望逐步降低，而消费者可支配收入逐步提高，使消费者为产品质量安全支付成本的可能性大增。同时，由于消费者对于产品质量、安全水平的需求日益提高，支付意愿将显著增强。

#### 5. 消费者对于食品质量安全信息的披露程度越发关注，要求“透明消费”、“放心消费”

以往水产品市场存在明显的“柠檬市场”特征，水产品消费者和供应者之间，消费者和管理者之间存在严重的信息不对称。随着社会信息化水平的提高，微博、博客等信息手段的广泛应用使得信息传播能力大大提高，信息化使突发事件的影响力激增，个别食品安全事件有可能通过信息的快速广泛传播上升为公众关注事件，从而使事件的危害程度和对社会的影响力大增，对行业和产业的破坏力难以估计。因此，需要建立食品质量安全信息披露和发布制度，建设水产品质量安全信息管理体系，提高消费者对于产品质量安全信息的获取能力，满足消费者的知情权。

### （三）战略需求

综上所述，食品安全是世界面临的共同问题，各国都在为之不懈努力。在过去的短短几年时间里，中国政府为解决农产品质量安全问题付出了艰苦的努力，中国的水产品质量安全水平取得了较大幅度的提高。但是，我们也清醒地认识到，我国水产品质量安全工作与城乡居民日益提高的安全消费需求相比还有差距，与建设和谐社会、小康社会、实现中国梦的需求还有差距，建立健全的水产品质量安全保障体系将是一个长期而艰巨的任务。

通过以上对产业发展背景和市场发展背景的分析可以看出，影响和制约水产品质量安全水平的因素十分复杂，其中有些会随着社会经济的发展逐步变化，而有些会在可以预见的将来长期存在。需要认清形势、理清思路，以战略发展的眼光解决水产品质量安全问题。从中长期来看，社会对产业及主管部门的要求是：在保证水产品供应量和价格的基础上，保证养殖、捕捞的鲜活水产品及制品的食用安全，进一步保证鲜活水产品及制品的品质。实现起来，有以下几个重要内容：①落实生产经营主体责任；

②实现供应链全程可追溯；③努力确保产地环境安全；④努力确保水产投入品安全；⑤实现标准化生产；⑥建设市场准入制度；⑦完善技术支撑体系建设；⑧加强政府监管执法；⑨建立公平的市场环境。

而要达到以上目标，对海洋食品质量安全工程与科技的战略需求是：构建以监测为前提，以过程控制为主线，对产业链全程（包括苗种、饲料、药物等投入品生产、成体养殖、加工、运输、销售等各环节），顺向可预警、逆向可追溯的宏观管理技术支撑体系。具体包括以下技术体系：①识别产品和环境中危害（确定种类、划定区域）的检测技术体系；②摸清产品和环境危害蓄积及代谢规律的技术体系；③评定产品和环境中危害风险程度的评估技术体系；④研发产品生产和环境中控制危害的技术体系；⑤创制主要产品全程监管和控制质量安全标准体系；⑥构建各级监管机构设置及运行的管理技术体系；⑦建立生产商、消费者、监管部门等产品可查询的追溯技术体系。

## 二、我国海洋食品加工流通工程与科技的战略需求

海洋食品具有独特的营养价值，含有多种生物活性物质，越来越多地成为人类优质蛋白质与健康食品的重要来源。海洋食品加工和流通产业不仅是蓝色经济产业的重要组成部分，也是联系海洋食品原料生产与消费的桥梁和纽带，在整个海洋农业产业链中起着龙头和带动作用。经过60多年的发展，特别是经过“十五”以来的快速发展，我国的海洋食品加工与流通产业取得了突破性进展，已经形成了以冷冻冷藏品、调味休闲制品、鱼糜与鱼糜制品、干腌制品、海藻制品、海洋保健食品等为主的海洋食品加工门类和以批发市场为主体，以加工、配送、零售为核心的海洋食品流通体系。海洋食品消费处于消费总量不断增加，消费总体水平不断提升和消费方式快速多样化的阶段，海洋食品加工与流通产业成为大农业中发展最快、活力最强、经济效益最高的产业之一。但与世界先进水平相比，我国的海洋食品加工和流通产业依然存在很大差距。因此，开展海洋食品加工与流通工程技术研究显得十分重要。

### （一）保障海洋食品有效供给

海洋中生长着的生物至少有25万种，包括近万种海藻、1.9万种鱼类和2万余种甲壳类，是人类食物中蛋白质最丰富的来源，每年可向人类提供

30亿吨水产品，满足300亿人的蛋白质需要。21世纪，人类社会面临着“人口剧增、资源匮乏、环境恶化”三大问题的严峻挑战，开发海洋、向海洋索取渔业资源变得日益迫切和重要。2012年，我国水产品产量为5 907万吨，人均占有量为43.63千克，人均消费总量是世界平均水平的2倍，人均水产动物蛋白摄入量占摄入动物蛋白的30%以上。海洋食品已成为我国赖以生存的重要食物来源，海洋也已逐渐成为我国越来越重要的“蓝色粮仓”。但我国海洋食品生产的区域性和季节性较强，相比沿海地区，内陆地区的人均消费量差距明显。通过建立高效的海洋食品加工和流通体系，不仅能增加海洋食品的有效供给，有效缩小城乡消费差距，还可以满足城乡居民消费水平不断增长和消费模式多样化发展的需求。

### （二）改善国民膳食结构

人口与健康是事关经济与社会可持续发展的重大战略问题，是我国的基本国策。近20年来，由于膳食结构不尽合理，我国居民已由“显性饥饿”转向“隐性饥饿”，即由吃不饱转向营养不均衡和营养素缺乏，因膳食结构和生活方式等引起亚健康人群的数量已占总人口的60%～70%。据报道，我国血脂异常、肥胖、高血压、糖尿病患者合计超过4亿，已成为威胁我国人民健康的突出问题，也对我国的公费医疗体系和医疗保险事业提出了严峻挑战。

由于所处的生态环境较为特殊，海洋食品在代谢、生理、生化等方面形成了很多独特的性质及其物质积累模式。以海洋食品为原料生产的海洋食品具有安全、优质、营养和有利人类健康的天然属性。同时，从海洋食品中提取安全、生理活性显著的天然活性物质，是制造高品质保健食品的良好原料。海洋保健食品不仅在有着几千年医食同源、饮食养生文化的中国，即使在欧、日、美等国家也有着广阔的市场。现在，我国不仅迫切需要开发更安全、卫生、味美、方便的海洋食品，并且还有必要利用海洋生物活性物质开发出大量可增进健康、预防疾病的营养食品和保健食品，以满足人们改善膳食营养结构、提升健康水平的重大需求。

### （三）优化海洋渔业经济结构

海产品养殖业的效益要远远高于陆地种养殖业，增加海洋农业在农业结构中的比例，成为农业产业结构调整的重要方向。伴随着市场经济浪潮，海洋农业产值快速增长，有力地支撑了农村经济发展，成为繁荣农村经济的重要力量，为我国农业经济发展和农民增收做出了重要贡献。海洋食品加工和流通是联系海洋食品原料生产与消费的桥梁和纽带，在整个海洋农业产业链中起着龙头和带动作用，是生产与消费的主导因素。建立高效的海洋食品加工和流通体系，发展和壮大海洋食品加工和流通产业，不仅可以大大拉动海水养殖业的发展，进一步增加海洋农业在大农业中的比例，还可以通过促进渔民增收，确保海洋农业的可持续发展，促进和谐社会建设，同时可以加快海洋新兴产业的培育步伐。

# 第二章　我国海洋食品质量安全与加工工程技术的发展现状

## 一、我国海洋食品质量安全工程与科技的发展现状

我国海洋食品质量安全工程与科技发展现状可从以下4个方面来阐述：学科发展及技术水平、科研机构及队伍体系、法律法规标准体系和监管技术体系及生产层面的质量安全保障能力。其中，学科发展及技术水平是核心，科研机构及队伍体系的能力是保障，而监管技术体系及生产层面的能力则代表着承接和实施技术法规及标准的技术实力。

### （一）学科发展及技术水平

食品作为人类赖以生存和发展的物质基础，由于工业发展及环境污染，食品安全已成为一个全球性的焦点问题，受到各国政府及消费者的关注。

图2－4－1显示渔药残留的化学危害是水产品安全的主要问题。其中不乏使用禁用药物，原因是有效药物研发少、监管不力、养殖业户使用不规范；环境污染造成的危害占12%。针对近些年来我国“食品安全事件”频发的现状，为从根本上解决我国食品安全的棘手问题，我国政府已在《国家中长期科学和技术发展和规划纲要》（2006—2020）中，将食品安全确定为优先发展主题，指出要重点研究食品安全和出入境检验检疫风险评估、污染物溯源、安全标准制定、有效监测检测等关键技术，开发食物污染防控智能化技术和高通量检验检疫安全监控技术（图2－4－2）。据此纲要，科技部在“十一五”期间设立“食品安全关键技术研究”专项，取得一批创新性研究成果，使我国食品安全保障从“被动应付型”逐步向“主动保障型”转变。

水产品质量安全学科作为一个新兴学科始于20世纪90年代末的水产品质量安全标准、检测和认证体系建设。尤其是在近10年内有了一个质的飞跃，许多高校开始设置食品质量安全专业，研究所设立质检中心。近年来，

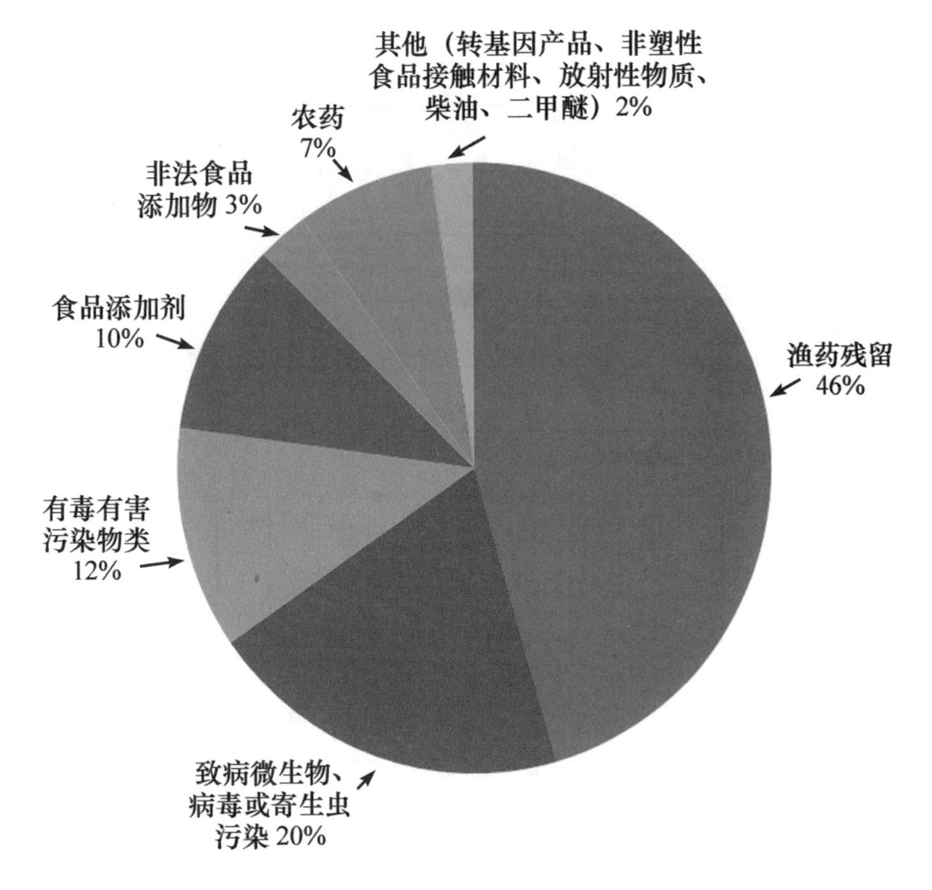


图 2－4－1　2009—2011 年水产品质量安全事件发生比例

资料来源：中国水产流通与加工协会 2009 年至 2011 年的水产品信息周报 .

通过相关部门、机构的不懈努力，并借鉴国际上先进的评估、监管和评价模式，我国的海洋食品质量安全研究已经有了显著的提高和改善，主要体现在风险分析、安全检测、监测与预警、代谢规律、质量控制和全程可追溯 6 个方面。

1. 海洋食品质量安全风险分析研究逐步开展

作为世界公认的食品安全管理基本框架，风险分析是用于政府进行食品等领域质量安全宏观管理的理论体系，分为风险评估、风险管理和风险交流 3 部分（图 2－4－3）。

风险分析在科学评估食品中污染物危害水平，制定切实有效地保障食品安全的管理措施，降低食源性疾病发生，更好地保护人类健康方面有着极其重要的作用，是食品质量安全管理的有效手段。风险评估指对食品、

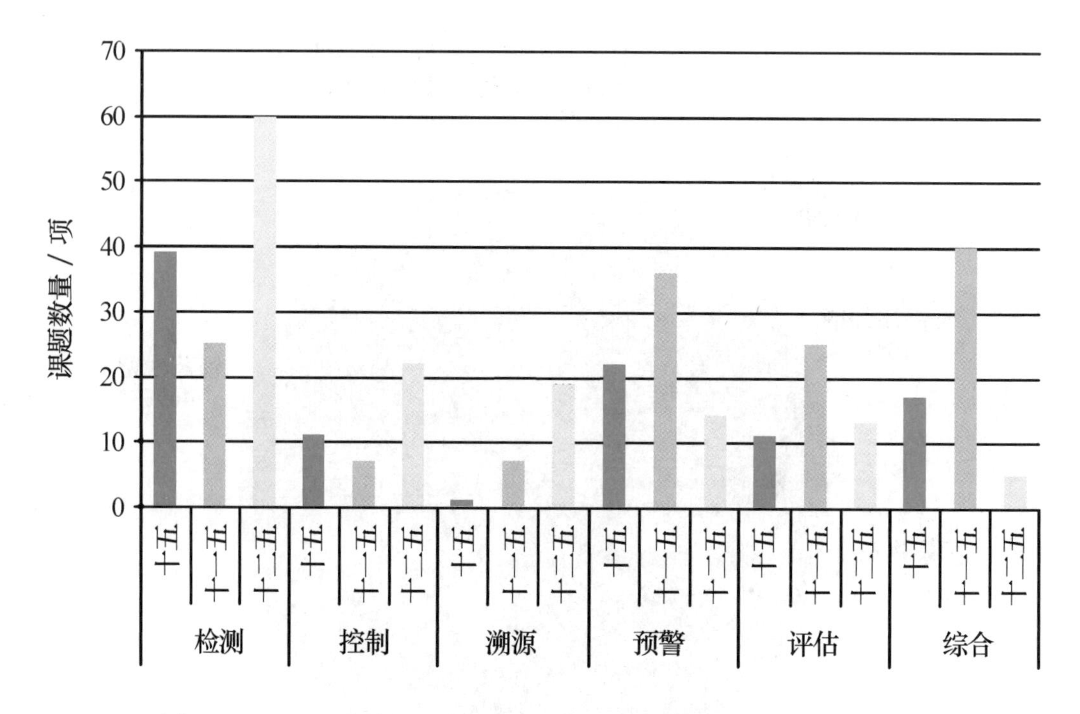


图 2-4-2 “十五”到“十二五”期间，科技部在支撑计划中对食品安全的立项课题

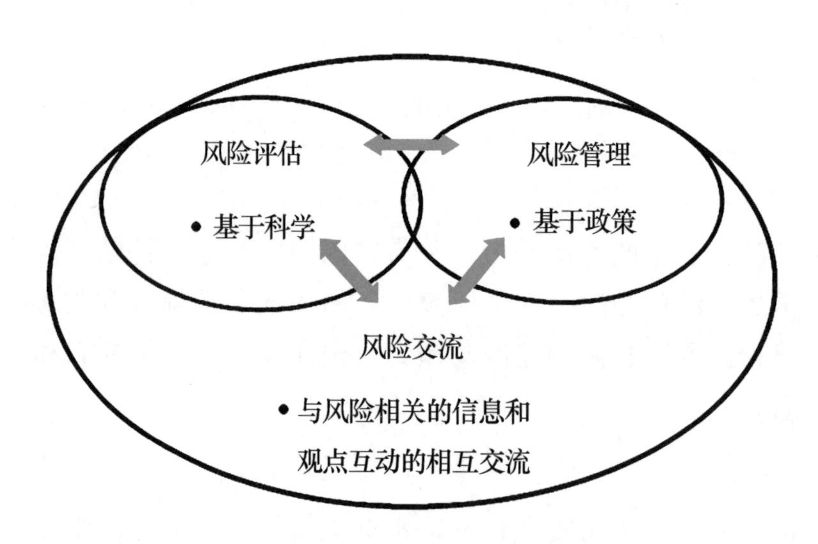


图 2-4-3 食品质量安全风险分析结构

食品添加剂中生物性、化学性和物理性危害对人体健康可能造成的不良影响所进行的科学评估，属科学研究范畴，是农产品质量安全监管不可或缺的重要技术支撑，是依托指定的专业机构和人员，通过隐患排查、危害评

定、验证分析和综合研判等手段，对农产品中的风险隐患和危害因子进行综合评价的行为。

我国食品安全的风险评估研究起步较晚，“十一五”期间，中国疾病预防控制中心等承担“化学污染物暴露评估技术研究”课题，建立了膳食暴露评估用的食物消费量数据库和全国食品污染物监测数据库，对我国代表性的重金属污染（铅和隔）进行了系统暴露评估，填补了我国膳食暴露评估的空白。在农产品质量安全风险评估领域，“十一五”期间先后开展了农业部“948”项目、国家科技支撑计划等有关农产品质量安全风险评估项目的研究。海洋食品隶属于农产品，近年来开展了砷、镉、甲醛等危害物的风险评估研究，但由于缺乏大项目的资助，支撑行业监管的研究工作还存在不少差距。

### 2. 海洋食品安全检测技术发展迅速

海洋食品安全检测技术呈现出仪器检测和快速筛选检测共同发展的趋势。一方面，以 HPLC、GC、ICP 等为代表的色谱质谱检测技术更加完善、先进，并逐渐推广应用于渔药、重金属、添加剂、环境污染物等典型化学危害物的确证检测，甚至实现了数十种乃至上百种化学残留的同时检测和确证，各种相应的检测技术和方法也相继涌现，并不断地被纳入到相关国家标准中；另一方面，以免疫检测技术、生物传感器技术、生物芯片技术等为代表的快速筛选检测新技术发展迅速，成为仪器检测的有效补充，完善了检测体系。

### 3. 海洋食品质量安全监测与预警体系初见端倪

“十五”期间，科技部对“食品安全监测与预警系统研究”等课题立项攻关。经过十几年的科技攻关（支撑），我国进一步提高了科技支撑和安全监管水平，预防和减少了食品安全事件的发生，提高了对重大食品安全事件突发时的应急处理能力。目前，我国正不断借鉴国际食品安全预报预警系统的管理经验，逐步建立和完善海洋食品安全预报预警信息的收集、评价、发布系统，并交叉融合应用多元统计学、空间统计学、模糊数学、数据挖掘、统计模式识别等多学科理论方法，构建具备可视化、实时化、动态化、网络化的食品安全预警系统。

### 4. 海洋食品危害物质蓄积残留规律逐渐被揭示

近年来，中国水产科学研究院（以下简称“水科院”）质检体系针对渔药、贝类毒素、重金属、甲醛等典型危害因子的代谢动力学特征与残留规律，相继开展了大量研究工作并取得重要进展。摸清了孔雀石绿、硝基呋喃、磺胺类、喹诺酮类等禁限用药物在重点养殖种类中的代谢消除规律，建立了在典型水产养殖动物体内的代谢动力学模型，掌握了甲醛在不同水产品中的本底含量和产生机理；明确了蛤毒等贝毒素在贝类和蟹类等水产品中的富集代谢规律，揭示了我国海域中蛤毒素的特征以及藻类、海水、贝类中蛤毒素之间的联系及时空关系，对铅、镉、砷等重金属的不同形态在对虾、贝类及经济藻类中的分布和蓄积规律有了较为深入和全面的认识，为标准制修订及有效监管提供了基础科学依据。

5. 海洋食品质量安全控制技术研究逐渐开展

我国海洋食品质量安全控制日益得到重视，在多个领域开展了研究应用工作，逐渐由被动性限制转为主动采取措施对质量安全危害因子进行控制和消除，将其危害和风险尽可能降低。相比于传统的高热杀菌等传统技术，等离子体杀菌、臭氧杀菌、紫外线杀菌、超高压杀菌、高能电子束杀菌等冷杀菌技术开始逐渐应用于海洋食品的加工与贮藏，有效延长了水产品保质期，保持了原有的优良食用品质。对于渔药、重金属以及环境污染物等典型危害因子的脱除净化及活性消减技术的研究尚处于起步阶段，但其重要性已经引起了广泛关注。其中在贝类的净化技术方面，已取得了较为突出的研究成果，并已经开始实施产业化应用。对于海洋食品的过敏原性，已发现利用一些现代的食品加工技术，如辐照技术、超声波技术，能够比较有效地将其改变或降低。开发环境友好的、非抗生素的渔用抑菌剂，替代或者部分替代渔药、抗生素以及化学添加剂等，也是解决水产食品安全性问题的重要手段。

6. 海洋食品质量安全产业链追溯技术日趋完善

在追溯技术研发方面，我国各地各部门结合追溯体系试点工作，在相关自动识别技术、自动数据获取和数据通信技术等方面取得了一系列研究进展，特别是在 EAN/UCC 编码、IC 卡、RFID 射频识别电子标签、GPS 等技术和设备上取得了很多重要突破，初步研发出贯通养殖、加工、流通全过程、适合多品种的农产品质量安全可追溯技术体系。在水产品质量安全可追溯技术体系研究方面，水科院组织研发了水产品供应链数据传输与交换技术体系、水产养殖与加工产品质量安全管理软件系统、水产品市场交易质量安全管理软件系统和水产品执法监管追溯软件系统，配套编制完成了水产品质量安全追溯信息采集、编码、标签标识规范三项行业标准草案，基本解决了追溯体系建设中的关键技术问题，为水产品追溯体系建设打下了良好的基础。

### （二）科研机构及队伍体系

我国海洋食品研究队伍主要包括中国海洋大学等高校、中国科学院海洋研究所、中国水产科学研究院所属研究所及地方各省、市、自治区的一些水产研究所。中国科学院海洋研究所主要致力于海洋食品的基础科研创新，地方各省、市、自治区水产研究所主要研究地方特色海洋食品问题。就海洋食品质量安全问题而言，高校主要研究领域在海洋食品的质量层面，但全局性和完整性均不足。目前中国水产科学研究院系统的研究力量是关注海洋食品质量安全，特别是食用安全问题的主力军和领头雁。“十五”以来，中国水产科学研究院海洋食品质量安全研究体系的队伍和能力建设得到了显著增强。

2007 年中国水产科学研究院成立了质量与标准研究中心，并对其提出了“海洋食品质量安全研究集成平台”的职能要求。中国水产科学研究院质标体系的研究机构包括全国水产标准化技术委员会秘书处和 8 个分技术委员会秘书处；两个国家级、8 个部级质量检测中心和 1 个部级渔业产品认证分中心，从事海洋食品质量安全研究的科研队伍约 500 人，在中国水产科学研究院质量与标准研究中心的统领下，“十一五”期间，海洋食品质量安全方面研究的深度和广度都有所提升，研究成果发挥的作用逐渐凸显。

### （三）法律法规和标准体系

国家颁布了《中华人民共和国产品质量法》、《中华人民共和国农产品质量安全法》、《中华人民共和国食品安全法》、《中华人民共和国动物防疫法》、《中华人民共和国进出境动植物检疫法》、《农业转基因生物安全管理条例》、《兽药管理条例》、《饲料和饲料添加剂管理条例》等法律法规。农业部制定了《农产品产地安全管理办法》、《水产品批发市场管理办法》、《农产品包装与标识管理办法》、《农产品地理标志管理办法》、《新饲料和新饲料添加剂管理办法》、《饲料药物添加剂使用规范》、《水产养殖质量安全管理规定》、《水产苗种管理办法》、《农产品质量安全信息发布管理办法（试行）》、《农产品质量安全监测管理办法》等部门规章。地方政府结合实际陆续出台了《农产品质量安全法》实施条例或办法，制定了农产品质量安全事件应急预案，一些地方性法规或规章也相应颁布实施。

截至2012年2月，现行渔业国家、行业标准达859项，其中国家标准149项、行业标准710项。各地也加快了地方标准体系建设步伐，以当地优势养殖品种为重点，制定了许多渔业地方标准，发布实施的标准达1 100多项。一批行业依法行政急需的标准得到了及时制定。标准的系统性和配套性有了很大提高，有效性进一步增强。

### （四）监管技术体系及生产层面的质量安全保障能力

#### 1. 食品质量安全风险分析及预警体系已经初具规模

2009年，《食品安全法》开始正式实施，规定“国家建立食品安全风险监测与评估制度”，确立了我国食品安全管理中对于健康危害的评价采用风险评估的手段，并将这一手段作为一种制度加以实施。2009年卫生部成立了国家食品安全风险评估委员会。2010年2月，根据《中华人民共和国食品安全法》及其实施条例，卫生部、工业和信息化部、农业部、商务部、工商总局、质检总局和食品药品监督局联合印发《食品安全风险评估管理规定（试行）》。2010年初，我国又通过了《食品安全风险监测管理规定》，对食品安全风险监测第一次进行了法律界定与约束。2011年10月13日，国家食品安全风险评估中心在北京成立。

农产品质量安全风险评估体系近年来发展迅速，2007年5月，农业部成立了国家农产品质量安全风险评估委员会，具体负责组织开展农产品质量安全风险评估相关工作。同时依托农业部农药检定所、中国兽医药品监察所、中国水产科学研究院、中国热带农业科学院和农业教学推广单位等多个技术机构，以及300多个部级质检中心作为技术支撑，初步建立了一支风险监测与评估专家队伍，基本形成了农产品质量安全风险评估工作格局，搭建了风险预警信息平台，加强了风险监测的力度。2010年农业部部署开展农产品质量安全风险监测，拉开了农产品风险监测的序幕。2011年10月，农业部开始部署风险评估实验室建设。

为应对水产品质量安全危机，我国政府正积极加强水产品的监管工作，构筑食品安全监测网络系统。水产品质量安全风险监测逐步为我国各行政部门所重视并逐渐推广应用，卫生部、农业部和质检总局等都在自己的职责领域范围内建立并实施了水产品风险监测制度。

### 2. 部、省（自治区、直辖市）、地（市）、县四级构成的农产品质量安全检测体系已初具规模

农产品质量安全检验检测体系是农产品质量安全体系的主要技术支撑，是政府实施农产品质量安全管理的重要手段，承担着为政府提供技术决策、技术服务和技术咨询的重要职能，在提高农产品质量与安全水平方面发挥着关键和核心作用。根据国际食品贸易和食品工业发展的需要，我国已初步建立了食品安全检验监测体系。能够满足对食品生产、流通、消费全过程实施安全检测的需要；国家标准、行业标准及相关国际标准对食品安全设置参数的检测要求；符合国际良好实验室规范，基本达到国际同类检测机构的先进水平。

“十一五”以来，农业部门大力开展农产品质量安全检验检测体系建设，2006—2015 年“全国农产品质量安全检验检测体系建设规划”建设投入共 118 亿元，现已初步建成覆盖部、省（自治区、直辖市）、地（市）、县四级的农产品质量安全检测体系。

截至 2010 年年底，农业部共有 285 个部级和国家级质检机构对外开展工作，其中国家级质检中心机构 12 个，部级（国家级）质检机构人员总数为 5 981 人，固定资产总值为 36. 54 亿元，实验室总面积 52. 84 万平方米。全国 31 个省（自治区、直辖市）和 5 个计划单列市共建有省级质检机构 105 个、地市级 489 个、县级 1 356 个，人员总数为 16 996 人，固定资产总值为 42. 01 亿元，实验室总面积 78. 6 万平方米。

农业部日前发布《全国农产品质量安全检验检测体系建设规划（2011—2015 年）》。根据规划，“十二五”期间，我国将新建 1 个部级水产品质量安全研究中心、16 个部级专业质检中心、329 个地（市）级综合质检中心和 960 个县（场）级综合质检站，并且完善 64 个部、省级质检中心风险监测与信息预警功能，建设全国农产品质量安全监测信息预警平台，构建起面向所有大宗农产品和特色优势农产品，覆盖主要投入品、产地环境和产出品，部、省（自治区、直辖市）、市、县四级贯通联动的农产品质量安全检验检测体系、监测预警网络和国家农产品质量安全追溯信息平台。

在农产品质检体系中，渔业系统的质检机构主要承担着由各级渔业行政主管部门组织的质量安全监测检测工作，包括：水产品产地监督抽查、城市例行监测、贝类产品有毒有害物质残留监控及海水贝类养殖生产区域划型、重点养殖水产品质量安全专项抽查和水产苗种药残专项抽查等。我国渔业系统部门、省级质检机构固定资产总值为11.38亿元，实验室总面积4.53万平方米。

### 3. 质量安全评价体系（“三品一标”工作）成效显著

目前，在我国开展的与水产养殖产品质量安全相关的认证品种有无公害农产品认证、绿色食品认证、有机食品认证、CHINAGAP认证和ACC（国际水产养殖认证委员会）的BAP认证。其中“三品一标”认证工作（绿色食品、有机产品、无公害农产品和地理标志认证）是适应国内外市场需求，提升农业标准化水平，保障农产品消费安全的战略决策。这些年，各级农业部门按照中央的要求，立足当地实际、积极采取措施，有力地推动了“三品一标”的发展。

无公害农产品认证基本形成了以农业部农产品质量安全中心（以下简称“农质安中心”）及其3个专业分中心为核心，以省（自治区、直辖市）、地、县三级工作机构和检查员队伍为基础、检测机构和评审专家队伍为支撑的无公害农产品工作网络。截至目前，已确立无公害渔业产品省（直辖市、计划单列市，自治区等）级工作机构35个，全国超过3/4地市和超过2/3县市都已明确了无公害农产品工作部门或机构。在农质安中心注册的无公害农产品检查员达11 466名，其中无公害渔业产品检查员2 757名。全国有184家检测机构被指定为无公害农产品定点检测机构，其中水产品专业检测机构13个（包括部级中心7个，国家级中心1个）。在农质安中心备案的产地环境检测机构共有154家。中国绿色食品发展中心已在全国委托了42家省级管理机构，64家环境定点监测机构和38家产品定点检测机构，在全国已形成较为完善的管理体系和监测体系。绿色食品认证检查员794人，标志监管员845人。

### 4. 农产品质量安全追溯体系开始建立并有效推行

推行农产品质量安全追溯管理是加强农产品质量安全监管的重要抓手，也是构建农产品质量安全管理长效机制的重要内容，更是落实责任追究的重要途径。近年来，我国对农产品质量安全追溯技术、理论与实践进行了积极探索，取得了一定的成效。

在追溯体系试点和示范应用方面，自2004年以来，农业部启动了北京、上海等8个城市农产品质量安全追溯试点工作。2006年开始，农业部渔业局开始支持广东省、天津市开展了水产品质量安全可追溯体系构建推广示范试点工作。2007年，农业部在试点的基础上，在全国推进动物标识及疾病可追溯体系建设，旨在提高动物疾病防控和质量安全监管能力。2008年，又启动了农垦农产品质量追溯系统建设项目，积极创新企业管理新模式。2010年以来，商务部、财政部分两批支持20个城市开展肉类蔬菜流通追溯体系建设试点，探索利用信息化手段管理市场，改善肉类蔬菜安全状况。2012年，农业部渔业局主导的水产品追溯试点示范扩展到北京、天津、辽宁、山东、江苏、湖北、福建、广东6省2市。

近年来，随着对农产品质量安全追溯技术、理论与实践的积极探索，农产品质量安全追溯科技创新进展显著，农产品质量安全追溯体系建设示范初见成效，农产品质量安全追溯管理工作虽尚处于起步阶段，但基本格局已初步形成，为农产品质量安全追溯管理提供了新手段。

#### 5. 水产技术推广体系改革与建设稳步推进

截至2010年年底，全国各级水产技术推广机构共12 794个，其中省级站34个、市级站335个、县级站2 171个、区域站306个、乡镇站9 948个。实有人员36 992人，其中省级1 133人、市级3 752人、县级15 293人、区域级983人、乡镇级15 831人。全额拨款机构数占总机构数的68.83%，技术人员数占实有人数的71.55%。水产技术推广体系的机构和人员趋于稳定，公益性职能得到强化，财政支持力度不断加大，“有机构人员、有办公场所、有示范基地、有信息和交通服务工具、有经费保障”的“五有站”建设步伐加快，水产技术推广体系运行机制创新取得新成果。

#### 6. 生产层面的质量安全保障能力逐渐加强

2001年农业部“无公害食品行动计划”启动实施以来，以强化生产源头管理、实施全程监管为重点，着力提升农产品质量安全水平。农产品供应链上养殖、加工、经营责任主体质量安全意识全面提高，基础设施持续改善，质量安全控制水平显著增强。特别是近年来，随着农业部“三品一标”认证工作，“标准化示范场”、“健康养殖示范场”建设工作的全面开展，水产养殖生产单位质量安全意识得到强化，资源节约、环境友好、可持续发展的现代养殖理念已深入人心。

（1）池塘标准化改造、养殖生态环境修复、工厂化循环用水设备升级等养殖基础工程取得显著进展，生产设施设备持续升级、生产条件标准化逐步提高，仅2012年实施池塘标准化改造22.67万公顷（340万亩），各级财政投入资金近14亿元，并实施养殖生态环境修复55个。

（2）大力实践推广生态健康养殖模式，“畜禽混养”、“粪便直排”等模式基本根除，贝藻混养、种草养鱼等养殖模式被积极使用，养殖技术规范强化健全。

（3）苗种、饲料、兽药等生产投入品采购、保管和使用规章制度、生产过程档案记录制度、人员健康养殖和质量安全教育培训全面建立，生产控制管理制度化得到增强。

（4）产品包装标识水平提高，部分养殖单位创新产品包装方式，参与产品追溯体系建设，产品附具产品标签和追溯条码，初步做到了产品质量可追溯。

（5）产品品牌化水平提升，“三品一标”认证产地、产品数量持续增加，截至目前，通过的无公害水产品认证的产品总数累计达到20 002个，产地8 196个，养殖规模合计340.4万公顷。

（6）健康养殖示范成效显著，辐射示范带动作用突出，到2011年年底，农业部水产健康养殖示范场数量6年累计已达到2 610个，其中2011年全年建设示范场839家，养殖面积31.2万公顷，培育健康养殖示范户2.9万户，通过“公司为龙头+水产养殖专业合作社+养殖户”等经营管理创新模式，辐射带动周边20多万养殖户。

## 二、我国海洋食品加工流通工程与科技的发展现状

进入20世纪90年代以来，随着人们健康意识的不断增强，食品的低脂、低热量、低糖、天然和功能性成为消费者的普遍追求，海洋食品加工与流通产业进入了快速发展期。已经形成了以冷冻冷藏、调味休闲制品、鱼糜与鱼糜制品、干腌制品、罐头制品、海藻制品和海洋保健食品等为主的海洋食品加工体系和以批发市场为主体，以加工、配送、零售为核心的

海洋食品物流体系。海洋食品加工与流通产业成为大农业中发展最快、活力最强、经济效益最高的产业之一。

### （一）海洋食品加工产业不断壮大，共性关键技术研究取得重要进展

我国的水产食品加工主要以海洋食品原料为加工对象。统计数据显示，进入21世纪，我国水产食品加工业发展迅速，在加工企业数量、加工能力及加工产值等方面都保持了较高速度的增长。2001—2010年的10年间，水产食品加工企业由7 648个增加到9 762个，年加工能力由1 061万吨增加到2 388万吨，年加工品总量由691万吨提高到1 633万吨，加工产值由年622亿元增加到2 359亿元。水产品加工产值的年平均增长速度（19.4%）远高于海水养殖业（8.8%），水产加工业产值占渔业总产值的比重由15.4%提高到19.0%，海洋食品原料的加工率提高到目前的48.3%。

上述成绩的取得，得益于海洋食品加工共性关键技术的突破。在国家863计划、科技支撑计划、海洋公益性行业专项计划及省（自治区、直辖市）科技计划的资助下，在海洋食品精深加工的共性关键技术的开发与集成方面，攻克了一批海产品精深加工关键技术难题，开发了一批在国内外市场具有较大潜力和较高市场占有率的名牌产品，建设了一批科技创新基地和产业化示范生产线，扶持了一批具有较强科技创新能力的龙头企业，储备了一批具有前瞻性和产业需求的技术。并建成了一批产业化示范生产线和成果转化基地。

### （二）以市场为导向的加工产品种类不断增加，规模化加工企业数量不断扩大

从世界消费习惯来看，世界各国仍然以未经过深加工的鲜活及冷冻、冷藏保鲜水产品为主。目前，我国城乡居民消费的水产品主要有鲜活水产品和冷冻品、半成品、熟制干制品等加工水产品，其中鲜活、冷冻水产品是家庭消费的主体。

近年来，随着人们消费习惯的不断变化，以市场为导向的加工食品的种类不断增加，精深加工产品的比例不断提高。目前我国的水产食品加工已经形成了水产冷冻品、鱼糜制品、干腌制品、藻类加工制品、罐头制品及鱼油制品等为主的加工门类，其中鱼糜制品及罐头制品等精深加工产品的产量超过100万吨。随着工厂化和绿色养殖技术的发展，对水产品原料集

中进行规模化加工处理的能力进一步加强，例如干贝、脱脂大黄鱼和蟹棒等。另外，鱼片、鱿鱼条等休闲类海洋食品逐渐进入各大超市及批发市场，销售量呈现快速增长趋势。虽然水产冷冻品的比例仍占60%以上，但能够快速加工食用的鱼块、鱼片、冷冻调理食品及中间素材食品等精细加工的小包装、小冻块、食用方便的冷冻加工品的比例不断提高。

在国家、地方各级政府的积极培育下，通过兼并、重组、联营等分工协作，海洋食品加工企业向集团化发展，形成龙头企业、企业联盟。并且在整个海洋农业产业链中，基于水产养殖，初步形成了集水产品加工、水产饲料、水产养殖、渔药为一体的产业群；基于捕捞，形成了远洋捕捞、近海捕捞、水产品加工、捕捞设备产业群。海洋食品企业规模不断扩大，经济效益不断提高。2012年，规模以上水产食品加工企业已达2 737个，占水产食品加工企业总数的28.2%。

### （三）海洋食品物流体系已初步形成，但规模化程度低，体系落后

我国的海洋食品现代物流产业自1978年开始起步，2001年进入快速发展期。海洋食品的保活、保鲜贮运等物流关键技术快速发展，如鲜销产品从捕捞后到市场销售都保持冰温状态，冻藏产品从工厂加工冻结后进冷库到终端销售的流通运输和商店销售都保持在-18℃以下，活体产品远距离运输的成活率甚至可以达到98%以上，并逐步形成了以批发市场为主体，加工、配送、零售为核心的市场交易物流体系。目前，我国有专业水产批发市场超过340家，国家定点水产批发市场20家。从物流模式看，主要有直销型物流模式、契约型物流模式、联盟型物流模式和第三方物流模式，但海洋食品批发市场等传统分销渠道仍是我国海洋食品流通的主要中心环节，真正从事规模化运作的第三方海洋食品物流公司比较缺乏。

我国的海洋食品生产和加工企业主要分布在沿海地区，接近90%的水产品生产和加工企业都分布在沿海城市。2012年，我国海洋水产品总量为3 033.3万吨，其中95%以上产于山东、浙江、福建、广东、辽宁、江苏、海南和广西沿海8省和自治区，水产品加工总量达到1 746.8万吨，占全国水产加工品产量的91.5%，海洋食品生产及加工区域优势显著（表2-4-1）。海洋食品流通体系的建立，使水产品产区分散的渔产与城市市场之间建立了比较稳固的产销关系，促进了海洋食品的流通和市场的繁荣，降低了海洋食品的流通成本。但由于我国海洋食品生产的分散性及加工的规模化程

度低，物流运输过程中的质量保证体系相对落后。与发达国家相比，我国海洋食品的物流损耗率仍处于较高的水平。

**表2-4-1　我国主要海洋食品加工优势区域分布**

| 主要原料种类 | 主要产品类型 | 主产省、市、自治区 |
|---|---|---|
| 中上层海水鱼类（鲐鲹、鳀、沙丁鱼等） | 鱼粉、鱼油、腌干制品、鱼糜制品、调味制品 | 辽宁、浙江、福建、山东、广东等 |
| 远洋捕捞鱼类（金枪鱼、竹荚鱼等） | 鱼片、罐头、鱼糜及鱼糜制品、调味、保健品等 | 辽宁、广东、浙江、山东、上海等 |
| 海水养殖鱼类（大黄鱼、鲈鱼等） | 脱脂大黄鱼、鲈鱼加工等 | 浙江、福建、山东、广东等 |
| 虾类（凡纳滨对虾、海洋捕捞虾等） | 冻对虾、冻虾仁、虾干品、虾油、虾酱、甲壳质等 | 海南、广东、广西、福建、山东等 |
| 贝类（贻贝、扇贝、牡蛎、蛤类等） | 干品、罐头、贝柱、淡菜油、调味品、保健品等 | 山东、辽宁、福建、广东、浙江等 |
| 藻类（海带、紫菜、江蓠、马尾藻、麒麟菜等） | 海藻食品、海藻胶、保健食品、调味品、化工产品、药品等 | 山东、辽宁、福建、江苏、浙江、海南等 |
| 海参 | 鲜品、干品、保健品 | 辽宁、山东、海南、广西、广东等 |
| 鱿鱼 | 干制品、调味干制品、鱼糜制品等 | 辽宁、浙江、山东、天津等 |
| 海蜇 | 腌制品、方便食品 | 山东、辽宁、广西、天津等 |
| 加工废弃物 | 鱼粉、鱼油等 | 辽宁、山东、浙江、福建、广东等 |

### （四）海洋食品加工与流通装备自主研发与制造能力初步形成

我国的海洋食品加工装备经历了一个由引进、仿制到自主研发的过程。近几年来，在鱼类保鲜保活、鱼类前处理加工、初加工、精深加工与副产物综合利用等领域进行了一系列相关装备技术的研究与开发，并研制了部分样机，建成了一批产业化生产线。例如，在船上一线保鲜与加工方面，针对大宗低值杂鱼（丁香鱼、毛虾）船上加工前的原料保鲜与加工，研发了船上冷却海水循环喷淋保鲜系统及多层多温区的高效组合干燥装备；在海洋食品原料前处理方面，研制了文蛤及牡蛎无损伤清洗、分级与开壳设备，开发了海参机械化除脏、无损清洗及连续式蒸煮设备，开发了鲭鱼去头（切断）机与去脏设备；在新型冷冻鱼糜加工方面，研发了冷冻鱼糜生产工序模块化的新工艺，研发了多级回收系统及新型鱼糜脱脂设备；在水产品加工副产物高效利用方面，研发了鱼类下脚料的内置双轴 T 形桨叶混合调质机、车阵式发酵系统以及高湿度、高黏性混合物料干燥设备，形成了完整的生产加工工艺和相关自动化生产线。随着劳动力成本的持续上涨、陆地加工向船上加工转移速度的加快以及对产品质量要求的不断提升，装备研发的重要性将会愈发显著。

## 三、我国海洋食品质量安全与加工水平及国际发展水平趋势

图 2－4－4 中显示，我国海洋食品质量安全与加工领域，在检测技术方面接近国际先进水平，在安全质量评价、副产品利用和质量控制方面与国际水平差距不大，落后 5～7 年，在追溯体系、监测预警、物流信息平台、装备自动化、食品加工技术和物流设施方面的差距有 10 年以上。

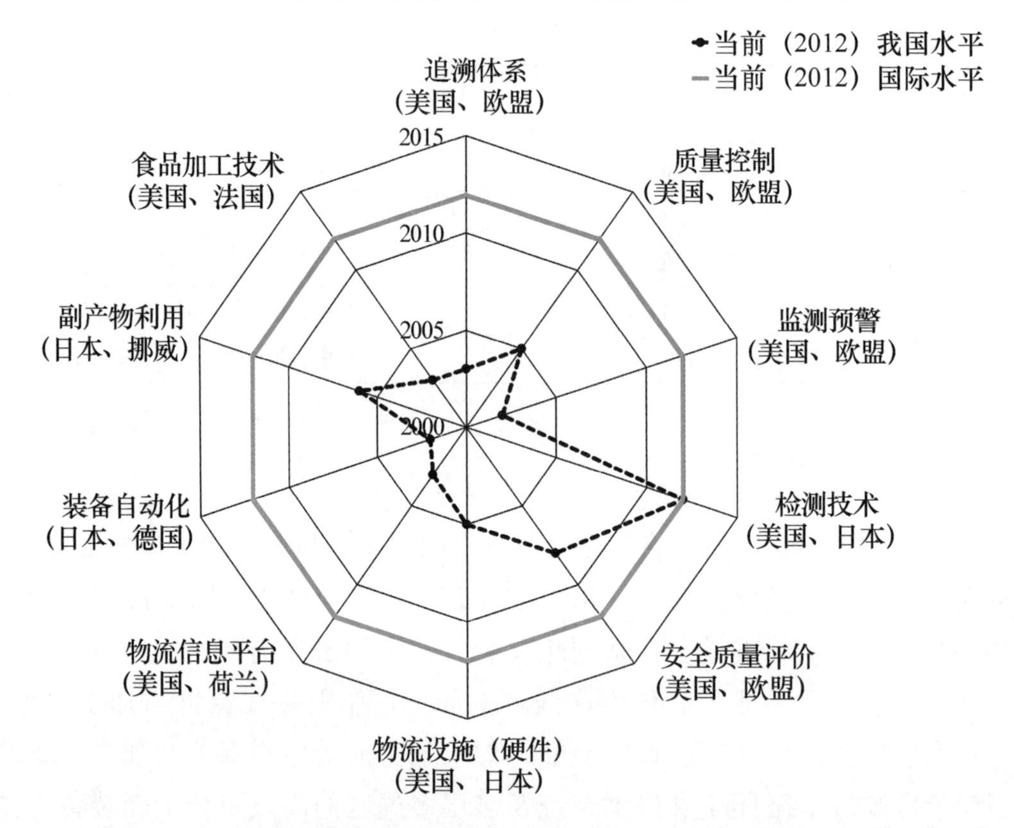


图 2－4－4 我国海洋食品质量安全与加工当前水平及国际发展水平趋势

# 第三章　世界海洋食品质量安全及加工工程技术的发展现状与趋势

## 一、世界海洋食品质量安全与加工工程技术的发展现状与主要特点

### （一）世界海洋食品质量安全工程与科技的发展现状与主要特点

世界各国政府和消费者对食品安全高度重视，把实现食品安全列为政府经济发展的核心政策目标之一。在不同发展中国家和发达国家，由于自然资源和经济发展水平的约束，食物政策追求的目标重点往往有很大差异。在全世界粮食安全状况逐步好转的情况下，各国逐步将追求粮食安全的目标转向食品安全。美国、欧盟、日本等发达国家对食品安全高度重视，都投入大量人力、物力和财力用于保障食品安全，通过调整和修订政策法规，将食品安全列入优先发展领域，通过增加科技投入，强化技术研发，保障食品安全。总体而言，一个国家的食品质量安全水平发展与社会经济发展和科技发展水平相适应。

#### 1. 食品质量安全水平与社会经济发展水平相适应

食品质量安全水平是一个国家或地区经济社会发展水平的重要标志之一。随着经济的发展和社会的进步，当食品数量安全得到保障后，追求食品质量安全也就成为必然。国际农业发展的历史轨迹表明食品质量安全水平往往是随着社会经济发展水平的提高而提升。从追求数量到强调数量与质量并重，最后到保证数量的基础上突破质量和效益。

随着收入的增加和消费水平的提高，人们健康意识和安全要求不断增强。纵观当今世界各国，越是经济发达、人均收入水平较高的国家，消费者的健康意识越强烈，人们对食品质量安全水平的要求也越高。研究表明：当恩格尔系数降到40%以下时，人们对食品营养、安全卫生水平要求更高，当恩格尔系数在40%～50%时，人们逐步关注食品质量安全，当恩格尔系

数在50%以上时，人们主要关注的是食品的数量安全。国家统计局2012年统计数据表明，城、乡居民家庭恩格尔系数分别为37.1%和40.8%，这说明我国城乡居民对安全、卫生的食品需求已经达到了很高的一个要求。

### 2. 食品质量安全水平与科学技术发展水平相适应

（1）世界海洋食品安全风险评估的发展现状。国际上，基于科学原理的食品安全风险评估是制定标准的依据。世界贸易组织有关动植物检疫协议中明确规定：各国有权制定更为严格的动植物检疫标准，但必须建立在科学依据和风险分析之上。20世纪80年代，国际化学品安全规划署（IPCS）编写了专著《环境卫生基准》（Environmental Health Criteria，EHC），其中，《食品添加剂和污染物的安全性评估原则》（EHC 70）和《食品中农药残留毒理学评估原则》（EHC 104）中所提出的原则成为食品添加剂联席专家委员会JECFA和农药残留联席会议JMPR开展风险评估工作的依据。2009年，联合国粮农组织（FAO）和世界卫生组织（WHO）联合出版了《化学物风险评估剂量——反应模型的建立原则》（EHC 239）、《食品中化学物的风险评估原则和方法》（EHC 240），对JECFA和JMPR开展食品添加剂、食品污染物、天然毒素和农药、兽药残留风险评估时所采用的原则和方法进行更新、协调和统一，海洋食品质量安全评估也要遵循这些原则和程序。国际上共同趋势是设立一个统一部门负责风险评估和风险交流。“国家食品安全风险评估机构”负责建立日常和危机管理所需的风险评估工作机制。主要职能：①在日常工作中，对食品中的各种健康影响因素进行评估，确定监管重点；②为地方管理机构提供专业指导；③在突发事件中，协调组织相关部门开展评估，向政府部门提供权威的评估结果。

（2）世界海洋食品安全检测控制技术的发展现状。在安全检测技术体系方面，世界发达国家注重检测方法的标准化。欧盟、美国、日本等世界发达国家一直致力于国际和区域标准化，以长期控制国际标准化技术，并极力使本国标准变成国际标准。在检测技术发展方面，发达国家呈现两个显著的趋势：一是对残留物的检测限量值逐渐减低；二是检测技术日益趋向高技术化、系列化（多残留）、速测化、便携化。智能化芯片和高速电子器件与检测器的使用，使检测速度不断加快；高效分离手段、各种化学和生物选择性传感器的使用，使在复杂混合体中直接进行污染物选择性测定成为可能；微电子技术、生物传感器、智能制造技术的应用，使检测仪器向小型化、便携化方向发展，实时、现场、动态、快速检测成为现实。无损检测技术如力学特性分析法、电磁特性法、光学特性分析法、X射线分析法、计算机视觉技术及生物传感器分析法等已经在发达国家被广泛应用于各种食品的快速检测与鉴定。从某种意义上来讲，技术壁垒的设置，促进了检测技术的发展；同时发达国家靠销售大型精密仪器获得了可观的经济利益。

（3）世界海洋食品安全风险预警技术的发展现状。近年来，由于世界范围内的食品安全事件频频发生，如苏丹红、丙烯酰胺事件等，各国政府和国际组织对食品安全问题的重视程度超过以往任何时期，并纷纷开展食品安全信息收集、分析和预警体系的研究与建立工作，以预防和控制食品安全事件的发生。20世纪70年代后期，欧盟就开始在其成员国中间建立快速警报系统。2002年欧盟对预警系统做了大幅度调整，实施了欧盟快速警报系统（RASFF），及时收集源自所有成员的相关信息，采取措施，防范风险，保护消费者免受不安全食品和饲料的危害。美国食品安全管理体系一直以科学、全面和系统而著称。其中预警体系作为美国食品安全管理体系的基石，在美国食品安全管理中起着重要的作用，其有效作用机制在美国控制“疯牛病”的成功案例中也得到见证。美国食品安全预警体系的组成机构主要分为食品安全预警信息管理和发布机构及食品安全预警监测和研究机构，这两类机构有机结合，共同担负着食品安全预警的职责。

（4）世界海洋食品安全追溯技术的发展现状。实施农产品（水产品）可追溯成为农产品国际贸易发展的趋势之一。在国际上，欧盟、美国等发达国家和地区要求对出口到当地的部分食品必须具备可追溯性要求。2002年，欧盟颁布“食品基本法”178/2002，提出了欧盟对食品可追溯的强制要求；2003年，美国FDA颁布了《食品安全跟踪条例》，要求所有涉及食品运输、配送和进口的企业必须建立和保全有关食品流通的全过程记录。在水产品可追溯技术研究方面也取得了很多成果。如条码技术、电子标签、射频识别（RFID）及计算机联体设备等现代技术的开发和应用为信息采集和传递提供了技术支撑。发达国家建立的食品质量安全追溯体系，除了可以有效保证食品安全卫生和可以溯源外，其贸易壁垒的作用也日益凸显。一般来讲，可追溯体系都是政府或政府委托第三方开发技术及其装备。

## （二）世界海洋食品加工流通工程与科技的发展现状与主要特点

### 1. 世界海洋食品加工工程与科技的发展现状与主要特点

食品工业是涵盖第一、二、三产业的全局性和战略性产业，是关系国计民生及关联农业、流通等领域的生命工业，在国民经济和社会发展中占有举足轻重的地位。在全球经济一体化快速发展的国际背景下，全球食品产业整体正在向多领域、多梯度、深层次、低能耗、全利用、高效益、可持续的方向发展。作为食品工业的重要组成部分，海洋食品加工业正处于产业转型升级的关键时期。在产业发展模式上，向机械化与规模化加工模式快速转变；在产品消费形式上，向营养化与安全化的方便食品快速转变；并且食品加工高新技术在海洋食品加工中正得到快速推广和应用。

（1）机械化与智能化支撑海洋食品产业向规模化生产模式转变。海洋食品加工过程的机械化、智能化，是实现海洋食品规模化加工、保证产品品质、提高生产效率的必然选择。目前，欧、美等国家在水产食品加工与流通装备方面具有相当高的技术水平，主要体现在鱼、虾、贝类自动化处理机械和小包装制成品加工设备。如德国 BAADER 公司是世界上最先进的水产品加工设备生产企业之一，该公司 2008 年生产的鱼片细刺切割、鱼片整理和分段一体机，使鳕鱼片生产能力高达 40 片/分；并成功研制了从原条鱼开始到产出鱼片和鱼糜的鲇鱼成套加工流水线。加拿大 Sunwell 公司以开发浆冰设备而闻名，2006 年为日本提供了世界上第一套船用低盐度深冷浆冰系统。著名的瑞典 Arenco VMK 公司 2008 年开发的渔船用全自动鱼类处理系统能精确地去除鱼头和鱼尾，并采用真空系统抽空鱼的内脏，开片、去皮操作全自动且可调节。

（2）食品加工高新技术的运用使海洋食品的档次和质量不断提高。随着全球经济迅速发展和生活水平的不断提高，人们对加工食品的要求也越来越高，不仅要求营养、美味，还要方便、保健。在发达国家，生物技术、膜分离技术、微胶囊技术、超高压技术、无菌包装技术、气调包装技术、新型保鲜技术、微波能及微波技术、超微粉碎和真空技术等高新技术在海洋食品生产中得到了广泛的应用，使海洋食品原料的利用率不断提高，产品质量不断提高；并开发出多层次、多系列的海洋食品，满足了不同层次、不同品味消费群体的需求。

（3）海洋食品消费形式向营养化与安全化的方便食品转变。方便食品是在传统食品和现代科学技术基础上适应人们不断增长的需要应运而生的，它是适应食品科学化、加工专业化、生活社会化和食物构成营养化的食品发展趋势而发展起来的。目前，全球方便食品在整个食品工业中所占份额为13%左右，而中国仅为3%。在海洋食品产业中，冷冻调理食品、即食食品及中间素材食品等方便海洋食品的快速发展，不仅满足了人类生活方式改变的需要，还极大减少了传统消费习惯带来的废弃物排放。进入21世纪，全球经济发展将更为迅速，国际交流更加频繁，工作步伐更为快捷，生活水平和质量更加提高，休闲及旅游业更加兴旺。因此，对于味美、营养、安全、简便、快捷和价廉的方便食品的需求量，将会有极大的增长。

（4）海洋新食源、新药源与新材料的开发速度加快。随着陆地资源的日益减少，开发海洋、向海洋索取资源、开发新药源、新食源和新材料变得日益迫切。各国科学家期待从海洋生物及其代谢产物中开发出不同于陆生生物的具有特异、新颖、多样化化学结构的新物质，用于防治人们的常见病、多发病和疑难病症。鱼虾贝藻等加工副产物中含有各类功能活性因子，是开发海洋天然产物和海洋药物的低廉原料，合理利用水产加工副产物中丰富的活性物质，已经成为当代开发和利用海洋的主旋律。从海洋食品加工副产物或低值海产品提取制备功能性活性成分已成为提高企业市场竞争力、推动海洋食品产业健康持续发展的有力保证。

### 2. 世界海洋食品流通工程与科技的发展现状与主要特点

现代物流业是国民经济发展的动脉和基础产业，是降低生产和经营成本，转变经济增长方式和促进国民经济持续发展的重要因素。在经济全球化的推动下，资源配置已从一个工厂、一个地区、一个国家扩展到整个世界。国际物流通过现代运输手段和信息技术、网络技术，降低了物流成本，提高了物流效率，在国际贸易和全球资源配置中发挥着越来越大的作用。

目前，先进国家的海洋食品物流交易体系和监测技术体系已经从人工管理发展到智能化技术，监测指标已经从单一温度监测发展到多元参数监测，建模方法已经从简单信息分析走向综合系统建模。在传统标识技术基础上，开始研究建立集成无线传感网络、人工智能技术的智能化物流网络和海洋食品物流质量安全监测的综合系统。海洋食品物流体系是建立在冷链物流的基础上，冷链物流体系的建立是依靠科技创新提升冷链物流业的整体水平，技术创新体现在冷链物流的各个环节。

（1）在产品流通体系建设方面，积极采用GAP（良好农业规范）、GVP（良好兽医规范）等先进的管理规范，建立“从产品源头到餐桌”的一体化冷链物流体系，通过先进、快速的有害物质分析检测技术和原产地加工等手段，从源头上保证冷链物流的质量与安全。

（2）在贮藏技术装备方面，积极采用自动化冷库技术，包括贮藏技术自动化、高密度动力存储（HDDS）电子数据交换及库房管理系统应用，其贮藏保鲜期比普通冷藏延长1～2倍。

（3）在运输技术与装备方面，先后由公路、铁路和水路冷藏运输发展到冷藏集装箱多式联运，而节能和环保是运输技术与装备发展的主要方向。欧洲于20世纪70年代开始实行冷藏集装箱与铁路冷藏车的配套使用，克服了铁路运输不能进行“门到门”服务的缺点；加拿大最大的第三方物流企业Thomson Group除具有容量大、自动化程度高的冷藏设施外，还拥有目前世界上最先进的强制供电器（PTO）驱动、自动控温与记录、卫星监控的“三段式”冷藏运输车，可同时运送3种不同温度要求的货物。

（4）在信息技术方面，通过建立电子虚拟的海洋食品冷链物流供应链管理系统，对各种货物进行跟踪、对冷藏车的使用进行动态监控，同时将各地需求信息和连锁经营网络联结起来，确保物流信息快速可靠的传递，并通过强大的质量控制信息网络将质量控制环节扩大到流通和追溯领域。荷兰作为食品物流的典型代表，在发展海洋食品物流过程中，注意优化供应链流程，减少中间程序，实现物流增值。通过利用收集、鲜储、包装等程序标准化生产，将来自全国，乃至欧盟各地的产品集散到世界各国。同时，注重发展电子商务，信息化程度较高。产品销售有先进的拍卖系统、订货系统，可以通过电子化食品物流配送中心向全球许多国家的消费者提供服务。

（5）在绿色物流体系建设方面，发达国家的政府通过制定政策法规，在宏观上对绿色物流进行管理和控制，尤其是控制物流活动的污染发生源。物流活动的污染发生源主要表现在：运输工具的废气排放污染空气，流通加工的废水排放污染水质，一次性包装的丢弃污染环境，等等。因此，他们制定了诸如污染发生源、限制交通量、控制交通流等的相关政策和法规。这些政策和法规都是国家强制性执行的规定，而强大的海洋食品质量控制信息网络则是执行这些政策和法规的有效平台。国外的环保法规种类很多，有些规定相当具体、严厉，国际标准化组织制定的最新国际环境标志也已经颁布执行。

## 二、面向2030年世界海洋食品质量安全与加工工程技术的发展趋势

### （一）面向2030年世界海洋食品质量安全工程与科技的发展趋势

#### 1. 风险评估方法更加科学有效

积极加强食源性疾病的全程检测体系建设，在全球范围内搜集食源性疾病和食品中有毒化学物质和致病菌污染资料，建立危险性因素的基础数据库和危险预警系统。正逐渐改进危险性评价的方法，创建新的评价新技术、新产品安全性的方法，如采用更新更快的风险评估方法来分析高通量毒理检测中得出的批量数据，将使我们能对成千上万种商业化学品和环境污染物进行实质有效的评估；基于生物学的模型和基于体外测试计算的高通量毒理检测将逐步代替动物检测；风险评估正被扩展到用于阐述更为广泛的环境问题；新型健康问题和不寻常的剂量反映关系正引起越来越多的注意。

#### 2. 检测技术日益趋向快速化、智能化和便携化

发达国家对食品安全卫生控制呈现两个明显的趋势，一是这些安全卫生指标限量值的逐步降低，并出现了诸如二噁英等污染物的超痕量指标；二是检测技术日益趋向于高技术化、高通量化、速测化和便携化。前者对检测技术提出了更高的要求，后者为前者的实现提供了保证。智能化芯片和高速电子器件与检测器的使用，使检测速度不断加快；高效分离手段、各种化学和生物选择性传感器的使用，使在复杂混合体中直接进行污染物选择性测定成为可能；微电子技术、生物传感器、智能制造技术的应用，使检测仪器向小型化、便携化方向发展，实时、现场、动态、快速检测成为现实。

#### 3. 食品安全监管体制趋于统一

食品安全涉及种植、养殖、生产、加工、贮存、运输、销售、消费等

社会化大生产的诸多环节。为提高食品安全监管的效率，发达国家和地区食品安全监管体制逐步趋向于统一管理、协调、高效运作的架构，强调从“农田到餐桌”的全过程食品安全监控，形成政府、企业、科研机构、消费者共同参与的监管模式。在管理手段上，逐步采用“风险分析”作为食品安全监管的基本模式。欧、美食品安全监管集中体现出以下几项基本原则：统一管理原则；建立健全法律体系原则；实施风险管理原则；信息公开透明原则；从“农田到餐桌”全程控制和可追溯原则；责任主体限定原则；专家参与原则；充分发挥消费者作用原则；预防为主原则。

4. 食品安全追溯的强制性和统一性

从国际对食品安全管理体制的发展趋势看，各国将对食品安全实行强制性管理，要求企业必须建立产品追溯制度，这在某些发达国家已经开展实行，如2002年，美国国会通过了“生物反恐法案”，将食品安全提高到国家安全战略高度，到2006年年底所有与食品生产有关的企业必须建立产品质量追溯制度。欧盟强制性要求入盟国家对家畜和肉制品开发和流通实施追溯制度。此外，研究制定统一兼容、科学高效、扩展性强的物品编码标识技术方案，解决食品从农场到餐桌过程中面临的拳法统一协调编码标识的问题，为食品供应链的各个管理对象提供统一、兼容的编码和条码，从而实现生产、仓储、物流等各个环节对多个管理对象的编码标识追溯统一问题，从而实现供应链的全程可追溯。

5. 食品安全保障规则的法典化

在食品安全监管体制逐步统一化的进程中，各国政府逐步开始统一食品安全的各项保障规则，其显著标志就是食品安全法律和标准的法典化。法典化的根本目标在于基于共同的原则形成体系完整、价值和谐的科学体系，从而避免因制定机关过滥、制定层次过多而增加治理成本、降低治理效能。总体看来，许多国家已逐步将过去分散的食品安全法律规范予以编撰形成覆盖食品生产经营全过程的食品安全法典。此外，许多国家将食品安全标准列入食品安全法律中，称之为食品安全技术法规，具有强制性。另外，各国将加强对国际食品法典标准和发达国家食品安全标准的追踪研究，加快使本国标准变成国际标准。

## （二）面向2030年的世界海洋食品加工流通工程与科技的发展趋势

### 1. 海洋食品资源将基本实现“全鱼利用”

据联合国粮农组织预测，到2030年，世界人口将达到85亿。在世界传统捕鱼业已达到最高产量的现实条件下，为了维持或增加目前的人均水产品消费水平，对养殖水产品的需求将达到8 500万吨。由于传统淡水资源的日益缺乏，养殖水产品产量的增加将主要依靠海水养殖产量的增加，这将对未来的海洋环境带来严峻的挑战。提高海洋食品利用率，实现水产品加工的零排放；开发渔用鱼粉替代品，减少鱼粉原料的消耗；降低海洋食品在流通过程的损耗等，是间接提高水产品人均实际占有量的重要途径。在这一方面，日本走在世界各国的前列。如日本早在1998年就实施了“全鱼利用计划”。目前，日本的全鱼利用率已达到97%～98%。

### 2. 海洋食品加工方式将以生物加工与机械加工为主

目前，半自动化的机械化加工是发达国家海洋食品加工的主要模式。随着全球老龄化进程的加快，能源资源的日益枯竭，全球劳动力资源和能源资源将处于快速减少的状态。以低能耗的全自动化生物加工与机械化加工方式代替传统的机械化与手工加工方式，形成低消耗、低排放和高效率的节约型增长方式，将成为海洋食品加工产业的必然选择。

### 3. 海洋食品加工基地将进一步向海上转移

与陆生食品原料不同，海洋食品原料收获后鲜度极易下降。原料鲜度的保持是生产高品质海洋食品的前提。为了缩短海洋食品原料收获后的加工时间，欧、美、日等海洋食品发达国家已建立了一批万吨级海上加工船。如在海上加工船上，利用狭鳕加工高品质冷冻鱼糜，利用鳀鱼加工高品质鱼粉，利用南极磷虾加工南极磷虾系列产品等。随着对海洋食品品质与安全要求的不断提高，以及南极磷虾等远洋渔业资源加工需求的增加，海上一线化保鲜与加工技术及装备将得到快速发展。目前，国内已有浙江华盛、海南宝沙渔业有限公司等海洋食品加工企业通过购买或改造国外大型海上加工船用于海上食品加工，走出了我国海洋食品海上加工的重要一步。

### 4. 海洋食品物流体系的全球化程度进一步提高

随着全球经济一体化进程的日益加快，海洋食品资源在全球范围内的流动和配置大大加强。随着海洋食品物流体系的进一步发展，信息因素对海洋食品物流体系的功能发挥将越来越重要，建立高效、通畅、可控制的全球化海洋食品流通体系，减少流通环节、节约流通费用，以适应在经济全球化背景下“物流无国界”的发展趋势。因此，信息优势成为海洋食品物流体系必须具备的首要优势。实时的业务信息交流、完备的海洋食品物流企业数据库等，都将成为海洋食品批发市场整合物流资源的竞争优势。

#### 5. 海洋食品物流系统的网络化进一步加强

现代国际物流在信息系统和网络系统的共同支撑下，借助于各种储藏和物流设施的帮助，形成了一个纵横交错、四通八达的物流网络，使国际物流覆盖面不断扩大，规模经济效益更加明显。使国际物流可以实现跨国界、跨区域的信息共享，物流信息的传递更加方便、快捷、准确，加强了整个物流系统的信息连接。通过海洋食品物流基础设施建设，将物流与信息技术、电子商务等融合，达到海洋食品物流运作的集约化、规模化和网络化，建立海洋生物资源生产、加工、流通和消费为一体的共享平台。

#### 6. 海洋食品物流装备的系统化进一步成熟

为了提高物流的便捷化，当前世界各国都在研发先进的物流技术，开发先进的物流装备，实现高度的物流集成化和便利化，进而诱发新的研究开发投资，形成良性循环。总之，融合了信息技术与交通运输现代化手段的国际物流，对世界经济运行将继续产生积极的影响。

#### 7. 海洋食品物流系统的协同化进一步完善

在市场需求瞬息万变和竞争环境日益激烈的情况下，物流在企业和整个系统必须具有更快的响应速度和协同配合的能力，全面跟踪和监控需求的过程，及时、准确、优质地将产品和服务递交到客户手中。其内容是对物流各种功能、要素进行整合，使物流活动系统化、专业化，出现了专门从事物流服务活动的“第三方物流”企业。

## 三、国外经验（典型案例分析）

### （一）国际水产品质量安全风险评估案例

风险评估是维护我国水产品进出口贸易利益的重要技术手段，也是我国解决国际水产品贸易纠纷的重要依据。

以加拿大诉澳大利亚限制鲑鱼进口措施为例，1995 年 10 月 5 日，加拿大按照谅解备忘录（DSU）第 4 条第 4 款，向澳大利亚提出磋商请求，认为澳大利亚实施的限制鲑鱼进口措施违背关税及贸易总协定规定，损害了加拿大的贸易利益，澳大利亚接受磋商请求，双方于 1995 年举行会议，但没有达成一致意见。澳大利亚政府于 1996 年根据定性风险评估报告的结果，决定维持现行鲑鱼进口政策，禁止从北美太平洋进口未煮的、海洋捕捞的太平洋鲑科类产品。加拿大则于 1997 年 3 月向 DSB 请求成立专家组审理本案。结果在 2000 年 DSB 会议上，专家组报告获得通过，认为澳大利亚损害了加拿大国家贸易利益，要求澳大利亚遵守 DSU 和 SPS 协议下的规定。

案例给我们的启示，整个争端解决过程耗时 5 年，澳大利亚充分利用风险评估的技术手段，为其国内鲑鱼生产、加工业赢得了较长的调整时间，保护了其国内的鲑鱼产业；反观之，加拿大也是在风险评估的基础上，指出澳大利亚的定性风险评估和限制措施的不合理性，最终突破了澳大利亚对鲑鱼的进口限制。

### （二）欧盟食品饲料快速预警系统（RASFF）案例

人们在解决重大食品安全问题的过程中逐渐认识到，预防和控制远远强于事后的处理，因此将风险预警相关理论引到食品安全研究中来，建立高效、动态的食品安全风险预警系统，加强食品质量安全监管力度，及时发现隐患，防止大规模的食物中毒，并尽快寻找可行的途径对食品安全问题的控制与管理，是一项十分紧迫的任务。

对于食品安全的预警，目前世界上开展最好的是欧盟实施的食品饲料快速预警系统（RASFF）通报，可细分为 3 类，即预警通报、信息通报和禁止入境通报。预警通报是当市场上销售的食品或饲料存在危害或要求立即采取行动时发出的。预警通报是成员国检查出问题并已经采取相关措施（如退回/召回）后发出的。信息通报是指市场上销售的食品或饲料的危害已经确定，但是其他成员国还没有立即采取措施，因为产品尚未到达他们的市场或已不在市场上出售或产品存在的危害程度不需要立即采取措施而发出的通报。禁止入境通报主要是关于对人体健康存在危害、在欧盟（和欧洲经济区）边境外已经检测并被拒绝入境的食品或饲料而发出的通报。通报被派发给所有欧洲经济区的边境站，以便加强控制，确保这些禁止入境的产品不会通过其他边境站重复进入欧盟。RASFF 系统的建设非常强调食品安全风险的有效预防和遏制，强调促进消费者信心的恢复。它的涉及范围广泛，几乎涵盖了食品产业的全过程，其监测不仅仅局限于人们平时狭义上所指的食品，由于饲料原料来源和加工等对食品安全具有不可回避的潜在风险，也明确将饲料纳入其安全管理的范畴。该系统运转后，发出了大量的预警通报和信息通报，有效地对食品和饲料安全进行了监测和预警。2012 年欧盟 RASFF 通报总数为 8 797 批。

RASFF 对我国海洋食品的发展具有一定的启示作用，尤其以下 3 个方面值得深入关注和研究：一是在建设海洋食品安全风险监测预警和控制体系的过程中，要加强海洋食品安全产业链的综合管理，强调质量安全的系统性和协调性，对产业链的所有过程都应予以关注；二是将风险的概念引入管理领域，强调以预防为主的重要性，通过监测和风险评估发现问题，适时发出预警并采取有效的控制方法，实现风险管理；三是依法保证科学分析与信息交流咨询体系的建设并保持独立性，提高信息搜索的客观性、准确性，保证决策程序的透明性和有效性。

### （三）挪威海洋食品完善的可追溯系统案例

可追溯系统指的是通过最终产品携带的信息可以追溯到产品的源头——水产养殖场或海上捕捞区域。挪威是最早将溯源系统应用到食品链管理的国家之一。无论是养殖环节，还是加工环节，当鱼品从前一个环节进入下一个环节时，相关信息亦会随之传递。在种苗阶段，不同亲鱼均在尾鳍上附有特殊的标志，以便加以区分，幼苗分别放养，当鱼苗批发进入养殖场时，这些亲鱼的有关信息亦会被传递过去，保证可以回溯。在进入加工环节时，加工厂在接受原料的时候会检查相关信息，并将养殖场的有关情况登录在案。加工厂在产品出厂时，产品标签的内容非常丰富，主要包括以下内容：①鱼品的有关情况，品种、质量、数量、等级（优级品和常规品）、包装日期、第一次冷冻时间、加工方式等；②发往国家、欧盟协议成员 EFTA、挪威产地 N 和出口港的标志；③养殖场的编号；④挪威 NFSA 给企业的注册编号；⑤外国进口商要求加贴的其他标志。丰富的标签信息是保证产品可追溯性的重要措施。

### （四）美国水产品安全控制和质量保证案例

美国国家贝类卫生计划（National Shellfish Sanitation Program，NSSP）

是1925年美国公共健康服务部门（U. S. Public Health Service）为控制因消费生食贝类引发的疾病建立起来的，逐步制定和完善并最终形成了目前美国各州共同遵守的NSSP。目前，NSSP是由美国食品和药品管理局（FDA）以及州际贝类卫生委员会（Interstates Shellfish Sanitation Conference，ISSC）所认可的对生产和销售供人类消费的贝类进行卫生控制方面的联邦、州合作计划。目的是通过联邦与州之间的合作和各州贝类计划的一致性来提高改善在各州流通的贝类卫生。

参加NSSP的有贝类生产州和非生产州的机构、FDA、EPA、NOAA和贝类企业。根据与FDA之间的国际协议，国外政府也可以参加NSSP。为了能使HACCP与NSSP有机结合，使之具有可操作性，1997年和2004年美国ISSC/FDA两次对NSSP进行修订，增加了应用HACCP原理对贝类生产过程中的危害进行控制的内容，并为各类贝类产品生产过程中可能存在的关键控制点及其关键限值提供指南。NSSP已经从贝类安全的科研角度，转化为美国的贝类食品安全控制法律法规。

### （五）日本海洋食品消费的变动与启示

日本水产品种类丰富、产量大，人均占有量和实际消费量均居世界前列。作为动物蛋白的主要来源，水产品在日本人的食品消费中占据重要地位。对水产品的消费偏好成就了日本独有的“食鱼”文化，也促使日本成为水产品的生产、消费和贸易大国。第二次世界大战后至今的60多年里，随着其经济的快速崛起，食品消费结构和海洋食品消费在不同时期有着不同的特点。

#### 1. 日本食品消费结构的变化

第二次世界大战后，日本经济迅速恢复，走上高速发展的轨道。随着经济发展与人民生活水平的提高，日本国民的食品消费水平也经历了不同的变化阶段。战后初期，日本经济遭受重创，国民生活贫困，食品消费在居民消费支出中占的比重很大。到20世纪70年代末，衡量富裕程度的恩格尔系数已由战后初期的60%下降到30%左右，之后持续下降，并长期稳定在23%左右，表明日本已基本解决温饱问题，食品消费的比重有所降低。80年代初，日本经济进入高速增长期，这也是日本食品消费变化最大的阶段，包括饮食形式的欧美化，食物内容的多样化，食品容量的小型化，食品的深加工化，就餐方式的外部化及方便化，由追求数量转为注重就餐方式的外部化及方便化，由追求数量转为注重质量等。90 年代，经历了泡沫经济的阵痛后，日本国民的消费理念日趋成熟，食品消费更加趋向多元化与差异化。

2. 海洋食品消费的变化

随着国民生活方式及食物需求的变化，日本海洋食品消费水平呈现出先增后减的特点，海洋食品消费模式也发生着巨大的变化，主要体现在以下几个方面。

（1）地域差异消失。日本海洋食品消费曾经具有明显的地域特征，北海道、东北和近畿地区的海洋食品消费量最大，包括冲绳在内的南九州地区、四国地区、关东、甲信越地区的消费量相对较小，呈现“东部高西部低”的态势。原因在于东北部是日本海洋食品的主要产区，海洋食品流通量大，价格相对较低，因此消费量高于其他地区。近几年由于流通渠道逐步畅通，国内紧缺品种进口增加等因素的影响，水产品消费数量的地区差异逐渐消失，但各地区的主要消费品种仍有所不同。

（2）不同年龄和收入阶层差异凸显。从各年龄段对海洋食品消费水平的纵向比较看，家庭海洋食品消费量随户主年龄的递增而增加，而且不同年龄阶层对品种的偏好有所不同。

（3）消费品种结构多样化。日本家庭对不同海洋食品品种的偏好随时间推移有所变化。1965 年，日本家庭购买最多的品种依次是竹荚鱼、鱿鱼、鲭鱼等低档水产品，而到了 1999 年，这 3 个品种的消费量已经减少到 14%，取而代之的是金枪鱼、鲑鱼、虾、蟹等中高级水产品。

（4）消费形态多样化。20 世纪 50—60 年代，日本消费者购买最多的鱼类产品依次是鲜活鱼类、鱼类加工产品和冷冻鱼类。随后鲜活鱼类消费量减少，冷冻鱼类增加，到 80 年代末期，购买最多的鱼类产品变为冷冻鱼类，其次是鱼类加工产品。自 90 年代开始，鲜活鱼类的消费比例上升，冷冻鱼类和鱼类加工产品的消费量略有下降，消费者购买最多的是鲜活鱼、贝类，其次是鱼类加工产品。过去日本家庭购买的鱼类多带有头尾，而现在出于方便的考虑，普遍要求去掉内脏和鱼骨等废弃物，因此鱼块、生鱼片、干鱼及中间素材食品等半制成品更受消费者青睐。

（5）购买渠道的变化。20 世纪 60—70 年代，日本消费者主要从零售商店购买海洋食品，而80年代后，超市成为主要的购买渠道，如今50%以上的消费者都通过超市购买海洋食品，特别是进口品种。而超市销售的海洋食品主要是半制成品，这也带动了鱼块、生鱼片消费量的增长。

### （六）美国海洋食品物流的发展经验

美国是世界著名的海洋食品大国之一，海洋食品在其国民经济中占有一定的地位，海洋食品产量居世界第五位，是世界第四大海洋食品出口国，同时也是世界第二大海洋食品进口国。在最为先进和完善的物流理论指导下，美国拥有一个庞大、通畅、复合、高效的海洋食品物流体系。

过去，美国水产品交易以批发市场为主导，众多的经销商将水产品销售给众多批发买家。进入20世纪90年代，随着美国经济技术的发展，一方面美国的捕捞企业、家庭养殖专业户和水产品加工企业规模大，实行机械化作业、企业化经营，形成了一种大生产的格局；另一方面零售连锁经营网络和超级市场的发展使零售商规模和势力不断扩大，要求货源稳定、供货及时、企业间长期合作。目前，美国的水产品80%以上由生产企业绕过批发市场直接销售给零售商，采用产地直销的大流通形式，大型零售商是供应链的核心企业，它们建立了供应链信息管理平台和水产品加工配送中心，发展自行配送，实际开展批发活动，直接从供应商处采购并安排运输到配送仓库。美国水产品批发商曾经是水产品流通中的主角，但目前经由水产品批发市场流通的水产品只占20%左右。

美国水产品企业之所以能够迅速从传统经营管理模式转变为供应链管理模式，主要是因为得到了政府的大力支持。美国国家渔业信息网络非常发达。美国国家渔业信息网络建设指全国性的、基于互联网的、统一的渔业信息系统（The Fisheries Information System，FIS）的构建。通过FIS建立的高效信息管理系统，提供美国渔业准确、有效、及时、全面的数据信息，回答何人、何时、何地、做何事、如何做等问题，为决策者制定渔业政策和进行管理决策提供依据，为科研人员提供数据资料，为从业人员提供信息服务。目前，FIS主要承担四大功能，即收集渔业数据、提供信息产品和服务、与合作伙伴共享信息、为制定政策法规提供决策依据等。

FIS建设需要庞大的经费支撑，通过国家财政拨款，以项目建设的方式专款专用，正式建成运转后，每年仍获得国家财政支持，2004—2011年间，财政预算投入将高达3亿多美元。

### （七）日本水产品物流发展的经验

日本物流发展十分迅速，这与政府确立海运立国战略和对物流业的宏观政策引导有着直接的关系。为了扶持物流产业的发展，日本采取了一些宏观政策导向，从本国国情出发，大力进行本国物流现代化建设，在大中城市、港口、主要公路枢纽都对物流设施用地进行了合理规划，在全国范围内开展了包括高速公路网、新干线铁路运输网、沿海港湾设施、航空枢纽港、流通聚集地在内的各种基础设施建设。这为本国农产品的输出和输入奠定了良好的基础。

日本水产品批发市场的开设实行严格的审批制度，中央批发市场、地方批发市场以及其他批发市场的建立须根据《批发市场法》和各种条例进行建设。市场开设者主要是地方公共团体、株式会社、鱼协等。为了使市场内物流顺畅高效，批发市场配备有完善的保鲜、保活、冷藏、冻藏、配送、加工等设施，并灵活运用计算机信息处理技术，已实际演化成水产品物流中心，物流功能强大，吸引了大型连锁超市进场和批发商共同参与买卖。日本的水产品配送中心大都建有低温和常温仓库、包装加工设施等，开展电子商务配送，加工、小包装分解、分等分级、配套备货等业务。

水产品批发市场中最主要的产地供货团体是渔协，各大、中、小城市都由渔协直接参加或组织的水产品批发市场，且相当活跃。水产品生产总量的80% ~90%是经由批发市场后与消费者见面的。渔协利用自己组织的系统，以及拥有保鲜、加工、包装、运输、信息网络等现代化的优势，将水产品集中起来，进行统一销售，担当了生产者与批发商之间的产地中介。渔民、渔协和批发商三者之间的委托代理销售关系是一种以高度信赖为基础的服务与被服务的关系。

日本水产品批发市场已经发展得相当成熟，水产品从生产开始直到消费者手中，通过批发市场的中心环节，形成了一套严密的运作体系，使水产品的流通高效快捷。日本水产品批发市场大致可分为两类，一类是中央批发市场，一般分布在都道府县（相当于省级）级城市，市场开办者必须是地方公共团体，并需经农林水产大臣许可；另一类是地方批发市场，一般分布在产区或中小城市，市场开办者可以是各种团体或企业，需经都道府县知事的认可。在日本水产品批发市场内，拍卖是批发市场最重要的交易活动，绝大部分鲜活水产品由批发商通过拍卖销售给中间批发商或其他买卖参加者，只有个别特定品种的商品才进行对手交易。组织和进行拍卖的基本程序包括：集货、理货、看样、拍卖、交割。日本水产品批发市场发展过程中有两个方面值得特别关注：①渔协在水产品流通中的作用。渔协是组织水产品进入流通领域的关键组织，极大地增强了渔民作为卖方的讨价还价能力，保护了渔民的利益。②日本政府在促进批发市场发展中所做出的努力。日本政府对水产品批发市场发展也起到了十分重要的促进作用，主要通过建立健全相关的管理法规及条令来体现。对水产品批发市场的开设、规划、运营、监督、审议等方面都做了具体规定。这些法规条令使批发市场交易活动更为公开、公正、公平，促使日本水产品批发市场真正走上了规范化发展轨道。

# 第四章　我国海洋食品质量安全与加工工程技术存在的问题

## 一、我国海洋食品质量安全工程与科技存在的问题

### （一）学科发展及技术存在的问题

综合近年我国水产品质量安全性领域研究的现状，本学科的发展与其他学科相比仍然有显著差距。

#### 1. 研究基础薄弱，创新能力不足

（1）研究基础薄弱，缺乏与相关学科的交叉融合。水产品质量安全是一个新兴交叉学科，涉及养殖、病害、环境、加工、卫生、预防医学等各个学科，比其他学科的交叉性更强，而从事质量安全学科的科研主力均为质检人员出身，整体来看水产品质量安全科研基础较为薄弱，相关设施、资料、人员等科研资源不足而且缺乏有效的整合，质检部门检测工作量大，没有多余的时间开展基础研究；与其他学科相比，不论是经费还是成果均有相当大的差距。

（2）创新性研究和关键共性科学问题的突破能力不强。尽管部分领域的研究工作已经达到国际先进水平，但是从整体来看，无论是基础研究还是技术开发，仍然与国际先进水平存在显著差距，突出的一点即为跟踪研究多，集成创新多，原始创新少，研究思路和研究工作的探索性、新颖性不足，尤其在关键的新设备、新方法和新材料方面，缺乏具有自主知识产权的高水平成果。

#### 2. 研究工作仍然存在明显的空白点和薄弱环节

（1）风险分析的研究应用与发达国家存在较大差距。与发达国家相比，我国的食品安全风险评估研究与应用尚处于起步阶段，农产品质量安全风险评估体系还没有完全构建，风险评估管理机构和实验站点有待建立，专

家委员会的风险分析、决策咨询作用有待充分发挥，风险来源越来越广而研究储备相对不足：①海洋产品种类多、生产周期长、产业链条长、生产主体分散、生产开放度高、影响因素复杂，产地环境、生产过程、采后处理等各环节都有可能引入风险。加之当前诚信体系尚未充分建立，非法添加难以避免，进一步增加了海洋产品质量安全风险的不确定性。②风险评估工作专业性强、评估周期长，需进行大范围调查、验证、分析。目前我国相关研究基础还很薄弱，在标准规范、基础数据、专业人员等方面存在诸多不足。与发达国家相比，我国风险评估技术水平差距还比较大，符合我国特点的风险指数评价方法和指标体系还有待开发。③对不断涌现的新海洋食品及食品原料的安全性，以及新涌现的生物、物理、化学因素和食品加工技术对海洋食品安全的影响和危害，尚没有开展科学风险评估。④我国现有的暴露评估数据，项目少，数据不连续，覆盖的地区较少，生物学标志物的研究薄弱。在源头污染资料方面缺乏产地环境安全性资料和产地档案数据库，海洋食品中兽药残留、生物毒素及其他持久性化学物的污染状况缺乏长期、系统的检测资料。

（2）食品质量安全检测技术面临三大问题：①残留物的提取净化技术发展缓慢。我国所采用的一些海洋食品安全检测的方法和仪器存在样品前处理复杂、耗时、低通量问题，难以实现快速、简捷、高通量，甚至现场检测。海洋食品中不同残留物的提取和净化条件存在显著差异，建立有效的残留物提取净化技术是影响最终检测结果准确与否的关键。②我国现有的检测方法不够完整。多残留检测方法少，快速检测技术不成熟，缺少痕量分析和超痕量分析等高技术检测手段；尤其对一些新型危害物的检测技术尚存在空白或不够完善，不能满足海洋食品安全控制的需要。而随着国内外要求的不断提高，纳入监测范围的危害种类大幅增加，对于检测灵敏度、准确度和精密度等主要技术指标的要求也愈加严格；加之设备昂贵、前处理复杂繁琐等原因，无论是企业自检还是执法检测，都面临着前所未有的压力。③我国现有的技术标准内容落后，技术标准的更新缓慢，先进的检测方法缺少必要的标准支持。

（3）危害物质的蓄积及残留规律研究明显欠缺：①缺少渔药尤其是禁用药物在养殖动物体内蓄积和残留规律等基础数据。由于多年来一直存在不需要进行禁用药物残留研究的误区，因此没有掌握禁用药物在不同养殖动物体的残留水平和持续时间，无法预测引起药物残留的途径和具体环节，对药残超标的产品无法进行合理处置，使管理者在决策中缺乏科学依据，不能抓住监管和执法的重点。②缺乏药物代谢和残留的代表实验动物及合理的预测模型。由于我国水产药物种类及水产养殖品种繁多，加之养殖新品种也不断涌现，两方面的因素叠加后，对药物代谢和残留等药理学研究的需求成倍增长，因此，筛选药物代谢和残留代表动物，建立科学合理的评估模型来预测药物在动物体内的代谢、残留过程，可以减少海量的药理试验，大大提高科研服务于产业的效率。③缺乏重金属、毒素及有机污染物等危害物的转归规律研究。摸清污染现状及变化趋势，实施重点海域持续的风险监测是发达国家的主要做法，虽然我国海洋环境监测部门已经开展了相关的工作，但监测更多地倾向于海洋环境中的污染，对于产品中的污染状况则缺乏系统监测资料，同时，对于这些危害物质是如何在环境和产品中转归的研究还非常缺乏，对重金属不同的赋存形态和不同形态之间的相互转化规律则缺乏相关的研究。

（4）食品质量安全控制存在三大缺陷：①缺乏全程的质量安全控制管理体系。许多养殖和加工企业没有建立质量安全控制体系，现行许多管理标准可操作性不强。2009 年，据不完全统计，我国通过 HACCP 质量控制体系认证的海洋食品加工企业仅 500 余家，占 6.4%，通过欧盟认证的企业 196 家，占 2.5%，数量明显偏低。②缺乏海洋食品指纹化合物的基本信息数据库。指纹化合物是标示海洋食品种类的特征性化合物，也是进行质量鉴别鉴定的关键，其提取、鉴定需要大量的研究基础，真正应用于海洋食品指纹化合物的研究还极少。③缺乏有效的鉴别鉴定技术，尤其是无损鉴别鉴定技术。近年来，虽然红外光谱等无损检测技术已经开始应用于食品行业，但多以检测食品中的加工异杂物为主，真正应用于海洋食品指纹化合物的研究还极少。

## （二）科研机构及队伍体系存在的问题

### 1. 科研人员整体素质有待进一步提高

由于水产品质量安全学科形成较晚，水产品质量安全的科研工作均由从事水产品质量安全检测的人员兼顾，科研基础和能力普遍较弱，从人员结构上来看，年轻人较多，能够把握学科前沿、提出新的研究思路，开展原创性研究，掌握交叉型学科的高水平领军人才严重不足，尚未形成一支思想活跃、年龄结构合理、专业基本技能扎实、勇于攻关和创新的人才梯队。

#### 2. 对外交流与合作欠缺

从事海洋食品质量安全研发的科研人员参与农业、工商、质检等系统举办的技术交流活动仍不活跃，跟踪国际前沿检测技术工作进展缓慢，少有单位参与国际水平的实验室能力验证考核，与技术领先的国际科研机构建立长期学习和合作的意识缺乏，技术交流缺乏主动性。

### （三）法律法规和标准体系存在的问题

#### 1. 农产品质量安全风险防范预警法律法规不够完善

《农产品质量安全法》对生产各环节的规定比较原则、不够具体，即使有规章也未覆盖所有可能发生农产品质量安全风险的环节，例如农产品初加工、运输、储存等环节还缺乏详细规定。保障农产品质量安全风险监测、评估预警有效实施的规章制度还未建立健全。另外，对社会监督和公众参与还没有详细规定，对媒体舆论监督缺乏引导和规范。

#### 2. 标准研究、制定及实施机制尚未健全

由于质量安全标准缺乏深入的基础性研究，导致某些重要指标的确定宽严失当，影响了标准的科学性和权威性。目前海洋农业标准体系还不能满足海洋食品质量安全管理要求，特别是主导品种的标准还没有覆盖养殖生产的各个环节。由于标准化生产的监督管理缺乏有效的激励措施，导致生产者使用标准的积极性和主动性不高，标准的实施和推广工作需要进一步加强。

### （四）监管技术体系及生产层面的质量安全保障能力存在的问题

#### 1. 风险分析体系存在三大问题

（1）指导海洋食品质量安全风险分析工作的法律法规尚不健全，没有形成系统的明确的风险评估和分析制度，并由此导致我国的海洋食品安全限量标准更新速度较慢，对部分污染物在食品中的残留情况未开展及时连续的风险评估，风险分析在食品安全标准制定和技术贸易壁垒中的应用研究也比较薄弱。

（2）风险分析各环节隶属于不同的系统和部门，难以及时完成科学、全面、具有前瞻性的风险评估工作。加之技术手段和专家资源都集中在国家级业务机构中，因此出现了不同地区“闭门评估”、不同部门“分段评估”导致方法不统一、结果不相同等混乱局面。

（3）对海洋食品质量安全的风险评估能力较低。样本量小，检测手段有限、技术缺乏、设备不足、技术人员少，使相关数据少、数据不全，对于评价水平、评价结果有一定的影响。

### 2. 监测与预警体系存在两大难题

我国海洋食品质量安全危机事件频发的根本原因主要有两点：缺乏信息主动监测和统一管理机制、信息预报预警机制不完善。

由于我国并未对每种食品添加物都制定相应检测标准，以及基层定性检测及抽检手段相对落后，使得某些关键性的数据收集不到或者数据不准确。虽然各部门有一些监测和检测机构，做了大量监测和检测工作，但食品安全信息没能形成跨部门的统一收集分析体系，没有统一机构协调食品安全相关信息的通报、预报和处置，政府主管部门对潜伏的危机信息掌握不及时、不全面，导致在危机酝酿阶段政府监管部门无能为力。

海洋食品质量安全风险防范预警机制缺乏系统性。当前我国农产品包括海洋食品质量安全风险防范预警还未建立起系统有效的工作机制，风险防范预警职能定位和具体内容还不明确，工作所需的队伍体系还不完备。分头监管的多个部门间沟通协调不够，存在着农产品质量安全风险信息通报不及时、问题处理不彻底的情况，信息收集发布、监测、评估、预警、应急决策工作缺少统一流程及平台载体。国家对认证和获证后的无公害农产品、绿色食品已有预警应急规范，对未认证、分散经营农产品的风险预警和应急处置规范不够。

### 3. 检测体系存在六大结构问题

（1）质检机构分布不均衡，大多分布在经济较为发达的东部地区，中西部地区建设相对滞后，现行的多部委分段管理方式使得多个质检机构重复建设。

（2）基层质检机构力量薄弱，在一些面向广大市场急需的地（市）级和县级基层综合性水产品质检机构几乎是空白。

（3）基层养殖生产区水域环境监测机构不足，监测参数不全，监测频率不够，养殖水域环境监控工作难以正常开展。

（4）质检队伍过于年轻化，缺乏高、精、尖型技术人才，从事质检人员整体素质有待于进一步提高。

（5）各质检机构的检测能力、环境和设备条件参差不齐，部分参数的检测技术尚不能与国际接轨。

（6）缺少国家级渔药及水产品有毒有害物质残留基准实验室。

### 4. 评价体系自身存在三大问题

（1）少数生产主体责任意识不强，诚信自律不够，违规使用农业投入品，导致产品存在安全风险和隐患；无公害农产品和地理标志农产品用标率过低，绿色食品和有机食品超期、超范围用标问题相对突出。这尽管是少数生产主体的问题，但对整体的影响不容低估。

（2）个别工作机构存在行为不规范、制度不落实、审查不严格、检查走形式、监管不到位的现象，一定程度上纵容了生产者违法违规行为，增加了产品质量风险。

（3）监管能力和手段跟不上。近年来“三品一标”产品数量快速增长，产地范围不断扩大，监管任务越来越重，但现有的人员、经费和手段都明显不足，越来越不适应发展的需要。这些问题，如不及时采取措施加以防范和解决，极有可能出现质量安全问题，损害品牌形象。

### 5. 溯源技术体系建设存在三大困难

（1）缺乏统一要求，使得追溯管理整体推进难。从整个农产品追溯管理现状来看，不同部门、不同地区分头建设追溯体系，使得追溯体系面临参差不齐的现状，不利于政府部门的监管；生产企业在追溯系统建设过程中要面对不同标准、满足不同部门要求的现象；不同追溯体系具备不同查询平台和查询方式，这给消费查询带来不便等诸多困难。

（2）工作保障不足，使得追溯管理持续推进难。组织保障方面，追溯体系建设不仅包括平台建设和数据管理，还要涉及与相关部门协调，以及对企业的技术指导和监督管理等工作，很多地方追溯体系建设由于缺乏行政支撑、未明确专门机构、工作手段有限，部门协调难度大等原因，造成上述工作难以开展。制度保障方面，由于目前缺乏追溯管理相关法规，未对企业追溯管理做出硬性要求，大部分企业从资金、人力成本及收益等方面考虑，实施追溯管理动力不足。资金和人员保障方面，追溯体系建设、终端机布设、系统维护、信息录入更新、业务指导、真实性确认等都需要大量人力、物力做支撑，部分地区即便前期在项目支撑下建立追溯平台，后期维护管理工作也很难实施。

（3）水产品生产差异大，使得追溯管理全面推进难。各地追溯体系尽管首先选择条件相对较好的企业和便于开展追溯管理的品种进行试点，但不同企业管理水平、生产规模及生产环节等方面的差异，使得制定的标准规范难以全面落实；而且由于水产品生产过程复杂、投入品更新快，使得追溯基础信息量大、管理繁琐。在试点基础上，如何对生产分散、种类繁多的农产品全面推进追溯管理，有待进一步探索研究。

#### 6. 水产技术推广体系履职面临四大困难

水产技术推广体系建设起步较晚，基础薄弱，发展不平衡，在履行公益性职能中还面临诸多困难。①经费保障不足。水产技术推广工作经费投入不足，多数县乡财政仅能维持推广机构的人员经费。②设施条件落后。水产技术推广条件建设的投入总体较少，基层水产技术推广机构基本没有专项投入，试验示范基地建设严重滞后，设施条件与“五有站”要求仍存在较大的差距。③基层队伍不稳。基层水产技术推广人员待遇普遍较低，难以吸引优秀人才和大专院校毕业生到基层推广机构工作，基层推广机构人员断档和人员老化现象突出。④管理体制不顺。部分综合设置的农业技术推广机构没有设置专职渔技岗位，削弱了水产技术的服务能力，“管理在县、服务在乡”的模式落实有困难。国家水产技术推广机构与渔业科研教育机构、合作经济组织、龙头企业等社会力量的联合协作机制尚不健全。

#### 7. 生产层面体现的四大问题

我国农产品质量安全及管理工作基础差、起步较晚，广大农村农民组织化、规模化程度低，质量安全保障能力存在诸多缺陷，主要体现在以下几个方面：①从业人员知识文化水平较低，少数从业者和生产经营主体质量安全意识差，法律责任意识不强，诚信自律不够，违法添加禁用投入品等现象屡禁不止，导致产品质量安全风险和隐患。②生产经营主体较分散，组织化、规模化水平不高，造成生产过程控制科学化、标准化、规范化程度低，养殖户生产操作凭经验、靠模仿，对于质量安全风险的预警、控制能力弱。③生产者信息资源获取手段少、能力差。由于基层技术推广服务有待加强，科研和生产在一定程度上存在两张皮的现象，基层生产者尤其是养殖者缺少获取和掌握先进养殖技术、管理理念、生产规范、产品标准的手段，影响质量安全控制水平。④农产品生产与市场存在脱节问题，产、供、销未实现一体化，产品信息无法有效传递，农产品市场呈现柠檬市场的特点，难以实现产品优质优价，阻碍产品质量安全水平的提升。

## 二、我国海洋食品加工流通工程与科技面临的主要问题

### （一）我国海洋食品加工工程与科技发展面临的主要问题

经过近60年的发展，特别是经过“十五”时期的快速发展，我国海洋食品产业取得了突破性进展，已经形成冷冻冷藏、调味休闲品、鱼糜与鱼糜制品、干腌制品、罐头制品、海藻制品和海洋保健食品等几十个产业门类。但由于在海洋食品科技创新方面存在着诸多问题，使我海洋食品产业与世界海洋食品加工发达国家存在较大差距。

#### 1. 企业创新能力不足，缺乏带动产业发生重大变革的技术创新，产品增加值率低

世界发达国家十分重视对水产品精深加工基础理论的研究，并以重大理论与技术的突破带动产业的发展。如日本20世纪60年代的鱼肉蛋白质抗冷冻变性理论的突破，带动了冷冻鱼糜及鱼糜制品工业的快速发展；诞生于70年代的冰温技术，在日本国内已推广至海洋食品加工过程的冰温储藏、冰温成熟、冰温发酵、冰温干燥、冰温浓缩及冰温流通等多个领域，成为水产品加工领域的共性关键技术。国外大型水产品加工企业都有自己的技术中心，如日本水产株式会的中央水产研究所是国际上著名的水产品加工技术与质量安全控制技术研究所。

我国在海洋食品加工与保鲜的基础理论研究方面仍处于较低水平，大部分科学研究仍以跟踪研究为主，缺乏学科交叉。对我国海水养殖品种，特别是大宗养殖品种精深加工的理论与技术研究相对较少，造成目前海水养殖产品主要以鲜活形式流通和消费，缺少中间加工环节。国内多数企业对合作开发的认同度低，产、学、研、用体制不够完善，造成了科研机构

的研发能力难以发挥作用，对行业的科技贡献率低，水产加工品的增加值率低。据《中国渔业年鉴》的统计数据，2012 年我国水产渔业的平均增加值率为 45.69%，而水产品加工产业的增加值率为 34.94%，水产流通产业的增加值率仅为 32.15%，远低于水产渔业产业链其他环节的工业增加值率（表 2－4－2）。

**表 2－4－2　2012 年我国水产渔业产业链的工业增加值率**

| 指标 | 产值/亿元 | 增加值/亿元 | 增加值率/% |
| --- | --- | --- | --- |
| 渔业经济总产值 | 17 321.88 | 7 915.21 | 45.69 |
| 1. 渔业 | 9 048.75 | 5 077.95 | 56.12 |
| 海水养殖 | 2 264.54 | 1 308.18 | 57.77 |
| 淡水养殖 | 4 194.81 | 2 333.08 | 55.62 |
| 海洋捕捞 | 1 706.67 | 960.35 | 56.27 |
| 淡水捕捞 | 369.85 | 209.40 | 56.62 |
| 水产苗种 | 512.87 | 266.93 | 52.05 |
| 2. 渔业工业和建筑业 | 4 127.19 | 1 436.57 | 34.81 |
| 水产品加工 | 3 147.67 | 1 099.80 | 34.94 |
| 渔用机具制造 | 246.22 | 90.18 | 36.63 |
| 渔用饲料 | 447.50 | 139.86 | 31.25 |
| 渔用药物 | 11.66 | 3.97 | 34.05 |
| 建筑业 | 157.98 | 58.63 | 37.11 |
| 3. 渔业流通和服务业 | 4 145.94 | 1 400.70 | 33.79 |
| 水产流通 | 3 453.16 | 1 110.43 | 32.15 |
| 水产（仓储）运输 | 220.25 | 87.02 | 39.51 |
| 休闲渔业 | 297.88 | 131.40 | 44.11 |

资料来源：中国渔业统计年鉴，2013.

### 2. 传统海洋食品加工技术落后，海洋生物资源的高效利用率不够

我国水产品加工历史悠久，很多水产品以传统加工方式为主。传统水产品是我国居民食物消费的重要产品，也是我国食品行业主要出口产品之一。但传统的水产品加工中还存在加工模式落后、设施薄弱、产品单一、产品质量不高，相当多的企业和加工品，因加工工艺或技术装备等原因，

存在质量问题较多，导致水产品加工企业的整体效益不高等问题。

同时，传统海洋食品加工过程带来的大量副产物高效利用的整体效益不高。除鱼粉产业在养殖产业的推动下发展较快，以副产物开发蛋白肽、甲壳素等高效利用产业规模化程度较低，效益较差。

### 3. 机械化与智能化海洋食品加工装备研发速度慢，不能满足海洋食品加工业规模化发展的需要

发达国家的海洋食品加工已形成了完整的生产线，各工序衔接协调，实现了高度机械化和自动化。与发达国家相比，我国的水产品加工总体上还属于劳动密集型产业，机械化水平落后。总体表现为：通用机型多，特殊机械少；结构简单、技术含量低的产品多，高技术含量、高效率的产品少；主机多，辅机少。在产品性能上，主要表现为装备稳定性和可靠性差；生产能力低，能耗高。据中国水产科学研究院渔业机械仪器研究所徐皓研究员的测算，我国水产品加工企业冷冻水产品加工的平均用电量为350 千瓦·时/吨；冷冻鱼糜的平均用电量为38 千瓦·时/吨，鱼糜制品的平均用电量为29.5 千瓦·时/吨，蒸汽用量500 千克/吨；鱼粉加工的平均用电量为1.25 千瓦·时/吨，蒸汽用量2 000 千克/吨。均远远高于国外发达国家的水平。

除部分大、中型加工企业外，大部分中、小企业加工设备简单，仍以手工操作为主。我国至今仍没有一个专业加工机械制造厂，尚不具备鱼类加工所需要的去头、去内脏、去鳞、切鱼片、成型等专业机械的生产能力。目前，全行业有冷冻调理食品、鱼糜和鱼片生产数百条，烤鳗生产线50 余条，紫菜精加工生产线170 余条，干制品生产线100 余条，盐渍海带、裙带菜生产线50 余条。这些装备50%处于20 世纪80 年代世界先进水平，40%处于90 年代水平，只有不到10%达到目前世界先进水平。

## （二）我国海洋食品物流工程学科发展面临的主要问题

我国海洋食品现代物流产业正处于起步阶段，部分海洋食品批发市场开始物流配送和加工中心的建设，但物流规模较小，无论从加工量、加工品种和配送的辐射范围，都达不到真正意义上的物流配送。与发达国家相比，我国海洋食品流通产业仍处于粗放型发展阶段，网络布局不合理，城乡发展不均衡，集中度偏低，信息化、标准化、国际化程度不高，物流效

率低、成本高。

### 1. 冷链物流标准体系不健全，物流主体发育不良

规范冷链物流各环节市场主体行为的法律法规体系尚未建立。冷链物流各环节的设施、设备、温度控制和操作规范等方面缺少统一标准，冷链物流各环节的信息资源难以实现有效衔接；目前海洋食品批发市场等传统分销渠道是我国海洋食品流通的中心环节，第三方海洋食品冷链物流企业发展滞后，形成物流主体发育不良，不能承担起推动海洋食品现代物流快速发展的责任。

### 2. 冷链物流设备老化，自动化程度较低

现有的冷冻冷藏设施普遍陈旧老化，国有冷库中近一半已使用30年以上；承担全国70%以上海洋食品的大型批发市场、区域性配送中心等关键物流节点缺少冷冻冷藏设施；现有的物流冷库多以中、小型为主，制冷系统自动控制技术落后，能耗比低，冷库老化，“跑冷”严重，加之冷库多采用峰谷用电降温，温度控制波动大；专业化的冷冻冷藏车数量严重不足。车辆的制冷技术和工艺比较落后，缺乏规范式的保鲜冷链运输车厢和温度控制设施，运输过程保温措施往往不到位，产品温度波动大，尤其在夏天更为突出，无法为海洋食品的流通提供质量保障；产品出库后至销售环节在没满足规定低温控制的条件下滞留时间较长，形成“断链”而影响产品鲜度，这种现象十分普遍，也是导致产品质量下降的主要原因。

### 3. 海洋食品批发（配送中心）集散地布局不合理

我国有相当数量的海洋食品批发市场的冷库是建于计划经济时代。虽然许多经过多次改造和新建，但许多批发市场周边高楼林立，道路狭窄，影响货物的出入。然而，因土地所有权的关系，冷库需要扩建往往还在原址上进行，将造成交通更加堵塞。另外，我国超低温冷库已经形成青岛、烟台、大连为主要分布点，长江以南几乎没有一座大型的超低温冷库，为远洋渔业的开发带来一定影响。随着城际高速公路网的建立，原有批发市场集散基地的位置将需进一步调整。

### 4. 冷链物流的配套机制尚不成熟，缺乏先进的冷链物流相关软件

建立海洋食品冷链物流必须有相关配套的体制和机制，需要尽快建立和培育形成海洋食品冷链物流的龙头企业机制，渔户和加工业与流通业的

经营诚信监控机制，冷链物流体系信息网络资源共享和信息泄密风险机制，长三角、珠三角和环渤海经济圈这 3 个区域的海洋食品质量监督互认机制。国际先进的冷链物流相关软件是保证信息平台正常运行的核心内容。我国目前主要缺少 5 种软件：物流规划（交通）软件、仓储管理软件、物流配送系统、物流接口软件和冷链物流经营核算系统。

### 5. 海洋食品生产、加工、流通和消费为一体的网络平台尚处于培育期，增值服务水平较低

目前的物流主要是以货物代理、仓储、库存管理、搬运和定向性运输为主。冷链物流的第三方物流发展十分滞后，服务网络和信息系统不够健全，大大影响了冷链物流的在途质量、准确性和及时性，同时冷链物流的成本和商品损耗率很高。我国海洋食品物流企业的规模通常较小，现代信息技术应用和普及程度不高，信息化建设明显滞后，绝大多数企业尚不具备处理物流信息的能力。建立海洋食品冷链物流信息共享网络平台的关键问题是需要有一个培育过程，行业协会在网络平台上的主导影响和政府的监管职能，其具体的作为和高效率管理机制将起到决定性作用。

# 第五章 我国海洋食品质量安全与加工工程技术的发展战略和任务

## 一、战略定位与发展思路

### （一）战略定位

以提高海洋食品质量安全水平和增强海洋食品国际竞争力为目标，以海洋食品质量安全和加工流通工程的基础研究、高技术发展和产业化技术支撑研发为核心，开发优质、安全、营养、方便的海洋食品，构建涵盖海洋食品生产、加工、贮运、流通、销售全过程的冷链物流体系，建设符合我国国情的食品安全法规标准体系，为提高监管部门技术水平、生产者质量保障能力、消费者认知水平和政府公信力，提供强有力的技术支撑，确保食品生产和消费安全协调发展。

### （二）战略原则

基于我国海洋食品质量安全和加工流通的战略定位，海洋食品质量安全和加工流通工程与科技要考虑以下几个重要原则：①在工程及科技规划上坚持“突出重点与全面发展结合、近期安排与长远部署相结合、整体布局与分类实施结合”的统筹兼顾原则；②强调环境友好和资源节约与充分利用的原则，未来将全面开展海洋食品加工副产物的低能耗、零排放的生物加工技术研究，提升海洋食品原料的有效利用率；③食品供应全过程监管的原则，监管应该覆盖食品从“农田到餐桌”的整个食品链；④可追溯性原则，及时发现食品安全危害并实现召回；⑤行业和消费安全协调发展的原则，行业发展与确保消费安全及我国经济发展水平相适应。

### （三）发展思路

根据我国的社会经济发展水平、总体生活水平及科技发展水平对海洋食品安全供给的需求，以充分利用海洋食品优质蛋白、稀缺优质脂肪等重要营养要素强身健脑为重要指导思想，制定我国海洋食品质量安全与加工流通不同发展阶段的目标，提出主要任务、实施步骤和保障措施。在质量安全方面：紧紧围绕净化产地环境、保证投入品质量、规范生产行为、强化监测预警、严格市场准入等关键环节，通过健全食品安全法律法规体系、监管体制、标准体系、检测体系、认证体系、科研体系、信息服务体系以及建立应急机制等食品安全支撑体系，通过政府、产业界、消费者、媒体、教育和科研机构等有关各方密切配合、相互协作，采取多方面、多角度、多层次相互配套的措施，为建立和完善食品安全控制体系提供保障，建立“从农田到餐桌”的全程控制体系，确保食品安全。在加工流通方面：立足国内市场，拓展国际市场，以养殖海洋生物资源、品牌培育和初级、精深加工为支撑，打破传统产业、部门、地域的局限，建立信息共享平台，以标准化、信息化为前提，逐步建设形成国际化、区域性、中心城市（省会）、重点产销区、主要产品基地五级海洋食品生产、加工、贮藏、运输、配送、供应的海洋食品加工物流体系，建立完善的海洋食品从生产、收购、加工、包装、贮藏、运输、装卸、配送、分销和消费为一体的物流体系和信息网络共享平台。

## 二、战略目标

高度重视海洋食品安全，把其放在民生民权的重要位置，提高食品安全科技水平，突破食品安全中的科技“瓶颈”，建立公共开放的海洋食品风险监测预警体系，为科学监管提供技术支撑；推动海洋食品质量安全溯源体系建设；完善质量安全管理及保障控制技术体系；完善海洋食品质量安全管理制度；健全质量安全科研和质检体系队伍；建立完善的海洋食品质量安全突发事件应急机制，推动水产品产业持续健康发展。使海洋食品全产业链监管达到顺向可预警、逆向可追溯的目标。实现以重大关键技术突破提升我国海洋食品原料加工利用率和增值率；以新型营养、健康、方便食品开发带动消费模式转型；储备公海远海的南极磷虾、中上层鱼类等海洋食品新资源的加工利用技术；研发新潮食品形式，使绿色健康的消费方式成为主流。

### （一）2020年（进入海洋强国初级阶段）

以党的十八大确定的到2020年全面建成小康社会的总体目标为目标，在海洋食品质量安全领域：研发一系列现场快速检测仪器或试剂盒；建立海洋食品质量控制体系与装备，使海洋食品安全合格率稳定在98%以上；完成对重点新资源的食用安全风险评估；建立所有品种从养殖捕捞到餐桌生产全程可追溯技术与装备体系；继续强化海洋产品安全的法律法规体系的建设；全面建成覆盖省（自治区、直辖市）、地、县等三级的海洋食品质量安全监管技术体系。在海洋食品加工和流通领域：突破一批海洋食品保鲜与加工的关键技术和产业核心技术，研发出一批即食型即热型营养、方便、安全的海洋食品半成品，使海洋食品资源加工转化率达到70%以上；突破海洋食品流通过程品质动态监测跟踪与溯源控制、海洋食品物流包装与标准化技术等关键技术，初步建成布局合理、设施先进、上下游衔接、功能完善、管理规范、标准健全的海洋食品冷链物流服务体系。海洋食品冷链流通率提高到40%以上，冷藏运输率分别提高到70%左右，流通环节产品腐损率分别降至10%以下。

### （二）2030年（建设中等海洋强国）

提高国内食品安全标准和国际食品安全标准的协调性；全面建成覆盖国家、专业性和区域性等不同层面的农产品质量安全风险评估体系，强化风险分析能力，增强食品安全决策的科学性；全面建成海洋食品危害因子监测体系，对微生物、化学等潜在危害因子开展长期的跟踪检测，为预报预警提供技术支撑；建立一个现代化的监管体系，提高突发事件的应对能力，加强对海洋食品的监管；建立全国强制性的海洋食品质量安全的市场准入制度管理体系，基本消除掺假和经济欺诈；建成完备的质量安全监管和科研队伍。完成海洋农业产业结构调整，建立起以加工带动渔业发展的新型海洋农业产业发展模式，水产品加工企业基本实现机械化，使资源得以全部利用，研发出一大批功能食品、医药产品、饲料肥料等新产品，使之成为畜禽、粮油、果蔬、水产四大门类中最具有竞争力的产品；形成技术先进、特色鲜明、优质高效的海洋食品流通系统。海洋食品冷链流通率提高到45%以上，冷藏运输率提高到80%左右，流通环节产品腐损率降至4%以下。

### （三）2050年（建设世界海洋强国）

建立适合我国国情的从源头到餐桌的食品准入、检验、追溯、召回、退出的一整套安全法律制度；研发食品安全控制技术，严格海洋食品质量安全全程监控，实现海洋食品质量安全从养殖捕捞到餐桌全过程控制技术体系；将危害因子控制在可接受的水平，确保广大人民最大限度地远离食源性疾病侵害；加大海洋食品产地环境和生产过程的监管力度，建立完备的海洋食品安全风险监测网络和预警平台；实现对所有海洋食品生产经营者提出强制性的质量安全标识管理。实现海洋食品加工的机械化加工模式向生物加工模式转变，实现海洋生物资源加工的零排放，家庭烹饪、食用海鲜后零餐厨垃圾的目标。研究与完善海洋食品物流体系的高新核心技术及共性关键技术，发展智能化冷链物流，实现专业突出、辐射力强、流动顺畅、功能完备、竞争力强、覆盖面广、技术先进、特色鲜明、使用方便、优质高效的海洋食品联通物流网络系统。

图2－4－5显示出我国海洋食品质量安全与加工流通发展趋势与国际发展水平的比较。

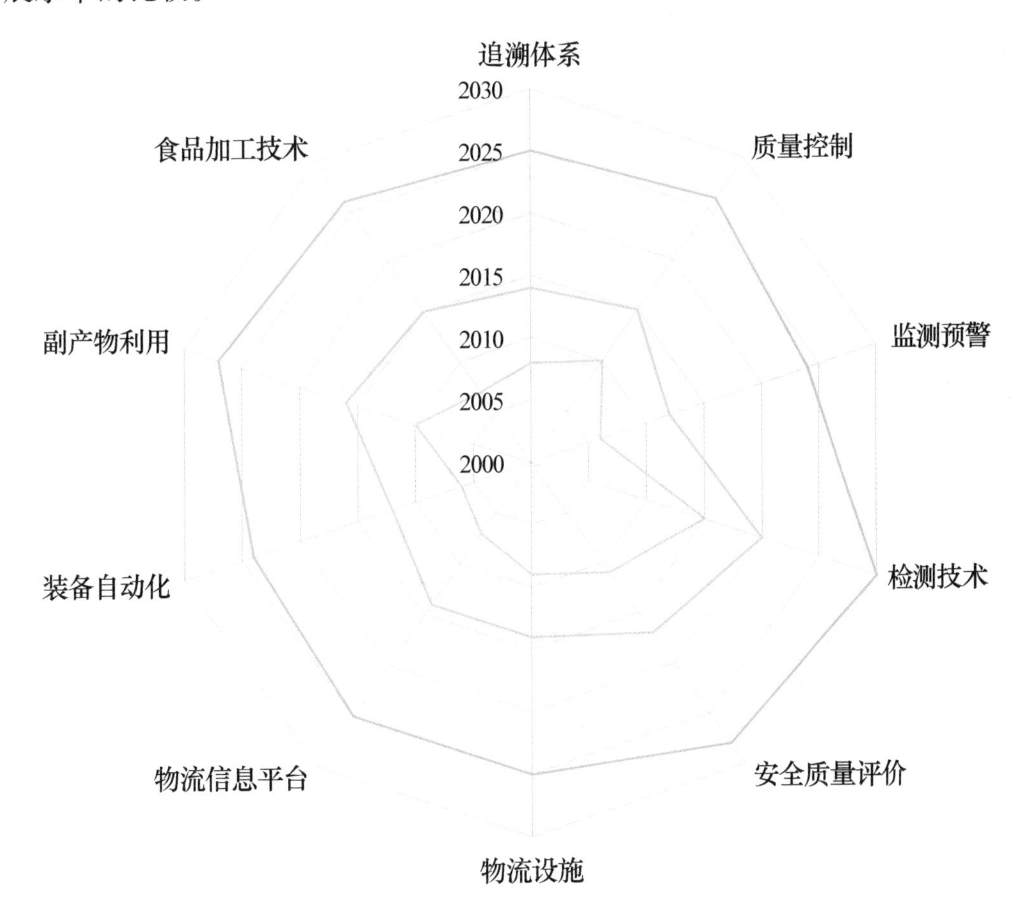


图2－4－5　我国海洋食品质量安全与加工流通发展趋势与国际发展水平的比较

## 三、战略任务与重点

### （一）总体任务

围绕我国海洋渔业总体发展战略的要求，瞄准海洋食品质量安全及加工流通研究领域的国际前沿，针对影响海洋食品质量安全和加工流通的关键和共性技术难点和核心技术问题，在基础与应用基础研究、关键与共性技术研究以及行业支撑3个层次上开展研究，构建海洋食品全产业链安全供给的宏观管理技术支撑体系工程，质量安全方面包括：识别产品和环境中危害（确定种类、划定区域）的检测技术体系、摸清产品和环境危害蓄积及代谢规律的技术体系、评定产品和环境中危害风险程度的评估技术体系、研发产品生产和环境中控制危害的技术体系、创制主要产品全程监管和控制质量安全标准体系等宏观管理技术支撑体系工程，取得具有创新性和自主知识产权的成果，使我国的海洋食品质量安全管理与国际接轨，更好地满足消费者需求，全面提升我国海洋食品的科技含量和国际市场竞争力。加工流通方面包括：开发营养方便的即热型即食型海洋食品新产品，相应地开展生产制造海洋食品新产品的工程化制造技术、完善海洋食品精准化加工装备，努力提高加工率、降低副产物和腐败变质率，使有限的加工副产物得到综合利用以提高其价值，并不断实现海洋食品功效因子开发与功能食品制造，海洋生物资源及其制品的保活、保鲜技术、冷藏流通链技术、物流保障技术、绿色包装技术、信息标识与溯源技术等重点攻关，形成一批具有国际先进水平的加工流通重大技术成果和先进装备；加快科技成果转化的速度，培养一批具有国际影响力的海洋食品工程化技术人才与流通人才。全面提升我国海洋食品工业的科技含量和国际市场竞争力。

### （二）重点任务

#### 1. 强化海洋食品质量安全检测技术

建立能显著提升快速检测技术关键性能的新技术和新产品，开发如物种鉴定、原产地鉴定、掺杂成分鉴定等技术；加快海洋食品安全检测前处理方法研究，如快速溶剂提取、超临界萃取、免疫亲和层析等技术和产品；进一步完善海洋食品安全检测技术中多残留联用技术研究；加强引进和消化国际上先进的检测技术和方法，如微生物发光技术、噬菌体技术、无损光谱技术或产品等。

2. 摸清各种危害物质的蓄积和代谢规律

针对影响水产品质量安全的农兽药、重金属、环境激素、持久性有机污染物、微生物、毒素及内源性有害物等各种危害因子，研究其在水产品中的消长规律和产生机制，对水生生物的毒性效应和机制及在养殖动物体内的富集规律，建立各种评价模型，在安全性评价的基础上初步建立限量标准。

3. 建立海洋食品安全的风险分析体系

建立符合海洋食品特点的风险分析方法；构建海洋食品暴露评估数据网络；建立健全海洋食品风险分析机制与平台；加快对远洋渔业新资源（探捕、加工），例如南极磷虾、其他新开发鱼类资源等的安全评价，对于特别海域、高产品种开展重点评估。

4. 建立海洋食品监测与预警体系

建立健全海洋食品监测指标体系，对食品供应链从生产、加工、包装、储运到销售过程中的污染物进行监测和溯源，建立我国主要海洋食品中重要化学污染物监测基本数据库；建立海洋食品安全风险预警信息中心，使海洋食品安全风险预警实现信息全方位汇集、分析，全过程普及、发布以及全社会覆盖。

5. 建立海洋食品质量安全控制体系

建立高效、安全的控制或消除危害因子的新技术与装备，通过现代海洋食品加工技术有效地控制或消减既有危害因子的水平，使海洋食品更加安全可靠；建立预期食品货架期或者其他安全质量状况的智能包装技术与材料，有效控制海洋食品安全状况。

6. 建立海洋食品质量安全追溯体系

开展海洋食品质量安全追溯的研究与相关联产品开发；进行产业链物流标识管理追溯；加大对追溯标识与标志技术的研究与应用，发展成本低，易推广，设备要求低的标识技术与产品；对新颖标识技术开展前瞻性探索；实现追溯编码标准化，构建统一标准的、开放性的追溯平台。

7. 营养方便型海洋食品开发

开展海洋食品原料的海上一线保鲜、精准化预处理、冷链加工、冷杀菌、无菌包装及质量控制等关键技术，开发适应现代工作与生活节奏的营养、方便与健康食品。

8. 海洋食品加工副产物规模化高效利用

重点开发海洋食品加工副产物的规模化、机械化、低能耗高效利用技术，开发功能活性成分、高效饲料等新型海洋加工产品，提升海洋食品原料的利用率。

9. 海洋食品加工流通装备及信息化共享平台建设

重点开发海水养殖产品保活、保鲜运输，精准化分割、加工副产物规模化处理等关键装备，并对现有产业进行升级改造。通过海洋食品物流基础设施建设，达到海洋食品物流运作的集约化和规模化，同时尽力整合分散的海洋食品物流资源，建立渔业生产、加工、流通和消费为一体的网络共享平台。

10. 海洋食品物流关键技术开发及监管服务平台建设

重点解决海洋生物资源及其制品保鲜技术、冷藏链技术、绿色包装技术、食品安全检测技术、污染物降解技术、信息标识与溯源技术等核心技术“瓶颈”，综合利用遥感技术、地理信息技术、空间定位技术、仿真技术、无线传感器网络技术建立起覆盖水产品物流过程的质量安全动态监测技术平台、自动采集与处理公共服务信息和业务集成共享平台、质量安全监管快速溯源三大平台，建成一批海洋渔业现代物流骨干企业和示范基地。

11. 建立海洋食品标准运行机制和体系

构建适应环境条件和企业生产技术发展需要的标准体系；及时跟踪国际标准和国外先进标准的进程，积极参与国际标准制修订；完善标准制修订机制，真正做到海洋食品的整个产业链都有标准可依；充分考虑海洋食品的特殊性，结合风险评估等科学方法，制定科学合理的海洋食品标准；积极开展利用标准手段保护国内海洋食品市场的战略研究。

## 四、发展路线图

总的来说，到 2020 年在水产品质量安全检测技术、溯源与预警技术、

物流装备改造技术等领域要实现重点突破，到2030年在安全评价与控制技术、战略性资源综合加工技术、蛋白高效利用技术、物流保活、保鲜技术、物流网络与信息技术、功能食品和功效因子的制备技术方面陆续实现突破；到2050年要形成完善的海洋食品监管体系，实现海洋生物资源加工的零排放，建成与国际接轨的高效物流网络系统，实现海洋食品质量安全顺向可预警和逆向可追溯（图2－4－6）。

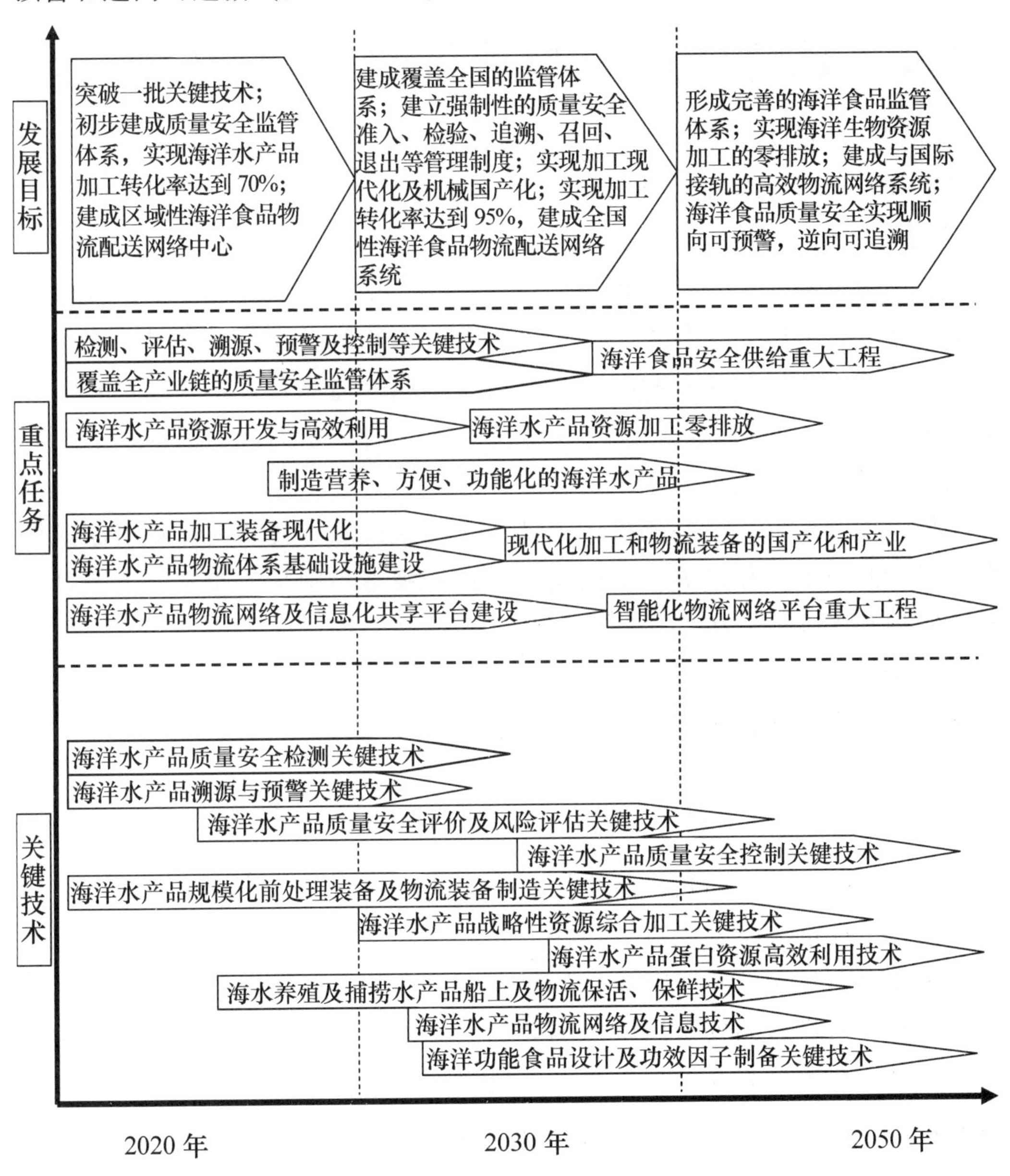


图2－4－6 我国海洋食品质量安全与加工工程发展路线

# 第六章 保障措施与政策建议

## 一、加强海洋食品质量安全科研与监管体系队伍及能力建设

加强学科梯队建设，改善学科梯队结构，包括年龄结构、能力结构等，形成高质量动态稳定的学术梯队，以满足该领域不断发展的需要。同时，重视领军人才的培养，造就和培养学科带头人和一批后备人选。完善海产品质量安全风险监测及评估体系的梯队结构，尽快建立部级水产品质量安全研究中心，形成一套由部、省（自治区、直辖市）、县三级组成、布局合理、职能明确、运行高效的海产品质量安全风险监测及评估体系队伍。探索开展分层次、多渠道的风险交流工作，在综合分析研判监管执法、风险监测、风险评估等信息的基础上开展风险预警，逐步建立科学有效的海洋食品质量安全风险交流与预警体系队伍。强化检测和科研人员积极跟踪国际前沿检测技术工作进展，提倡质检机构积极参与国际实验室能力验证考核，重视与国际研究机构之间的交流。加强基层推广队伍建设，加强技术推广与用药指导，加大对消费者食品安全知识科普和培训的力度，提高消费者对食品安全问题的认知水平与鉴别能力。

## 二、加快健全海洋食品质量安全法律法规和标准体系

加快食品安全法和农产品质量安全法的配套法规、规章和规范性文件的制修订，促进法律法规有效衔接。完成海洋食品召回、退市、处置、海洋食品安全可追溯、突发海洋食品安全事件应急处置、海洋食品安全事故调查处理、海洋食品安全风险监测评估、食源性疾病报告、海洋食品从业人员管理、进出口海洋食品、海洋食品相关产品监管等方面的行政法规和规章制修订。完善有关渔药使用与管理方面的法规，制订适合我国渔业生产实际的渔药使用目录。

加强海洋食品安全标准制修订工作，对渔业标准制修订统筹管理，科

学规划，根据监管需要，及时制定海洋食品安全地方标准。要求各省、市、自治区配备专职人员从事渔业标准化管理，以确保工作的连续性与政策落实的有效性，建立合理的标准管理人员考评机制，建立标准与科研相结合的机制，建立标准实施推广激励机制，积极推动标准研究的国际合作，持续开展与国际食品法典及相关国家、地区食品安全标准的系统对比研究，参与国际食品标准制修订工作。

## 三、加大质量安全、加工和流通科研的政策及经费支持力度

加大国家层面对海产品质量安全、加工和流通研究的政策及经费支持力度。推动将海产品质量安全研究项目纳入国家科技支撑计划、农业产业技术体系及公益性行业专项规划，尽快解决质量安全科研项目申报不畅、难以获得重大项目支持的现实问题。确立海产品质量安全研究牵头部门，结合质量安全关键技术需求、学科发展优势，进一步明晰学科方向、凝炼研究重点、完善布局，系统研究和细化学科领域的建设与发展思路；有效整合全学科科研能力，强化顶层设计和总体规划，做好针对产业和学科发展有重要意义的重大项目的谋划和争取工作。以海洋食品保鲜、加工、流通的基础理论、关键技术研究为基础，建立切实有效的产、学、研、用结合机制，以国家为资金投入主体，以企业为技术创新主体，加快传统海洋食品加工产业的升级改造进程；开发海洋捕捞水产品的船上保鲜及加工技术与装备；突破大宗养殖水产品利用的关键技术。开发方便、营养、安全小包装海洋食品加工与流通的工程化关键技术与关键装备。

## 四、制定适合国情的现代海洋食品物流发展规划，加大物流基础设施建设投入力度

建议国务院尽快确定发展现代海洋食品物流的政府主管部门或牵头组织协调部门，不断完善相应市场准入法律法规体系，进一步明确我国海洋食品物流的发展方向、目标、原则、内容、地位和作用等。通过调整税收、财政等经济杠杆，近期优先向水产品物流基地、保鲜冷藏和信息平台等基础设施项目倾斜，着力改善与海洋食品流通密切相关的公路、铁路、航空、航海等交通运输条件，重点加大物流科研投入力度，提高我国水产品物流技术的专业化水平。

## 五、大力加强现代海洋食品加工与物流的高素质人才培养

鼓励对海洋食品加工与物流基础理论的研究，建立海洋食品加工与物流人才培养体系。一方面要在高校拓展设置食品工程与物流管理专业，资助扶持高校和科研机构在海洋食品工程和物流领域的研究和创新活动，为中国尽快培养一批熟悉水产品加工与物流工程化技术的高素质的管理和专业技术人才。

# 第七章　我国海洋食品质量安全重大工程与科技专项建议

## 一、顺向可预警、逆向可追溯的海洋食品全产业链监管技术工程

### （一）必要性分析

食品是人类赖以生存和发展的物质基础，而食品供给安全和质量安全问题是关系到国人健康和国计民生的重大问题。海洋食品是国人优质蛋白的重要来源，总产量和出口量在农业中占有举足轻重的地位。我国发展现代海洋食品产业面临着资源紧缺与生态环境恶化的双重约束，面临着高资源投入和粗放式经营的矛盾，面临着产品质量安全问题的严峻挑战。因此，海洋食品作为国人食物蛋白的重要来源，其粮食安全问题和质量安全均不容乐观。随着人民生活水平的提高，对食品质量安全要求也越来越高。

党中央、国务院高度重视食品安全工作，多次强调要高度重视并切实抓好食品质量安全工作。在现阶段我国海洋食品行业基础薄弱，规模化和标准化程度低，生产经营分散和生产方式落后的情况下，农业信息技术作为有效保障海洋食品质量安全的手段将会发挥巨大作用，目前在信息技术领域，继“互联网”浪潮之后的又一次科技革命呼之欲出，这就是由美国IBM公司提出的“智慧地球”，其核心是物联网与互联网的结合。近年来，各级农业部门对农产品质量安全追溯理论与实践进行了积极探索，取得了一定的成效。国务院在《关于统筹推进新一轮菜篮子工程建设的意见》中明确提出，要建立信息可得、成本可算、风险可控的全程质量追溯体系。在2011年全国农产品质量安全监管工作会议上，也强调要以质量追溯为载体尽快建立健全贯通农产品质量安全生产全过程控制的产地准出和市场准入制度，推行水产品追溯管理是加强水产品质量安全监管的重要抓手，也是构建水产品质量安全管理长效机制的重要内容，更是落实责任追究的重要途径。近年来，随着风险分析、过程控制、HACCP、可追溯等一系列食

品质量安全理论和技术的创新，标准化、检验检测、质量安全认证等技术手段的不断加强，进一步提升海洋食品质量安全保证能力的时机和条件已经成熟。

## （二）重点内容与关键技术

**重点内容**

### 1. 健全海洋食品质量安全检验检测技术体系

编制和实施海洋食品质量安全检验检测体系建设规划，建立一批在技术上与国际接轨、经过科学认证的重点研究和检测机构。重点开发针对影响海洋食品质量安全农药、兽药、重要有机污染物、违禁化学品、食品添加剂、生物毒素的检测技术和相关设备；发展海洋食品中重要病原体检测技术，提高对食源性致病菌的检测能力。合理配置检验检测资源，推进资源和信息共享，实现结果互认，避免重复检验检测。建设海洋食品检验检测数据平台，制定检测数据共享方法和技术标准，提高检测数据的利用水平和效率。

### 2. 建立海洋食品全程质量追溯技术体系

建立海洋食品从养殖、加工、流通、消费的公益性全程质量追溯体系，发展成本低、易推广、设备要求低的标识技术与产品。建立国家级、省（自治区、直辖市）、市、县、乡镇等各级统一标准的、开放性的海洋食品追溯信息处理体系，并在“海洋”产品生产企业或渔民专业合作组织中建立完善的海洋产品全程质量追溯信息采集系统，逐步形成产地有准出制度、市场有准入制度、产品有标识和身份证明，信息可得、成本可算、风险可控，覆盖企业、政府、消费者的全程质量追溯体系。

### 3. 建立海洋食品质量安全风险预警技术体系

建立海洋食品安全风险预警信息体系，对信息进行收集、分析、发布，使海洋食品安全风险预警实现信息全方位汇集、分析，全过程普及，全社会覆盖发布。密切关注近海渔业资源受环境污染的影响程度，对海洋食品中关键污染物建立监测点进行主动监测，建立重要化学污染物监测指标体系和基本数据库，对海洋食品全产业链的污染物进行监测；加强各级监管部门有效协作，实现质量安全信息真正共享，共同应对重大突发安全事件。

4. 开展影响海洋食品质量安全关键危害因素风险评估研究

重点针对禁用药物、重金属、有机污染物、贝类毒素等化学危害因子，开展危害物在产品及产地环境中的监测；掌握禁限用药物在养殖鱼、虾体内及重金属、有机污染物、贝类毒素在贝、藻体内的蓄积规律；开展水产品中化学危害因子的风险评估，提出在养殖产品和环境中最高残留限量的建议值；建立海洋食品质量安全监测、预警及监管综合信息体系研究，确保我国消费者健康安全，提高海洋食品的经济和社会效益。

5. 构建海洋食品标准化体系

构建全国渔业标准研制技术平台；构建渔业标准化信息及技术服务平台，研究建立渔业标准需求和实施信息交互平台，研究建立渔业标准制修订信息系统，提高标准信息服务能力和水平；构建渔业标准宣贯服务体系，选择大宗和具有较高经济价值的海洋食品，大规模开展标准化生产；构建以标准化技术机构、省级渔业主管部门、基层水产技术推广机构为主线，产、学、研和行业协会广泛参与的多元化标准宣贯服务体系；积极探索标准转化和实施新模式，积极推进渔业标准化生产与水产品质量安全执法检查、“三品一标”认证、产地准出和市场准入等管理有机结合。

**关键技术**

1. 质量安全关键检测技术

针对水产品中各种外源性污染物、内源性污染物及产品品质指标，研究快速检测技术、多组份同时检测技术、未知污染物确证技术、样品的快速前处理技术等，开发相关的快速检测试剂盒和装置。

2. 质量安全关键控制技术

针对养殖、加工、贮运环节存在的危害因子，研究其在环境和水产品中的发生规律，开发净化、降解、脱除等各种技术手段，建立有害物质的控制技术。

3. 质量安全评价与预警技术

针对海洋环境和产品中的主要危害物质，研究风险评估模式、剂量－反应关系评估技术、暴露评估方法优化等风险评估共性技术；研究风险因子排序方法、风险指数评价方法等预警技术。

#### 4. 信息采集、传输和处理技术

采用 WebGIS 技术、分布式处理、数据库技术等研究海洋食品物流信息处理与发布技术；集成射频识别技术（RFID）、GPS 定位技术、无线网络传输技术、多通道信息采集技术，实现海洋食品物流信息采集、处理、传输、发布自动化、数据远程传输网络化和交易电子化。

### （三）预期目标

在未来 10～20 年，实现生产、流通、消费领域的海洋食品可追溯管理全覆盖；建立完善的产地环境及产品监测、监管及预警体系；养殖企业、加工企业联动，基本形成标准化生产，质量安全水平显著提高；基于信息化的现代化物联网体系基本形成；逐渐改变传统消费方式，增加水产品的消费比重；应急处置、质量监管能力明显增强，实现海洋食品的安全供给。

## 二、海洋食品加工创新工程

### （一）必要性分析

经过 30 多年的发展，海洋食品加工业已成为大农业中发展最快、活力最强、经济效益最高的产业之一。但与世界先进水平相比，我国的海洋食品加工业依然存在很大差距，我国海洋食品工程与科技创新方面存在的主要问题包括：①对海洋食品工业科技创新投入长期不足，海洋食品科技创新基础薄弱，缺乏带动产业发生重大变革的技术创新；②产、学、研结合不够紧密，科技成果转化率低；③海洋食品加工装备以仿制为主，缺乏自主创新；④海洋食品加工企业创新能力差，抵御市场风险能力差；⑤水产加工技术标准、质量体系不完善。

未来 10～15 年是我国海洋食品加工产业向现代产业转型的关键时期，实施海洋食品加工创新工程，开展海洋食品工程化加工关键技术、关键装备与新产品开发，对全面提升我国海洋食品加工产业整体技术水平和综合效益，促进我国海洋农业的健康、高效和可持续发展具有重要意义。

### （二）重点内容与关键技术

#### 1. 传统海洋食品产业关键技术与关键装备升级

针对传统海洋食品产业资源利用率低、能耗高的现状，重点研究海洋

食品加工副产物中蛋白资源的高效回收与生物加工技术；大宗海洋食品资源的前处理、精准化加工与低能耗冷冻加工关键装备；海洋食品加工副产物的规模化与连续化处理技术与关键装备。

### 2. 营养方便海洋食品制造关键技术研究与产品开发

针对世界食品消费向营养化和方便化模式发展的趋势，重点研究海洋食品原料营养成分的高效分离、分子修饰、定向重组关键技术，加强重组织化技术、品质保持技术、营养强化技术、资源高值化技术在水产品加工技术中的应用，攻克智能化包装、高温瞬时杀菌与超高压、电子束冷杀菌等海洋食品工程化技术，开发新型营养健康方便的即食及预调理海洋食品，引导海洋食品消费模式的转变，逐步减少食用整鱼，形成科学食鱼的饮食理念。

### 3. 海洋食品功效因子高效制备技术开发与功能食品设计制造

针对我国海洋功能食品产品构效关系不明确、国际市场竞争力弱的现状，重点研究海洋食品原料功效因子的高效制备与活性修饰技术，争取在海洋硫酸多糖、活性磷脂及活性多肽的制备与活性修饰方面有所突破；利用分子营养学、蛋白质组学和代谢组学等现代研究方法阐明海洋食品功效因子的量效、构效关系、作用机理及其代谢途径；攻克功效因子的稳态化与质量控制关键技术，开发第三代功能食品工程化制造的技术与工艺。

### 4. 捕捞水产品的船载保鲜加工技术及装备开发

针对（远洋）捕捞水产品存在的保鲜成本高、加工前损失大的现状，重点开发海洋食品的船上一线高效保鲜及加工技术与装备研究，建立大宗捕捞水产品的船上一线保鲜加工技术体系与装备。

### 5. 新型海洋食品资源开发与高效利用技术。

加强与养殖行业的合作，共同选育、培育出适合加工且风味独特的鱼、虾、贝、藻品种，开发新型营养、方便、健康的海洋食品新产品；强化食品加工企业的创新意识，针对传统海洋食品资源日益衰竭的现状，建立新型海洋生物资源中蛋白质、多糖及脂质成分的营养安全评价体系与高效利用体系，开发新资源食品，并进行产业化应用。如重点开发南极磷虾蛋白质、南极磷虾油及甲壳类多糖等新资源食品；深入开展海洋食品加工副产物综合利用、海洋食品功效因子开发以及功能食品制造等一系列工作，实现水产品的高效综合利用。

### （三）预期目标

以攻克传统海洋食品产业升级、方便营养食品和功能食品制造的工程化关键技术和关键装备开发，以及新型海洋食品资源开发的关键技术为目标，初步建立以消费模式带动海洋食品加工方式的转变，以新型海洋食品开发带动消费模式改变的新型海洋食品加工技术体系，形成以加工带动渔业发展的新型海洋农业产业发展模式，海洋食品资源加工转化率达到70%以上，加工增值率达到2倍以上。

## 三、海洋食品物流体系关键技术重大科技专项研究

### （一）必要性分析

针对海洋食品物流布局不合理、物流体系不健全、冷链物流设备老化，自动化程度较低及缺乏系统的物流网络平台等问题，重点解决冷链物流的规划、渔获物与初加工、贮藏与装卸、流通加工、产品包装、货物配送、信息服务和冷链成本控制8个薄弱环节中的核心技术，形成规模化的海洋食品物流体系，积极推动长三角经济区、珠三角经济区和环渤海等海洋食品优势产区到中西部大中城市的海洋食品冷链物流体系，提高内陆居民水产品消费量，对实现海洋食品保值和增值的目标具有重要的意义。

### （二）重点内容及关键技术

#### 1. 海洋食品现代物流保活保鲜技术研究

研究开发降低水产品新陈代谢和减少应激反应、气体比例调控、水产品生存环境、水质因素调控等水产品保活储运过程控制技术；研究开发动物生理、物理、化学催眠及快速唤醒技术；研究开发微冻冷藏、快速冷却、超冰温、循环冷海水喷淋等水产品冷藏保鲜技术及装置；研究开发水产品快速冻结技术；研究冷冻水产品的品质保持技术；研究开发水产品化学、物理、生物保鲜技术。

#### 2. 海洋食品物流自动化技术及信息技术研究

重点开展自动化冷藏技术、高密度动力存储技术（HDDS）、智能化冷库装卸系统控制技术、自动化测量温控技术、各类传感技术、无线射频识

别技术、空间定位技术、动态信息监控技术及冷藏集装箱多式联运及空间定位技术研究，建立节能、高效的水产品冷链物流网络管理系统。

### 3. 海洋食品物流冷链系统管理软件技术研究

重点研究开发我国亟须的物流规划（交通）软件、仓储管理软件、物流配送系统、物流接口软件、冷链物流经营核算系统。其中，优先研究物流规划中使用的交通影响分析软件、动态物流配送控制软件和冷链物流经营成本分析软件。此外，对水产品物流冷链的配套机制、所需信息平台建设、需要实现的具体目标展开前瞻性研究。

### 4. 海洋食品物流包装与标准化技术研究

水产品物流包装技术、材料与装备研究开发：重点开展全生物降解长效保鲜包装材料和环保型聚丙烯发泡功能包装材料生产工艺技术研究，开发水产品全生物降解保鲜包装材料和环保型聚丙烯发泡功能包装材料和制品；开展水产品保温包装材料及包装容器加工技术研究，开发水产品保温包装容器；开展水产品全自动包装技术与装备研究，开发托盘式全自动包装机。

### 5. 海洋食品流通质量安全控制技术研究

针对水产品物流过程的品质易变性以及产品安全控制环节弱等问题，研究微生物预测模型、主要致病微生物及其毒素的变化规律及温度波动对冷藏水产品的微生物区系的影响；建立基于栅栏技术、冷链技术、超高压和脉冲等新型冷杀菌技术的低温动物性食品的安全保鲜技术体系。

## （三）预期目标

重点解决冷链物流的规划、渔获物与初加工、贮藏与装卸、流通加工、产品包装、货物配送、信息服务和冷链成本控制 8 个薄弱环节。整合捕捞、加工、包装、储藏、运输、配送、回收、信息和网络资源，发挥我国 5 个水产品出口产业带的功能作用，分别在长三角经济区、珠三角经济区和环渤海经济区建立 3 个海洋食品物流网络体系，形成效率高、规模大、技术新的跨区域冷链物流配送中心，冷链物流核心技术得到广泛推广，形成一批具有较强资源整合能力和国际竞争力的核心冷链物流企业，初步建成布局合理、设施先进、上下游衔接、功能完善、管理规范、标准健全的海洋食品冷链物流服务体系。海洋食品冷链物流水平显著提高，食品安全保障能力显著增强。海洋食品冷链流通率提高到 40% 以上，冷藏运输率分别提高到

70%左右，流通环节产品腐损率分别降至10%以下。

## 主要参考文献

陈君石.2009. 风险评估在食品安全监管中的作用[J]. 农业质量标准,(3):4-8.
迟海,李学英,杨宪时. 2010. 南极磷虾加工利用研究进展[J]. 天然产物研究与开发,22:283-287.
范金.2012. 经济全球化对发达国家居民消费结构变化影响研究[J]. 南京社会科学,(1):9-16.
付万冬,杨会成,李碧清,等. 2009. 我国水产品加工综合利用的研究现状与发展趋势[J]. 现代渔业信息,24:3-5.
蒋士强,王静,张作芳. 2011. 加强以食品毒理学为核心的安全风险评估建立完善的食品标准体系和安全链[J]. 食品安全导刊,(7):80-82.
李季芳. 2010. 美国水产品供应链管理的经验与启示[J]. 中国流通经济,(11):57-60.
李清.2012. 日本近年水产品消费动向分析[J]. 中国水产,(6):41-43.
励建荣,马永钧. 2008. 中国水产品加工业现状与发展战略[J]. 食品科技,(1):1-4.
农业部渔业局.2013. 中国渔业统计年鉴[M]. 北京:中国农业出版社.
全英华. 2011. 我国现代食品物流发展现状和对策[J]. 物流科技,(5):67-69.
王橄.2011. 论我国物流业法律法规的完善[J]. 中国商贸,31:53-53.
王国华.2012. 日本水产品消费的变动与启示[J]. 世界农业,(2):66-69.
王玉侠.2011. 我国农产品冷链物流存在的问题及对策[J]. 物流工程与管理,33(3):80-84.
吴敏.2010. 我国农产品冷链物流体系建设的出路探讨[J]. 物流科技,(9):87-88.
叶勇,常清秀,等.2011. 中日水产品流通结构比较分析[J]. 中国渔业经济,29(1):129-135.
于可锋,袁春红,等.2011. 日本食鱼文化历史演变和水产品加工消费最新动态[J]. 渔业现代化,38(6):63-67.
张小栓,等. 2011. 水产品冷链物流技术现状、发展趋势及对策研究[J]. 渔业现代化,38(3):45-49.
中国食品工业协会.2011. 中国食品工业年鉴[M]. 北京:中国年鉴出版社.
中国统计局.2012. 中国统计年鉴 [M]. 北京:中国统计出版社.
中国物品编码中心. 2011. 中国食品的跨国追溯——全球追溯标准(GTS)在我国的成功应用[J]. 中国食品安全,(12):55-57.
周然,谢晶. 2011. 食品物流学建设及教学改革的探讨[J]. 中国现代教育装备,119(7):121-122.

Bostock J, McAndrew B. 2010. Aquaculture: global status and trends[J]. Philosophical Transactions of the Royal Society B: Biological Sciences, 365(1554): 2897-2912.

Garcia S M, Rosenberg A A. 2010. Food security and marine capture fisheries: characteristics, trends, drivers and future perspectives[J]. Philosophical Transactions of the Royal Society B: Biological Sciences, 365(1554): 2869-2880.

## 主要执笔人

李杰人　中华人民共和国渔业船舶检验局局长　研究员
薛长湖　中国海洋大学　教授
林　洪　中国海洋大学　教授
宋　怿　中国水产科学研究院　研究员
李来好　中国水产科学研究院南海水产研究所　研究员
刁石强　中国水产科学研究院南海水产研究所　研究员
王　群　中国水产科学研究院　研究员
李兆杰　中国海洋大学　副教授
吴燕燕　中国水产科学研究院南海水产研究所　研究员
黄　磊　中国水产科学研究院　助理研究员
李　乐　中国水产科学研究院　副研究员
房金岑　中国水产科学研究院　研究员
吕海燕　中国水产科学研究院　研究实习员
翟毓秀　中国水产科学研究院黄海水产研究所　研究员
周德庆　中国水产科学研究院黄海水产研究所　研究员
朱兰兰　中国水产科学研究院黄海水产研究所　副研究员